U0159414

赣南

客家民居研究

◎ 韩高峰　张春明　袁奇峰　著

中国建筑工业出版社

序

　　赣南是一块红色的热土。我于 2018 年应邀参加首届"赣南苏区人才峰会暨院士专家民营企业行座谈会",至 2020 年受聘"赣南苏区高质量发展院士专家战略咨询委员会"委员,期间实地考察了赣州的建筑历史遗产和民居建筑。两年时间的互动,我对赣南的了解日益加深。我因"红色"苏区与赣南结缘,事实上,赣南客家"古色"的一面同样令人印象深刻。客家文化历史悠久,积淀深厚,赣南客家民居就是客家历史和文化的其中一个重要载体。

　　中国幅员辽阔,各地民居千姿百态。赣南位于中原南向之边,"界四省之交",以山地、丘陵、盆地承纳滋养客家一属,孕育了独特的赣南客家民居。如同作者所言,赣南客家民居"虽然与汉民族的其他民居形式仍存在众多共性,但已显著地不同于北方中原汉族民居,亦不完全雷同于江南其他地区的民居"。防御性能突出的赣南方围近年已蜚声远近,以堂横屋为代表的行列式民居更是赣南客家民居的杰出类型,包括赣南民居在内的客家民居,其形态独特、类型丰富,在中国地方民居的版图上有着重要的一席之地。

　　然而,因各种原因,赣南民居的研究无论是在江西省域还是客家文化圈,目前还显得相对薄弱。今天,我欣喜看到了高峰老师的著作。他和团队经过广泛而深入的田野调查,掌握了大量的一手资料,在总结前人研究的基础上,勤于钻研,敏于探索,系统地论述和介绍了赣南客家民居,将赣南民居的研究向前推进了一大步。本书对赣南客家民居的研究有许多进展,其中部分具有开创性。作者搭建了 3 个层次的系统性研究纵向框架,在赣南民居这个领域,无疑是一个突破。作者对赣南及周边地区民居开展的横向对比研究也有着较大的现实意义,彰显自身特色的同时亦有助于当地开展在地化的建筑创作实践。成果还有若干个"首次",如首次运用 GIS 技术手段进行赣南聚落的地理分布量化研究;首次采用类型学方法梳理赣南民居的形制类型;首次系统地开展赣南客家民居形制成因研究等。这些进展为后来者研究赣南客家民居奠定了新的基础。

　　基于调查、归纳和研析,作者提出了自己的独到见解。通过解析赣南民居的平面形制及其形成机制,作者认为赣南客家民居与北方中原汉族民居、南方其他地区民居有着紧密的关联,但已演化成为一种显著区别于后两者的新民居形式。这种民居形式以赣南独特的社会、地理环境为背景,由多元构成的客家先民在长期的互动和融合中创造而形成。书中提出，赣闽粤三地客家民居尤其围屋民居虽形态迥异，但有着相近的构成规律，即"厅堂为核、居室围合"，它们都是以"家祠合一"为特征的民居类型。在大量资料分析及前人研究的基础上，作者针对赣南民居的实际情况提出了"居祀结合"的分类方法，论证有度而有据，分类简明而严谨，值得一读。作者抽丝剥茧探讨了赣南民居三大式别及 7 个种别之间的构成逻辑，在赣南民居的平面构成上亦有诸多创见。通过 GIS 技术，本书清晰地展现了赣南聚落"一横两纵"的地理分布格局，认为赣南民居聚落有着逐水而居、依山而建、傍地而聚的分布特征。这些探讨和结论，虽属一家之言，或许也会引发一些争论，但这种比较整体系统地对赣南客家民居的研究和探究显然是具有开拓性价值的。

当然，赣南客家民居研究也还有众多待拓展的空间，如宏观聚落、中观建筑和微观构造三个层次之间的关联性研究，日后还可深入延展。由于长期从事城市设计及公共建筑的研究和实践，我注意到中国当代城市整体风貌缺少地域特色的现象极为普遍。当代中国城市要具备"各美其美"的风貌和建筑地方特色，无论从哪方面来说，都离不开汲取地方民居营养这条路子，很多年前，建筑前辈就有建筑创作风格来自民居的提法。在此借本序勉励本书作者在未来民居建筑研究方面再有建树，亦为自勉。

中国工程院院士

东南大学建筑学院教授

2021 年 1 月 23 日于南京

前　言

　　泱泱中华，瑰宝陆离，浩瀚文明，博大精远，滋育了绚烂的民居文化。数万年前，华夏先人以洞为房、构木为巢；数千年前，仰韶文化时期的先民以泥草筑屋而居；数百年前，广袤的中华大地同时呈现着窑洞、四合院、蒙古包、吊脚楼、四水归堂等普罗大众耳熟能详的多样民居形式。中国是一个疆域辽阔的文明古国，从西藏高原的碉房到宝岛台湾的竹管仔厝，从东北的地窨子到海南的文昌骑楼，各地绚丽多姿的民居承载着不同地域的自然、社会、思想和文化特征。中国是一个多民族、多民系的文化大国，从维吾尔族的"阿以旺"到傣族的竹楼，从广府民系的"三间两廊"到闽海民系的"出砖入石"，各式各样的民居反映出各民族、各民系不同的历史人文、生活习俗和审美情趣。

　　客家，作为汉民族中一支重要且卓殊的民系，是唯一不以地域命名的汉民族民系，并广阔地分布于世界各国。学界的普遍观点认为，客家是由于各个历史时期的战乱、饥荒等原因，原居住于中原地区的汉民渐次南下，居住生活于现今的赣、粤、闽三省交会区域及其他地区，与本地的百越族、畲族、瑶族及汉族等土著居民融合而成的一个独特且稳定的汉民族支系。客家先民自秦朝以来历次南迁融合并播迁扩散，赣南地区客家人的居住历史千年不息。璀璨夺目的赣南客家民居，在客家先民南迁、辗转、定居及生产发展的过程中，孕育形成了多样的建筑形式和独特的建筑空间，不仅显示了赣南客家人在建筑艺术上的伟大创造和绚烂成就，同时也生动地刻画出具有浓郁地域文化的客家人文精神，鲜活地反映出赣南客家族群的社会生活模式。开展本研究的基本目的，就是分析赣南客家民居的表征现象，研究其相关规律特征，探究其形成机制及历史渊源，以期为赣南优秀传统建筑文化的传承与保护贡献力量，为我国民居研究工作添砖加瓦。

　　赣南，南抚百越，北望中州，据五岭之要会，扼赣粤闽湘之要冲，素称江湖枢键，岭峤咽喉。赣南，位于江西南部，是现赣州市的辖区范围，其3.94万平方公里的面积要大于我国海南省或台湾地区的陆地面积，拥有近1000万的人口规模。赣南，是禅学、理学和心学的重要形成地，辛弃疾、文天祥、周敦颐、王阳明、海瑞等文化名人先后在赣州主政，并留下《爱莲说》等诸多不朽篇章。中华苏维埃共和国在这里建立，长征从这里出发。赣南，是客家民系的重要发祥地，是客家人的主要聚居地，享有"客家摇篮"

之美誉。在客家人漫长的迁徙过程中，赣南具有特别重要的位置。客家先民自秦代起由中原南迁，从西晋永嘉之乱、东晋五胡乱华、唐代安史之乱及黄巢起义时期至宋室南渡再到宋元交替时期，赣南都较早地接纳了中原汉族移民，并向广东和福建等地播迁，成为客家人最早的主要聚居地。南宋前后，赣南客家人主要居住于赣南北部的石城、宁都、瑞金、于都、兴国等县。元明之际，赣南客家人的居住地扩张至赣县、南康、上犹、信丰、安远甚至龙南等地。明末清初，受满人入侵等因素的影响，部分赣南客家人向川、湘、桂、台等地以及粤中和粤西一带迁徙。清初，受郑成功反清起义的影响，沿海居民向内地迁移，粤东和闽西地区人口和土地的再分配成为激烈矛盾，相当数量的客家人又回迁至赣南。在赣南客家人不断的迁徙和定居的过程中，带来了多元文化的交融，创造出了形式多样、奇崛独到的赣南客家民居。本书写作主要关注的空间范围即是孕育了灿烂客家民居文化的赣南。同时，将其他客家地区及邻近区域的民居作为民居特征比较的研究对象。

民居，作为一个汉语词汇的出现，最早可追溯到汉代《礼记·王制》中对先秦礼制的描述："凡居民，量地以制邑，度地以居民。地邑民居，必参相得也"。民居，作为一个学术名词，不同的学者有着不同的理解。陆元鼎先生认为：民居，指的是民间的居住建筑。狭义的民居概念"主要指传统民居，包括古代、近代，为了区别于现代新住宅而称"。而广义的民居概念则分为两个层面："第一，包括民间建筑，如祠堂、会馆、作坊、桥梁等。第二，包括民居群，即历史性文化街区，是整片成街成区的传统民居，而不是单栋建筑物"。单德启先生认为：传统民居"是指大体在1949年以前，历史上传承下来的城镇和乡村普通老百姓赖以生存和生活的居住建筑"。谭刚毅先生认为：民居"主要是指平民百姓（内在者）出于生活的需要和内在精神的需要而自发创造形成的建筑物和人居环境"。而杨廷宝、戴念慈在《中国大百科全书》中则将宫殿、官署以外的居住建筑统称为"民居"。综合各位学者的意见，我们或许可以形成以下认识：民居是用于满足居住功能的建筑物，其建造者和使用者为普通百姓，其外延概念包含民宅在内的各种民间建筑和民居聚落。为了保证本研究具有一定的深度，本书无意于对庙宇、塔、书塾、戏台、牌坊、会馆、风雨亭、祠堂等诸多类型的民间建筑给予充分的关注，研究的对象限定于以居住功能为主的民宅及其聚落。

研究针对传统民居，在我国始于 20 世纪 30 年代。从 1934 年起至 1939 年，龙非了、梁思成、林徽因、严钦尚等前辈学者分别基于对河南、陕西、山西、四川等地民居的调查和研究，发表了"穴居杂考""晋汾古建筑预查纪略""西康居住地理"等文章。这些研究的成果都是基于对我国传统民居的发现和保护，进而进行民居测绘和资料整理，其研究的价值在于对我国优秀建筑文化的呈现和保护。有趣的是，我国早期对客家地区民居的研究虽然也肇始于 20 世纪 30 年代，但研究的立足点却不是对传统民居的历史肯定和历史保护，而是从批判和改良的角度出发，关注的重点在于民居对现代生活的适应性。1935 年应聘于广东省立勷勤大学工学院建筑工程学系的过元熙先生，基于对当时民生问题的热切关注以及改造社会的巨大热忱，组织学生开展了系列民居调研。其中，地处客家地区的广东紫金籍学生杨炜撰写了"乡镇住宅建筑考察笔记"一文，文中总结了客家民居的诸多缺陷。此文可以被认为是有据可查的最早对客家民居展开讨论的学术文献，是客家民居研究的起点。文章的卷头语明确表明了其文化批判的研究态度，指出此民居考察的目的是因为"中国建筑还是有许多地方很不合原理"，所以期望以实地的民居调研来提供"研究和改良中国建筑之根据"。中华人民共和国成立后，陆续有刘敦桢、陆元鼎、黄汉民等学者针对广东和福建地区的客家民居开展了较为深入的研究。而对于赣南地区客家民居的研究在 20 世纪 80 年代以前只散见于相关文献中的只言片语，有针对性的研究几乎空白。20 世纪 90 年代以来，黄浩、万幼楠、吴庆洲、张嗣介、潘安、郭谦、姚赯等学者围绕着赣南客家民居从不同的角度开展了多方位的研究，他们的研究成果为本研究的开展奠定了坚实的理论基础。但从文献检索的情况来看，当前对赣南客家民居开展的相关研究尚不够深入，文献量难以匹配赣南客家民居应有的现实地位，研究的深度与广度相对于其他地区的民居类型也相对滞后。本书欲为赣南客家民居的研究增添一分力量。

　　弦歌未止，薪火相传。我国的民居研究通过多年的探索与发展，在研究的广度和深度上，理论和方法上均不断取得突破，丰富多样的研究成果不断推陈出新，民居研究的全面性、学术性、国际性和大众性都站在了新的历史高度。与此同时，我们也清楚地意识到，对赣南客家民居的研究还有很大的发展空间，研究的系统性尚有待加强，研究的广度和深度还需延伸，研究的方法尚需拓展。一是目前既有赣南客家民居的研究成果较为注重对民居的形式、功能和空间进行呈现和解析，而对于民居在发展过程中所关联的社会、文化和自然环境因素的探究尚不够深入，研究所采用的技术手段也较为单一。二是大量对于赣南客家民居的研究主要关注"围屋"这一种民居类型。事实上，客家围屋在赣南始终是局部而少量的，并不是赣南客家民居的主流类型。三是既有的研究注重于民居建筑本体，在宏观层面上缺乏对民居聚落的深入关注，在微观层面上缺少对构造装饰的系统研析。

　　基于以上判断，本研究试图建立起"民居聚落——民居建筑——构造装饰"的逻辑语境，构建"宏观——中观——微观"的系统思维，以建筑学和城乡规划学为学科背景，应用多学科交叉研究，将赣南客家地区各种类型的民居建筑放置于社会、文化及地理的研究背景之下，以此提升赣南客家民居研究的系统性。本书的写作内容分为6个部分。第一章论述我国传统民居研究的历史演进、赣南客家民居的研究现状及赣南客家民居所依托的社会地理环境。第二章从民居聚落研究出发，研析聚落的边界形态、空间形制和地理类型，并探析赣南民居聚落的空间分布特征。第三章则从民居建筑本体出发，系统研究赣南客家民居的类型及分布、空间构成及形成机制，同时总结其总体特征。第四章从民居构造出发，研究赣南客家民居的主体构造与技术、装饰构造与工艺，并归纳其总体特征。第五章则是从特征差异出发，研究赣南地区客家民居的内部地域性差异以及与周边地区民居的特征差异。第六章归纳前述章节的研析而形成结语，可供读者作精要的探究。

目　录

第一章 绪论

第一节 我国传统民居研究的历史演进背景

一、我国传统民居研究的始源

民居，作为一个汉语词汇出现，最早可追溯到汉代《礼记·王制》中对先秦礼制的描述："凡居民，量地以制邑，度地以居民。地邑民居，必参相得也"。我国传统民居的研究，始于20世纪30年代，源于对地方性传统民居的研究调查。1934年，建筑史学家龙非了（庆忠）先生结合考古发掘的研究，针对河南、陕西、山西等地的窑洞，发表"穴居杂考"一文于《中国营造学社汇刊》[1]。"穴居杂考"被认为是我国"首篇系统探讨民间居住形式的论文"[2]（图1-1-1）。1935年，林徽因、梁思成先生对山西古建筑进行调查，对山西民居进行专门介绍，发表"晋汾古建筑预查纪略"一文[3-4]。1939年，地理学界的严钦尚先生以地理学的视角对四川西部村落的房屋形式进行了调查研究，发表了"西康居住地理"一文[5]，"这是我国地理学者有别于建筑学领域对传统民居进行探讨的首篇专文"[6]。

从1940年开始，刘敦桢对地处我国西南的云南、四川、西康等地开展了大量的古民居调查和古建筑调研，并于1941年发表"西南古建筑调查概况"一文[7]。陆元鼎先生认为，"西南古建筑调查概况"一文，首次在中国古建筑学术研究中把"民居"作为一种独立的建筑类型提出来[8]。与此同时，刘致平先生分别针

对云南和四川的传统民居开展了系列调查，于1944年发表"云南一颗印"一文[9]，撰写出"四川住宅建筑"一文的学术论稿。陆元鼎先生认为，"云南一颗印""是我国第一篇研究老百姓民居的学术论文"[8]。受抗日战争的影响，"四川住宅建筑"直到1990年才得以刊载于《中国居住建筑简史——城市、住宅、园林》一书内[10]。从既有的研究来看，梁思成先生所倡导的中国营造学社是推开我国传统民居学术研究大门的主要学术机构，"穴居杂考""晋汾古建筑预查纪略""云南一颗印"等关于我国传统民居研究的重要论文分别发表于《中国营造学社汇刊》第五卷和第七卷。龙非了（庆忠）、林徽因、梁思成、刘敦桢、刘致平、严钦尚等老一辈学者是我国民居研究的开拓性人物，他们从建筑学和地理学的视角，对我国传统民居展开了卓有成效的开拓性研究，为1949年以后的民居研究打下了坚实的学术基础。

二、中华人民共和国成立初期民居研究的复兴

1949年新中国成立之后，百废待兴，我国开始了大规模的城乡建设。与此同时，学术界也逐步恢复了对中国传统建筑的系列研究。1953年，华东建筑设计公司与南京工学院合作创办了"中国建筑研究室"，该研究室由当时在南京工学院建筑系任教的刘敦桢先生主持[11]。"中国建筑研究室"在刘敦桢先生的带领下，在对过往古建筑古民居的研究基础上，开展了广泛的乡村调查，发现乡村民居建筑类型众多，且颇具民族特色和文化价值。1957年，刘敦桢先生撰写完成《中国住宅概说》一书[12]。该书是我国早期较为全面地从平面功能分类来讨论研究中国各地传统民居的著作。此书的出版提高了民居建筑研究的地位，引发了建筑界对民居研究的重视。有学者认为，《中国住宅概说》一书是我国第一本系统论述传统民居建筑的重要著作[11]。

刘致平先生在20世纪50年代写成《中国居住建筑简史》一书，1990年方才正式出版。此书较为系统全面地对帝王、官僚、贵族及富商的居住建筑进行了综合研析，并结合园林院落一并论述。由于该书的写作时间较早，对广大乡村的传统民居叙述有限。陆元鼎先生在1997年发表的"中国民居研究现状"一文中指出："《中国居住建筑简史》是一本比较全面论述住宅发展史的著作"[13]。1957年，张

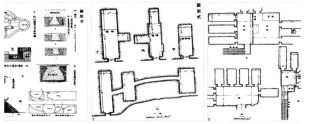

图1-1-1 "穴居杂考"发表

仲一和曹见宾发表了"徽州明代住宅"一文。1958 年，张驭寰发表"吉林民居"一文，同济大学建筑系发表"苏州旧住宅参考图录"。这些研究成果的相继问世直接引发了随后全国各地对地方传统民居的测绘调查热潮。

进入 20 世纪 60 年代以后，全国各地针对民居开展了广泛的测绘调查研究。参加的调研机构既有建筑院校，也有设计院及文物、文化部门。涉及的民居类型有北京的四合院、江浙地区的水乡民居、黄土高原的窑洞、客家的围屋、四川的山地民居、云贵山区民居、南方的沿海民居、内蒙古草原民居、青藏高原民居和新疆旱热地带民居等，涉及的地区涵盖了汉族地区和各少数民族地区。其中，对客家地区民居的测绘调查研究以围屋为主。这一时期的民居调查形成了众多成果。其中，最有代表性的是中国建筑科学研究院撰写的"浙江民居调查"一文。该文系统总结了浙江民居的各种类型，分析其建筑特征，研究其风貌、空间、材料及构造。1964 年，"在我国北京科学会堂举办的国际学术会议上，'浙江民居调查'作为我国建筑界的科学研究优秀成果向大会进行了介绍和宣读，这是我国第一次把传统民居研究的优秀建筑艺术成就和经验推向世界。"[8] 与此同时，《人民日报》《光明日报》等报刊也对相关民居研究进行了报道，引发了国内外对我国传统民居的关注和重视，进一步推动了传统民居的研究工作[11]。20 世纪 60 年代后期，正当传统民居研究方兴未艾之时，受"文化大革命"的冲击，我国的传统民居研究进入了停顿阶段。

陆元鼎先生认为，从中华人民共和国成立到 20 世纪 60 年代后期，这一时期"研究的指导思想主要是将现存的民居建筑测绘调查，从技术、手法上加以归纳分析。因此，比较注意平面布置和类型、结构材料做法以及内外空间、形象和构成，而很少提高到传统民居所产生的历史背景、文化因素、气候地理等自然条件以及使用人的生活、习俗、信仰等对建筑的影响，这是单纯建筑学范围调查观念的反映"[14]。

三、20 世纪 70 年代末至 20 世纪 90 年代中期民居研究的蓬勃发展

始于 20 世纪 30 年代的民居研究推开了我国传统民居研究的大门，而从中华人民共和国成立之初到 20 世纪 60 年代后期传统民居研究的复兴，则彰显出我国传统民居研究旺盛的生命力。进入 20 世纪 80 年代以后，学术界在过往积累的基础上恢复了传统民居的研究，随后发展极快，取得了一系列丰硕成果，民居研究呈现出蓬勃发展的局面。根据不完全统计，至 1995 年年底，关于民居和村镇建设的论文约有 400 篇左右，各高校以民居和聚落为题材的硕士和博士论文在 50 篇以上[14]。

1. 民居研究机构或组织的创立及民居研究的国际化。20 世纪 80 年代以来，"中国文物学会传统建筑园林委员会传统民居学术委员会和中国建筑学会建筑史学分会民居专业学术委员会相继成立，中国民居研究开始走上有计划和有组织地进行研究的时期"[8]。随后 20 年来，"学术委员会已主持和联合主持召开了共十五届全国性中国民居学术会议，召开了六届海峡两岸传统民居理论（青年）学术会议，还召开了两次中国民居国际学术研讨会和五次民居专题学术研讨会。在各次学术会议后，大多出版了专辑或会议论文集，计有：《中国传统民居与文化》七辑、《民居史论与文化》一辑、《中国客家民居与文化》一辑、《中国传统民居营造与技术》一辑等"[8]。其中不乏港澳台以及美国、日本等海外学者对中国传统民居的研究。20 世纪 80 年代初，任震英大师创立了"窑洞和生土建筑研究组"。1988 年，陆元鼎先生组织创办了"中国民居建筑研究会"。同时，清华大学、天津大学等院校也相继成立了乡土建筑、生土建筑等研究小组[11]。这些研究机构或研究组织的创立直接推动了我国传统民居研究的全面发展。"1979 年由伊斯兰的著名人士阿克拉罕和中国建筑学会在我国召开了国际居住建筑会议，及 1984 年中国建筑学会与日本合作在北京又召开了国际生土建筑会议，均大量介绍了我国的各种传统民居。"[11] 20 世纪 90 年代以来，"中国民居建筑研究会"先后在广州、新疆和昆明等地举办多次国际性的中国传统民居讨论会。海外专家学者及民居爱好者对我国传统民居研究的广泛参与，逐渐成为研究中国传统民居不可忽视的一支力量，同时也提升了我国传统民居研究的国际影响力。

2. 综合性民居研究学术成果的相继问世。中国建筑工业出版社从 1984 年开始，有计划地组织全国民居专家编写出版了《中国民居丛书》。该丛书以建筑学研究为基础，结合民居的自然地理和人文艺术环境，研究探讨传统民居的平面形制、空间特色、材料

构造、装饰艺术形式，大量呈现了优秀传统民居建筑实例，探讨了民居的社会文化价值，是这一时期民居研究成果的代表性作品。从 1984 年底开始，中国建筑学会组织全国各省土建学会开展民居调查和编写工作，历经 10 年，于 1994 年出版《中国传统民居建筑》一书[11]。1988 年，陆元鼎和杨谷生先生撰写出版了《中国美术全集》丛书之《民居建筑》。清华大学陈志华先生等和台湾汉声出版社采用传统线装，联合出版了《村镇与乡土建筑》丛书。陆元鼎先生于 1988 年出版了《民居建筑》一书。刘致平先生于 20 世纪 50 年代写成的《中国居住建筑简史》一书，于 1990 年面世。华南理工大学出版了《中国民居建筑（三卷本）》[8]。中国建筑学会于 1993 年组织编写了《中国传统民居图集》。龙炳颐先生于 1994 年出版了《中国传统民居建筑》。

3. 以省域为研究对象的民居研究有了长足进步。主要研究成果有：中国建筑技术发展中心建筑历史研究所于 1984 年出版的《浙江民居》、云南省设计院于 1986 年编写的《云南民居》、高珍明和王乃香等人于 1987 年出版的《福建民居》、刘思源于 1989 年撰写的《台湾民宅》、陆元鼎先生和魏彦均于 1990 年出版的《广东民居》、张璧田与刘振亚于 1993 年出版的《陕西民居》、杨慎初于 1993 年主编的《湖南传统建筑》民居部分、黄汉民于 1994 年编写的《福建传统民居画册》、严大椿于 1995 发表的《新疆民居》等。

4. 以地区为研究对象的民居研究不断涌现。例如：朱良文于 1988 年出版的《丽江纳西族民居》、李长杰于 1990 出版的《桂北民间建筑》、徐民苏和詹永伟等于 1991 年出版的《苏州民居》、清华大学建筑学院于 1992 年编写的《楠溪江中游乡土建筑》、黄为隽和尚廓等人于 1992 编写的《闽粤民宅》、何重义于 1995 撰写的《湘西民居》、魏挹澧和方咸孚等人于 1995 年出版的《湘西城镇与风土建筑》等。

同时，各类针对我国传统民居的专题性研究也层出不穷，其中有：汪立信和鲍树民于 1986 年出版的《徽州明清民居雕刻》、朱良文于 1988 撰写的《丽江纳西族民居》、侯继尧和任致远于 1989 年编写的《窑洞民居》、叶启燊于 1989 年出版的《四川藏族住宅》、林嘉书和林浩于 1992 年出版的《客家土楼与客家文化》、陆元鼎先生和陆琦于 1992 年出版的《中国民居装饰装修艺术》、沈华于 1993 年编撰的《上海里弄民居》、王其钧于 1993 年编写的《民间住宅建筑——圆楼、窑洞、四合院》、吴良镛先生于 1994 年发表的《北京旧城与菊儿胡同》、彭一刚先生于 1994 年出版的《传统村镇聚落景观分析》、李乾朗于 1995 出版的《台湾传统建筑匠艺》、魏挹澧于 1995 年撰写的《湘西城镇与风土建筑》等。

四、20 世纪 90 年代中期以来民居研究的全面繁荣

自 20 世纪 90 年代中期以来，我国的传统民居研究进入了全面繁荣发展的时期。

1. 我国传统民居研究逐步走向国际化和大众化。一是使用英文、西班牙文、阿拉伯文或汉英对照等多种语言的中国传统民居读物不断涌现，促进了我国传统民居与国际相关研究的接轨。其中有：Sun Dazhang 著，Yu Rongxia、Wu Zhenzhen 译，于 2003 年出版的《中国民居之美（英文版）》；吴礼冠于 2007 年编写的《中国古民居（汉英对照）》；单德启等著，范墨贤、王洪勋译，于 2011 年出版的《中国民居（西班牙文版）》；单德启等著，张婧姝译，于 2011 年出版的《中国民居（阿拉伯文版）》；董强著，顾思遥译，于 2013 年出版的《中国民俗文化丛书·民居（英汉对照）》。二是一批具有国际视野的民居研究成果相继显现，例如：荆其敏和张丽于 1996 年出版的《世界传统民居——生态家屋》、赵效群于 1999 年编写的《风格迥异的民居／世界民族知识丛书》、曹炜于 2002 年出版的《中日居住文化——中日传统城市住宅的比较》、施维琳和丘正瑜于 2007 年出版的《中西民居建筑文化比较》、施维琳于 2008 年编写的《中国与东南亚民居建筑文化比较研究》等。三是有关民居研究的工具书相继问世，例如：由国家文物局于 2001 年主编的《中国名胜词典（精编本）》、陆元鼎于 2008 年主编的《中国民居建筑年鉴（1988-2008）》、陆元鼎于 2010 年主编的《中国民居建筑年鉴（2008-2010）》。四是面向大众的民居科普读物层出不穷，全国各个摄影出版社、美术出版社和大学出版社陆续出版了大量关于传统民居的影集、画册和手绘图册，有关民居的影视作品和旅游作品更是不胜枚举，推动了社会大众对我国传统民居保护与传承的关注，传统民居逐渐成为大众话题，天津大学出版社于 2009 年出版的《手绘中国·民居百态》系列丛书。

2. 有关我国传统民居研究的综合性研究成果更

为深入和系统。其中，具有代表性的研究成果有：荆其敏于1999年撰写的《中国传统民居》、陆元鼎先生和杨谷生于2003年出版的《中国民居建筑》、孙大章于2004年出版的《中国民居研究》、李百浩和万艳华于2008年出版的《中国村镇建筑文化》、刘森林于2009年编写的《中华民居——传统住宅建筑分析》、刘丽芳于2010年出版的《中国民居文化》等。

3. 传统民居的区域性研究面域更广、理论性更强。中国建筑工业出版社组织编写的《中国民居建筑丛书》是区域性研究的代表性研究成果。该丛书自2008年以来已陆续出版了19册。其中，按直辖市、省、自治区为研究对象编写的有16册，其中包括：《北京民居》《河南民居》《安徽民居》《江苏民居》《云南民居》《浙江民居》《山西民居》《台湾民居》《福建民居》《广西民居》《江西民居》《广东民居》《四川民居》《贵州民居》《西藏民居》《新疆民居》。此外，按民居特色区域编写的有3册，分别是：《西北民居》、《东北民居》和《两湖民居》。学界众多的专家学者参与了《中国民居建筑丛书》的编撰，其中包括左常、王军、单德启、李晓峰、雍振华、杨大禹、木雅·曲吉建才、李先达、丁俊清、周立军、王金平、李朗、戴志坚、雷翔、业祖润、黄浩、陆琦等人。潘安于1998年出版了《客家民系与客家聚居建筑》，余英于2001年出版了《中国东南系建筑区系类型研究》，戴志坚于2003年编写了《闽台民居建筑的渊源与形态》，郭谦于2005年撰写了《湘赣民系民居建筑与文化研究》。李秋香、罗德胤、吴正光等学者于2010年编著出版了《中国民居五书》，包含北方民居、浙江民居、西南民居、赣粤民居和福建民居五册。北京大学聚落研究小组等机构于2011年编写了《恩施民居》。季翔于2011年编撰了《徐州传统民居》，郭瑞民于2011年出版了《豫南民居》，尚而立于2013年编写了《西北老村舍民居》。华南理工大学出版社2013年出版了《岭南建筑经典丛书·岭南民居系列》，其中包含梁林著的《雷州民居》、陆琦著的《广府民居》。

同时，关于传统民居的专题性研究层出不穷，主要体现在民居保护、民居类型、少数民族民居、民居营造技艺、民居历史和古村落民居等方面。把民居保护作为研究主题的相关成果有：朱良文于2011发表的《传统民居价值与传承》、李晓峰和李纯于2012年编写的《峡江民居：三峡地区传统聚落及民居历史与

保护（戊种第9号）》、何路路和吴永发于2012年编撰的《徽州古民居分类保护利用技术策略及其细则》等。关于民居类型的研究成果主要有：陆翔和王其明于1996年出版的《北京四合院》、侯继尧和王军于1999年发表的《中国窑洞》、胡大新于2000年发表的《永定客家土楼研究》、吴昊于2008年编写的《陕北窑洞民居》、黄汉民和马日杰等人于2011出版的《中国传统民居——福建土楼》。对少数民族民居开展的相关研究有：杨大禹于1997年发表的《云南少数民族住屋——形式与文化研究》、罗汉田于2000年编写的《庇荫——中国少数民族居住文化》、金俊峰于2007年编写的《中国朝鲜族民居》、叶禾于2008年出版的《少数民族民居》、杨晓于2013年发表的《人类学视野中的剑川白族民居》。将民居营造技艺作为研究主题的成果有：宾慧中和常青于2011年发表的《中国白族传统民居营造技艺》、中国建筑工业出版社于2013年出版的《建筑与文化·认知与营造系列丛书》、安徽科学技术出版社于2013年出版的《中国传统建筑营造技艺丛书》。结合历史时期对民居开展的专题研究有：洪铁城于2000年撰写的《东阳明清住宅》、谭刚毅于2008年发表的《两宋时期的中国民居与居住形态》、唐晓军于2012年编写的《甘肃古代民居建筑与居住文化研究》。结合古村落，对民居开展个案具体研究的成果相当丰富。其中，陈志华、楼庆西和李秋香等知名教授针对不同地域的村落开展了调查与研究，并于1999年出版了《楠溪江中游古村落》《新叶村》《诸葛村》等系列丛书，周銮书于1999年编撰了《千古一村——流坑》，业祖润于1999年编写了《北京古山村——爨底下》，李秋香于2002年发表了《中国村居》，张红霞于2002年编写了《美坂村——福建永安古村落》。

五、对我国民居研究发展的评述

传统民居是遍布于民间的乡土化建筑，承载着民族特征和地域特色，蕴含着丰富的历史价值、文化价值、艺术价值和社会价值。研究传统民居，对于促进学科发展、保护与传承优秀传统文化、改善乡村风貌、创造具有民族文化特征和地方文化风貌的新建筑具有重要的现实意义。通过研析我国传统民居研究的历史演进历程，我们可以认为：我国的传统民居研究始于20世纪30年代，源于对地方性传统民居的研究

调查；新中国建立之初到 20 世纪 60 年代后期传统民居研究进入复兴阶段；"文化大革命"结束后自 20 世纪 80 年代开始，传统民居研究得到了快速发展；20 世纪 90 年代中期以来民居研究全面繁荣，我国传统民居研究成果的数量和质量都有了质的提高，丰富多样的民居研究成果不断推陈出新，民居研究的全面性、学术性、国际性和大众性都站在了新的历史高度，民居研究已然成为一门显学。

我国的民居研究通过多年的探索与发展，在研究的广度和深度及研究的理念和方法上取得了不断的突破。既有从研究民居建筑的风貌、空间、功能、营造及装饰艺术出发，并对具体民居类型进行研析和归纳总结的研究成果，也有从传统民居的社会意义、文化意象、自然地理环境及历史背景出发，对其进行多方位研究的成果。民居建筑的研究从以研究建筑本体为重点，逐步延伸到民居所依存的自然地理环境及乡村聚落。研究的空间范围既有以区域、省、直辖市、自治区为边界，也有以市、县、乡镇、村为边界。同时，近些年以来，一些民居研究将传统民居结合文化圈、民族或民系圈、流域圈加以研究，提出了新的研究思路，提升了民居研究的理论价值。一批研究成果不再拘泥于对传统民居形式、空间、营造及装饰的呈现与讨论，已扩展到民居建筑同社会、文化、自然、艺术的相互关联上。

有必要认识到，我国对传统民居的研究还存在一些薄弱环节和不足之处，其研究方法还有待提升，研究理论尚需完善发展，研究的广度和深度还有待拓展。陆元鼎先生分别于 1997 年、2003 年和 2007 年发表的"中国民居研究的回顾与展望""中国传统民居研究二十年""中国民居研究五十年"三篇文章中均对我国传统民居研究的薄弱之处进行了论述。他认为："民居研究中存在两个比较艰巨和困难的课题亟待重视和深入，一个是民居史的研究，一个是民居营造制度的研究，前者涉及我国建筑与文化史发展有关理论方面的研究。后者涉及民居营造和设计等规律，包括设计法、营造法、技术经验、艺术处理、民族特征和地方特色处理等规律和手法的研究。"[15] "民居理论研究中存在比较艰巨和困难的课题之一是民居史的研究。"[8] 开展传统民居研究的意义之一就是要为创造具有民族和地方特色的新建筑提供理论支撑和研究借鉴的基础。"学习、继承传统民居的经验、手法、特

征，在现代建筑中进行借鉴和运用初见成效。但是，在建筑界还没有得到完全的认同。此外，在实际操作中，对低层新建筑的结合、对中国式新园林的结合已有成效，因而也逐渐得到认同而获得推广。但在较大型的建筑，特别是各城镇中的有一定代表性或标志性建筑中，还没有获得认同。可见，方向虽然明确，但实践的道路仍然艰巨。"[8] "对于传统民居的地方营造制度、民间建造和设计方法的研究，在传统民间研究中还比较薄弱。"[14] 究其原因，一方面是由于史籍上对于民居营造甚少记载，能够记载民间传统建造工艺和设计方法的典籍少之又少。另一方面，民居建造匠人的技艺传承，主要是靠师徒相传的方式，而老匠人越发稀少，技艺濒于失传。"因此，总结老匠人的技艺经验是继承传统建筑文化非常重要的一项工作。这是研究传统民居的一项重要课题……民居营造和设计法的研究存在的困难很大。"[8] 从近十年来发表的民居研究文献来看，关于民居史和民居营造的研究并没有取得显著的突破，相关文献的数量及质量尚没有明显提高，还需后来者不断努力。

我国对乡村聚落的研究起步较晚，且关注度不够。更为重要的是，现有的成果主要是针对聚落的空间组织和形态等开展研究，就聚落论聚落，未能将聚落和民居有机联系起来开展综合研究，忽视了乡村聚落对于传统民居的重要关联。聚落是民居的空间载体，而民居又承载着聚落生活所表现出的社会意识和文化观念。"民居研究应该在聚落这个整体内研究居住模式和聚居生活，从社会生活的角度来关注人、居住模式和具体聚居生活的互动，研究生活形态与居住形态的转化。"[16]

既有的研究较为注重传统民居的物质空间，包括建筑形态、空间形式、装饰艺术等等，而对和民居发展息息相关的社会文化的研究不够深入，且未建立起民居和社会文化间的有机联系。有学者认为："中国传统民居的物质空间研究与社会文化研究始终未能得到系统的融合"[17]。另有学者指出："传统的民居研究多以文化为取向，较多地关注各种类型的建筑本身以及历史传统，这种研究积累了大量的资料，成就卓著，初步奠定了民居研究在当今的地位，这种学术取向突出地表现了民居作为传统、作为建筑历史的一面，但忽略了其作为社会生活的一面。因此，特别需要以社会生活取向的研究来弥补它的不足，并进一步推动

民居研究的发展"[16]。"研究民居建筑特点的只注重对形式和空间组织的原则进行解析而很少真正试图去理解民居成因的社会和文化因素；而研究民居的社会和文化问题的似乎又缺乏足够的技术手段来分析民居的建筑形式和空间组织的特点，因此很难信服地建立起民居的形式、空间组织和社会功能、文化意义之间的联系。"[18]

整体性、系统性的民居研究框架还未形成，具体表现在研究的方法还需进一步拓展，研究的理论还有待进一步完善。2000 年，有学者指出："我们的民居调查和研究自刘敦桢的《中国住宅概论》以来，大部分沿用着一种程式化的方法。客观地说，我们的研究成果仅在案例的数量上增多而已，方法上仍毫无突破。现有的专题性研究多偏重在平面、梁架、造型和装饰等方面，对于空间的组织、计划和构筑程序与方法，以及背后的建筑观念等皆较少论及，更谈不上对影响建筑的自然环境和社会文化环境的系统研究。"[16]近些年来，多学科的交叉综合研究开始起步，民居研究的方法已逐步从建筑学范畴扩展至城乡规划学、地理学、社会学、历史学、考古学、美学等众多学科，但如何科学运用相关学科的理论和方法还需不断探索，如何应用多学科的综合交叉研究形成整体性、综合性的研究框架还需进一步完善。同时，"静态分析与动态研究相结合，从众多个案中总结一般原理的专门化、规范化的研究理念还不成熟；具体到研究资料的判读与诠释上，还有未尽全面、避重就轻、甚至模棱两可的情况"[17]。

针对某特定区域民居的系统性研究有待深入。观察既有的研究成果，民居研究对象的空间范围丰富多样，既有以省级行政区为边界，也有以市、县、乡镇、村为边界，还有近些年来出现的将传统民居结合文化圈、民族或民系圈、流域圈开展的研究。尤其是，一些研究成果引入了"民系"，这一中国汉族民居研究的重要概念开展研究工作，提供了一种从地方性或区域性的角度对民居进行形式归纳与理论分析的合理架构和方法，提升了我国民居研究的理论水平。同时，我们也可以清晰地看到，对于某特定区域的民居研究，其系统性还明显不足。少有研究成果既能从建筑学和城乡规划学的角度，从乡村聚落到民居建筑本体，再到构造装饰成体系地开展研究；也能从地理学、社会学、历史学等学科出发，立足于民系或文化圈，研究民居的社会特征和文化现象；还能应用多学科研究方法，针对特定区域的民居和相邻相关地区的民居开展差异性研究。从我国民居研究理论方法的发展历程来看，要发现和解释好民居现象和问题，在空间研究上要建立层级逻辑，把民居放在宏观、中观及微观尺度上加以研究观察；在社会及文化研究上要引入民系、文化圈等概念加以分析研判；在差异性研究上运用多学科研究的方法。同时，民居研究要将空间研究、社会文化研究和差异性研究有机结合，针对特定区域的民居开展系统性研究。

第二节　赣南客家民居研究的现状与评述

一、客家民居研究的肇始与起步

我国对民居的研究始于 20 世纪 30 年代，源于对古建筑的考古发掘和古民居的调查发现，研究的对象主要集中于现今的河南、陕西、山西、云南、四川等地。其中具有代表性的研究成果有：龙非了（庆忠）先生于 1934 年发表的《穴居杂考》、林徽因和梁思成先生于 1935 年发表的《晋汾古建筑预查纪略》、严钦尚先生于 1939 年发表的《西康居住地理》、刘敦桢先生于 1941 年发表的《西南古建筑调查概况》、刘致平先生于 1944 年发表的《云南一颗印》。这些研究成果都是基于对我国传统民居的发现和历史保护，对传统民居进行测绘和资料整理，其研究的价值在于对我国优秀建筑文化的呈现和保护。而我国早期对客家地区民居的研究也始于 20 世纪 30 年代，但却是从社会改良的角度出发，关注的重点在于民居对现代生活的适应性。

20 世纪初叶，基于民众疾苦、国力贫弱的中国社会现实，学术界出现了民族文化自省的思潮，试图批判反省我国传统的文化内容和形式，革除社会陋弊，并多方位向西方学习，以期推动社会进步、改善民生、提高民众生活水平。而广东是当时中国东西方文化交流的汇集地，是第一次国民革命的策源地，近代以后是"得风气之先"和"开风气之先"的前沿地[19]，孕育滋养了各种新文化和新思想。当时的广东省立勤勤大学工学院建筑工程学系（华南理工大学建筑学院的前身）受民族文化自省的思潮的影响，在建筑理论方面以革新的思想重视民众生活需求对建筑提出的功能性主张和传统建筑的改良，过元熙先生是当时的代表性学者[4]。

1935 年应聘于广东省立勷勤大学工学院建筑工程学系的过元熙先生，基于对当时民生问题的热切关注以及改造社会的巨大热忱，于 1937 年 2 月发表"平民化新中国建筑"一文，对传统民居进行了批判和思考，指出传统民居的材料技术落后、无专家规划设计、卫生条件差、防灾能力弱，要将改善民众的居住条件作为民生主义的工作重点[20]。同年，过元熙先生组织学生开展了系列民居调研，这被认为是华南地区建筑院校中最早的民居调研活动[4]。其中，地处客家地区的广东紫金籍学生杨炜撰写了"乡镇住宅建筑考察笔记"一文[21]。此文可以被认为是有据可查的最早对客家民居展开讨论的学术文献，是客家民居研究的起点。此文的卷头语明确表明了其文化批判的研究态度，指出此民居考察的目的是因为"中国建筑还是有许多地方很不合原理"，所以期望以实地的民居调研来提供"研究和改良中国建筑之根据"[21]。该文提出"客族"（客家）人以农为本的产业状况和当时农村经济凋敝和社会崩溃的现实，使人们必须重视农村民居改良需要面对的"经济性"问题。同时，杨炜总结了广东客家民居的优缺点。其优点概括为：地势高燥，环境优美；实用面积与交通面积联络组织合理；基础、门窗坚固；沟渠完备排水好；房屋高爽。其缺陷概括为：窗户面积太小，影响采光、通风，带来卫生问题；厨房及其烟囱位置不好，有碍家庭卫生；没有避湿气的地板，损害人体和用具。杨炜在文中提出要将外国先进技术与中国建筑的实际状况结合，以此推动民居建筑的改良。

从"乡镇住宅建筑考察笔记"一文的研究内容来看，该文立足于当时的社会背景和建筑的实用性角度去评价客家传统民居，未从地方传统民居的历史价值和文化角度研究客家民居建筑。过元熙先生及其学生早期对客家地区民居的研究与同期营造学社及其他学者对河南、陕西、山西、云南和四川等地民居的研究相比，其立场在历史文化价值之外，在历史肯定和历史保护的研究思想之外，而关注于和民居相关的社会现象、民居的改良、设计的合理性以及生存环境的适宜性等问题。不同于其他地域强调历史文化价值的民居研究，早期客家地区民居的研究强调的是社会改良。不同的价值评判标准使得客家民居研究在研究思想、研究内容及目标结果上与其他地区的民居研究产生了明显的差异化倾向。

新中国成立以后，陆续有学者从不同的角度对客家民居开展研究。刘敦桢先生于 1957 年撰写完成的《中国住宅概说》一书对地处福建永定的客家围屋这一特定的客家民居类型进行了描述[22]。此书被认为是我国第一本系统论述传统民居建筑的重要著作[11]。随后，陆元鼎、黄汉民等学者针对广东和福建地区的客家民居开展了较为深入的研究。1981 年，陆元鼎先生等在"广东民居"一文中结合对粤东北客家地区民居的调研，总结分析了客家民居的空间特征及其平面形式[23]。1988 年，黄汉民在"福建圆楼考"一文中提出了客家圆楼发源于福建漳州，分析了客家土楼平面形态由方到圆的演进过程[24]。

二、赣南客家民居研究的发展

（一）20 世纪 80 年代前赣南客家民居研究的缺失

江西、广东和福建是客家人最为主要的聚居省份，客家人主要分布在赣南、粤东北和闽西（学界也有称闽西南）地区。对于本地客家民居的研究，江西不但相较于广东和福建起步较晚，相比安徽、浙江等临近省份也相对落后。张仲一先生在 20 世纪 50 年代即在皖南地区开展了民居调查，并于 1957 年出版《徽州明代住宅》一书[25]。20 世纪 60 年代，中国建筑科学研究院建筑理论及历史研究室在浙江开展了大规模的民居调查，于 1964 年发表了"浙江民居调查"一文，并于 1984 年整理出版了《浙江民居》一书。1981 年，陆元鼎、马秀之和邓其生在《建筑学报》发表了"广东民居"一文。1987 年，天津大学高鉁明、王乃香先生在开展民间调查的基础上出版了《福建民居》一书[26]。直至此时，对于赣南客家民居的研究还未得到充分重视，在 20 世纪 80 年代以前只散见于相关文献中的只言片语，有针对性的研究几乎空白，总体而言仍处于默默无闻的状态。究其原因，其一是受赣南经济发展水平的影响，大部分的赣南客家民居风貌简朴，构造简单，装饰朴素，长期以来没有受到学界的重视。其二，或是由于赣南乃至江西缺乏专门的建筑类院校及科研院所，缺少技术力量对赣南民居开展相关研究。

（二）20 世纪 90 年代赣南客家民居研究的起步

20 世纪 90 年代是赣南客家民居研究的起步阶段。黄浩、韩振飞、万幼楠、余英、吴庆洲、张嗣介、潘安等学者是这一时期研究赣南客家民居的代表性学者，他们的研究成果为赣南客家民居研究奠定了坚实的基础。1993 年，黄浩先生在《建筑学报》杂志发表论文"浓妆淡抹总相宜——江西天井民居建筑艺术的初探"。他在文中介绍了赣南客家民居土筑墙和土坯墙的做法以及门斗材料和门廊的装饰做法。韩振飞先生于 1993 年发表"赣南客家围屋源流考——兼谈闽西土楼和粤东围龙屋"一文。此文以历史研究为出发点，分析了客家围屋、土楼、围垅屋的源起、演变、功能、性质和建筑特色等问题。1995 年，万幼楠先生发表"赣南客家民居试析——兼谈赣闽粤边客家民居的关系"一文，对赣南传统民居的空间分布格局进行了分析，对赣闽粤边客家民居的关系展开了讨论。1996 年，万幼楠先生发表"赣南围屋及其成因"一文，文中介绍了赣南围屋的概况和特征、围屋形成的史地背景，并通过严谨的史料分析对围屋的起源进行了详细论述。随后，其围绕着赣南客家围屋，于 1998 年和 1999 年先后发表了"围屋民居与围屋历史""对客家围楼民居研究若干问题的思考""盘石围调查——兼谈赣南其他圆弧民居"等多篇论文。余英于 1997 年发表论文"客家建筑文化研究"[27]。吴庆洲先生于 1998 年在《建筑学报》发表"客家民居意象研究"，选取赣南客家民居实例，将客家民居的文化意象归纳为三点：天地人和谐之美、阳刚奋发之美以及生命崇拜之美[28]。同年，吴庆洲先生发表论文"从客家民居胎土谈生殖崇拜文化"[29]。张嗣介先生于 1998 年发表了"客家柱础艺术"一文，介绍了客家民居中的柱础艺术。同年，张嗣介先生发表了"赣县白鹭村聚落调查"一文。此文从客家民居聚落的角度出发，系统介绍了白鹭村的地理历史、街巷空间、建筑布局、典型民居及排水系统。"赣县白鹭村聚落调查"是最早以某一具体村落为研究对象，对客家聚落进行系统研究的论文。潘安先生于 1998 年出版了其博士论文《客家民系与客家聚居建筑》一书。该书有别于传统的区域研究角度，从民系出发研究客家民居的特性，采用大量赣南客家民居案例，深入探讨客家社会形态的基本特征，系统研究了客家聚居型民居、客家文化和客家民系之间的关系。

（三）2000 年以来赣南客家民居研究的全面发展

进入 21 世纪以后，对赣南客家民居的研究进入了全面发展时期，众多专家学者围绕着赣南客家民居从不同的角度开展了多方位的研究。在出版的学术专著方面，以郭谦、黄浩、万幼楠、姚赯和蔡晴等学者为代表，结合民系和地域文化从不同的断面对赣南客家民居开展研究。郭谦于 2005 年出版了《湘赣民系民居建筑与文化研究》一书，将赣南客家民居放在湘赣民系的视野之下，讨论了民居的文化背景、基本形制、装饰艺术、建筑技术及村落环境。黄浩先生于 2008 年出版《江西民居》一书，此书把赣南围屋作为江西民居的一种特定类型，分析论述了其格局形态、结构和构造做法以及装饰装修，并讨论了传统民居的保护与传承。万幼楠先生相继出版了《赣南围屋研究》《赣南传统建筑与文化》《赣南历史建筑与研究》等学术专著。2006 年出版的《赣南围屋研究》作为围屋研究领域重要的一部学术专著，结合大量赣南围屋建筑实例，对赣南围屋展开了多方位的探讨。2018 年出版的《赣南历史建筑研究》是万幼楠先生的集大成之作，提出赣南民居的主要特征是组合扩展性、主次分明、均衡布局，注重防卫、构筑奇艺。姚赯和蔡晴两位学者长期合作，2015 年以来，两人先后合作出版了《江西古建筑》和《章贡聚居》两部专著。《章贡聚居》一书以赣南客家民居为主要研究对象，兼顾了赣西北地区的客家建筑，在对客家民居进行分类型研究的基础上分析了客家民居基于居祀合一又分立的居住观念。

在赣南客家民居的聚落研究方面，罗勇、张嗣介、陈永林、陈家欢、李倩、郑庆杰等学者对赣南客家民居聚落开展了多方位的研究，发表了一系列论文。罗勇教授自 2000 年以来结合客家文化，围绕赣南客家民居聚落，发表有"三僚与风水文化""传统客家聚落中新老姓氏的生存竞争与调和共处——以上犹县营前镇为例""一个客家聚落区的形成和发展——上犹县营前镇的宗族社会调查"等论文。张嗣介先生发表有"南赣明珠——七里镇"一文。陈永林等于 2012 年发表有"城镇化中传统乡村聚落空间演化及其区域效应——以赣南客家乡村聚落为例"[30]，陈家欢于 2014 年发表"赣南乡村聚落外部空间的衍变"[31]，李倩于 2016 年完成研究生论文"虔南地区传统村落与民居文化地理学研究"[32]，郑庆杰于 2019 年发表"仪式的空间与乡村公共性建构——基于江西赣南客家村落的调查"[33]，梁步青于 2019 年撰写完成博士论文"赣州客家传统村落及其民居文化地理研究"[34]。

针对赣南客家民居的建筑本体研究，陆元鼎、万幼楠、汤翔燕、张嗣介等学者以赣南围屋研究为重点，从空间特征、建筑形制、差异化比较等诸多方面开展相关研究。陆元鼎先生和魏彦钧于 2001 年发表"粤闽赣客家围楼的特征与居住模式"一文[35]。万幼楠先生于 2000 年后先后发表"对客家围楼民居研究的思考""赣南客家围屋之发生、发展与消失""王阳明与赣南客家地区防御性民居的发生与发展"等多篇学术论文。汤翔燕于 2007 年撰写完成研究生论文"赣南客家乡土建筑——围屋的建筑形制及其室内研究"[36]。张嗣介先生发表有"客家围屋——新围建筑文化研究"一文。蔡晴、姚赯和黄继东合作并发表"堂横式与横居：一种江西客家建筑的典型空间模式"一文。他们认为以赣南为主的江西客家文化区内分布最为普遍和最基本的民居建筑类型是堂横式建筑，而生活空间围绕着位于建筑中心的祭祀空间周围展开是其空间组织模式的主要特征。燕凌撰写完成研究生论文"赣南、闽西、粤东北客家建筑比较研究"[37]。黄浩于 2013 年完成研究生论文"赣闽粤客家围屋的比较研究"[38]。曾文菁于 2020 年发表"基于不同历史文化背景的民居建筑风格与内涵的异同——以赣南客家围屋和徽派民居为例"一文[39]。

在赣南客家民居的装饰艺术研究方面，赣南师范大学刘勇勤、吴宏敏、陶晓俊、张海华等教师指导研究生，成体系地形成了系列研究生论文成果。其中，较有代表性的有"赣南客家传统民居吉祥装饰艺术研究""赣南客家传统民居木作装饰艺术研究""赣南客家传统民居门饰的艺术人类学研究""赣南客家传统花窗装饰艺术探究""赣南古民居楹联艺术文化研究"等研究生论文。同时，其他学者也围绕着赣南客家民居的装饰艺术及建造工艺开展相关研究，并形成研究成果。例如，彭凡撰写的"赣南客家传统民居装饰艺术研究"[40]，肖龙和王研霞发表的"赣南客家民居夯土建筑形制与工艺"[41]。

围绕着与赣南客家民居密切相关的客家文化开展的相关研究自 2000 年以来层出不穷。赣南师范大学罗勇教授在客家民系、客家人文特质、客家精神、客家姓氏族谱、客家风水信仰等方面发表多篇论文。例如："客家人文特质与客家精神述要""论赣南在客家民系形成和发展中的地位""客家民间风水信仰研究——以赣南为重点的考察""赣南客家姓氏渊源研究""杨筠松：客家风水信仰的始祖"。潘安先生于 2001 年发表"客家民系的儒农文化与聚居建筑"[42-43]。宁峰于 2006 年撰写完成研究生论文"赣南客家围屋的民俗文化研究"[44]。

三、赣南客家民居研究的文献数据分析

通过"知网"文献检索，文献主题为"客家民居"或"客家建筑"、"客家村落"、"客家聚落"，且有关"赣南"的各类文献有 820 篇。检索词组合运算式为：（客家民居 + 客家建筑 + 客家村落 + 客家聚落）* 赣南。820 篇文献中，包含学术期刊论文 527 篇，学位论文 111 篇，会议论文 53 篇，报纸、年鉴、学术辑刊、特色期刊等共计 129 篇。从文献发表的年度趋势来看，自 1990 年以来，学界对赣南客家民居开展的相关研究总体上呈现出逐年稳步递增的趋势。自 1990 年到 2010 年这二十年期间，2006 年为发文量峰值年，达到 32 篇。自 2010 年以来的近十年间，每年的发文量基本稳定在 50 篇以上，2014 年、2019 年和 2013 年为发文量最高的三个年份，分别达到 64 篇、63 篇和 61 篇（图 1-2-1）。

从相关研究的主要主题分布情况来看，以客家民居、客家建筑、客家村落及文化为主要文献主题的发文量最大（图 1-2-2）。从研究的民居建筑类型来看，目前学界对围屋、围垅屋（注：目前学界有"围

总体趋势分析

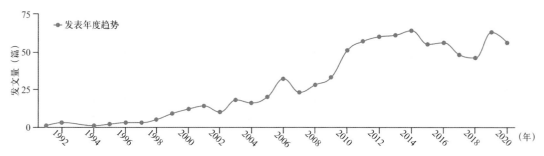

图 1-2-1　1990 年以来有关赣南客家民居的论文

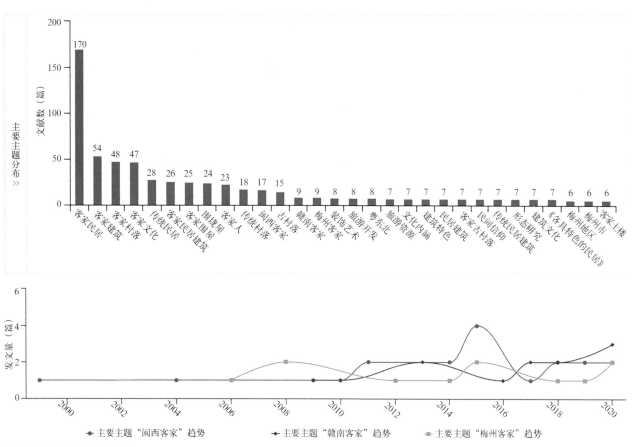

图 1-2-2　相关研究的主题分布

垅屋""围龙屋"和"围拢屋"三种称呼，本书采用江西省公布的省级文物保护单位采用的"围垅屋"称呼）和土楼的研究文献较多，而对在赣南客家地区大量分布的单堂屋民居（四扇三间、六扇五间）及厅屋组合式民居等民居建筑类型所开展的研究相当匮乏。从研究的地理区域来看，对客家民居的研究主要以闽西、赣南和粤东北作为区域研究对象。闽西、赣南和粤东北（以梅州为代表）是客家人主要的聚居区域，且地理相邻。在相关客家民居的研究中，以"闽西客家"为主要主题的发文总量明显大于以"赣南客家"和"梅州客家"为主要主题的发文量，三个主题的发文量自2010年以后均表现出上升趋势。从相关研究的学科分布来看，建筑科学与工程、旅游及文化三个学科的文献量占文献总量的63%。其中，建筑科学与工程一个学科的文献量占到了文献总量的44%（图1-2-3）。

从研究者从属的机构分布情况来看，表现出明显的在地属性，研究机构的所在地主要集中在广东、江西和福建三省，这三个省份的交界地区恰恰也是历史上客家人长期聚居的区域。华南理工大学、嘉应学院

和赣南师范大学（原赣南师范学院）是发文量最大的三个机构，发文量分别达到了64篇、60篇和44篇，占820篇文献总量的20%。华南理工大学作为传统的建筑学"老八校"之一，在客家民居的研究方面取得了丰硕成果。以陆元鼎、吴庆洲、唐孝祥等为代表的一批华南理工大学学者长期关注客家民居的理论研究，发表了一系列高质量论文。位于广东梅州的嘉应学院和江西赣州的赣南师范大学作为两所具有师范背景的地方性大学，其对客家民居的研究成果主要集中在艺术和民俗方面。同济大学、清华大学、北京大学、中央民族大学的一些学者也对客家民居给予了关注，从不同的侧面开展了相关研究（图1-2-4）。

为了观察学术界对于赣南客家民居的研究热度，研判当前对赣南客家民居所开展研究的广度与深度，本研究使用"知网"检索工具，分别以"民居"、"客家民居"和"赣南客家民居"为主题，分别检索出文献39521篇、629篇和59篇。客家民居是我国民居建筑的重要类型，而赣南作为客家人的主要聚居区域，受自然地理环境、社会经济发展和地域文化差异的影

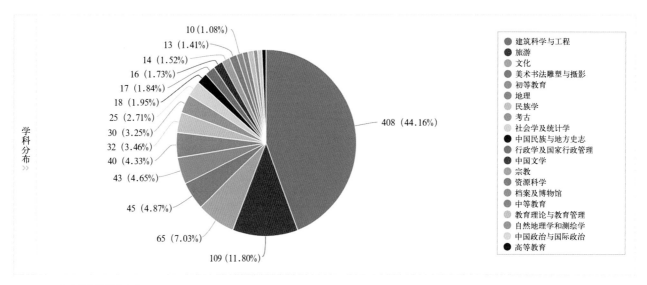

图 1-2-3　相关研究的学科分布

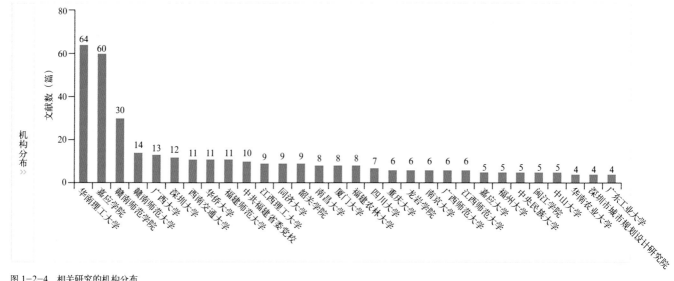

图 1-2-4　相关研究的机构分布

响,其民居与同是客家文化圈的闽西地区和粤东北地区的客家民居具有相当的差异性。若从文献的主题发表量来看,当前对赣南客家民居开展的相关研究尚不够深入,研究量难以匹配赣南客家民居应有的地位,研究的深度及广度相对滞后。

四、对赣南客家民居研究的评析与展望

从研究的类型来看,赣南客家民居的研究成果大致可以分为两个大类。一类是从研究民居建筑的形式风貌、空间结构、功能使用、营造技艺及装饰艺术出发,对其进行案例分析和归纳总结,力图为传统民居的保护和传承提供理论依据、为传统民居的修缮改造提供研究基础、为当代建筑设计提供参考和借鉴。此类研究主要是以建筑学的研究方法为主,并结合城乡规划学、美学等其他相关学科的研究理论。第二类是从传统民居的社会价值、文化意象、历史及自然环境背景出发,对其进行研析探究,力图揭示传统民居相关具体现象的成因及差异缘由,探求民居与社会、文化、自然地理和思想观念间的关系,为当代城乡建设及规划提供理论支撑。这一类研究主要是以社会学、地理学和历史学的研究方法为主,并结合考古学、人类学、民俗学等其他相关学科的研究理论。

从研究的内容来看,赣南客家民居的研究成果主要有如下四个倾向。一是民居建筑的研究逐渐从关注

建筑本体扩展到建筑的群体组合，延伸到建筑所依托的自然地理环境，延展到乡村聚落。二是民居建筑的研究不再局限于传统的地理分区，研究的空间范围有以区域、市、县、乡镇、村为边界，也有以文化圈、民系圈为研究对象。三是民居研究不再拘泥于对建筑的形式、空间、功能、营造及装饰进行研究，进而扩展到民居建筑同社会、文化、自然、艺术的互动关系。四是民间研究不局限于民间住宅，同时也对乡村聚落中的宗祠、寺庙、宫观、牌坊、会馆、书院、戏台、塔、亭等各类传统建筑展开讨论。

从研究的方法来看，赣南客家民居的研究方法已然从较为单一的学科研究方法转变为多学科、多方位的综合性研究。其研究方法业已从建筑学范畴扩展至城乡规划学、地理学、社会学、历史学、考古学、美学、民俗学、人类学、语言学等众多学科。对民居建筑的研究不再停留于"功能—形式"的认知范畴，而是将其放置于更加广阔的人类文化当中去思考[44]。其多学科、多方位的综合性研究不再局限于某一种特定的地理分区，已从某村、某镇或某个使用群体，扩展到地区、区域、民系和文化圈，既有宏观研究，也有微观研究。近20年以来，多学科的交叉研究和多元化的方法运用对于提升我国民居理论研究水平起到了关键性的促进作用。

有必要认识到，赣南客家民居研究还有很大的发展空间。研究思路还有待于扩展。民居同时具有物质空间属性、社会文化属性以及自然地理环境赋予其的地域特征属性。站在历史的台阶上，更有价值、更有意义的研究应当同时寻求多方位的研究要素进行综合辨析和系统研究，而不仅仅局限于单一视角的研究思路。从当前赣南客家民居的研究成果所呈现的情况来看，目前既有的民居研究较为注重对民居的形式、功能和空间进行解析，而对于民居在发展过程中所关联的社会、文化和自然环境因素的探究尚不够深入，还未有效地建立起将民居的形式、功能和空间研究紧密、系统地联系社会发展、文化观念及自然环境要素的研究思路。同时，我们可以发现，研究民居的社会、文化和自然环境等要素缺乏足够有效的研究方法、研究理论和技术手段，难以令人信服地建立起民居的形式、功能、空间和社会发展、文化观念及自然环境的逻辑关系和有机联系。

研究的系统性尚有待加强。既有的研究大部分是基于民居建筑本体开展的讨论。同时，或有研究成果将民居置于民系、流域及区域展开探讨，或有研究成果专门针对民居的营造工艺及装饰艺术进行探析，而鲜有研究成果将民居放置于"民居聚落—民居建筑—构造装饰"的逻辑语境中展开系统性研究。一方面，聚落和民居之间关系密切。民居是组成聚落的主体要素，乡村聚落和传统民居紧密关联，两者相辅相成。不同的聚落促生了传统民居的形式、功能和空间特征，聚落也是民居社会、文化要素的空间载体。不同民居建筑的形体组合形成了聚落的空间形态，民居建筑承载着聚落的文化观念和社会理念。另一方面，民居和其构造装饰之间关联紧密。传统民居是由特定的地方材料和营建工艺通过特定的构造形式和建筑装饰建造而成，民居建筑是各种构造装饰的集合体现。各类构造装饰实现了民居建筑的形式与空间，反映出特定时期传统民居所承载的社会观念、文化意义和艺术价值。新的历史时期，有必要建立起"民居聚落—民居建筑—构造装饰"的逻辑语境，建立起"宏观—中观—微观"的系统思维，以建筑学和城乡规划学为学科背景并应用多学科交叉研究，将民居放置于社会、文化及地理的研究背景之下，提升民间研究的系统性。只有这样，方能更好地发现民居问题、解释民居现象，以此服务于城乡规划建设及社会文化发展。

研究的纵、横维度还需延展。就研究的纵向维度而言，我国既有的民居研究大都以某一区域为研究对象，或以直辖市、省、自治区为研究边界，或以流域、民系为研究范围，虽有次级层次的论述，但容易挂一漏万、以偏概全。例如，《江西民居》和《湘赣民系民居建筑与文化研究》等著作对于赣南客家民居的研究主要是关注客家围屋这一种民居类型。事实上，客家围屋在赣南始终是局部的、少量的存在，并不是赣南客家民居的主流类型。同时，鲜有研究成果建立起了"区域—地方—聚落—民居"的纵向研究逻辑，不利于全面客观地辨析民居现象和民居问题。就研究的横向维度而言，既有的民居研究大多是局限于某一特定的研究对象，或以地域划分，或以类型划分，且主要关注了围屋这一种民居类型，而将某种特定的民居研究对象进行横向的差异性分析或对比研究尚不够深入。比如，赣南、闽西和粤东北都从属于客家文化圈，但三者的客家民居既有共通特征也有明显的差异化特点。三地"厅屋组合式民居"有着共同的空间逻辑，而三地共有的客家围屋却呈现出以方为主、以圆为主和方圆结合三种差异化特点。同时，赣南客家民居的形式和空间也受到了赣中、赣北、徽州、广东和福建等地民居的影响。对传统民居进行更为广泛的横向维度研究，才能更好地揭示民居发展的源流，更有信服力地解释民居的形式、空间逻辑以及社会、文化现象。

第三节　赣南客家民居的社会地理背景

一、自然地理

（一）地理环境

"赣"，江西省的简称，意为章、贡两水交汇之地。赣南，即江西南部，位于赣江上游，为江西省赣州市属地。赣州是江西省面积最大、人口最多的设区地级市，区域面积为 3.94 万平方公里，户籍人口近 1000 万（2019 年），分别约占江西全省面积和户籍人口的 1/4 和 1/5。赣州市下辖 3 区 13 县 2 县级市，分别为章贡、南康、赣县等 3 个区，于都、兴国、宁都、石城、会昌、安远、寻乌、信丰、定南、全南、大余、上犹、崇义等 13 县，瑞金、龙南等 2 个县级市（图 1-3-1）。其中，龙南、定南和全南三地，常简称为"三南"地区。

赣南是四省交界之地。其东邻福建省三明市和龙岩市，西倚湖南省郴州市，南接广东省梅州市、河源市和韶关市，北连本省吉安市、抚州市（图 1-3-2）。

地方志载，"屹然为三湘、八闽、五岭之奥区"，又总结为，"赣之为郡，当闽粤湖江四省之交，视他郡为重"[45]。古时交通多仰仗水路，中原过江西溯赣江去往闽粤两省，必经赣南，而赣南为水路源头，路人只好上岸续走陆路，翻山越岭再南下。方志有载，"省之南顾，则赣州为一省咽喉，而独当闽粤之冲，共出入之路有三：由惠州南雄者，则以南安大庾岭为出入；由潮州者，则以会昌筠门岭为出入；由福建汀州者，则以瑞金隘口为出入"[46]。历史上官府曾在大余大庾岭古道设梅关，于会昌筠门岭镇驿道设水堡，据守各处驿道要隘，故赣南为南北交通要冲之地，史亦称"界四省之交"、"扼闽粤之冲"[45]。

赣南亦属传统上中原边缘之地。古时，赣南尤其南部山区常被称为"烟瘴之地"，言其"地旷人稀"，如明初杨士奇有言，赣南"岩壑深邃，瘴烟毒雾，不习而冒之，辄病而死者什七八"[47]。赣南以南的闽粤之地，史书上"烟瘴"、"瘴蛊"、"蛮荒"之类的描述屡见不鲜，加上闽粤两省水系均背中原而向南或东流入大海，古代中原多视之为"化外之地"。而赣南北部有赣江及沿江盆地往北经赣北平原通向中原腹地，其开发在赣闽粤边这片区域处于领先地位，秦代之时便在赣南设南壄县，中央朝廷早早将之纳入中原版图，而赣南南部及与其接壤的闽粤边地，无论官府政治管控的程度还是开发教化的时序，均要较弱、较晚。地理上，赣南境内十条支流聚为章、贡两水，于赣州城

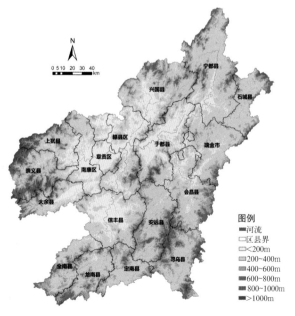

图 1-3-1　赣南行政区划及高程分析图

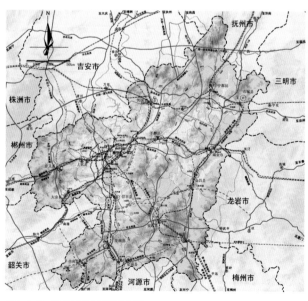

图 1-3-2　赣南交通及地理区位图

北汇合为赣江，再往北注入长江，润滋中原一方。因其地理环境的特殊性，赣南既是历史上行政管控程度和时序的"分水岭"，也是水系流向、水域哺育的分水岭，史称赣南"南抚百越，北望中州"，亦有视赣南为中原边地之意。

赣南之地，山岭纵横，属典型的丘陵山地地貌。赣南东有武夷山山脉隔福建省，西有罗霄山脉南段诸广山屏湖南省，南有大庾岭、九连山及三百山横广东省，北有雩山接本省赣中地区，全境呈现周高中低、南高北低的整体态势。赣南中部亦不平坦，屏山、峰山、阳山及油山等山岭分布其间，使得赣南四处丘陵密布，山谷蜿蜒。赣南整体上以山地、丘陵和盆地为主，三者分别约占赣南国土总面积的22%、61%、17%，民间俗称"八山半水一分田，半分道路与庄园"。史书资料上对赣南多有"山多田少"、"地脊民贫"的记载，整体上虽如此，但就赣南内部而言，南部确实岩壑深邃、山多田少，而赣南中部、北部分布有信丰盆地、赣康盆地、兴国盆地、宁都盆地等多处规模较大的盆地，生存环境却要相对好上很多，这些盆地也是赣南历史上开发、教化较早的区域。

赣南之水，穿梭于山岭谷壑之间，汇聚于南北两向之地，是赣江的发源地，也是广东东江、北江的源头。赣南有上犹江、章江、琴江、梅江、湘江、绵江、濂江、平江、桃江、贡江等十条较大的支流，沿途汇纳而于赣州城北龟角尾终聚合为赣江，本地称此水系格局为"十蛇聚龟"或"十龙聚龟"（图1-3-3），赣州亦有"千里赣江第一城"之誉。其中上犹江汇入章江，其他诸水均汇入贡江，章、贡二水再聚为赣江，至此成洪流之势北去。广东北江发源于赣州信丰县石碣大茅山，经广东南雄、韶关、清远而南流。赣南安远水汇入定南水（老城河、九曲河等），再与寻乌水聚为东江，经龙川、河源、惠州而南流。赣南山岭之地，以涓涓细流起始，南北分流，汇纳沿途支水而为江，滋养着广袤的赣鄱大地、岭南王国。

（二）气候环境

赣南地区靠近东南沿海，属于亚热带湿润季风气候区，呈现夏热冬冷、雨多气湿的总体特征，亦有酷暑和严寒流时间短、无霜期长等特征。赣南古时经济以农业为主，气候对赣南居民生产生活有着重大影响。赣南地区气温、降水、日照时数和风量等具体情况简述如下。

气温。赣南在中国气候区划当中属夏热冬冷地区，但与夏热冬暖地区接壤，气温反而更为接近南部夏热冬暖之地。全境年平均气温为19.8℃，各县（区市）年平均气温在19.1~20.8℃之间。赣南四季稍分

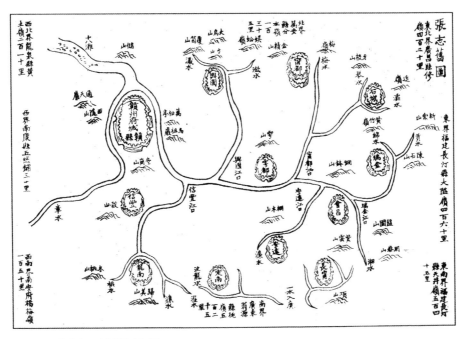

图1-3-3 赣南水系"十蛇聚龟"图
（引自清代《赣州府志》，疆域图）

明，春季冷暖气流频繁交汇，时冷时热；夏季白天较炎热，热季漫长但少酷暑；秋季风和气爽，但较为短暂；冬季稍冷但并不严寒，少雨雪。由于受盆地地形影响，赣南气温有着四周稍低中间略高的细微差异。另外，赣南整体上高山环抱，有效地阻挡了冬季由北而南的寒流，却也使得中部盆地区域夏季大多风小而闷热。

降水。赣南地区年平均降水量为 1319 毫米，各季度差异较大。其中，春季阴雨连绵，雨期较长但较少大雨；夏季通常是先涝后旱，前期降雨大且相对集中而易致洪涝灾害，后期高温无雨而易致干旱；秋季阴雨日数最少，最为温和干爽；冬季少见雨雪，偶有冰雹或冰凌天气，总体降雨为全年最少。赣南各县（市区）的年干燥度都小于 1，降水充足而蒸发相对少，气候湿润。

日照时数。受地形、纬度、季节等影响，赣南地区的日照时数与太阳辐射能量都呈现北多南少、东多西少的总体特征。东北部宁都、石城等县年均日照时数多在 1800 小时以上，西南部多在 1700 小时以下。各县（市区）无霜期较长，平均日数为 288 天。

风向风速。受盆地地形影响，赣南全年绝大部分县（市区）以无风、微风天数居多，仅宁都、兴国、章贡区、大余、信丰以北风为盛。因此，赣南整体上风能贫乏，风少风小也是赣南盆地多闷热的主因。风向随季变化，9 月至次年 3 月，赣南全域多盛行北风，4~6 月南风、北风势均力敌，7~8 月南风最盛。

二、社会人文

（一）沿革与概况

赣州建制悠久，历史沿革复杂。赣南行政建制的起源可追溯到公元前 214 年，当时秦代在今大余、南康之间设置南壄县。公元 236 年三国时期，赣州首次设置地区一级行政机构庐陵南部都尉，负责辖内 7 县。至公元 990 年北宋时期，赣州分设两个政区，为虔州（下辖 10 县）和南安郡（下辖 3 县）。公元 1153 年，南宋绍兴二十三年，虔州"去虎留文"，并与章、贡二字合写为"赣"，"赣州"之名便由此开始。公元 1754 年乾隆年间，赣州分设三个行政区，分别为赣州府（下辖 9 县）、南安府（下辖 4 县）、宁都直隶州（下辖 2 县）。自 1952 年至今，赣州地区一直稳定为一个行政区，并于 1998 年撤地改市，设立地级赣州市。

赣南历史厚重，文化多样。赣州是江南宋城，宋代防卫城墙及排涝福寿沟举世瞩目。赣南是红色故都，原中央苏区所在地，万里长征的起点。赣南独特的山区环境，是风水观念发展和流行的自然地理温床，中国民间风水堪舆文化的两大宗派均起源于赣南，赣南亦成为中国民间风水堪舆文化的发源地。尤为独特的是，赣南深厚浓郁的客家文化。赣南被誉为"客家摇篮"、"客家原乡"。赣南是客家先民南迁形成民系的第一站，是客家民系的发祥地之一。赣州是中国客家三大聚居地之一，与汀州、梅州、惠州并称"客家四州"，赣南 95% 以上人口为客家人，除章贡区市区、信丰县城外，居民通用赣南客家语。赣南也是客家人继续南迁的中转站，再往南至粤东北，往东至闽西，继而东南渡台湾，南下过南洋，迁向世界各地。清代，大批闽粤客家人回迁赣南，最终形成并奠定了今天赣闽粤边区客家大本营的格局，因此，赣南既是客家聚居地格局形成的起点，亦是终点。2013 年 1 月，经国家文化部批准，江西省赣州市正式成为国家级"客家文化（赣南）生态保护实验区"。

（二）移民与动乱

赣南社会某种程度上等同于客家社会，而构成客家社会的客家民系的形成，首先离不开中原汉人的南迁。客家学的奠基人何香林先生将客家先民的大迁徙分为五次。第一次源于西晋"永嘉之乱"，第二次源于唐末"安史之乱"及黄巢起义，第三次源于北宋"靖康之难"，第四次为明末清初闽粤客家人外迁，第五次为清末至民国初年闽粤客家人的再次外迁[48]。事实上，第一次迁徙甚少有移民到达赣闽粤边区，第五次迁徙亦与赣南无多大关系，对于赣南客家社会而言，影响较大是第二至第四次迁徙。第二次迁徙，自安史及黄巢军兵转战中原与江淮，两地汉人持续南迁，抵达赣南者甚众，多至赣南北部、中部，又以东北宁都、石城等地最多。第三次迁徙，随着金人与蒙古入主中原，汉人再度南迁，涌入赣南的北来人口最多，移民迁出地"以江淮为核心区域"[49]，迁入地已推进到赣南南部，直接推动了包括赣南在内的赣闽粤边区客家民系的形成。第四次迁徙，闽粤客家人"系裔日繁，资力日充，而所占地，山多地少，根植所获，不足供用，以是，乃思向外移动"[48]，赣南接纳了闽粤客家人外迁的其中一部分，填充了赣南尤其赣南南部、中西部剩余的生存空间,奠定了今天客家民系主要聚居地的分布格局。这里需要提到两件事情,一是在迁徙的时间跨度上,迁徙并非这几"次"的迁徙,"次"突出的是动因,"次"与"次"之间,迁徙是连续的;二是在迁徙的空间转换上,南迁并非由中原到赣闽粤一蹴而就的,而是递次推进的,到达赣南的,很多都是在南迁沿线定居再往南迁的汉人,规模最大的来自江淮一带。

南迁汉人并不是客家民系形成的"独角"。在大量的汉人到来之前,赣闽粤边区已有两部分"原住民",一部分是百越种族,定居此地久远;另一部分是盘瓠蛮(即畲族及其先民),于六朝隋唐之际迁入赣闽粤边区[49]。持续外来的汉人不断与当地这两部分土著融合,促进了赣南山区的开发和客家文化的形成。如宋代南迁汉人的加入,推动赣南土著山区生产从刀耕火种的原始农业过渡为田作牛耕的精作农业[50],生产力的解放和提高,促使赣南山区的开发得到迅速推进。清代自闽粤回迁的移民,带来花生、甘蔗、烟叶等经济作物及种植技术,同时带动了油茶、油桐等经济林的垦植,极大地促进了赣南经济作物和经济林的大规模种植[51]。而百越和盘瓠蛮崇巫信鬼的传统,对客家人的宗教信仰产生了深刻的影响,塑造了客家社会的多神信仰特色。随汉人南迁带来的道教、佛教甚至宫廷风水文化,都带上了巫蛊鬼神的印迹,尤以巫道结合最为典型。另外,我们注意到一个现象,即"土著"的身份也会随着定居时间发生变化。王东林、罗勇、龚文瑞等学者以客家迁入时间节点来区别赣南客家人,明中期之前存在或迁入赣南世居的客家人被称为"老客",明末清初闽粤回迁赣南的客家人被称为"新客"[52],相对于新客,先期定居的老客便也是土著了。由上可知,客家民系的先民,包括汉人、百越族和盘瓠蛮等三大部分,正是这三者的持续融合与互动,形成并发展了客家民系。

伴随着大量移民的涌入,赣南得到大开发的同时,社会也进入了一个长期动荡的历史时期。历史上所有的大规模移民活动及其融合过程,都不可避免地伴随着碰撞与冲突。赣南社会的冲突动荡,以宋至清初这段时期相对激烈和集中,长达600余年,唐立宗、黄志繁等学者对此有深入研究。黄志繁先生将赣南社会的这种碰撞与冲突界定为"动乱",而非"农民斗争""革命""反乱""民众运动"等[53]。所谓"融合",事实上从来不是移民、土著或者官府的自觉,移民并非自觉而是被迫而来,土著也无主动容纳而多怀以敌视,而朝廷官府层面,我们亦鲜见赣南当地官府主动安置移民的记载。"动乱"某种程度上就是"融合",其本质是生存空间的争夺或再平衡。简单地说,当社会当中的各个群体都能在一个地域安稳地生存下来,便取得"融合"而形成了这个地域稳固的社会整体。

赣南移民社会生存空间的再平衡,大致表现为物质和精神两个方面。其一,在物质上,主要为生产资料及营生手段的获得。生产资料的争夺是复杂而全方位的,以明清鼎革之际流民与土著之间在田地租佃上的冲突为例,"明初赣南地旷人稀,土地相对宽松,这种状况使土著掌握着相对广阔的土地和山林资源"[53],明末大量涌入的流民初时多以租种土著田地为生,后因人多地少关系紧张,不可避免地出现了频繁的佃农抗租风潮,争取"永佃权"的斗争此起彼伏,至清中期才多以土地共有的结果得以暂时缓和。营生手段的拓展更为典型,赣南持续不断的"盐寇""峒寇""畲贼"作乱侵扰,大多与之关系紧密。宋代"虔寇纷纷"多为"盐寇",实际上很大一部分是地方农民甚至豪强在官府重赋之下通过贩运私盐而获利营生的"非法"活动。其二,在精神上,生存空间的再平衡主要体现为对流民身份的认同。这种认同来自两个主体,一是来自土著或田主。田主与流民佃户之间的主佃关系基本是主从佃附,田主不仅盘剥佃户,往往还驱使佃户为寇而获利甚至对抗官府,随着流民的大量涌入及抗租斗争的加剧,这种主从关系逐渐得到根本逆转,土著不得不给予流民相对平等的接纳和认同。二是来自官府,流民需要户籍,获得国家认可,进而得到科举考试及提升社会地位的机会。而这个认同过程,往往也伴随着寇乱、清剿、招抚、合作,甚至出现弃籍再乱、剿抚、入籍这样的重复过程。而人类的历史,也往往是在这样的螺旋发展当中,向前推进。赣南社会在经历了宋至清初600余年的动乱之后,在清中期进入了一个相对安定的历史时期。虽然晚清赣南南部发生了新的动乱,但这种情况是局部的,"赣南地方社会的各种势力基本被纳入了国家统治体系之中"[54],社会当中的各个群体都能在赣南相对安稳地生存下来,已融合为一个稳固的社会整体,奠定了今天赣南社会的基层结构格局。

我们需要注意到一个现象，即赣南社会动乱的主体都是群体，争取并获得生存空间的，都是基于地缘、业缘、血缘而组成的群体，尤其以血缘宗亲为纽带的宗族，清代就已成为极其重要的地方基层组织。这就能够解释，为什么赣南客家人都采用聚族而居的群体生活模式，为什么赣南社会某种程度上就是家族社会，因为只有群体尤其是抱团的稳固的大宗族或大豪强，才能够在赣南动乱的社会大环境中取得争夺生存空间的优势。

赣南独特的社会地理环境，孕育了赣南客家民系及客家文化。笔者引用谢重光先生对客家民系及客家文化的定义，以方便读者准确理解客家含义："约略

从唐代中叶安史之乱始，以江淮汉人为主体的北方汉人源源南迁，在华南诸省平原和沿海地区都被开发殆尽的情况下，大批南迁的汉人涌入闽粤赣交界区域的山区和丘陵地带，与闽粤赣交界区域的百越种族及盘瓠蛮等业已生活在这一区域的南方民族，经过长期的互动和融合，至南宋时彼此在文化上互相涵化，形成了一种新的文化——迥异于当地原住居民的旧文化，也不完全雷同于外来汉民原有文化的新型文化，这种新型文化就是客家文化，其载体就是客家民系。"[49]赣南的客家文化又和赣南的地理环境、社会环境一起共同作用，以客家民系尤其宗族为载体，对赣南客家民居的形成发展产生了深远的影响。

参考文献

[1] 龙非了 . 穴居杂考 [J]. 中国营造学社汇刊, 1934, 5 (01)：55-76.

[2] 熊梅 . 我国传统民居的研究进展与学科取向 [J]. 城市规划, 2017, 41 (02)：102-112.

[3] 林徽因, 梁思成 . 晋汾古建筑预查纪略 [J]. 中国营造学社汇刊, 1935, 5 (03)：12-67.

[4] 潘莹, 施瑛 . 中国民居的研究起点 ?[J]. 南方建筑, 2017 (01)：16-20.

[5] 严钦尚 . 西康居住地理 [J]. 地理学报, 1939 (6)：43-58.

[6] 熊梅 . 我国传统民居的研究进展与学科取向 [J]. 城市规划, 2017, 41 (02)：102-112.

[7] 刘敦桢 . 西南古建筑调查概况 [A]. 刘叙杰 . 刘敦桢建筑史论著选集——1927-1997[C]. 北京：中国建筑工业出版社, 1997：111-130.

[8] 陆元鼎 . 中国民居研究五十年 [J]. 建筑学报, 2007 (11)：66-69.

[9] 刘致平 . 云南一颗印 [J]. 中国营造学社彙刊, 1944, 7 (01)：63-94.

[10] 刘致平 . 中国居住建筑简史 [M]. 北京：中国建筑工业出版社, 1990.

[11] 金瓯卜 . 对传统民居建筑研究的回顾和建议 [J]. 建筑学报, 1998 (04)：47-51.

[12] 刘郭桢 . 中国住宅概说 [M]. 天津：百花文艺出版社, 2004.

[13] 陆元鼎 . 中国民居研究现状 [J]. 南方建筑, 1997 (01)：28-30.

[14] 陆元鼎 . 中国民居研究的回顾与展望 [J]. 华南理工大学

学报（自然科学版）, 1997 (01)：133-139.

[15] 陆元鼎 . 中国传统民居研究二十年 [J]. 古建园林技术, 2003 (04)：8-10.

[16] 余英 . 关于民居研究方法论的思考 [J]. 新建筑, 2000 (02)：7-8.

[17] 同 [6].

[18] 王浩锋 . 民居的再度理解——从民居的概念出发 谈民居研究的实质和方法 [J]. 建筑技术及设计, 2004 (4)：20-23.

[19] 李权时, 李明华, 韩强 . 岭南文化（修订本）[M]. 广州：广东省出版集团广东人民出版社, 2010.

[20] 过元熙 . 平民化新中国建筑 [J]. 广东省立勷勤大学季刊, 1937, 1 (3)：158-160.

[21] 杨炜 . 乡镇住宅建筑考察笔记 [J]. 广东省立勷勤大学季刊, 1937, 1 (3)：223-230.

[22] 刘郭桢 . 中国住宅概说 [M]. 天津：百花文艺出版社, 2004.

[23] 陆元鼎, 马秀之, 邓其生 . 广东民居 [J]. 建筑学报, 1981 (9)：29-36.

[24] 黄汉民 . 福建圆楼考 [J]. 建筑学报, 1988 (09)：36-43+65.

[25] 张仲一 . 徽州明代住宅 [M]. 北京：建筑工程出版社, 1957.

[26] 高明, 王乃香, 陈瑜 . 福建民居 [M]. 北京：中国建筑工业出版社, 1987.

[27] 余英 . 客家建筑文化研究 [J]. 华南理工大学学报（自然科学版）, 1997 (01)：14-24.

[28] 吴庆洲 . 客家民居意象研究 [J]. 建筑学报,1998 (04)：3-5.

[29] 吴庆洲 . 从客家民居胎土谈生殖崇拜文化 [J]. 古建园林技术，1998 (01)：3-5.

[30] 陈永林，周炳喜，孙巍巍 . 城镇化中传统乡村聚落空间演化及其区域效应——以赣南客家乡村聚落为例 [J]. 江西科学，2012，30 (05)：625-629.

[31] 陈家欢 . 赣南乡村聚落外部空间的衍变 [D]. 华侨大学，2014.

[32] 李倩 . 虔南地区传统村落与民居文化地理学研究 [D]. 华南理工大学，2016.

[33] 郑庆杰 . 仪式的空间与乡村公共性建构——基于江西赣南客家村落的调查 [J]. 南京农业大学学报（社会科学版），2019，19 (04)：37-48+157.

[34] 梁步青 . 赣州客家传统村落及其民居文化地理研究 [D]. 华南理工大学，2019.

[35] 陆元鼎，魏彦钧 . 粤闽赣客家围楼的特征与居住模式 [A]——中国客家民居文化：2000 客家民居国际学术研讨会论文集 [C]. 广州：华南理工大学出版社，2001：1-7.

[36] 汤翔燕 . 赣南客家乡土建筑——围屋的建筑形制及其室内研究 [D]. 南昌大学，2007.

[37] 燕凌 . 赣南、闽西、粤东北客家建筑比较研究 [D]. 赣南师范学院，2011.

[38] 黄浩 . 赣闽粤客家围屋的比较研究 [D]. 湖南大学，2013.

[39] 曾文菁 . 基于不同历史文化背景的民居建筑风格与内涵的异同——以赣南客家围屋和徽派民居为例 [J]. 建筑与文化，2020 (01)：116-119.

[40] 彭凡 . 赣南客家传统民居装饰艺术研究 [D]. 青岛理工大学，2012.

[41] 肖龙，王研霞 . 赣南客家民居夯土建筑形制与工艺 [J]. 设计艺术研究，2015，5 (02)：121-125.

[42] 潘安 . 客家民系的儒农文化与聚居建筑 [A].

[43] 陆元鼎 . 中国客家民居与文化 [C]. 广州：华南理工大学出版社，2001.102-112.

[44] 宁峰 . 赣南客家围屋的民俗文化研究 [D]. 辽宁大学，2006.

[45] 赣州府志 · 旧序 .

[46] 赣州府志 · 卷 70.

[47] 东里集 · 文集 · 卷 5.

[48] 罗香林 . 客家研究导论 [M]. 上海：上海文艺出版社，1992.

[49] 谢重光 . 客家民系与客家文化研究 [M]. 广州：广东人民出版社，2018：4.

[50] 冈田宏二 . 中国华南民族社会史研究 [M]. 北京：民族出版社，2002：202.

[51] 曹树基 . 明清时期的流民和赣南山区的开发 [J]. 中国农史，1985，000 (004)：19-40.

[52] 王东林 . 民系理论的初步探索 [J]. 江西师范大学学报（哲学社会科学版），1993 (02)：38-43.

[53] 罗勇，龚文瑞 . 客家故园 [M]. 南昌：江西人民出版社，2007：21-29.

[54] 黄志繁 ."贼""民"之间：12~18 世纪赣南地域社会 [M]. 北京：生活 · 读书 · 新知三联书店，2006.

第二章

聚落：传统与现实的山水邂逅

独特的社会人文和自然山水孕育出了独特的赣南客家民居和客家聚落。本章采取地理学研究、案例研究、形态解析等方法，结合地理信息系统技术以学界既有研究为基础，从聚落边界形态、空间形制、地理环境类型等三个角度，分析赣南乡村聚落的表征现象，探讨其空间特征及形成机制，并进一步总结赣南乡村客家聚落的空间分布特征，呈现赣南客家民居外延环境的宏观图景①。

---

① 本章采用的遥感影像图片如无指北针标注，均遵循上北下南的方位原则。

第一节　聚落的研究现状

一、聚落的基本概念及界定

人类采取抱团群居的方式而得以求生存，这种生活方式称为聚居。在经历一段时间后，占据相对稳定而固定的空间，形成了具有一定规模的人类居住场所，则称为聚落。原始社会时期，人类的生产技术和生产工具十分落后和简陋，只能通过采集果实、打猎、捕鱼等生产方式直接从自然界获取维持生存的食物，哪里有充足的食物、哪里利于生存就去哪里，尚处在居无定所、四处觅食的状态。直到原始社会末期，人类社会出现第一次劳动大分工，发展出种植业，实现了自给自足，形成了相对固定的农业居民点，也就是早期的聚落。

"聚落"一词在古籍中早已有载。西汉时期司马迁所著的《史记·五帝本纪》中提到，"舜一年而有所居成聚，二年成邑，三年成都"。文中的"聚""邑""都"由小到大渐次显示了传统聚落发展的脉络，小村落逐步发展到大都城体现的是聚落发展必经的层级关系。东汉时期班固所著《汉书·沟恤志》中提到"时至而去，则填淤肥美，民耕田之。或久无害，稍筑室宅，遂成聚落"，揭示了聚落的产生围绕于生存环境，聚落亦不仅是起居的"室宅"组合，还囊括了人们的农耕活动。发展至今，聚落已成为人们居住、生活、休息和进行各种社会活动的场所，也是人们进行生产的地方。

在学术不断发展的大环境下，"聚落"一词在不同研究语境中有不同的侧重含义，主要有三种。其一，在建筑学、城市发展史等学科中，聚落多指后天人工形成的居住物质环境。其二，在人类社会学、考古学等学科中，聚落多指人类集体聚居或聚集的社会状态。其三，在人文聚落地理学科中，多将聚落作为人类社会和居住环境形成的整体，把人类活动纳入研究范畴中[1]。

在研究赣南客家民居的相关文献中，不难看到"聚落""乡村聚落""传统乡村聚落""村落""传统村落"这些名词，在展开探讨前厘清这些名词概念之间的区别很有必要。

人类各种形式的居住场所统称为聚落。中国幅员辽阔，存在的聚落大大小小，千差万别，但大致可分为乡村聚落（乡村居民点）和城市聚落（城市居民点）两种类型。乡村聚落的界定主要通过两种方式。第一种方式，以社会生产方式为切入点，以农业人口和农业生产活动为主要生产方式的居民点称之为乡村

聚落。第二种方式，按地域划分行政区来看，我国行政区划分包括省级行政区、县级行政区、乡级行政区三个级别，其中属于乡级行政区的人口居民点称为乡村聚落。

人类聚居学理论的创立者道萨迪亚斯（Constantions Apostolos Doxiadis）认为人类聚居由五种基本要素组成，分别是自然（指整体自然环境，是聚居产生并发挥其功能的基础）、人类（指作为个体的聚居者）、社会（指人类相互交往的体系）、建筑（指为人类及其功能和活动提供庇护的所有构筑物）、支撑网络（指所有人工或自然的联系系统，其服务于聚落并将聚落联为整体，如道路、供水和排水系统、发电和输电设施、通信设备、一级经济、法律、教育和行政体系等）[2]。乡村聚落作为人类聚居模式之一，是农村居民和周边社会环境、自然环境、文化环境、经济模式相互作用的现象与过程，是乡村居民居住、生产与生活的场所，集中居住规模较小。反之，城市聚落是以非农业人口为主和以非农业生产活动为主要生产方式的居民点，其人口数量和经济水平都达到了一定程度，规模较大，分布较集中。封建时期，商品经济不占主要经济地位，乡村聚落是聚落的主要形式。资本主义社会时期，城市广泛发展，乡村聚落失去优势，城镇化开始蔓延。城市由乡村发展而来，因此人类先出现乡村聚落而后出现城市聚落。值得注意的是当前的表述习惯中当同时出现"聚落"和"城市"时，往往是针对城乡之间的问题。如无特殊强调，聚落往往仅指乡村。

乡村聚落又分为传统乡村聚落和现代农村。与现代农村、城市聚落相比，传统乡村聚落具有明显的不同。"传统"作为一个较宽泛的描述性词汇，所指涉的内容多指思想文化、道德风俗、工艺技术、行为方式等，其经过时间沉淀得以流传延续，并在现代社会中仍保持相对的活力。相对而言，传统乡村聚落是一个描述具有某种历史特征的聚落词汇，其在形态上表现出相对的连贯性和稳定性。传统乡村聚落的建造方式、空间形态、建筑风貌及居住者的生活习俗都延续着某种"传统"的模式，需要经历一定时间的传承、延续、考验。传统乡村聚落侧重于过去的、历史的建筑形态、生产与生活方式的延续，其聚落风貌能反映一定的历史文脉与地方文化的传承，在聚落面貌上仍保留了较多的中国传统民居建筑特色[3]。按文化和历史背景来分，我国传统乡村聚落可分为江南古村落、

山西大院古村落、徽派古村落、岭南古村落等。

在考古学、地理学、人类学、社会学及其他学科中，村落和乡村聚落通常用来表示同一概念，均指农业人口集中分布的区域。村落一般指大的乡村聚落或多个乡村聚落形成的群体，其中包括自然村与行政村。2012年9月，传统村落保护和发展专家委员会第一次会议决定，将习惯称谓"古村落"改为"传统村落"。传统村落是指建村历史较久远且具有独特民俗民风的村落，其在历史、文化、科学、艺术、经济及社会方面均有一定价值，蕴含着丰富的历史文化和自然景观，是我国农耕文明留下的宝贵遗产，因此传统村落一般指较大的传统乡村聚落或多个传统乡村聚落聚集而成的居民点。

值得一提的是，本书中未出现城市聚落的相关阐述，为符合当代的表述习惯，书中出现的"聚落"一词多指代为乡村聚落。而本书的研究对象为赣南乡村聚落，指的是主要承担村民日常生活的居住空间。

二、国内外聚落研究的发展演进

（一）国外聚落相关研究

国外对乡村聚落的研究起步较早，主要以地理学为基础。乡村聚落地理是乡村地理学的重要分支，国外乡村聚落地理研究大致可划分为以下四个阶段（表2-1-1）。

1. 萌芽起步阶段（19世纪至20世纪20年代）

国外乡村聚落地理的研究起步较早，始于19世纪。1841年，德国地理学家科尔年（Johann Georg Kohl）最早对聚落地理进行较为系统的研究。在其著作《人类交通居住与地形之关系》一书中，他首次将大都市、集镇、村落等不同类型的聚落进行了比较分析，主要研讨了不同类型的聚落分布与地形、地理

环境和交通等之间的关系，并着重研究了地形差异对村落区位的影响[4]。1891年，德国地理地理学家拉采尔（Eratzel）详细探讨了自然环境对聚落分布的影响。1895年，梅村（A.Meitzen）对德国北部的乡村聚落进行了聚落形态划分，全面分析该聚落的形成原因、发展过程、发展条件，为聚落地理研究提供了重要的理论基础。1902年，卢杰昂（M.Lugeon）在其著作《万莱州聚落研究》中深入分析了村落位置与地形、日光等环境因子的关系[5]。1906年，德国地理学家吕特尔（Otto Schluter）在《对聚落地理学的意见》一书中首次提出"聚落地理"的概念[6]。1910年，法国人文地理学家白吕纳（Jean Brunhes）在其《人地学原理》一书中全面研究了乡村聚落和环境的关系，创立了大量聚落地理学基础理论[7]。

该阶段国外对乡村聚落地理研究的范围较窄，主要围绕乡村聚落与自然环境之间的关系展开探讨，研究方法大部分以描述、说明为主，为聚落地理学的发展奠定了理论基础。

2. 初级发展阶段（20世纪20年代至60年代）

"二战"后城市重建、经济发展引发的城市化浪潮极大推动了城市地理学的研究，乡村地理学也得到了一定的关注。1933年，德国地理学家克里斯塔勒（Walter Christaller）创立了中心地理论，并结合德国南部乡村聚落的市场中心和服务范围进行实证研究，为乡村中心建设、乡镇空间体系规划提供重要理论基础，对乡村聚落研究做出重要贡献[8]。1939年，阿·德芒戎（Albe Demangeon）在"乡村聚落的类型"一文中围绕法国农村聚落的居住形式展开研究，区分了乡村聚落的类型并将其划分为长型、块型、星型、趋向分散的村庄四种类型[9]。1954年，希腊学者Doxiadis认为应把所有人类居住区（包括城镇和乡村）

国外乡村聚落研究的发展阶段   表2-1-1

阶段	萌芽起步阶段	初级发展阶段	定量拓展阶段	转型变革阶段
时间跨度	19世纪至20世纪20年代	20世纪20年代至60年代	20世纪60年代至80年代	20世纪80年代至今
研究方法	以定性描述、概括说明为主	地域性的实例举证叙述偏多	定量分析与定性描述相结合	多学科综合分析，尤其是人文和社会方向方面
主要研究内容	主要围绕乡村聚落与自然环境之间的关系展开探讨	主要围绕乡村聚落的形成、发展、类型、职能、规划等方面，侧重对村落的原始形态、村落分布、区位条件等的叙述	主要探讨人为决策行为对聚落的形成、分布、形态和结构的影响	研究内容多元化发展，主要研究乡村聚落模式的演变、乡村人口与就业、地方政府和乡村话语权、乡村重构、乡村经济重构、环境可持续发展等

视为一个整体来系统研究，人居环境研究理论自此始形成并发展。

该阶段国外对乡村聚落的研究主要围绕乡村聚落的形成、发展、类型、职能、规划等方面，侧重对村落的原始形态、村落分布、区位条件等的叙述，并且多辅以地域性的实地考察作为例证，极大推动了乡村聚落地理研究的发展。

3. 定量拓展阶段（20世纪60年代至80年代）

20世纪60年代以来，乡村聚落地理研究方法受到"计量革命""行为革命"的影响发生重大变革，趋向定性与定量相结合，相较之前阶段更多定性的描述研究有了很大进步。这一时期，乡村聚落地理研究逐渐涌现了广泛应用行为科学的著作，如邦斯（M.Bruce）的《都市世界的乡村聚落》、基士姆（M.Chisholm）的《乡村聚落和土地利用》、Goodwin的《快速发展地区的农村聚居模式》和哈德森（F.S.Hudson）的《聚落地理学》等。上述著作主要探讨人为决策行为对聚落的形成、分布、形态和结构分别有何影响[10]。值得一提的是20世纪70年代以后，生活环境压力的增长伴随可持续发展理念的推出，乡村聚落研究开始趋向可持续发展方面，研究领域也大为拓展，乡村地域社会经济现象的各个领域都略有涉及。与此同时，乡村聚落研究开始运用一种新的研究方法——参与式农村评估（Participatory Rural Appraisal，PRA），该理论被逐步运用到乡村聚落相关资料收集领域，对促进研究发展起到了积极的推动作用。

该阶段国外对乡村聚落地理研究主要是方法上实现了重大变革，原来较为单一的定性描述分析转变为定量与定性相结合的研究方法。在社会经济快速发展的大背景下，乡村聚落在研究领域上也得到扩充，开始向乡村地域社会经济相关方面发展。

4. 转型变革阶段（20世纪80年代至今）

20世纪80年代以来，掀起了众多哲学思想浪潮，尤其在人本主义思潮的影响下，国外乡村聚落地理学研究开始向人文和社会方向转型，这一转型引发了社会各阶层对乡村不同社会群体、乡村生活的多样性研究。20世纪90年代以来，乡村城市化、乡村工业化快速发展，乡村人口迁出原址，集中居住形成新村，且呈现新村规模日益扩大的态势，导致成千上万的原有小村落出现废弃、空心化甚至消失的情况，从根本上改变了原有的乡村聚落结构。乡村聚落结构发生变化引起了国外学者的重视，关于乡村聚落的研究逐渐与其他学科相融合。

该阶段国外对乡村聚落的研究内容日益多元化，从地理空间分析向人文和社会方向转型，并加强了多学科综合分析的研究深度及广度。研究内容主要涉及乡村聚落模式的演变、乡村人口与就业、地方政府和乡村话语权、乡村重构、乡村社会经济重构、环境可持续发展等方面。

总体来看，国外乡村聚落地理研究起步较早，研究领域较广且较为系统全面。随着全球化、工业化、乡村城镇化对乡村聚落的影响，国外研究逐渐从宏观、中观、微观尺度对乡村聚落进行分析，研究尺度渐次向村域层面转变。综合地理学、社会学、生态学等学科角度，运用新理论和新方法，强调定量和定性分析相结合，愈加重视乡村聚落的转型变革和乡村社会人文研究。

（二）国内相关研究

相对而言，国内对乡村聚落的研究起步较晚，也可划分为以下四个阶段（表2-1-2）。

1. 萌芽起步阶段（20世纪30年代至50年代）

20世纪30年代，西方学术思想传入国内。法国

国内乡村聚落研究的发展阶段　　表2-1-2

阶段	萌芽起步阶段	初级发展阶段	快速发展阶段	多元化阶段
时间跨度	20世纪30年代至50年代	20世纪50年代至改革开放初期	改革开放至20世纪90年代末	20世纪90年代末至今
研究方法	以定性描述为主	仍以定型化描述为主	定性描述和定量化分析相结合	新技术的运用使得定量化研究更便捷精确
主要研究内容	主要受到国外西方学术思想影响，借鉴理论对乡村聚落进行地域性分析	主要对乡村聚落类型、等级以及布局进行了初步研究	主要对乡村聚落的整治布局和规划、空间结构、等级体系以及演变机制进行研究，并从生态学角度进行了初步探究	主要的研究内容为乡村聚落空间特征、演变机制及优化、乡村聚落空心化问题、乡村聚落生态学研究及传统乡村的保护利用等，注重乡村聚落中人与环境的关系

人文地理学家让·白吕纳（Jean Brunhes）在其《人地学原理》一书中详细论述了农村聚落及人类活动与环境之间的关系，开始引起国内学术界关于乡村聚落地理的重视[11]。1938 年，林超在"聚落分类之讨论"一文中展开讨论乡村聚落与农村土地的关联性，并对聚落进行分类概述[12]。1939 年，严钦尚在"西康居住地理"一文中阐述了西康地区各类村落的房屋形式、建筑材料、村落选址、风俗习惯对房屋的影响[13]。1943 年，陈述彭、杨利普在"遵义附近之聚落"一文中指出房屋的分布受自然地理因素、社会经济条件以及社会民族特性等影响[14]。

该阶段国内对乡村聚落的研究主要受到国外西方学术思想的影响，借鉴研究理论对乡村聚落进行地域性分析，研究范围较小，研究方法主要以定性描述为主，加上该时期国内时局动荡，形成的研究成果较少。

2. 初级发展阶段（20 世纪 50 年代至改革开放初期）

1949 年后，国内学者结合实际发展需求，开展了有关乡村聚落的地理研究，理论成果和研究方法均取得一定进展。1950 年吴传钧在"怎样做市镇调查"一文中对聚落进行了等级划分，他认为介于城市和乡村之间存在市镇类型，提出并使用"市镇度"概念来衡量聚落是否已达到市镇发展程度[15]。1959 年张同铸、宋家泰在"农村人民公社经济规划的基本经验"一文中提出了居民点布局的三原则：是否利于发展生产的整体规划；与河网适应的状况；自然环境、基础建设、交通线路与居民点之间的关系[16]。之后，乡村聚落的相关研究开始减少甚至停止。

该阶段国内对乡村聚落的研究取得了一定进展，主要对乡村聚落类型、等级以及布局等进行了初步研究，研究方法仍以定性化描述为主。总的来说，这一时期乡村聚落地理研究的发展较为缓慢。

3. 快速发展阶段（改革开放至 20 世纪 90 年代末）

改革开放以来，随着社会经济的快速崛起，为适应乡村聚落发展的新形势，乡村聚落地理研究及人文地理学日益受到国内各界的重视。我国乡村聚落地理学获得较快发展，乡村居民点的整治、布局和规划得到较多关注。尤其 20 世纪 90 年代初至 90 年代末，十年间我国乡村聚落研究得到快速发展，研究内容及研究视角逐步开阔。

在乡村聚落整治方面，李旭旦等提出建设乡村聚落需进行有计划的整治，应避免乡村聚落发展与占用耕地面积之间的矛盾问题。在乡村聚落布局与规划方面，金其铭和李振泉等提出乡村居民点的建设需按照一定的规模来进行统筹规划布局。在乡村聚落研究方法方面，曹护九结合定量分析方法，全面探讨了乡村建设中关于集镇的分布体系、人口结构和用地等问题；王智平应用地图作业和调查方法，分析和比较了不同地区村落体系的生态分布特征，概括总结了区域性村落生态分布的一般性原则。

该阶段是我国乡村聚落研究发展较为迅速的时期，主要对乡村聚落的整治布局和规划、空间结构、等级体系以及演变机制进行研究，并从生态学角度对乡村聚落进行了初步探究，采用定性描述和定量化分析相结合的研究方法。

4. 多元化阶段（20 世纪 90 年代末至今）

20 世纪 90 年代末以来，国内学术界愈加重视利用空间计量方法来研究乡村聚落空间，涌现了大量研究成果，大多数成果建立在高校学术研究的基础上。进入新世纪，实地考察测绘、学位论文等高校教学环节成为该时期乡村聚落研究的重要方式，国内学术界在乡村聚落的各个领域展开研究并取得一定成果。东南大学建筑系以学位论文的方式，对传统聚落的发展、演变过程及研究方法进行了较为深入的研究。2002 年，段进教授的学术团队在《城镇空间解析——太湖流域古镇空间结构与形态》一书中运用拓扑理论，对传统聚落环境的空间结构形态及空间结构方式等进行探究[17]。清华大学学术团队长期致力于研究乡土村落和乡土建筑由传统走向现代过程中如何转变，在理论和实践方面都得到了积极的成果。陈志华教授结合宗族制度等历史资料，提出了"乡土建筑研究"的理论框架，界定了聚落研究的内容和方法，认为对传统民居与聚落的研究应拓展到其背后的社会历史文化内涵，作为一个完整的体系，以达到研究的系统性及整体性。华南理工大学以陆元鼎、吴庆洲教授为代表，他们将人类学、社会学等学科理论结合运用到岭南乡土建筑与聚落的研究中，研究成果涉及聚落族群的发展演变、社会组织结构、家族关系、社会生产、宗教意识之间的关系。此外，其他高校、设计院、政府规划部门也出现了一定研究成果，在此不多赘述。

该阶段我国乡村聚落研究呈现多元化发展的特征。研究的主要内容为乡村聚落空间特征、演变机制及优化、乡村聚落空心化问题、乡村聚落生态学研究及传统乡村的保护利用等，更加注重乡村聚落中人与环境的关系。通过对新技术的运用，尤其是遥感、GIS、数学模拟和其他计算机软件的辅助，使得乡村聚落的定量化研究更为便捷、精确。

综上所述，我国乡村聚落研究起步较国外更晚，受到西方学术理论研究的较大影响。国内乡村聚落研究总体上呈现由简单向综合转变的发展过程，其研究方法从定性描述到定量分析再到新技术的辅助运用；其研究内容开始由建筑学范畴的空间分析向人文、社会、生态等多学科转变，实现多学科融贯分析。多领域跨学科的综合性分析成为乡村聚落研究的必然趋势。

（三）赣南乡村聚落研究现状

赣南客家民居作为客家文化中的一块瑰宝，长期以来受到社会各界的关注，产生了令人瞩目的多方位研究成果，但宏观层面的赣南乡村聚落研究相较来说数量较少。1998 年，张嗣介先生的"赣县白鹭村聚落调查"一文开创了赣南乡村聚落研究中以具体实例展开分析的先河，对白鹭村聚落的研究仍属于建筑学范畴，系统介绍了白鹭村的地理历史、街巷空间、建筑布局、典型民居及排水系统。此后，关于赣南乡村聚落的研究呈现多元化发展[18]。2007 年罗勇教授的"三僚与风水文化"一文以兴国三僚村为例，展开叙述了风水文化与客家民居之间的关系[19]。2012 年，陈永林等在"城镇化传统乡村聚落空间演化及其区域效应——以赣南客家乡村聚落为例"一文中，从空间格局的角度分析城镇化对传统乡村聚落的影响[20]。2014 年，陈家欢在其硕士论文"赣南乡村聚落外部空间的衍变"中以赣县白鹭村为典型案例，从单体建筑形制转向乡村聚落的外部空间进行分析[21]。2016 年，李倩在其硕士论文"虔南地区传统村落与民居文化地理学研究"中针对赣南南部六个县区构建了传统村落民居的数据库，并深入分析其文化地理特征[22]。2019 年，梁步青在其博士论文"赣州客家传统村落及其民居文化地理研究"中借助 ArcGIS 技术，全面分析赣州客家传统村落及其民居文化空间分布与规律，并探索其形成与发展的内在机制及影响要素。综上可以看出围绕赣南传统聚落的研究主要以村落的形成与发展、空间演化、地理文化特征、风水文化、典型村落案例分析等为主。研究方法主要还是以定性描述为主，到后期才开始借助新兴技术展开定量化分析，研究对象多为个体案例

村落，缺乏赣南地区整体的综合分析[23]。有鉴于此，本研究首次运用 GIS 地理信息系统技术手段，采取定性描述与定量分析相结合的研究方法，在赣南全域范围探讨赣南乡村聚落的空间分布特征。

第二节　赣南聚落的边界形态

一、聚落边界形态的概念

传统乡村聚落的形成多数是一个自组织生长过程，往往表现出空间上的随机性和时间上的叠加性等特征。现代农村聚落则不同，大多受自上而下的规划约束，表现出空间上的控制性和时间上的短暂性。在乡村聚落中，独立的民居单体为聚落中的一个细胞，每个聚落细胞在选址、朝向、平面轮廓、体量大小、造型等方面都体现着当地的文化特征。这些建筑因为处于聚落中不同的地理位置，受到自然环境等外界因素的影响使得它们又变成不尽相同且具有自主意识的单体。每个建筑单体的位置、体量大小、朝向角度，与其他建筑单体之间存在的特定的距离，这些构成了乡村聚落形态的基础要素。单体的聚集形成了各不相同的具有适度边界的乡村聚落，从这点看，每个乡村聚落的边界形态都是独一无二的。

从宏观层面的物质形态来看，乡村聚落的边界形态是指其边缘物质要素构成的平面形式，具体包括自然边界、人工边界、混合边界等。自然边界就是由自然物质所组成的边界，比如山体、河流等；人工边界，包括建筑、构筑物等；而混合边界则是由前两者混合而成。实际情况中，乡村聚落边界多以混合边界为主。乡村聚落因所处的环境不同，其边界形态自然会呈现不同的特征[24]。

二、赣南聚落边界形态的类型

基于大量的田野调查和部门资料，本书以建筑物的人工边界为主来界定和分析赣南乡村聚落的边界形态，并辅以典型实例探寻赣南乡村聚落边界形态的类型及其特征。赣南乡村聚落的边界形态大致可以划分为四种类型，分别是团状聚落、带状聚落、异形聚落、象形聚落。

（一）团状聚落

团状聚落的边界形状一般呈现不规则多边形，有的近似圆形或者方形，其平面形态缺乏明确的发展轴

向。这种边界类型在赣南最为常见。形状较规则的团状聚落相对较少，其内部往往存在网格状道路结构体系，建筑单体集中建造，布局较为紧凑，房屋与街巷之间能形成一个直观的封闭整体。团状聚落周边的环境影响因子一般是均质的，其四周的发展驱动力较为均衡，聚落有余地向各个方向生长发展，并在长期的形成过程中呈现团状边界。在赣南山区，团状聚落多分布在河谷平原、山间盆地等地势平坦之处。

团状聚落边界形态又可分成规整型和有机型。规整型是指上层规划介入后通过人为地改变路网结构、建筑朝向或者其他因子形成的聚落边界形态，较为规则，常见方形。规整型团状聚落多数为近二十年来建成的农村集中安置点，如石城琴江镇大畲新村（图2-2-1）、会昌筠门岭镇羊角新村（图2-2-2）。石城琴江镇大畲新村位于石城著名的南庐屋东北侧，如军营排行阵列，其边界工整规则，总体呈方形。会昌筠门岭镇羊角新村亦为近年建成，位于羊角古堡北部，边界硬直方正，呈矩形。有机型边界是指农村居民自发建设、历时较长扩展形成的团状聚落边界形态，边界较为自然，多呈不规则团状。赣南传统村落中呈团状边界形态的多为有机型，较为典型的聚落有上犹双溪乡大石门村（图2-2-3）、龙南里仁镇正桂村（图2-2-4）、全南大吉山镇大岳村（图2-2-5）和会昌筠门岭镇羊角村（图2-2-6）。上犹双溪乡大石门村位于两山之间的山谷盆地之中，其东侧边界由山脚河流界定，西侧边界由山体界定，南北两侧边界与耕田相接。大石门村东西两向边界相对平整，南北边界均有凹凸，整体上呈现北宽南窄的不规则团状形态。龙南里仁镇正桂村是一个多组团的大型聚落，南有延绵群山倚靠，北有濂江河环绕。正桂村南侧、东侧边界随群山逶迤延展，西侧、北侧边界与耕田交界相对平整，边界总体呈西平东尖的有机型团状，当地人描述为"鲤鱼嘴"形。全南大吉山镇大岳村分布于相对宽阔的盆地之中，各自然村多呈有机团状。会昌筠门岭镇羊角村古时为军堡，位于河谷冲积盆地，南侧边界随河流呈有机弧形，西北两侧与耕地多为错落，东侧相对规整，边界形态亦呈现有机团状。

（二）带状聚落

带状聚落具有明确的单向或两向扩展方向性，其边界形态为线性长条带状。这种聚落通常都具有明确的线性影响要素，建筑单体受其制约或引导向一端或

两端延伸扩展。带状聚落的形成主要有三种情况。第一种，居民出于生产生活的便利性考虑，建筑单体沿着交通要道或河流、湖泊的边缘展开生长，形成带状。第二种，聚落沿着山脚线或山坡中某一等高线呈线性发展。第三种，建筑单体出于偶然自发线性生长，形成线形街巷空间，聚落沿着该空间继续向两端延伸发展而呈现带状。因此，按约束的地理环境类型，带状聚落又可细分为山麓型带状聚落、河流型带状聚落、交通型带状聚落和混合型带状聚落。其中，混合型带状聚落同时受两种或两种以上的环境因素约束，其他带状聚落为单个环境因素约束的聚落。

山麓型带状聚落典型如崇义聂都乡竹洞村（图2-2-7），村落位于山谷之中，为东西两侧山麓所夹，呈南北走向的狭长带状。河流型带状聚落典型如于都县葛坳乡上脑村（图2-2-8），村落民居均沿河而建，呈长条带状，有着明显的线性特征。交通型带状聚落典型如安远镇岗乡老围村（图2-2-9），村落随主要交通干道一字排开，受东侧山体约束较小，呈线性长条布局。混合型带状聚落典型如寻乌澄江镇周田村（图2-2-10），较集中的村落整体南北走向，东侧边界由群山界定，西侧边界受河流及沿河道路所约束，是典型的混合型带状聚落。

（三）异形聚落

当聚落形态受到多个方向的外力影响时，发展的方向具有不确定性，导致形成的边界呈现异形特征，即为异形聚落。较为常见的为指状聚落，可以将其视为具有多个生长方向的带状聚落之组合。这类聚落常处于多山谷交汇之地，沿着山谷的沟壑脉络自然生长，呈现指状发散的形态特征。异形聚落的形成与聚落内部建筑的密集度也息息相关。当同一聚落中的各处建筑受到不同的外力影响时，建筑分布密集程度不一，房屋之间距离远近有别，其边缘形成的几何形状无法将其归为某种特定的形态。因此，异形聚落也有可能是多个团状聚落、带状聚落或两者组合形成的聚落形态。典型的异形聚落有信丰万隆乡寨上村（图2-2-11）、龙南东江乡江头村（图2-2-12）。信丰万隆乡寨上村，地处北垅、五渡港东山、铁狮寨三山相夹的山谷交汇地带，聚落边界呈现异形指状。龙南东江乡江头村为南北两座山体所约束，三条村道由三个不同的方向交汇于村内一点，聚落边界呈现显著的"三指"形状。

图 2-2-1　石城琴江镇大畲新村

图 2-2-2　会昌筠门岭镇羊角新村

图 2-2-3　上犹双溪乡大石门村

图 2-2-4　龙南里仁镇正桂村

图 2-2-5　全南大吉山镇大岳村

图 2-2-6　会昌筠门岭镇羊角堡

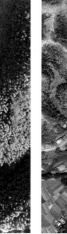

图 2-2-7　崇义县聂都乡竹洞村

图 2-2-8　于都县葛坳乡上脑村

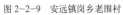图 2-2-9　安远镇岗乡老围村

图 2-2-10　寻乌澄江镇周田村

（四）象形聚落

由民居组成的村落边界形似某种具体图形的聚落可称为象形聚落。这种聚落的布局形态通常模拟一些富有美好寓意的图形、动物或是传统文化中的符号图案，如象征祥瑞的龟背形、体现风水文化的八卦形等，都反映出居民朴素的心理诉求。象形聚落的特殊形态或为追念先祖功德，或为祈求富贵平安，或纯属堪舆之说[4]。较为典型的象形聚落有南康区坪市乡谭邦村（图2-2-13）、龙南里仁镇栗园围（图2-2-14）及大余县新城镇鱼仙村（图2-2-15）。南康区坪市乡谭邦村即谭邦古城，北靠山体，南面平坦之地，前有谭邦河环抱而过。谭邦村布局极为考究，按照风水堪舆之理，以"碗"形布局，神似一只巨龟，风水观念认为"龟"有化煞得平安的作用。龙南里仁镇栗园围是一座村围，地处盆地中央，村内宅舍和街巷均按八卦布局，故称"八卦围"，其边界整体形态暗合八卦中的"巽卦"卦形。巽卦于《易经》卦象是风，特性是顺从，栗园村围布局有风水师解读为对东高西低地势的顺应。因此，栗园围整体坐东朝西，主门亦设在西南端，有祖祠门联为证："辛峰鼎峙毓祥光将见云仍风起，乾水远临钟秀仡看甲第蝉联"。大余新城镇鱼仙村坐落于一处椭圆形小山之上，边界似"龟"状，但当地人常将其与村尾梯田结合，喻为"鱼"形。

三、赣南聚落边界形态评述

（一）赣南聚落边界形态的特征

综上可知，团状聚落具有团块状的边界形状，其平面形态缺乏明确的发展指向，建筑布局相对紧凑。团状聚落内部道路往往呈现明确的网格状骨架体系。其边界可分为虚边界和实体边界。虚边界是指聚落边缘没有形成封闭的围合形状，通常由山体、河流或者建筑构成，它们之间联系越紧密，间距越近虚边界就越明显；实体边界通常指建筑的边界，一般多指独立的围屋建筑或是墙堡村落，如龙南里仁镇栗园围、会昌筠门岭镇羊角堡。团状聚落的雏形一般是较为分散的组团型住宅，可将其看作一个点，当发展出许多点时，纵横交错的道路将点紧密联系起来形成团状聚落。带状聚落的生长与扩张受到周边物质要素的影响较大，主要受到自然环境的制约，例如山体、思考流、交通要道等，其发展方向较为单一，建筑之间联系较不紧密。其边界形态常见长条形。异形聚落常见指状

形聚落，也可将其看作团状聚落及带状聚落之间的组合。通常具有多条生长轴线。其发展的方向具有不稳定性。象形聚落是一个较特殊的形态类型，多属团状聚落。赣南客家人或依据风水堪舆讲究，或追溯神话传说，或模仿具体图腾，追求象形隐喻的布局形态，如八卦、太极、龟背等，具有吉祥寓意，反映了各地居民特定的精神追求。

（二）赣南聚落边界形态的分布特征

特殊的自然环境孕育独特的聚落文化。赣南乡村聚落尤其传统聚落在选址中，一般都依山就势、沿溪顺河，注重人居聚落与自然环境的和谐融合，追求"天人合一"的境界。对地形和周围环境的顺应，使得赣南乡村聚落星罗棋布、形态万千。赣南地区东南西三面环山，中间及北面地势较低，属于典型的丘陵山地地貌，山地丘陵之间亦形成了许多河谷平原和盆地。

赣南聚落边界形态以团状聚落最多，多分布于河谷平原、盆地等地势较为平缓的区域。于都、宁都、兴国三县交界处历史上出现较多村围聚落，村落四周筑以高墙，便于村民集体抵抗匪寇。村围兼具居住与防御功能，内部建筑较为密集，外部呈现极为明显的团状边界特征。在远离官府驻地、官兵营救相对困难的"三南"、寻乌、安远及信丰南部山区，客家人构筑的设防性围屋既是建筑，亦可视为团状聚落。带状聚落多见于河流、山麓、道路等线性地理环境侧边，受这些地理要素影响，多呈长条带状形态。在山谷或道路交汇之处，建筑沿着多条线性要素朝多个方向延伸时，也就出现了异形聚落，常见于赣州南部多山地区。象形聚落大部分为受堪舆之影响，追求与环境的协调统一而建造的聚落，这种聚落多见于背山面水之处，分布于赣南各处。

（三）赣南聚落边界形态的控制因素

赣南聚落边界形态的控制因素主要表现在三个方面。首先是自然环境因素。聚落在建设之初，一般将团状聚落作为首选，因其居住较为集中，建筑布局较为紧凑，可最大程度集约化利用建设用地而留出更多完整的耕地，且建筑与周边耕地联系密切便于到达。由于受到外界自然环境如河流、山脉等的因素影响，限制了聚落某些方向的发展，聚落受到的"外力"不均衡导致出现了带状、异形的边界形态。其次是客家文化因素，主要有两点。一是风水观念，依靠风水选址并运用风水对村庄进行总体规划布局，呈现出依

图 2-2-11　信丰万隆乡寨上村

图 2-2-12　龙南东江乡江头村

图 2-2-13　南康区坪市乡谭邦村

图 2-2-14　龙南里仁镇栗园围

图 2-2-15　大余新城镇鱼仙村

山就势、仿物象形特征。其二是崇宗敬祖的思想，祠堂往往是聚落的中心，民居围绕祠堂布置，具有向心性的网格状或放射状特征。第三个方面是社会经济因素。随着农村城镇化的快速推进，距离圩镇、县城越远的地方，经济模式单一的地方人口流失越严重。但聚落的生长边界与常住人口数量之间很难找出一定的联系。通过遥感影像对比，经济收入越高的地方，聚落的边界形态生长变化越明显，这与村民具备改造居住环境的经济实力有关。经济收入越高的村庄，扩建宅舍的需求越大，扩建活动促使聚落边界线向外扩展，聚落边界常常出现模糊而无序的发展趋向。

第三节　赣南聚落空间形制

一、聚落空间形制的概念

广义的聚落空间是指聚落内部的所有物质空间，狭义的聚落空间是指建筑单体以外的外部空间，本书所讨论的聚落空间指狭义层面的聚落空间。聚落的外部空间一般可分为两部分。一是指聚落的公共开放空间，包括街巷、广场、坪、池塘、古树、河流水系等，这部分空间形同一个聚落的骨架，构建了聚落的空间结构。二是指聚落民居的庭院空间，一般与建筑单体围合，形成一个封闭的空间。相比之下，聚落的公共开放空间更易识别、更具活力、更有组织性。它不仅有串联整个聚落的街巷脉络，又往往拥有聚落最鲜明、最具代表性的空间节点，人们在这里交流、休憩、娱乐，是人们开展生产、生活等各类公共活动的主要场所。不同类型聚落的公共空间通过点、线、面的形式，组合形成了不同的聚落空间形态，本书称之为聚落空间形制。聚落空间形制呈现出的形态从某种程度上看，是聚落自然环境、社会文化和风土人情的综合表达。

二、赣南聚落空间形制的典型类型

一个聚落空间形制的形成，往往经历了漫长的演变发展过程。受到不同外部条件的影响，不同聚落的空间形制存在着差异。目前，由于各自不同的研究视角，国内的研究对于聚落空间形制有着不同的分类方式。有的基于聚落的交通体系，将聚落分为树枝型、中心放射型、网络型。有的综合了聚落的疏密、外轮廓以及交通形态，将聚落类型分为直线型、规则型、串珠型、树枝型和散点型。还有的综合了聚落的外轮廓形态、内部的结构以及一定的文化含义，将聚落空间结构形态分为集中型、组团型、带型、放射型、象征型、灵活型。赣南地区是客家人聚居地，其地形、水文等自然地理环境，以及历史、文化等社会人文环境都拥有独有的特征，赣南聚落的空间形制也因此呈现出不同的形态。分析赣南乡村聚落的公共空间拓扑结构，赣南地区大致有线轴型、梳状型、树枝型及网格型等四种聚落空间形制的典型类型。

（一）线轴型

线轴型乡村聚落常常是指顺着河流、山体走向或者交通线延伸方向布局形成的一种线性空间形态。这种聚落空间形制具有较强的连续性，结构简洁清晰，轴线明显，其纵深相对较小，多呈带状分布。许多线轴型空间形态的聚落是沿着河流、山体或道路的线型伸展而形成的，居民的生活都与这条轴线息息相关。以河流作为聚落延展的轴线的聚落，其主要的街道空间通常也平行于河流的水岸线，聚落空间节点较为均匀。沿河流的空间往往通过聚落支巷与主街道联系起来，使聚落与水关系更加紧密。也有一些聚落单纯地以过境交通为轴线，其受到交通的强烈吸引作用，聚落建筑沿道路两侧整齐一字排开，组合形成了单一线性的空间形制，这种空间形制的聚落公共空间往往较

为单调，不够丰富。

事实上，乡村聚落当中的带状聚落，其空间形制大多数为线轴型。较为典型的线轴型聚落有于都葛坳乡上脑村（见前图 2-2-8）、安远镇岗乡老围村（见前图 2-2-9）。于都葛坳乡上脑村是以河流为轴线的线轴型聚落，窑邦河东西向穿村而过，村庄沿河而建，呈轴带布局。村内主要街巷空间也顺着河流平行延展，上老大桥连接窑邦河两岸，形成一条河流轴线引导连带两岸村庄发展的"一轴两带"格局（图 2-3-1、图 2-3-2）。安远镇岗乡老围村是以道路为主要轴线的聚落，聚落空间由道路主导，缺少纵深，有着导向明确、空间单调的特征，体现出人们逐路而居的实用性倾向（图 2-3-3、图 2-3-4）。

（二）梳状型

梳状型聚落的空间形制与线轴型聚落有相似之处，多出现于随地形、水流或道路方向顺势延伸布局的带状聚落。不同之处在于，线轴型的空间纵深更小，多数在主轴垂直的方向上无明显的空间拓展。而梳状型聚落沿主轴线延展的同时，在垂直于主轴方向的一侧或两侧，继续生长出更多的线型空间，增加了空间的层次和丰富性。这些线型空间与主轴联系紧密，共同构成了聚落形同"梳子"形状的骨架。较为典型的梳状型聚落有崇义聂都乡竹洞村（图 2-3-5）、大余左拔镇云山村。崇义聂都乡竹洞村位于狭长山谷之中，竹洞河沿着山脚顺流而下，村庄主要道路与河流并行。沿着主路，东侧横向衍生出许多较短的巷道，民居顺应西侧山势沿着巷道层层排布。这些巷道与主路、河流之间保持了密切联系，主路与河流的主导引领地位较为明显，村落由此构筑了"梳子"状的空间骨架与形态（图 2-3-6、图 2-3-7）。大余左拔镇云山村亦为梳状型聚落，梳状形态相较竹洞村要更为自由一些（图 2-3-8）。

（三）树枝型

树枝型的聚落空间形制多出现于地形复杂的聚落，在赣南山区尤为典型。这种聚落空间最初与线轴型的聚落空间一样，沿着传统聚落的主要街巷延伸。随着聚落规模的不断扩张，受到周边自然地理环境的抑制，在主轴道路上开始出现分叉道路，生长出新的支巷，犹如树干上不断地长出新的树枝，整个聚落空间的脉络逐渐向更深处延伸，街巷空间也随之变得更加复杂。树枝型的聚落空间有明显的主轴发散特征，但没有明显的几何中心。聚落的空间布局主次分明，

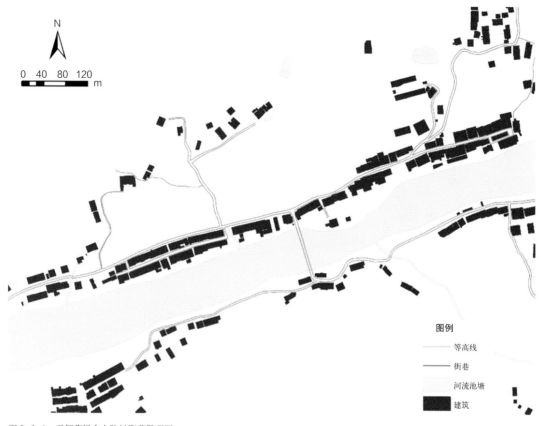

图 2-3-1 于都葛坳乡上脑村聚落肌理图

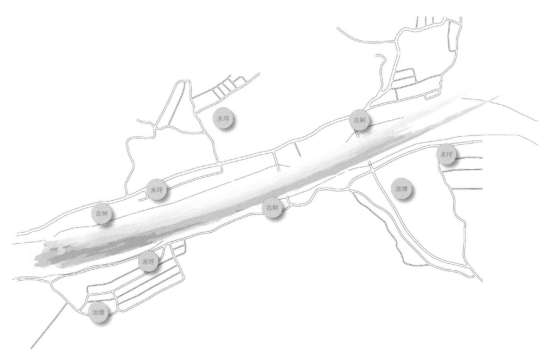

图 2-3-2 上脑村空间拓扑图

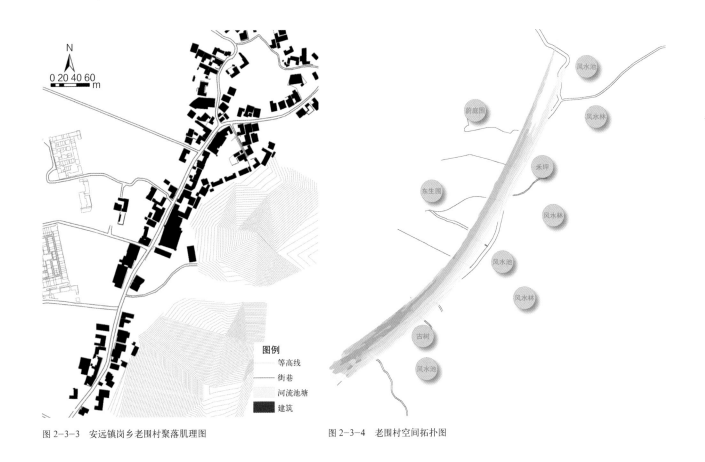

图 2-3-3 安远镇岗乡老围村聚落肌理图

图 2-3-4 老围村空间拓扑图

图例

等高线
街巷
河流池塘
建筑

图 2-3-5 崇义聂都乡竹洞村遥感影像图

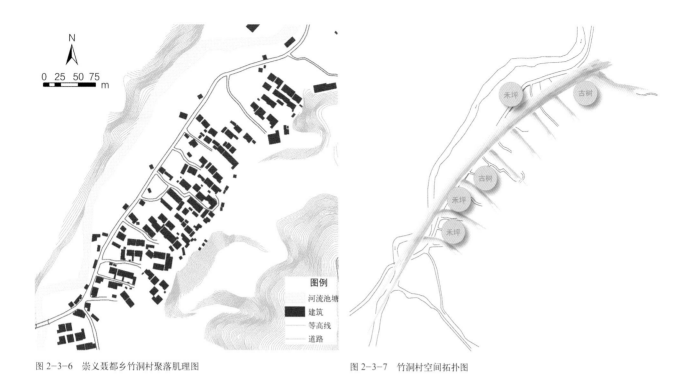

图 2-3-6　崇义聂都乡竹洞村聚落肌理图　　　　　　　　图 2-3-7　竹洞村空间拓扑图

图 2-3-8　大余左拔镇
云山村遥感影像图

街巷和节点空间的布局更加灵活，这使得聚落能够更加有效地适应山区复杂的地形环境。较为典型的树枝型聚落有赣县白鹭乡白鹭村（图2-3-9）、寻乌澄江镇周田村。

赣县白鹭乡白鹭村北侧为王屏山，五条山坳延伸至村落，被风水堪舆家称为"五龙山形"。王屏山呈月牙状包围着村落，将村落塑成一棵"大树"的团状轮廓。白鹭村内宅舍密布，街巷较为复杂，但总体上以村庄中间南北向的主街道为"干"，主街向外发散的条条小巷为"枝"，其空间骨架呈树枝状，有机地将整个村落联系在一起。相对于主街道来说，白鹭村的巷道则更加错综复杂。大一些的巷道由主街道分叉出来，呈树枝状延伸至村落各处，巷道曲曲折折，四通八达（图2-3-10、图2-3-11）。寻乌澄江镇周田村周围群山环抱，围合成一条南北向、两条东西向的三条山谷（图2-3-12）。山谷汇有三条溪河，河侧道路伴行，村落亦顺应山谷、河流及道路走势布局，整体格局以南北向为"干"，以东西向为"枝"，呈现"一干两枝"的树枝形空间结构（图2-3-13、图2-3-14）。

（四）网格型

网格型的聚落空间，多以一个中心或多个中心向四周延伸布局，形成棋盘状或者回字状的空间形态。这类结构通常出现在河谷平原或者在土地开阔、地形变化不大的山谷盆地聚落。网格型的聚落空间具有较

明显的向心性，通常聚落的营建围绕宗祠、水塘等重要的中心节点开始，逐步向周边区域拓展支巷，或是围绕中心区域形成环状路网。这类聚落公共空间的分布更具有规则性，强调整体结构的凝聚性与均衡感，空间富有层次，变化较为丰富。较为典型的树枝型聚落有大余池江镇杨梅村、瑞金武阳镇武阳村、南康坪市乡谭邦村。

大余池江镇杨梅村亦称杨梅古城（图2-3-15），地处三面环山的河谷盆地之上。村落以"一本堂"、"敦本堂"王氏两大房宗祠为中心营建，围绕其周围有十数座分祠，各为分支中心。民居建筑多坐北朝南，排列之间塑造了方格网式的巷道，纵横交错。巷道之间又有小巷连接，贯连起全村的路网体系。杨梅古城外的建筑扩张，继续延续着古城内坐北朝南的布局方式，巷道的脉络也同样与古城内方格状的格局类似，但巷道的密度和复杂程度明显小了很多（图2-3-16、图2-3-17）。瑞金武阳镇武阳村路网结构的网格形态更为明显（图2-3-18），街巷空间以伯昂公祠为中心，以店前街为轴心，逐步向四周发展，有序联通而成。主要的两条街巷分别为东西、南北向，呈十字交叉状。后随着村落的不断延展，村落的最外侧形成环路，其走向与十字主街巷相同，共同构成一个方正的"田"字形构架（图2-3-19、图2-3-20）。南康坪市乡谭邦村（亦称谭邦古城）的街巷空间形态别具

图2-3-9　赣县白鹭乡白鹭村遥感影像图

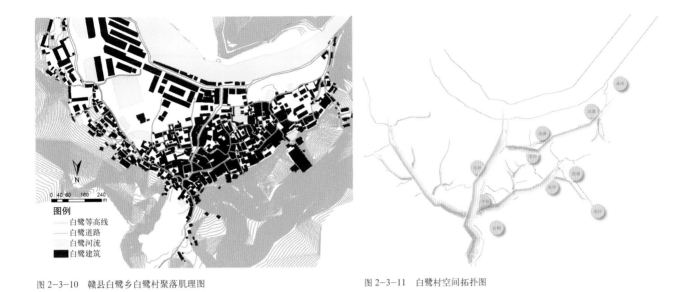

图 2-3-10　赣县白鹭乡白鹭村聚落肌理图

图 2-3-11　白鹭村空间拓扑图

图 2-3-12　寻乌澄江镇周田村遥感影像图

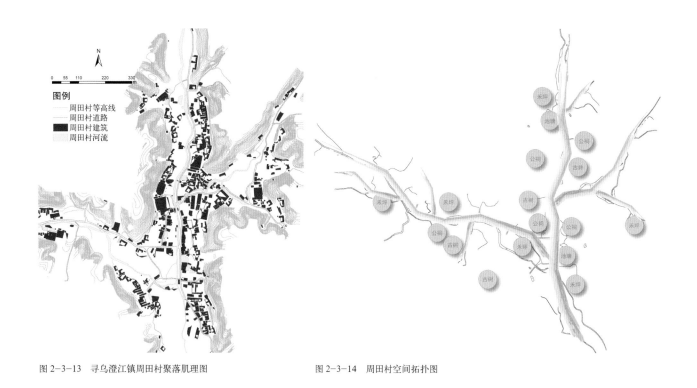

图 2-3-13　寻乌澄江镇周田村聚落肌理图　　　　　　图 2-3-14　周田村空间拓扑图

图 2-3-15　大余池江镇杨梅村遥感影像图

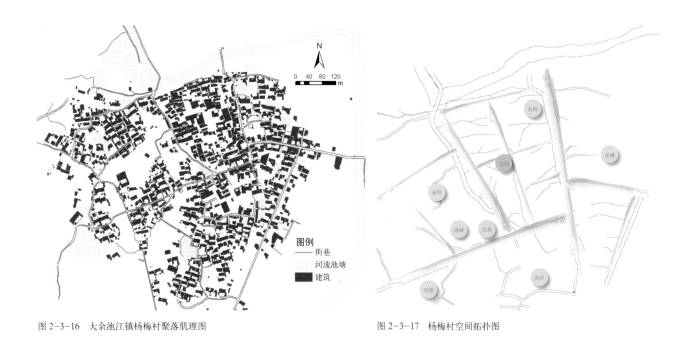

图 2-3-16 大余池江镇杨梅村聚落肌理图   图 2-3-17 杨梅村空间拓扑图

图 2-3-18 瑞金武阳镇武阳村遥感影像图

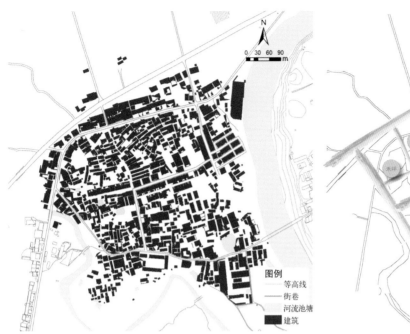

图 2-3-19　瑞金武阳镇武阳村聚落肌理图

图 2-3-20　武阳村空间拓扑图

一格，不同于棋盘状的聚落（图 2-3-21）。村落以孔发堂、中和堂两座祠堂为几何中心，向四周有序发展，形成数个向心的圈层，街巷也因此呈回字状。主街巷在分叉出形态笔直的街道，连接至五个城门，共同构成了一种回字放射式的网格状空间形制（图 2-3-22、图 2-3-23）。

三、赣南聚落空间形制成因及当代冲突

（一）聚落与环境·地理要素的约束和引导

聚落实质上是一个复杂的人工自然系统，它作为自然环境中的一个斑块，与外部的自然环境存在着物质、精神等多方面、多层次的联系与交流。从聚落的

图 2-3-21　南康坪市乡谭邦村遥感影像图

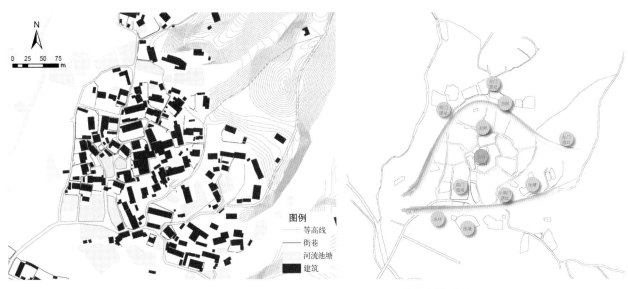

图 2-3-22 南康坪市乡谭邦村聚落肌理图　　　　　　　　图 2-3-23 谭邦村空间拓扑图

演变发展过程来看，自然环境条件对于聚落的生长具有明显的约束作用。而聚落的发展面对自然环境的控制，通常情况下选择的是顺应，尽可能地贴近自然。

　　赣南地区山多水密，具有其独特的地理环境。一般来说，对赣南的传统聚落的空间形制具有较强影响力的有山、河流、农田和道路等。不同物质环境对于聚落空间形态的控制程度有所差异。山、河流这类难以轻易被改变的要素，表现出更加强大的控制力，聚落的发展在遇到山、河流时，通常选择绕开或顺应其边界展开。这种情况下，山、河流对聚落的空间形制生长秩序的约束和引导作用是相当明显的。例如于都上脑村沿窑邦河两岸而居，空间形制呈明显的线轴状，两岸的居民通过桥梁相互交往，衍生出一些滨河聚落特有的聚落公共空间（图 2-3-1）。又如赣县白鹭村街巷空间的形态，与其背靠的"五龙形"山的形态高度契合，横向主街道呈弧形，纵向巷道由高至低，顺着地形曲折延伸至鹭溪河边（图 2-3-9）。农田相比之下控制力较弱，当聚落的发展遇到农田，往往将其吞噬。例如南康谭邦古城出于风水的考虑，在其南、西、东三面的平整的农田上修建了许多鱼塘，营造出星罗棋布、大小不一的池塘空间，池边亦有宅舍扩建，而其东北侧的山地则没有这种建造活动（图 2-3-21）。此外，道路对于聚落也表现出越来越强的控制力。与人们"逐水而居"类似，有许多聚落的民居建筑如同附着在道路两侧一样，随着道路的走向一字排开，充分利用交通优势带来的生活便利或是经济红利，形成

了简单线轴状的聚落空间形制。例如安远老围村聚落紧贴着过境道路展开，其空间形制缺乏横向的拓展（图 2-3-3）。

　　（二）聚落与宗族·内聚向心的文化反映

　　客家人有强烈的宗族意识，尤其讲究宗族礼法。宗族文化在赣南乡村的发展中扮演了重要的角色，在赣南地区传统聚落的空间形态上有明显的体现。宗祠是宗族的空间象征，在宗族文化中具有崇高的地位。客家人在这里供奉祖先，开展祭祀等宗族活动，是客家聚落中非常重要的场所。从聚落的演变过程来看，多数的赣南传统聚落是以宗祠为核心或起点，围绕其周边展开建筑布局，具有较强的向心性和秩序性。宗祠周边常常开辟有公共的开敞空间，聚落的公共空间亦以此为原点向周边延展，呈现出明显发散的空间肌理和开放脉络。客家人强调团结一致，注重伦理等级，从而建立了严密、稳定的宗族社会结构，这也是客家人在艰难生存环境条件下得以繁衍生息、顽强发展的法宝。因而，在自然环境限制较小的情况下，赣南聚落通常会发展形成集约而紧密的团状空间形态。比如瑞金武阳村（图 2-3-18），武阳村人口众多，民居建筑密密麻麻，但整个聚落呈现"田"字形，空间形制井然有序，街巷脉络结构等级清晰可见。祠堂周边的公共开敞空间设有池塘、树木等环境要素，四周的民居"退避三舍"，显得规规矩矩，足见人们对于宗祠的重视。当然，赣南多丘陵山地，用地条件多数有所约束。但无论怎样的地理环境，宗族文化都对聚落

的生长发挥着影响力。例如南康谭邦村(图 2-3-21)，由于建于缓坡之上，其空间布局无法像瑞金武阳村一样纵横交织。但它同样以宗祠为几何中心，向四周延伸出曲折成环的街巷空间，层层环绕，形成特殊龟背纹理的空间形制。更有甚者，有些分布在用地匮乏山区的聚落，村民建筑虽然零散布局在周边的山坳中，但仍具有以宗祠为核心的中心空间。正是有宗祠的强大凝聚力作为基础，聚落才得以弥补了空间上的分离，保持了相对稳定的生活圈层和空间格局。

（三）聚落与风水·聚落和山水的对话

分析赣南地区的聚落，不得不提到风水文化。风水观念是扎根于客家土壤的特殊情怀，蕴含着客家人对于和谐生存环境的精神追求。赣南地区的聚落在选址、兴建祠堂、建造住宅、理水营田等诸多方面都特别注重风水。中国民间风水两大派别之一的形法派(亦称江西派、赣南派、形势派)，发祥于兴国三僚，在赣南地区广为流行。形法风水的主要特征是："主形势，定向位，强调龙、穴、砂、水的配合；实质上就是因地制宜，因形选择，观察来龙去脉，追求优美意境，特别看重分析地表、地势、地场、地气、土壤及方向，尽可能使宅基位于山灵水秀之处"[25]。赣南风水先生行风水术的基本步骤包括：觅龙、察砂、观水、点穴、取向、操盘。强调对山形的走向、形态和结构，水流的来去、走向和质量，建筑基址的走向和方位，以及星宿、五行等方面的考察[26]。

风水文化贯穿于聚落从选址到具体营建的整个过程中，对于聚落的选址和聚落空间形态都产生了重要的影响。这在赣南传统乡村聚落中体现得尤为明显。兴国三僚村被誉为"中国风水文化第一村"(图 2-3-24)，是赣南形法派风水运用的典型实例。三僚风水通过寻龙探穴因地制宜，因形选址，背靠屏障峰，前有松树林，左右护山围护，"穴"口向南流去，山水交汇、阴阳相济，形成"两仪四象八卦"布局。曾、廖两家分居三僚村两边，阴阳河穿村而过，宛若一条天然界线，像太极中的"两仪"，约束隔断却又渗透交融。三僚村东南西北四个方位上建有象征"四象"的四座寺庙，更体现出阴阳平衡、天人合一的和谐观念。由此衍生出的曾、廖两家八景都按照典型形法派风水布局，构成"负阴抱阳，背山面水"的围合空间。两家选址均位于全村风水最佳之地，即"龙脉"结穴点上，谓之"上风上水"。先人按五行生克制化原理，开挖七座水池相连贯通，宛若七窍通风聚气，不仅含有趋吉避凶、藏风得水的风水内涵，又创造了舒适的居住环境。

再如位于赣县北部的白鹭村（见前图 2-3-9），选址落基非常考究，靠龙岗、玉屏二山，树木郁葱，绵延数里，拱卫村落。后龙山五条山脊伸至村后，人称"五龙山形"。村落南面是清澈宽阔的鹭溪河，曲折连环，河水顺流穿过两座山岭，谓之"狮蹲"与"象跃"。整个聚落山环水抱，风水师谓之为风水极佳之

图 2-3-24　兴国梅窖镇三僚村遥感影像图

地[27]。从白鹭村内部空间形制来看，风水学的空间处理同样入木三分。白鹭村的街巷布局因地制宜，顺应山形走向。有的地方特别开辟巷道，使建筑取得上佳朝向，以避凶求吉。因此，白鹭村内拥有许多狭窄巷道，四通八达。宗祠的正前方，或是留作广场，或是修建风水池，以保证风水方位和开敞空间。村民营建住房时均要聘请风水先生来查看周边环境，以求得风水吉地，取得与周边山水环境的协调。这些都对白鹭村的空间脉络产生了直接的影响。本质上来说，风水文化是客观物质需求、自然审美观念和人们主观愿望的抽象性和系统性的表达，凝聚了乡土地域文化的智慧。因此，在注重风水文化的传统乡村聚落，其空间形制往往更加耐人寻味，富有内涵。

（四）嬗变与冲突·时代变革下聚落的变异

聚落的空间形制是乡村社会、文化、地理、经济等要素相互关联、相互作用的结果。随着时代的快速发展，赣南乡村聚落的外在社会环境和自然环境正发生着翻天覆地的变化。受此剧变影响，聚落的空间形制亦在发生变异。赣县白鹭村南侧盆地发展出了新的当代聚落（图2-3-25）。近些年来，赣县白鹭新村的建设愈加追求大尺度的商业空间、交通空间，布局上强调规整高效，农民建房多见超高超大。新村布局上的整齐硬直、建筑及开放空间的巨大尺度，老村布局的自然有机、建筑及巷道空间的微小尺度，两者之间呈现出一种显著的割裂状态。会昌筠门岭镇羊角

新村是近年规划的农民安置点，选址在羊角水堡古村落的北侧（图2-3-26）。新村采用规整的布局，如兵营般整齐划一，聚落内部整体空间单调重复，缺乏空间的层次感和引领感，空间均质化而缺乏变化，与南侧的传统聚落空间形制产生了强烈而突兀的对比（图2-3-27）。

章贡区水东镇七里古村亦经历了沧桑巨变。七里古村位于赣州中心城区范围内，唐宋时期是以"七鲤窑"闻名于世的制瓷重镇，明清时期是赣南最大的竹木集散地。我们收集了七里村1966年（图2-3-28）、2015年（图2-3-29）和2020年（图2-3-30）等三个时期的遥感影像图，可窥七里村空间形制的历史变迁。对比可知，1966年至2015年近50年的时间里，七里村空间形态及聚落边界未发生大的变化，聚落房屋密集，其间小巷串联，周边水塘散布。但2015年至2020年的五年时间里，七里村的空间形态发生了剧变。聚落内部被掏空，难寻昔日聚落内部宅舍密布的空间尺度；街巷仅余主干，空间肌理不见绵密成网的小巷村道；聚落边界变得模糊，仅依稀可见当年的空间骨架。当下，村庄周边的池塘，亦不复当年的星罗棋布的盛况。

前文有述，赣南传统乡村聚落的空间形制往往受地理地形、风水观念和宗族文化等三个主要因素的影响。那么，是什么因素导致当下的现代农村与传统乡村聚落产生这么大的反差？究其原因，笔者认为主要

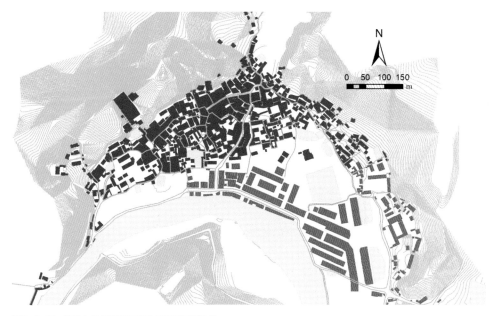

图2-3-25 赣县白鹭村新村与老村空间形制的冲突

图 2-3-26 会昌筠门岭镇羊角村遥感影像图

N

0 40 80 160 240
m

图例
—— 羊角堡等高线
—— 羊角堡道路
　　 羊角堡河流
▨ 羊角堡新村建筑
■ 羊角堡老村建筑

图 2-3-27 羊角村聚落肌理图

图 2-3-28　章贡区水东镇七里村
1966 年遥感影像图

图 2-3-29　章贡区水东镇七里村
2015 年遥感影像图

图 2-3-30　章贡区水东镇七里村
2020 年遥感影像图

有内因与外因两个方面。一方面是乡村聚落内部文化共识的减弱。例如宗族结构及宗族话语的逐渐式微，又如新时代下风水观念的渐趋淡薄，亦包括人们对自然环境由敬畏顺从到改造漠视的意识变化。另一方面是乡村聚落外部环境的突变。如现代农村集中建房自上而下的规划管控方式替代了传统的基层自发性营建方式，再如全球化导致经济因素某些时候代替文化因素成为当代聚落空间形制的影响主因。聚落空间的变异，传统与当代的冲突，总是伴随着时代演进背景下社会、经济、文化等诸多方面的嬗变。当代乡村规划深受柯布西耶、尼迈耶等国外学者现代城市规划理论影响，极度追求社会秩序，布局上讲究功能分区和运行效率。借用刘易斯·芒福德（Lewis Mumford）对柯布西耶的评价，"他有着笛卡尔主义的清晰与优雅，但是同时，他也有着巴洛克主义的那种对于时间、变化、有机的适应性、功能的合理性、生态的复杂性的麻木不仁"。对比传统乡村聚落空间蕴含的历时性、有机性、混合性和丰富性，现代农村普遍呈现的"对于时间、变化、有机的适应性、功能的合理性、生态的复杂性的麻木不仁"，无论放在"望得见山、看得见水、记得住乡愁"的现实语境当中，还是生态文明建设的发展大趋势当中，都值得我们深刻反思。

第四节　赣南聚落地理环境类型

一、聚落与地理的关系

聚落作为一种复杂的系统，它与外部的自然环境之间存在着不同层次的相互作用和联系。从聚落长期的发展历程来看，人们在建设聚落的实践探索和经验积累中，不断地总结、更新聚落的建设方式和布局模式，使得聚落能够与其所在的自然地理环境之间形成一种和谐而稳定的关系。这种平衡关系，使得人们得以充分利用自然环境给予的馈赠，不断地满足人们生产、生活的需要。总之，聚落的产生和演化既是一种人类活动，也是与自然地理环境的一种交互作用。

聚落在选址择地时，首先考虑的是村落所处的自然地理环境。在赣南，乡村聚落一般都依山就势、沿溪顺河，充分运用自然地理的资源赋予，体现出聚落与环境相协调的特征，追求人与自然环境的融合共生，以求达到"天人合一"的境界。在这个前期过程当中，风水观念有着广泛而深刻的影响力。赣南乡村聚落的

理想环境状态，通常就是风水理论所要求的：后山枕，侧砂环，前水抱，面山屏。之后，聚落才不断地与经济、交通、社会人文等其他影响要素，与各种客观条件融于一体，最终形成在一定时期、时段内的稳定形态。聚落与地理的关系也会出现变化，例如位于城市近郊的聚落，受到中心城区经济交通的强大影响，不仅空间形态要适应中心城区的吸引，有的甚至逐渐被城市所同化，地理环境的约束作用被严重削弱。又例如，农村居民集中安置点的建设，缺失了聚落漫长的融合过程，地理环境产生的影响常常并不明显。这些情况大多发生于剧变的当代，我们可视其为聚落基因的突变。当然，大多数的传统乡村聚落都是长期演化的产物，存在明显的地理特征，表现出对山水脉络的顺应和自然环境的尊重。传统乡村聚落与自然地理的关系可以从两方面来看，一方面体现了聚落对于地理环境的顺应和尊重，另一方面反映出地理环境对聚落的约束和控制。

二、赣南聚落的地理分类

赣南乡村聚落的地理环境类型，通常以聚落与山、水等自然地理要素的位置关系进行类型的区分。赣南乡村聚落尤其传统聚落的地理类型大致可分为山地型、盆地型和滨水型三种。

（一）山地型

赣南属丘陵山区，山地型聚落是赣南乡村聚落最为典型的类型之一。受不同山地环境的影响，山地型聚落可分为山坳型聚落（图 2-4-1）和山脚型聚落（图 2-4-2）。

山坳型聚落一般位于两山所夹之间山坳的区域，山行内凹之处。山坳谷地虽有坡度，但相对平缓，易于建房。山坳型聚落往往顺应山谷走势发展，呈带状形态，村落内的主要道路多数平行于山谷走向，次要道路则多数与之垂直。聚落沿山谷的两端土地多用于耕作，因此，走近山坳型聚落前往往首先看见农田。另外，有的山谷土地资源十分紧张，有限的谷地常被留作耕地，甚至需要开辟梯田维持生活，而聚落则不得不向稍缓的山坡上发展。较典型的山坳型聚落如宁都大沽乡旸霁村、石城高田镇堂下村。宁都大沽乡旸霁村位于一条狭长的山谷当中，南北群山合抱整个聚落（图 2-4-3）。村庄东侧山谷收窄处较平缓的区域耕作农田，西侧山坳稍陡，则开发了部分梯田。村庄

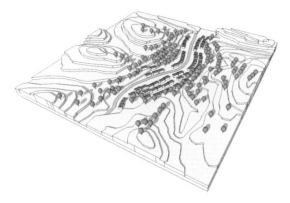

图 2-4-1 山坳型聚落

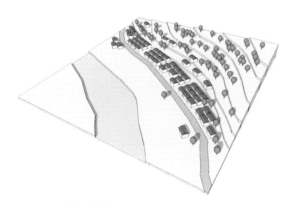

图 2-4-2 山脚型聚落

建筑布局较为集中，多有风水讲究，大部分村民宅舍背靠北部山体，坐南朝北。受南北两侧山体约束，村庄整体顺山谷向东西两端发展。过境道路穿过村庄中心，东西两端延伸向山坳深处（图 2-4-4）。石城高田镇堂下村也属典型的山坳型聚落（图 2-4-5）。东西两侧山体包裹着村落，中间一条过境道路挤村而过，将村庄分为东西两列，宅舍布局受山体约束便更显紧凑。人经道路蜿蜒而至南端村口，颇有柳暗花明又一村之感。

山脚型聚落即位于大山脚下的聚落。与山坳型聚落的区别在于，山脚型聚落其中一侧较为开阔，仅一侧倚靠山势屏障。村落建筑的布局亦顺应山体，不强求正南正北的朝向，依山势在山脚缓坡上建房，尽可能节约良田用于耕作，多数呈现背枕大山、面朝耕地的格局。较典型的山脚型聚落如兴国社富乡东韶村（图 2-4-6）、寻乌菖蒲乡五丰村。兴国社富乡东韶村选址于山脚低丘缓坡，顺着山脚等高线布局，错落有致，鳞次栉比。聚落前环绕九曲韶溪，延伸出大片沃土良田，视野开阔，呈现一幅优美的田园画卷（图 2-4-7）。寻乌菖蒲乡五丰村北侧倚山为靠（图 2-4-8），南朝盆地田野，亦为典型的山脚型聚落。

图 2-4-3 宁都大沽乡旸霁村鸟瞰图

图 2-4-4   宁都大沽乡旸霁村遥感影像图

图 2-4-5   石城高田镇堂下村遥感影像图

图 2-4-6 兴国社富乡东韶村鸟瞰图

图 2-4-7 兴国社富乡东韶村遥感影像图

图 2-4-8 寻乌菖蒲乡五丰村遥感影像图

无论是山坳型还是山脚型,山地聚落的开发难度一般要高于盆地或河谷平原,配置的耕地亦相对紧缺。从赣南的开发进程来看,山地聚落是客家人在盆地或河谷平原被开发殆尽的情况下,继续向山区纵深推进的结果。因此,山地聚落的形成时间往往较盆地聚落为晚,不似盆地或河谷平原的聚落能够形成密集而庞大的形态,规模相对较小,聚落分布亦相对零散。

(二)盆地型

赣南地区群山环抱中,天然形成了大小不一的盆地,成为赣南聚落的主要选址之一(图2-4-9)。盆地型聚落具有较明显的自然地理条件优势。首先,盆地地势平坦,易于营建,容易吸引居民聚集,形成大规模的聚落。其次,盆地空间开阔,土地充足,便于农民就近农耕。最后,盆地的气候条件适宜农耕,契合"藏风聚气"的山水大格局。基于以上几点优势,盆地也往往成为对耕地需求较多的大族聚落选址首选。较为典型的盆地型村庄如于都车溪乡坝脑村、龙南里仁镇新里村。

于都车溪乡坝脑村地处于都盆地,北依车头嶂,东临寒信峡,南绕梅江,梅江对岸有群山叠嶂绵延,为绝佳的建村之地(图2-4-10)。盆地阡陌如棋盘,广袤而肥沃,养育了无数客家人,自南宋建村繁衍生息至今,形成大小聚落数十个。受宗族礼法的影响,坝脑村以王氏宗祠为中心,逐次向外扩展形成庞大的盆地村落群(图2-4-11)。龙南里仁镇新里村也是

典型的盆地型聚落,四周良田广布,多有大族择地于此,发展出大规模的村落与围屋(图2-4-12)。

(三)滨水型

赣南有上犹江、章水、梅江、琴江、绵江、湘江、濂江、平江、桃江等十条较大的支流水系。水是重要的生存资源,逐水而居亦是聚落常见的选址模式。滨水型村落滨水伴江,或以倚山为靠,或远眺群山,近旁以田地为耕,具有宜耕宜居宜行的特点(图2-4-13)。亦有许多大河江畔的村落,往往依靠水运获取营生而得以发家。滨水型聚落常常选址于"腰带水",也即河流弯曲环抱的沉积岸线一侧,这既有预防地质灾害保护基址安全的现实作用,也是风水观念的文化心理考量。这类聚落通常有较大的纵深,聚落边界形态趋向于团块状。亦有沿江呈带状的聚落,多选址于少弯稍平直的河段江畔。在赣南,滨水型聚落必定要考虑山洪水患的威胁,多数不紧贴河流水系,尤其江畔地势较低的情况下。这点与江浙水乡不同,江浙水乡江河密布纳水有余,汛期涨落峰值亦不如山区洪水来得突兀,水乡聚落多见紧贴贴水,亦商亦居。赣南滨江聚落往往与河流之间保持适当的缓冲距离,预留出足够的安全空间,布局于江畔稍远地势稍高的区域。

安远长沙乡筲笪村是典型的"腰带水"滨水聚落(图2-4-14)。濂江河流经筲笪村,绕村而过形成"S"形湾。筲笪村两个自然村聚落一大一小,分别位于濂江河"S"形湾两端的沉积岸一侧,聚落背

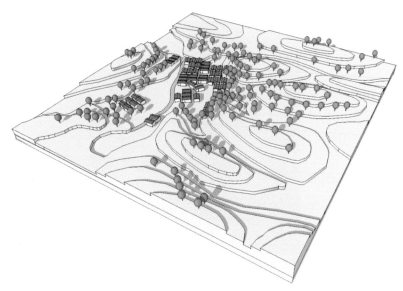

图2-4-9　盆地型聚落

图 2-4-10　于都车溪乡坝脑村遥感影像图

图 2-4-11　于都车溪乡坝脑村周边盆地遥感影像图

图 2-4-12　龙南里仁镇新里村遥感影像图

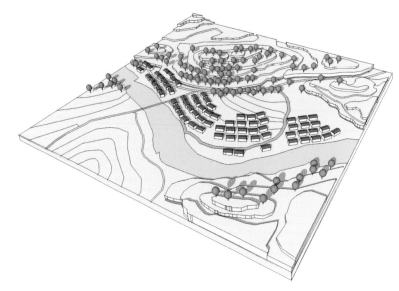

图 2-4-13   滨水型聚落

图 2-4-14   安远长沙乡笃笃村遥感影像图

倚后山，前朝水绕，构成一个显著的"太级"空间意象。两处聚落与河流之间均有一定的缓冲空间，多作农田，既避灾患又利生息（图 2-4-15）。类似的村落还有前述的于都车溪乡坝脑村，位于盆地南侧边缘的村落，均属滨江型聚落。位置亦为"腰带水"，只是没有安远笃笃村这么明显，这些滨江的聚落，多数都与河流保持了一定的安全距离（图 2-4-16）。也有的滨水型聚落紧贴较大河流，如前述于都葛坳乡上脑村，典型的还有石城屏山镇长溪村（图 2-4-17）。长溪村历史上原本是山脚型聚落，村落较早选址于东侧山脚，亦离琴江有一定距离，后繁衍生息人丁兴旺起来，村落逐渐向西拓展至江边，成为紧河贴水的滨水聚落。长溪村历来多有水患，村落近江部分受洪灾影响要远大于山脚地势较高的部分。

图 2-4-15　安远长沙乡笔笪村鸟瞰图

图 2-4-16　于都车溪乡坝脑村遥感影像图

图 2-4-17　石城屏山镇长溪村遥感影像图

第五节　赣南聚落空间分布特征

一、研究的背景及方法

聚落是民居最为直接的空间载体，反映了一定数量的民居在一定地域范围内集中建设的现象。赣南客家民居因势利导、因地制宜的建成方式，及其与自然山水环境相融相生的价值取向，影响着聚落的空间分布特征。研究赣南聚落在特定地域范围内的空间分布特征有助于解释赣南客家民居的相关现象与规律。

对于聚落空间分布特征的研究，国外起步较早。1841 年，德国地理学家科尔针对不同等级、不同类型的聚落进行了比较研究，分析了地形的差异对聚落的影响，论述了聚落分布与自然地理环境的关系[28]。1902 年，路杰安研究了聚落选址与日照、地形等环境要素的关系[29]。白吕纳于 20 世纪初发表了《人地学原理》一书，对乡村聚落的空间分布和自然地理环境的关系开展了较为全面的研究[30]。我国对于聚落空间分布的专门性研究起步于 20 世纪 30 年代。当时，法国学派的人地相关学说传入中国，促进了中国的聚落空间研究，相关研究论文陆续在各种地理刊物中发表[31]。朱炳海和严钦尚于 1939 年分别发表了"西康山地村落之分布"[32]和"西康居住地理"[13]，周廷儒于 1942 年发表"环青海湖区之山牧季移"[33]。近些年来，我国对聚落空间分布特征的研究在相关实践的推动下成效不断，得到了长足的进步。研究聚落空间特征的"农村聚落地理"逐渐发展成为人文地理学的分支学科。"农村聚落地理"被视为是研究聚落形成、发展及空间分布规律的一门学科，用以研究聚落和自然环境的关系、聚落和社会经济发展的相互作用[34]。从研究的手段和方法来看，当下对于聚落空间分布的研究由以往传统的田野调查逐渐向 3S 技术与田野调查、指数分析相结合的趋势发展，运用 GIS 等技术手段对聚落空间分布进行定量分析的研究成果逐渐增多，研究的结论由主观转向客观，大大提升了聚落空间分布研究的科学性。

为了客观评价赣南聚落的空间分布特征，本研究基于人文地理学、空间统计学的相关理论，运用 GIS 空间分析方法，对赣南全域 3.94 万平方公里开展聚落的空间分布研究。研究的相关数据采用赣州市地理信息基础数据，并从国家开源网站地理空间数据云获得赣州市 30（米）×30（米）高程数据（DEM），同时结合各类统计资料的公开数据获得赣州市各区县相关数据。研究所采用的数据来源和精度可靠，可用于研究。

二、赣南聚落的空间格局分析

（一）分布模式分析

分布模式分析主要是用以判断赣南聚落的空间分布是趋向于集聚还是离散。本研究运用平均最邻近统计工具（Average Nearest Neighbor Summary）对赣南全域的乡村聚落点进行计算，测算其平均邻近指数（ANN）。赣南乡村聚落点分布的平均最邻近指数（ANN）为 0.4034，属于集聚分布模式，且 P 值为 0、校验值 Z 为 −681.84，显示出在全市域范围内，99% 的可能性乡村聚落呈现聚集分布模式（图 2-5-1）。

（二）密度分布分析

从传统统计意义上统计赣南各区县乡村聚落个数密度，可以发现赣南总体密度为平均每平方公里有 9.06 个乡村聚落。其中兴国、南康以及章贡、于都等区县聚落密度较高，接近全市平均水平的两倍。密度较低的县市有安远、龙南、全南等地。其中全南县平均每平方公里仅有 2.82 个乡村聚落，不到全市平均密度的 1/3（表 2-5-1）。

为了研究聚落密度分布在区域内的地域差异，研究提取赣南乡村聚落斑块的中心点，采用 Kernel 方法，对乡村聚落中心点个数进行核密度分析，并将结果分为背景区、低密度一区、低密度二区、中密度一

赣州市各区县乡村聚落密度统计表　　　　表 2-5-1

区县名称	章贡区	南康区	赣县区	于都县	兴国县	瑞金市	信丰县	大余县	上犹县
乡村聚落密度（个/km²）	16.00	17.58	11.12	14.22	17.40	8.64	8.24	6.85	9.78
区县名称	宁都县	会昌县	石城县	安远县	龙南县	定南县	全南县	寻乌县	崇义县
乡村聚落密度（个/km²）	5.37	9.37	5.13	4.55	4.81	6.21	2.82	8.03	5.58

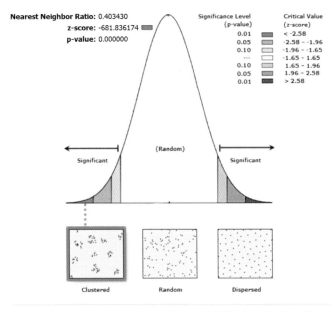

Given the z-score of -681.836173551, there is a less than 1% likelihood that this clustered pattern could be the result of random chance.

图 2-5-1　现状乡村聚落点平均邻近指数分析结果

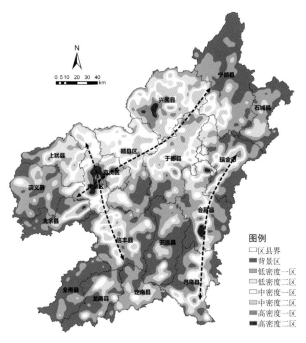

图 2-5-2　赣州市乡村聚落核密度分布图

区、中密度二区、高密度一区、高密度二区，其中中密度区占比最高，其次是低低密度区，高密度区则以高密度一区为主（图 2-5-2）。

从分析结果数值及空间分布可以发现：整体上赣南北部的乡村聚落点核密度要高于南部，依次向东西两边和中部区域呈阶梯状稀疏化分布；在市域北部区域形成了以南康、章贡、兴国为核心的乡村聚落平均密度在 25 个 /km² 以上的密集分布中心；沿大余—南康—章贡—赣县—兴国—于都，章贡—南康—信丰，瑞金—会昌—寻乌，形成了一横两纵三条明显的乡村聚落点密集分布带；市域南部的全南、龙南、定南、安远等，西部的崇义及东北部的石城、宁都等区域乡村聚落分布相对比较稀疏，密度基本在 4 个 /km² 以下（表 2-5-2）。

核密度分析结果表　表 2-5-2

区域	核密度值（个 /km²）	面积比例（%）
背景区	0~4	5.56
低密度一区	4~8	16.18
低密度二区	8~12	16.35
中密度一区	12~17	21.14
中密度二区	17~25	26.07
高密度一区	25~33	10.33
高密度二区	33~55	4.37

（三）全局自相关分析

研究对赣州市乡村聚落规模数值采用欧式距离方法进行全局空间自相关分析发现，莫兰指数为 0.32，说明赣南乡村聚落规模具有空间正相关的特征，即乡村聚落规模大的区域其附近聚落的规模也趋于大，规模小的区域其附近的规模也趋于小（图 2-5-3）。

为了研判赣南聚落密度分布的空间自相关情况，研究通过采用欧式距离方法计算各行政村乡村聚落核密度均值的全局 Moran's I 指数。从计算结果可以看出，赣州市乡村聚落核密度 Moran's I 指数为 0.82。说明在赣南地区，乡村聚落分布较多的区域其周围地区的乡村聚落也多，乡村聚落分布较少的区域其周围地区的乡村聚落也少（图 2-5-4）。

（四）规模频率分析

乡村聚落规模普遍偏小。从赣南乡村聚落斑块用地规模描述统计分析结果来看，规模在 1000m² 以下的乡村聚落个数比例达到 50%。总体上用地规模的频率分布是偏态的，数据背离中心性，形态也缺乏对称性；其偏度（Skewness）为 8.22，远大于 0，中位数为 994.54m²，平均数为 2573.44m²，中位数值小于平均值，说明乡村聚落的规模以低值为主，高值较少；同时其峰度（Kurtosis）为 182.59，远高于 0，

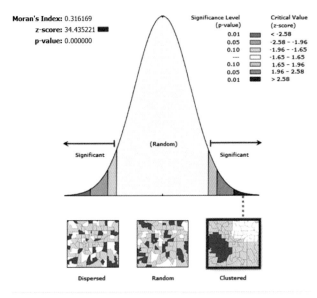

Moran's Index: 0.316169
z-score: 34.435221
p-value: 0.000000

Given the z-score of 34.4352206951, there is a less than 1% likelihood that this clustered pattern could be the result of random chance.

图 2-5-3　乡村聚落规模全局自相关分析

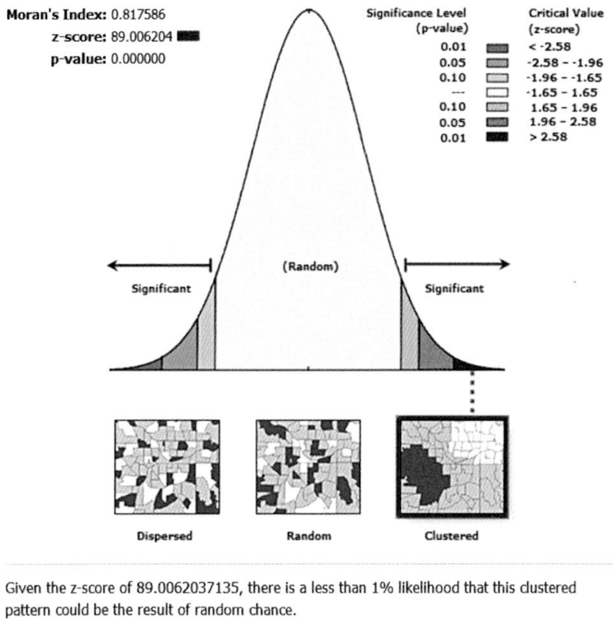

Moran's Index: 0.817586
z-score: 89.006204
p-value: 0.000000

Given the z-score of 89.0062037135, there is a less than 1% likelihood that this clustered pattern could be the result of random chance.

图 2-5-4　乡村聚落个数核密度全局自相关分析

说明聚落规模数据有较广离群分布的"肥尾"特征，同时更具有较窄集簇分布的"尖顶"特征。因此，总体上赣州市乡村聚落的规模普遍偏小，小村庄的规模差距较小，规模大的村庄比重小但是规模差距大（表 2-5-3、图 2-5-5）。

乡村聚落不同等级规模频率统计表　表 2-5-3

乡村聚落规模分级（m²）	比例（%）
1000	50.19
2000	20.01
3000	8.67
4000	5.16
5000	3.32
8000	5.55
10000	1.98
20000	3.70
30000	0.89
40000	0.29
50000	0.12
>50000	0.12

三、地理环境要素与聚落的空间分布关系分析

（一）高程与聚落的空间关系分析

通过对赣南 DEM（指数字高程模型）数据分析发现，研究范围内最低海拔为 3m，最高海拔为 1961m。根据高程地形地貌及适宜城市建设情况，将赣南高程分为 <200m（平地），200~300m（低丘），300~400m（中丘），400~500m（高丘），500~800m（低山），800~1000m（低山），>1000m（中山）七个等级。之后与乡村聚落斑块进行叠加，分别统计不同高程范围内的乡村聚落点的面积。

乡村聚落规模、数量与高程关系类似，均随高程呈正偏态分布的空间集聚特征，但乡村聚落数量比乡村规模随高程分布相对更平缓。两者都主要集中在海拔 200m 以内的平地区域中，其次是 200~300m 低丘地带，而 500~1000m 的低山区域乡村聚落分布相对较少，1000m 以上的中山区域乡村聚落分布最少（表 2-5-4、图 2-5-6、图 2-5-7）。

（二）坡度与聚落的空间关系分析

坡度是用来表示地表斜面对水平面的倾斜程度，是地表形态的重要度量因子之一，对聚落空间分布有

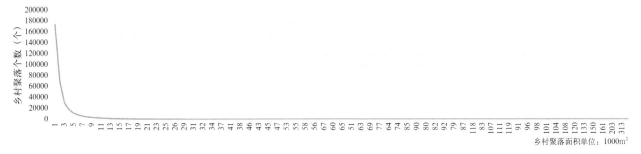

图 2-5-5　赣州市乡村聚落规模频率分布图

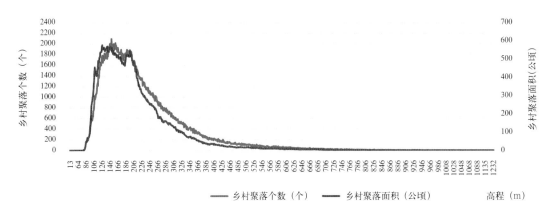

—— 乡村聚落个数（个）　　—— 乡村聚落面积（公顷）　　　高程（m）

图 2-5-6　赣州市乡村聚落规模、数量与高程的关系

赣州市乡村聚落规模、
数量与高程关系统计表　　表 2-5-4

高程分级（m）	面积比例（%）	个数比例（%）
50	0	0.004
100	1.13	0.93
150	25.64	19.25
200	28.07	26.25
300	31.53	33.04
400	9.00	12.46
500	2.57	4.35
600	1.16	2.06
700	0.54	0.98
800	0.24	0.43
900	0.08	0.17
1000	0.03	0.06
>1000	0.01	0.02

较大影响。研究从赣州市 DEM 中提取坡度数据，按 <2°、2~6°、6~15°、15~25°、>25° 分成五个等级，并将其与乡村聚落进行叠加，得到不同坡度级别的聚落分布情况（图 2-5-8）。

从叠加结果来看，72.15% 的乡村聚落面积分布在坡度 6° 以内的区域，该区域由于坡度较小，容易进行基础设施建设，工程建设成本相对较小，也适宜人们的生产与生活，因此乡村聚落点分布较集中，规模较大。仅有 2.68% 的乡村聚落分布在坡度 15° 以上的区域，该区域建设成本高，乡村聚落规模小且布局散乱（图 2-5-9）。

（三）河流与聚落的空间关系分析

聚落总是与河流相伴相生，本研究提取赣州市 2019 年现状河流矢量数据，对河流进行欧式距离分析。将分析结果按 <100m、300m、500m、1000m、1500m、2000m、3000m、>3000m 进行分级，并将其与乡村聚落斑块进行叠加分析发现：距河流距离与乡村聚落规模、数量呈负相关，相关系数分别为 -0.86 和 -0.92，呈高度负相关，即总体上随着与河流距离的增大，乡村聚落面积和数量不断减少。其中，乡村聚落在离河流 100~300m 范围内面积最大，占比达 24.27%，其次是离河流 500~1000m 和 300~500m 的区域，占比分别为 17.72%、13.94%，当距离河流 5000m 以上时，乡村聚落分布较少（表 2-5-5、图 2-5-10、图 2-5-11）。

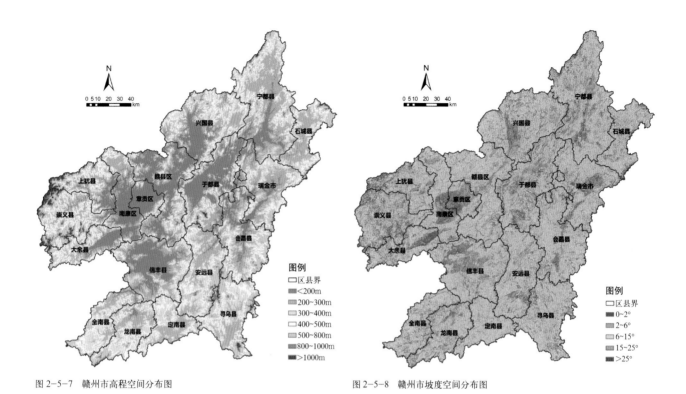

图 2-5-7　赣州市高程空间分布图　　　　　　　　　图 2-5-8　赣州市坡度空间分布图

距离河流不同范围内乡村聚落统计表　表 2-5-5

序号	距离分级	面积比例（%）	个数比例（%）
1	<100m	12.28	13.17
2	300m	24.27	19.35
3	500m	13.94	11.55
4	1000m	17.72	17.80
5	1500m	10.67	12.40
6	2000m	7.43	8.89
7	3000m	8.18	9.98
8	5000m	4.40	5.68
9	7000m	0.85	0.93
10	9000m	0.20	0.18
11	10000m	0.02	0.01
12	>10000m	0.06	0.05

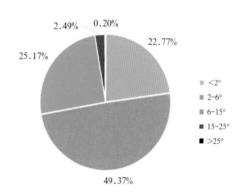

图 2-5-9　不同坡度等级乡村聚落面积比例统计

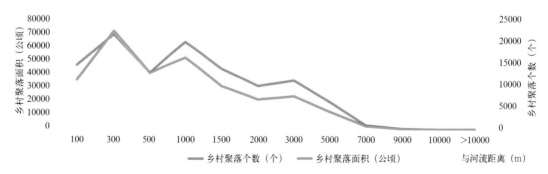

图 2-5-10　距离河流不同范围内乡村聚落统计

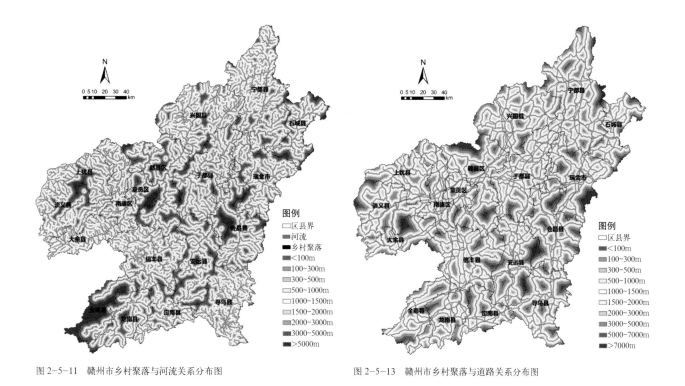

图 2-5-11　赣州市乡村聚落与河流关系分布图

图 2-5-13　赣州市乡村聚落与道路关系分布图

图 2-5-12　距离道路不同范围内乡村聚落统计

（四）交通与聚落的空间关系分析

交通作为影响人们生产生活的主要因素之一，它对聚落的空间分布具有重要影响。通常人们喜欢将居住场所布局在便于出行的地方，因而选取研究区主要的道路网来研究乡村聚落点与交通的分布关系。

研究提取赣南道路网矢量数据，并进行欧式距离分析，分析结果按<100m、300m、500m、1000m、1500m、2000m、3000m、5000m、7000m、9000m、10000m、>10000m 进行分级，并将其与乡村聚落斑块进行叠加分析发现：距公路距离与乡村聚落规模、数量呈负相关，相关系数分别为 -0.91 和 -0.93，呈高度负相关，即总体上随着与公路距离的增大，乡

村聚落面积和数量不断减少。其中，乡村聚落在离道路 <100m 及 500~1000m 范围内面积最大，占比分别为 18.6%、18.53%，其次是离道路 100~300m 区域，占比达 17.2%，当距离道路 7000m 以上时，乡村聚落分布较少（表 2-5-6、图 2-5-12、图 2-5-13）。

距离公路不同范围内乡村聚落统计　表 2-5-6

序号	距离分级	面积比例（%）	个数比例（%）
1	<100m	18.60	—
2	300m	17.20	18.60
3	500m	12.22	17.20

续表

序号	距离分级	面积比例（%）	个数比例（%）
4	1000m	18.53	12.22
5	1500m	10.78	18.53
6	2000m	7.22	10.78
7	3000m	7.88	7.22
8	5000m	5.66	7.88
9	7000m	1.41	5.66
10	9000m	0.35	1.41
11	10000m	0.06	0.35
12	>10000m	0.08	0.06

四、赣南聚落空间分布特征总结

研究结果表明，赣南乡村聚落的空间分布具有以下六个特征：一是呈现出聚集分布的空间特征，整体上赣南北部的乡村聚落密度高于南部，呈现出北密南疏的空间分布特点，聚落的空间密度整体呈阶梯状稀疏化分布。二是在赣南北部的赣康盆地和兴国盆地形成了以南康、章贡、兴国为核心的聚落密集分布中心，沿赣南的主要江河水系及形成了"一横两纵"三条明显的乡村聚落密集分布带，聚落的空间分布契合赣南地区的山川地貌特征。三是赣南乡村聚落规模具有空间正相关的特点，聚落规模大的区域其附近聚落的规模也趋于大，规模小的区域其附近的规模也趋于小，聚落分布较多的区域其周围地区的聚落也多，聚落分布较少的区域其周围地区的聚落也少。四是总体上赣州市乡村聚落的规模普遍偏小，一半的聚落规模占地在1000m^{2}以下，聚落规模分布具有"肥尾、尖顶"的特点。小村庄的规模差距较小，规模大的村庄比重小但是规模差距大。五是近一半的赣南聚落集中在海拔200m以内的平原盆地，其次是200~300m的低丘地带，500m海拔以上的聚落分布较少。72.15%的乡村聚落分布在坡度6°以内的区域，该区域容易进行基础设施建设，工程建设成本相对较小，也适宜人们的生产与生活。仅有2.68%的乡村聚落分布在坡度15°以上的区域，该区域建设成本高，乡村聚落规模小且布局散乱。六是河流距离及道路距离与乡村聚落的规模和数量呈高度负相关。聚落在离河流100~300m范围内面积规模最大，占24.27%；聚落在离道路<300m范围内面积规模最大，占35.8%。另外，通过研究聚落与耕地的空间关系，赣南地区聚落对面积规模和数量与耕地面积的相关系数分别为0.81和0.71，呈高度正相关，说明乡村聚落的规模依赖于耕地规模。乡村聚落基本在耕地周围，乡村聚落和耕地对于空间分布存在较强的空间趋同性，反映了生产环境对聚落的深刻影响。

参考文献

[1] 王飒. 中国传统聚落空间层次结构解析 [D]. 天津大学，2012：2.

[2] 吴良镛. 人居环境科学导论 [M]. 北京：中国建筑工业出版社，2001：229-230.

[3] 杨定海. 海南岛传统聚落与建筑空间形态研究 [D]. 华南理工大学，2013：20.

[4] 张文奎. 人文地理学概论 [M]. 长春：东北师范大学出版社，1987.

[5] 金其铭. 农村聚落地理 [M]. 北京：科学出版社，1988：7-12.

[6] 金其铭，董昕，张小林. 乡村地理学 [M]. 南京：江苏教育出版社，1990.

[7] （法）白吕纳. 人地学原理 [M]. 任美锷，李旭旦，译. 南京：钟山书局，1935.

[8] 沃尔特·克里斯塔勒. 德国南部中心地原理 [M]. 常正文，王兴中，译. 北京：商务印书馆，2010：1-19.

[9] （法）阿·德芒戎. 人文地理学问题 [M]. 葛以德，译. 北京：商务印书馆，1993：140-192.

[10] 陈宗兴，陈晓键. 乡村聚落地理研究的国外动态与国内趋势 [J]. 世界地理研究，1994（1）：72-76.

[11] （法）白吕纳. 人地学原理 [M]. 任美锷，李旭旦，译. 南京：钟山书局，1935.

[12] 林超. 聚落分类之讨论 [J]. 地理，1938，6（1）：17-18.

[13] 严钦尚 . 西康居住地理 [J]. 地理学报，1939，6：43-58.

[14] 陈述彭，杨利普 . 遵义附近之聚落 [J]. 地理学报，1943，10：69-81.

[15] 吴传钧 . 人地关系与经济布局（吴传钧文集）[M]. 北京：学苑出版社，2008.

[16] 张同铸，宋家泰，苏永煊，等 . 农村人民公社经济规划的初步经验 [J]. 地理学报，1959，25（2）：107-119.

[17] 段进，季松，王海宁 . 城镇空间解析——太湖流域古镇空间结构与形态 [M]. 北京：中国建筑工业出版社，2002.

[18] 张嗣介 . 赣县白鹭村聚落调查 [J]. 南方文物，1998（01）：79-91+127.

[19] 罗勇 . 三僚与风水文化 [J]. 赣南师范学院学报，2007（04）：18-23.

[20] 陈永林，周炳喜，孙巍巍 . 城镇化传统乡村聚落空间演化及其区域效应——以赣南客家乡村聚落为例 [J]. 江西科学，2012（10）：625-629.

[21] 陈家欢 . 赣南乡村聚落外部空间的衍变 [D]. 华侨大学，2014.

[22] 李倩 . 虔南地区传统村落与民居文化地理学研究 [D]. 华南理工大学，2016.

[23] 梁步青 . 赣州客家传统村落及其民居文化地理研究 [D]. 华南理工大学，2019.

[24] 浦欣成 . 传统乡村聚落二维平面整体形态的量化方法研究 [D]. 浙江大学，2012.

[25] 林忠礼，罗勇 . 客家与风水术 [J]. 赣南师范学院学报，1997（04）：56-62.

[26] 兴国县文化局，兴国县旅游局 . 中国风水圣地——三僚 [M]. 赣州：兴国新华印务中心，2008：63；66.

[27] 梁步青，赣州客家传统村落及其民居文化地理研究 [D]. 华南理工大学，2019.

[28] 张文奎 . 人文地理学概论 [M]. 长春：东北师范大学出版社，1993.

[29] 金其铭：农村聚落地理 [M]. 北京：科学出版社，1988.

[30] （法）白吕纳 . 人地学原理 [M]. 任美锷，李旭旦，译 . 北京：钟山书局，1935.

[31] 同 [10].

[32] 朱炳海 . 西康山地村落之分布 [J]. 地理学报，1939（00）：40-43.

[33] 周廷儒 . 环青海湖区之山牧季移，地理，2（2），1942.

[34] 金其铭 . 我国农村聚落地理研究历史及近今趋向 [J]. 地理学报，1988（04）：311-317.

第三章 建筑：礼制与生活的深度融合

对赣南客家民居建筑本体的研究，学界现有大量的成果偏向于社会、文化、文博、民俗等领域，笔者侧重于赣南客家民居建筑类型形制及其形成机制的探索，希冀以建筑学视角为主呈现赣南客家民居建筑的另一番图景。本章以大量的田野调查资料为基础，系统地归纳分析了赣南客家民居建筑的类型形制、类型现象及分布状况，探讨了客家民居的空间构成及平面组合逻辑，并以赣南地区社会、文化、地理为研究背景，进一步挖掘并探寻赣南客家民居建筑的形成机制，最后对赣南客家民居的总体特征进行了归纳总结。

第一节 赣南客家民居建筑类型

一、民居类型研究现状

客家先民建造民居，基于中国（相对于西方）普遍存在的社会环境、营造文化、工匠地位等多方面原因，并未系统地记录下或者未形成系统的建造思想体系和建筑分析方法论。但是，客家民居所呈现的纷繁形式及其蕴含的深刻文化内涵，又揭示了客家先民自有其一套独特的营建思想，这套思想，或隐于私相授受，或从未有人全面梳理而集于大成。不仅限于客家民居，这或许是中国传统建筑营造的"通病"，也是梁思成先生一代呕心于编写《中国建筑史》与研究《营造法式》，致力于中国古代建筑理论研究的原因所在。

国内外建筑、文化等领域学者长期致力于中国传统建筑的研究，类型学、比较学、结构主义、符号学等思想流派或方法成为常用工具。尤其类型学，作为一种分析方法论，已成为当代建筑研究的热门"显学"。洛杰尔说，"我们必须回到本源，回到原则，回到类型"。类型的研究，本身就是认知客家地区乃至中国纷繁灿烂的传统建筑现象必走的基础路径，这也是笔者将赣南民居建筑类型的研究列为本章首节的原因所在。

（一）中国民居类型研究现状

首先，我们来关注学界对中国民居类型的研究情况，以找准赣南客家民居或者客家民居类型的位置。陈春声先生在三联书店出版的《历史·田野》丛书之总序中提到，"如果忽视国家的存在而奢谈地域社会研究，难免有'隔靴搔痒'或'削足适履'的偏颇"[1]。因此，有必要先将赣南客家民居这个"地域"类型置身于中国民居这个"国家"的宏观背景之中，厘清客家民居在中国民居类型中所处的位置和相互关系，避免陷入区域研究"自话自说"的逼仄视角。

当下，中国民居的类型研究虽处于初始阶段，但已进入一个相对繁荣的时期，出现了较多的分类方式。梁思成先生编《中国建筑史》[2]，将中国民居分为华北东北、晋豫陕北、江南、云南等四个区，仅作粗略区分。20世纪50年代初，刘敦桢先生在《中国住宅概说》中按民居的平面构成，将明清时期中国民居分为圆形住宅、纵长方形住宅、横长方形住宅、曲尺形住宅、三合院住宅、四合院住宅、三合院与四合院的混合体住宅、环形住宅、窑洞式穴居等九类[3]。80年代以来，中国建筑工业出版社按行政区划，陆

续出版中国民居专辑丛书，如《浙江民居》、《江苏民居》、《广东民居》、《福建民居》、《江西民居》等。1990年代初，刘致平等先生在《中国居住建筑简史》中将清代民居按结构形式分为穴居、干阑、碉房、"阿以旺"住宅、蒙古包、宫室式、井干式等七类[4]（图3-1-1）。1990年代中期，陆元鼎先生系统运用地理气候研究范式，采用多学科交叉研究的方法，将中国民居划分为院落式、窑洞、山地穿逗式、客家防御式、井干式、干阑式、游牧移动式、台阶式碉房、平顶式高台等九类[5]（图3-1-1）。同年，汪之力先生主编的《中国传统民居建筑》一书将中国民居划分为22类，综合考虑了行政区划、民族地域、平面形制等多个因子[6]。20世纪90年代末，陈从周等先生结合空间形态和建造材料划分民居为四合院、徽派民居、江南水乡民居、土楼、闽粤侨乡民居、台湾民居、"三坊一照壁"与"一颗印"、吊脚楼、干阑式民居、石构民居、土坯平顶民居、窑洞、毡包和暖居等十三类[7]（图3-1-1）。进入21世纪，孙大章按照民居建筑平面形制，在《中国民居研究》一书中将中国民居划分为庭院类、单幢类、集居类、移居类、密集类、特殊类等六大类[8]。

民居的分类，从建筑类型学的角度来看，指向的是民居建筑形制如空间组合、平面构成、构造形式等的分类。行政区划、民族地域等分类方式更似于罗列，而综合地域、民族、地理、材料等多个因素做出的分类，因标准不一，类型之间便缺少严谨的可比性。因此，笔者选择民居建筑形制的分类方式，将视线聚焦在刘敦桢、孙大章两位先生在中国民居类型的研究上。

1.《中国住宅概说》与客家民居类型

1953年，南京工学院与华南建筑设计院合办中国建筑研究室，刘敦桢先生任主任，1953年5月其著作《中国住宅概说》出版，对推动我国的民居研究起了很大的作用。根据民居建筑的平面构成，刘敦桢先生将明清时代中国民居分为圆形住宅、纵长方形住宅、横长方形住宅、曲尺形住宅、三合院住宅、四合院住宅、三合院与四合院的混合体住宅、环形住宅、窑洞式穴居等九类[9]。

其中，圆形住宅、纵长方形住宅、窑洞式穴居三个类型跟赣南客家民居基本无关。圆形住宅或为蒙古包演变而来的小型住宅，多分布于内蒙古东南部与汉地接壤的地区。纵长方形住宅一般大门设于短边山墙

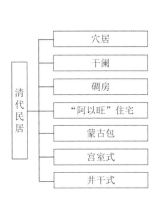
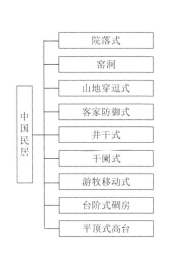
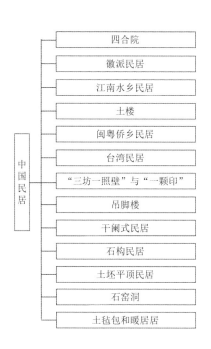

图 3-1-1　刘致平（左）、陆元鼎（中）、陈从周（右）等学者的民居分类

侧，房间多纵深穿套，原始半穴居民居、西南少数民族的干阑式民居、华中华北一带部分汉族民居常采用此种住宅类型。窑洞式穴居，主要分布于河南、山西、陕西、甘肃等省雨量少、树木缺乏和黄土层相当深厚的地区，客家地区未见。

横长方形住宅、曲尺形住宅等两个类型大致包括赣南客家民居当中的单幢民居。横长方形住宅是中国数量最多的小型住宅，门设于长边，长面多朝南向阳，间数从一间至数间不等，三间为多，称"一明两暗"，客家地区遍地分布的"四扇三间""六扇五间"等单堂屋均属横长方形住宅。曲尺形住宅即"L"形住宅，全国各地均有分布，客家地区亦不罕见，多为四扇三间及其衍变形式，但不具代表性，多因地形或财力所限而为。

三合院住宅、四合院住宅、三合院与四合院的混合体住宅、环形住宅等四个类型与赣南客家民居关联密切。三合院住宅形为"U"形，四合院住宅大致为"口"形，合院住宅广泛分布于全国各地尤其汉族地区。中国南方普遍采用的天井式住宅，如徽州小型天井式民居，刘敦桢一般将其归为三合院住宅，广东流行的门楼屋，其实亦属此类。提到客家方形土楼，他说："两层以上的四合院（指长方形土楼）住宅应推广东、广西、福建等省的客家住宅最为宏大……为了本身安全采取聚族而居的方式，因而住宅的高度竟达四、五层，房

间数目自数十间至一、二百间，形成庞大的群体居住。无论在平面布局或造型艺术方面都与其他地区的住宅有显著的差别。"[10] 可见刘敦桢先生将客家方形土楼，以及形态相似的赣南方围均归为四合院住宅。三合院与四合院的混合体住宅即两种合院的组合体，多分布于南方诸省，客家民居中围垅屋、杠屋、五凤楼以及包含天井空间的"两堂两横、三堂两横"等堂横屋形制，应尽归为此类。环形住宅即圆形土楼，主要分布于福建，也见于广州、潮州等处（事实上赣南的三南地区也有，只是当时存量极少，书中未有论及）。

《中国住宅概说》被誉为"中国传统民居第一部系统性著作"，为中国民居类型研究奠定了基础，第一次提供了一个整体反映全国民居类型的宏观图景。就客家民居而言，刘敦桢先生为客家圆形土楼设了"环形住宅"这个专门类型，广东门楼屋等归为三合院住宅，福建方形土楼、赣南方围归为四合院住宅，围垅屋、五凤楼、堂横屋归为三合院与四合院的混合体住宅，单堂屋归为横长方形住宅或曲尺形住宅。客家民居大致可划归为刘敦桢先生九个民居全类当中的六类，至此，客家民居这个"区域"类型，便在刘敦桢先生绘制的中国民居"国家"类型版图中显现出了清晰的位置（图 3-1-2）。

同时，我们也注意到，广东、福建两地客家民居在书中均有大量论述，赣南客家民居却鲜有提及，可

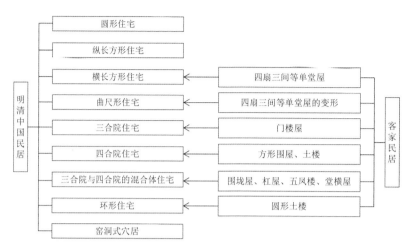

图 3-1-2　客家民居类型与刘敦桢对明清中国民居的分类

见赣南客家民居尚未进入当时主流学界的视线。刘敦桢也充分认识到，他说"在全国住宅尚未普查以前，不可能写概说一类的书。可是事实不允许如此谨慎，只好姑用此名，将来再陆续使其充实"[11]，这是历史的局限性。另外，除客家土楼外，书中将客家聚居类民居均归为"合院"住宅，显然忽视了南方尤其客家民居与北方民居的特征差异。"合院"概念经刘敦桢等先生强调而对学界产生巨大影响，更有甚者，目前还有相当数量的学者认为，"不论哪种类型，都是三合院，或四合院为核心或单元来组合演化而成"[12]，后有学者提出"天井式""中庭型"等概念，始将包括客家在内的南方民居从"合院"类型概念中解脱出来。

2.《中国民居研究》与客家民居类型

2004 年 8 月，孙大章先生著作《中国民居研究》出版。该书以 1~5 批全国重点文物保护单位中的古民居及古村镇名录为基础，收集整理全国典型民居形制达 68 种，可看作是补了刘敦桢先生著《中国住宅概说》时资料匮乏的缺憾。

孙大章先生严格按民居建筑形制进行分类，综合考虑了空间组合、平面布置、构造形式等方面的因素，参考自然学科纲、目、科、属、种的分类原则制定了类、式、型三级分解研究方法，将中国民居划分庭院类、单幢类、集居类、移居类、密集类、特殊类等六个大类[13]，其下分若干"式"。

庭院类民居与赣南客家民居类型有较大的渊源关联。庭院类民居为中国传统民居的主流，分合院式、厅井式、融合式等三式。赣南客家民居大部分类型都

有庭院类民居空间要素的痕迹，反映出赣南客家民居和中原民居的文化传承关系。其中，合院式民居以"北京四合院"为代表，多分布于北方。厅井式民居即"天井式民居"，多流行于南方，江西东部、北部民居被称为"抚河民居"，归为此类。融合式民居介于南、北之间，流行于长江流域江、浙、皖、鄂、川诸省。

单幢类这一类型在赣南客家民居当中数量众多。单幢类民居不强调院落，孙大章先生认为其"多为少数民族采用"，将单幢类细分干阑式、窑洞式、碉房式、井干式、木拱架式、下沉式等六式。客家地区的大多数独户民居，如四扇三间、门楼屋、锁头屋等，应可归为单幢类民居。而以构架或结构分"式"亦有其局限，赣南"四扇三间"多为墙上搁檩的混合结构类型，不属单幢类所分的六"式"，却要另增"式"样才可囊括了。

集居类民居是赣南客家民居当中最能体现客家文化的类型。集居类民居属大型民居，客家三地的聚居建筑，应都属集居类民居了，该类民居分土楼式、围屋式、行列式等三式，其中孙大章先生将赣南、闽西南两地的圆形、方形土楼及五凤楼归为土楼式民居，将粤东北平房式围垅屋归为围屋式，而行列式民居，"属于此式的民居有粤北南雄始兴一带的横列式与粤东梅县杠屋两种形制"[14]（图 3-1-3）。在此笔者注意到，集居类民居分"式"出现较多易混淆之处，一是赣南方围多石砌和"金包银"做法，土楼式以材料分式难"一言蔽之"；二是在客家地区"围屋"称谓涵盖面甚广，不仅粤东北围垅屋，赣南方围甚至闽西南土楼，都可统称围屋，此处却仅特指广东梅县、潮

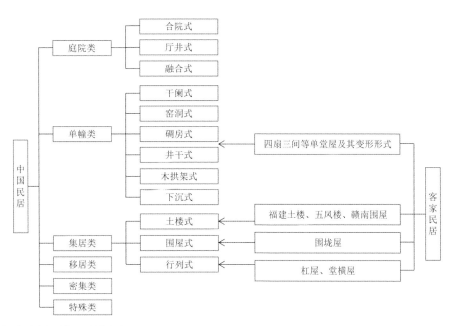

图 3-1-3　客家民居类型与孙大章对中国民居的分类

汕一带民居形制；三是行列式未涵盖客家民居中为数不少的排屋及"上三下三"等类型，专指粤北、粤东两种形制亦有未尽之处。

移居类、密集类、特殊类等三个类型与赣南客家民居基本无关联。移居类民居如蒙古包、帐房等，为游猎、渔牧民众所居，多分布于华北、西北等地区。密集类民居如浙东纤堂屋、闽粤竹竿厝等，为人口密集、用地紧张地区居民采用的大进深、长联排、高密度型民居。特殊类民居如番禺水棚、临崖吊脚楼、广东华侨庐居、山东海草房等，是特定条件影响形成的民居形制。

《中国民居研究》一书对赣南客家民居已有不少着墨（尽管仍少于粤闽两地客家民居），可一定程度反映出主流学界对赣南客家民居的研究进展。孙大章先生基本上将客家民居归为六个大类中的集居类民居，强调了客家人传统上"聚族而居"的生活模式，在中国民居类型这个"国家"版图上突出了客家民居的独特性。但同时，客家民居中尚有大量独户民居形式，集居类民居空间组合构成亦还有千百变化，远不是"土楼式、围屋式、行列式"三式所能厘清，还待探究揭示，这是宏观视角的"微观"局限性，也是民居的区域研究大有可为之处。这里需要重点提到的是，孙大章先生引入自然学科分类原则，提出分层次分解研究类型的方法，笔者认为对于民居类型的研究具有很高的借鉴价值。

（二）客家地区民居类型研究现状

接下来，我们关注学界对客家民居类型的研究情况。

客家民居类型的研究起步虽晚于中国北方民居，但自 20 世纪 90 年代形成研究风潮以来，国内外涌现了许多研究成果，不少学者致力其中研究不懈，成果丰硕。

结合刘敦桢先生的分类，茂本计一郎（日）进一步提出了多层次的分类方法，将民居分为平房、半楼房、全楼房等三大类，下分单栋型、开放型庭院、闭锁型庭院、小规模合院、大规模集体住宅等五个类型，将客家方、圆土楼归为大规模集体住宅，属全楼房。林嘉书先生继承并完善了茂本计一郎的分类方式，将客家土楼（泛指客家民居）细分为十七种形式，分属三类五型，方、圆土楼仍归大规模集体住宅，另将五凤楼归为闭锁型庭院，属半楼房大类[15]。可以看出，茂本计一郎与林嘉书划分的类型，受刘敦桢先生"合院"分类的影响较深，研究对象也以客家尤具特色的围屋为重。另外，按行政地理区位，刘佐泉先生将客家建筑分为闽西客家建筑、粤东北客家建筑、粤北客家建筑、川西客家建筑等[16]，唯独缺少赣南客家建筑，学界对赣南客家民居的关注度，可见一斑。根据民居分布地域和平面形态，黄汉民先生将客家土楼分为粤北围垅屋、粤东北客家围屋、江西土围子、福建五凤楼、福建通廊式土楼、福建单元式土楼等[17]，以聚族而居、夯土承重、群体楼房来界定客家土楼概念，土楼是客家民居的一部分，因此黄汉民先生的这一分类并未全面涵盖客家民居。

潘安对以往的客家民居分类进行了反思，针对客家聚居建筑提出了三个层次的分类方法。第一个层次反映基本造型，分多层建筑（俗称土楼）、单层建筑（俗称围垅屋和门堂屋）、单层与多层混合建筑（俗称五凤楼）等三种类型；第二个层次反映形式变化，分为圆形、方形及异形等三种；第三个层次反映组合关系，又按祖堂位置、祖堂构成、居室构成分别分类[18]。潘安研究的对象是"客家聚居建筑"，客家民居"独居"的类型就无法反映了，但"客家聚居建筑"范围甚广，基本涵盖了客家传统社会"聚族而居"所呈现的普遍类型。尤其难能可贵的是，门堂屋（有称厅屋组合式民居）等非围屋类型，在潘安的研究中给予了较高的重视（图3-1-4）。

客家民居类型研究呈现三个特点。一是从研究地域上来看，经历了一个从局部区域向走向民系整体的过程，从关注福建土楼，到关注广东、江西的客家民居，再后有学者将客家三地民居串接在一起开展整体研究，但区域研究进展并不均衡，较明显的是对赣南客家民居的关注度、研究深度仍然不够，从刘佐泉先生的研究中可见一斑。二是从研究对象上来看，经历了一个从典型类型走向全面类型的过程，最早关注的是圆形土楼，然后是围垅屋、方形围，均是"围屋"这类客家地区最具标识性的典型民居，20世纪90年代开始门堂屋等非围屋类型才受到关注。当下仍有部分学者一提到客家民居就认为是围屋，可见学界对客家地区广泛流行的四扇三间、门堂屋等类型的研究仍然不够。三是从研究层次上来看，经历了从"差异性"陈列走向"共性"探究的过程，学界从热衷客家民居典型形制不同点的呈现，过渡到探索客家民居现象文

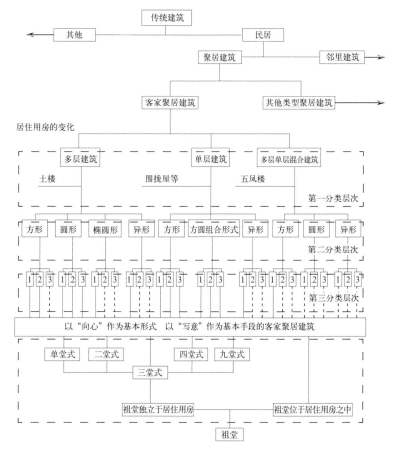

注 1：居住用房呈单环布置
    2：居住方法呈双环布置
    3：居住用房呈三环布置

□ 常见
▯ 罕见

图3-1-4 潘安对客家聚居建筑的分类
（图片引自潘安《客家民系与客家聚居建筑》）

化共性的深层次阶段，但客家民居分类依然"百花齐放"而未形成广泛共识，说明学界对客家民居文化共性及空间共性的研究依然有待深入，尚需努力。

（三）赣南客家民居类型研究现状

最后，我们来关注以往学界对赣南客家民居类型的研究情况。

对赣南客家民居类型的研究，相比闽粤两地学者对当地民居的研究起步要晚，但仍有不少学者在该领域作出了不懈努力，颇有建树。

万幼楠先生是赣南客家民居类型研究的开拓者。1995 年，基于田野调查及掌握的大量资料，万幼楠先生按民居形态将赣南客家民居划分为"厅屋组合式民居""围屋民居"等两大类型[19]，首次提出"厅屋组合式民居"概念，以纠正当时学界"客家民居即围屋"这类以偏概全的观念。近年，万幼楠先生完善了这一分类，将两个大类更新为"厅屋组合式民居"和"围堡防御式民居"。"厅屋组合式民居"又细分为普通民居（占地 700 平方米以下）、大屋民居（占地 700 平方米以上）两种，"围堡防御式民居"细分为围屋（包括方围、围垅屋）、炮台民居和城堡式民居（即村围、村堡）三种[20]。万幼楠先生以文博学科介入，长期耕耘于赣南客家民居的研究，奠定了赣南客家民居类型研究的基础（图 3-1-5）。李秋生参考万幼楠先生的分类方式，在其硕士论文中将赣南客家民居分为府第式民居、围屋民居及村围民居等三种类型，其"府第式民居"称谓明显受北方民居的影响，实际上即"厅屋组合式民居"，后两种类型也可对应万幼楠"围堡防御式民居"中的围屋、城堡式民居，但将"炮台民

居"不视作民居而删去[21]。

近年来，陆续有学者从不同角度对赣南客家民居类型开展了研究。2004 年，潘莹在其博士学位论文"江西传统聚落建筑文化研究"中把赣南客家民居纳入以江西天井式民居为主体的研究范畴，并将江西天井式民居分为"基本单元"和"复杂模式"两类，基本单元分为排屋单元、三合天井或四合天井单元两种，复杂模式又分为三井堂厢式、单串堂厢式、单排堂厢式、多串堂厢式、堂厢环绕式、堂厢丛厝式、单元陪屋式、复杂围庑式等八种[22]。将赣南客家民居纳入江西民居类型范畴开展整体性研究，潘莹是为数不多的学者之一。论文专门章节介绍了赣南客家民居，将之分为"厅屋式"民居和土围子两大类，前者细分为四扇三间、六扇五间式民居；上三下三、上五下五式民居；独水式民居；堂厢丛厝式民居；单元陪屋式等种类。土围子又分为口字围和回字围等两类[23]。李倩结合潘莹提出的民居分类，将虔南地区（指赣南南部六县）的民居类型划分为四大类：围屋、丛厝式厅屋、天井式及排屋式[24]。2008 年，黄浩先生在其编著的《江西民居》中着重介绍了赣南客家围屋，而将赣南地区广泛分布的其他民居类型大体上归为江西天井式民居[25]，未作区分。2020 年，蔡晴、姚赯、黄继东等学者在《章贡聚居》一书中，将江西客家建筑的主要类型归纳为四扇三间、六扇五间类型的单体建筑；上三下三、上五下五类型上、下厅建筑；横堂组合式，从小型的"两堂两横"到堂屋、横屋、排屋组合的大型建筑；四合中庭式，围绕大庭院建造的多层建筑；围垅屋；围屋和围寨等七类[26]，开创了从江西省域范畴研究客家

图 3-1-5　万幼楠对赣南客家民居的分类

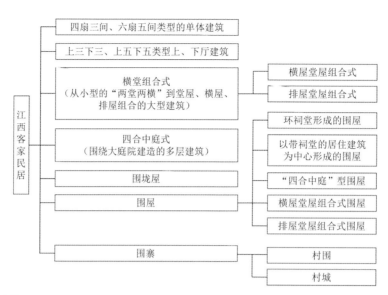

图 3-1-6　蔡晴、姚赯、黄继东等学者对江西客家民居的分类

建筑的先河，也是学界从建筑学角度系统诠释江西客家建筑迈出的重要一步（图 3-1-6）。

　　赣南客家民居类型研究呈现两个特点。一是从研究视角上来看，长期专门而全面地研究赣南客家民居的研究者以文博专业为主，从建筑学科的角度开展的全面性研究较少。文博研究通常注重现存文物勘探和民俗史料考证，往往缺乏类型学、结构主义等严谨的方法论支撑。如万幼楠先生提出的分类方式，厅屋组合式民居以占地规模分类，围堡防御式民居以直观形态分类，规模虽为约定俗成，形态亦易于辨识，但于建筑形制类型的界定尚存模糊之处，于民居空间类型的共通性和空间组合的规律性，也还有潜力可挖掘。诸如此类，却都是建筑学科所擅长的领域。通过多学科的交叉研究与迭代补充，站在前辈巨人的肩膀上拓展补充赣南客家民居的内涵外延，正是笔者当前所做的努力与尝试。二是从研究范畴上来看，将赣南客家民居视作客家文化圈一部分的客家民居整体性研究较多，而将赣南客家民居纳入江西民居范畴的整体性研究为数不多。赣南客家民居中，"围堡防御式民居"与江西其他地区的民居形态迥异，"厅屋组合式民居"在形态上虽与江西其他地区的天井式民居相近，但其空间构成的规律性、丰富性及背后蕴含的客家文化内涵，均提示赣南客家民居自有其不同于江西其他地区天井式民居的构成逻辑。这个不同反映在潘莹的研究上，将赣南客家民居包罗在内的江西天井式民居，其分类便呈现出复杂而不易辨识的特征，仅以"复杂模

式"概括，便也模糊了客家民系地区与江西其他地区（多属罗香林先生界定的湘赣民系地区）民居文化的显著差异。因此，江西民居整体类型尤其"南北"类型的融合研究，尚有很长的路需要走。

二、"礼制""厅堂"和"居室"的类型意义

　　类型，在相关词典的释义中，既指由各种具有共同特征的事物或现象所形成的种类，也指包含由各特殊的事物或现象抽出来的共通点。可见，类型这一概念有着"同"和"异"两种属性，"同"即内在共性，"异"即外在差异性，就好比动物分类中，哺乳动物都有胎生哺乳的共性，便可在此共性的前提下依据哺乳动物的差异性再细分为原兽亚纲、后兽亚纲和真兽亚纲等种类，没有这个共性，我们甚至无法将鲸类和人类联系在一起。因此，类型的界定就宜先立足于共性，以期将繁复的种类现象关联起来，再以这个共性作为原点，开启类型现象的解析、归纳与分类。

　　在此，我们首先要寻找的，就是赣南客家民居类型的这个共性。

　　（一）礼制：赣南客家民居类型的核心文化共性
　　客家民居文化的研究已有丰硕成果。从全国层面来看，囿于中国民居分布幅员之阔，为求分类标准的统一，研究者往往不得不放弃或者忽略对各地域、各类型民居深层文化内涵关联度的探索，而从最为直观和浅层的平面形态着手研究并划分类型，如刘敦桢先生采取的分类。从客家层面来看，虽有学者仍延续并

采用了这一分类方式，但近 30 年来学界尤其广东学界对客家民居的深层文化内涵给予了较大关注，长期进行探索并取得重要成果。吴庆洲先生提出，客家建筑文化特色主要体现在天地人和谐合一、儒家文化、风水观念等方面[27]。潘安认为客家聚居建筑是山水中的建筑，主要由风水理念在自然环境中取得定位，同时是超越家庭生活的建筑，也即体现"家族"生活的建筑，并强调"聚居"的概念，由"聚居"这一家族生活模式引导出客家聚居建筑类型的划分[28]。余英在其硕士论文"客家建筑文化研究"中总结学界及自身研究，提出客家社会礼制、家族和风水等三大观念是客家建筑文化的主要形成因素[29]，笔者认为这个总结明确而贴切。这三个主要成因中，风水观念更多地指向民居的环境定位，于民居类型影响较小，即便有，也与"礼制"有着相近的动机；家族观念强调伦理秩序，对客家民居形制的影响基本在"礼制"这个文化大范畴内。因此，从源头上来看，"礼制"是客家各类型民居建筑最核心的成因和内涵。

"礼制"对中国尤其汉民族建筑的影响深远而广泛。中国传统礼制建筑如坛、庙、宗祠、明堂、陵墓、朝堂、阙、华表、牌坊等，反映出强烈的等级观念和秩序规范，无不向人们宣示着社会政治和伦理道德之"礼"的精神。而中国的传统民居，如北方的四合院，正房住长辈，厢房住后辈，尊卑有序；或如南方的天井民居前后堂层层递进，居室侧陪分列，让人在每日的生活中处处感知到这种伦常与秩序。

但礼制对客家社会乃至客家民居而言，又有着不同于汉族及其他支系的影响力。潘安先生认为"礼"是汉民族文化的核心，客家社会承接和强化了"礼制"文化[30]——而客家社会对汉民族传统"礼制"文化的强化，对于我们研究客家民居有着极其重要的意义。客家民系是在南迁汉人和当地土著的长期碰撞、互动、融合中形成的，赣南客家社会的形成与发展，就是一部南方山区的地方动乱史和社会变迁史[31]；客家民系也是在恶劣的地理环境和有限的生存资源中艰难走过来的，客家人处于一种仅能立足的"立锥"环境[32]。社会环境的动乱不稳和自然条件的掣肘不丰，让客家人不得不选择以群体抱团的方式求得容身与生存，此时，家族因有着绝对的群体优势，从而在赣南较广泛的区域得以取代家庭，成为客家社会除家庭之外另一种社会结构基本单元。家庭因成员间的血缘关系和常

态的伦理纲常而衡稳牢固，但家族显然要复杂得多，其内部的家庭、门第、乡土、邻里等关系，随着家族的壮大已非日渐疏远的血缘关系所能维系，却必须有一种更为严格的秩序规则来强化。客家人于是强化了礼制文化中关于群体秩序的内容，包括崇宗敬祖、突出社会权威、弱化家庭独立性、强调公共生活、注重一致对外等等，笔者称之为"强化版"的礼制，正是在强化的礼制作用下，家族这个客家社会的基本单元得以在漫长的历史长河中保持稳固特征，表现出强大的社会生存能力。

"强化版"的礼制在客家民居形制上有着显著的反映。我们可以看到，在九井十八厅这类客家大屋当中，供全家族公共生活使用的厅堂，在建筑中处于绝对中心的位置，厅堂中供奉祖先的祖堂，又处于厅堂序列的终点，揭示其至高无上的地位。供家族成员居住的居室，环伺于厅堂周边而呈拱卫之势，体现出崇宗敬祖、尊卑有序的伦理精神，而居室本身大小均等、形态无异，明显是弱化家庭独立性、私密性，以牺牲"小私"来换取"大公"的做法了。即便是四扇三间这类以家庭为居住单位的民居，明间厅堂也有着家庭核心的地位，虽兼具会客、起居、用餐等俗事功用，其作为祖堂的严肃性，也较北方四合院北房为重。而四扇三间的暗间居室，常前后间连通，私密性较北方四合院耳房、厢房为弱，明显有家族社会家庭弱化的影子。礼制强化的主要目的是提升家族或家庭的内聚力，以应对来自外界（如争抢生存资源的其他家族）的威胁，礼制的强化作用还体现在客家民居普遍具有的另外一个特征上——排他性。客家民居无论大小，均外墙厚实而开窗窄小，十分封闭，汉民族其他民居也有类似做法，既缘于不露家底、聚气不泄于外的民间讲究，客观上也受材料及建造水平的约束所致，但从田野走访的情况来看，客家民居的这种做法亦表现为对外的防御。最为典型的例子是赣南的围屋，外墙高大冷峻，对外几无开窗。客家民居排他性峥嵘毕现，这既是对外防御的现实需要，也是客家社会礼制强化内聚力形成排他反作用的结果。

作为最核心的要素，"强化版"的礼制和其他要素一起塑造了客家民居"厅堂为核、居室围合"的基本形制特征。潘安认为"客家聚居建筑是汉民族'礼制'观念的一种机械表现形式"[33]，事实上，客家地区其他的民居类型，都深受"礼制"文化的规范约束。

因此，对客家民居而言，礼制不仅是静态的民居文化内涵，更是推动民居形制成形的动态的"规范准则"，是客家民居类型最核心的"内在文化共性"。因此，"礼制"对客家民居类型的研究有着重大的意义。从历史的纬度来看，当赣南由"蛮荒烟瘴之地"转变为"文物衣冠之邦"，伴随"礼"成为赣南客家社会文化的核心，"礼制"也已成为赣南客家民居最为核心的营造准则，对赣南客家民居的形态形制起着决定性的作用，也就使其成为类型学研究的根本要义，即所有类型最主要的内涵本源。

（二）厅堂：赣南客家民居类型的核心形式共性

当然，"礼制"作为抽象的"准则"或"内涵"，必然需要一个具象的空间实体来承载或体现——如前所述，这个空间实体就是客家民居中"厅堂"。

"堂"这个多义词作空间含义时，通常指高大的场所或房子。东汉许慎《说文》有"堂，殿也"，堂指的是宫殿、朝堂；《礼记·檀弓上》有"吾见封之若堂者矣"，可指四方而高的祭坛；《吕氏春秋·慎大览·察今》有"故审堂之下阴，而知日月之行，阴阳之变"，也指房屋的正厅。在赣南客家民居当中，"堂"指宅舍中以祖堂为主体的公共空间，通常包括下堂(门厅)、中堂（中厅）、上堂（祖堂），统称"厅堂"，民间有称"厅厦"(图 3-1-7)。宅舍较小的如四扇三间，只有一个厅，便要兼具会客宴客、敬神祭祖的多重功能了；稍大者如两堂两横这类堂横屋，设有两个厅，祖堂便会独立设置，由下堂兼顾门厅、客厅的功用。厅堂在赣南客家民居中往往是一套独立的空间系统，它是礼制文化渗透到民居宅舍中的礼制性空间，在赣南客家民居中具有极其重要的地位（图 3-1-8)。

厅堂是赣南客家民居形制类型的共通点。在赣南地区，无论赣南大地上遍布的四扇三间、五扇六间，还是赣南中北部常见的二堂两横、三堂两横等厅屋组合类型的民居，抑或只在赣南南部分布的方围屋、围垅屋等围堡类型的民居，凡宅舍必有厅堂。客家是移民运动的产物，外界的敌视和条件的艰难使得客家人产生了以祖先为纽带、以"敬宗睦祖"为表现的内聚性和怀旧性[34]，祖先是客家人精神上的"根"，宅舍中供奉祖先的厅堂可大可小，但不可或缺(图 3-1-9)。

不仅如此，厅堂还是赣南客家民居空间的统领者。毫无例外地，集中反映礼制文化的厅堂在每栋客家人的宅舍中处于绝对核心的位置，客家大屋更借此在宅舍的中轴线上形成多堂递进的空间序列，而居室

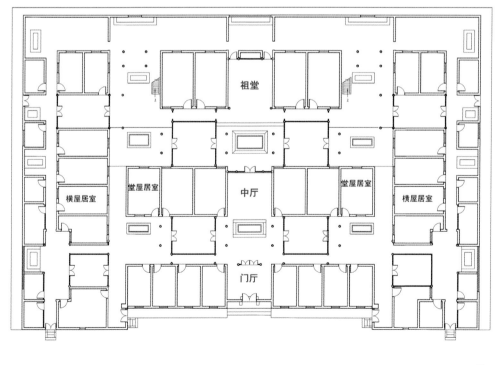

图 3-1-7　赣南客家民居的厅堂系统：上犹营前镇某民居（丁磊绘）

石城屏山镇长溪村赖氏民居厅堂　　　　　赣县南塘镇清溪村集庆堂厅堂

图 3-1-8　于都段屋乡寒信村贻谋堂厅堂　　　　　　图 3-1-9　赣南客家民居的厅堂

便围绕着这个核心、陪伺着这个空间序列展开布局。这一点客家民居迥异于徽派民居，天井常被认为是徽派这类天井式民居建筑的"核心空间"，"建筑的'骨架'空间"，"支撑建筑内部空间的主体"[35]。

再者，厅堂还是赣南客家民居空间构成的出发点。因历史上自北向南的迁徙和近代面向海外的移民，客家人常常被称为"背着祖宗牌位迁徙的汉人"、"东方世界的吉普赛人"。客家人落根于一地，安身立命，建房造舍，往往先建祠堂，供奉先祖，再搭宅舍，以求栖身，因此民间有"安身先安祖"的说法。建造宅舍一般由选址开始，选址考究的是宅舍与周边山水环境的方位关系，而这种关系的确立，首先并且主要依靠的是宅舍中的厅堂。厅堂即位，然后确定厅堂的规模、开间、进制，最后才轮到谋划居室的规模、布局等因素，即"立宅先立堂"。

由上述可见，厅堂是赣南客家民居纷繁类型的共通点，是空间形态的统领者，也是空间构成的出发点。因此笔者认为，厅堂是赣南客家民居最核心的"内在形式共性"，它将赣南客家民居繁复多样的类型现象关联起来，成为赣南客家民居类型划分的空间本源。

（三）居室：赣南客家民居类型的差异性主导者

接下来，我们从归纳的内在共性出发，去探知类型概念当中"异"这一属性，即赣南客家民居的外在差异性。

赣南客家民居中厅堂与居室界限分明。在空间氛围上，厅堂尤其祖堂体现着"神性"的一面，静穆而严肃，明显具备祠堂、明堂等礼制建筑的诸多特征，而居室体现着"世俗"的一面，嘈杂而琐碎，呈现农村生活的情境。在使用属性上，厅堂是公共空间，居室是私密空间（尽管私密性常常不如汉族其他地区的民居），客家大屋的厅堂，除前后敞开面向天井外，侧墙一般不设开向居室的房门，正房居室往往由腋廊或庑厅开门进入，横屋与厅堂隔着正房居室，界限就更为明显了。而小型民居如四扇三间，为保有厅堂的独立性，常有居室从室外阶檐进门的做法，在厅堂开门的，往往也会选择厅堂前端靠近宅门的位置开设，即使前后居室穿套牺牲私密性，也不再设门开向厅堂。因此，赣南客家民居建筑大体上是由厅堂和居室这两个相对独立的空间构成的。

但是，厅堂与居室构成赣南客家民居的态势明显不同。厅堂尤其祖堂供奉着祖先，代表永恒与至高无上，是民居空间的核心，呈现出"静"的构成态势，而居室围绕着厅堂这个空间核心，于厅堂左右及周围展开布局，呈现出"动"的构成态势。厅堂自身的组合变化较少，小者一堂，中者两堂，大者三堂，四堂、五堂已较少见，规模有限，且均固定于民居中轴，组合布局简明单一。而居室明显不同，随着居住人口的增加，只要用地条件允许，居室可以以厅堂为心，向外扩展很大的势力范围，直接影响着民居建筑的规模形态（图 3-1-10）。

赣南客家民居有家庭独居和聚宅族居两种居住模式，同时聚居规模可以无限扩展（如果有用地条件），这两点同时决定了赣南客家民居居室排列组合的可能性，要较汉族其他以家庭独居为主的地区多样而复杂。

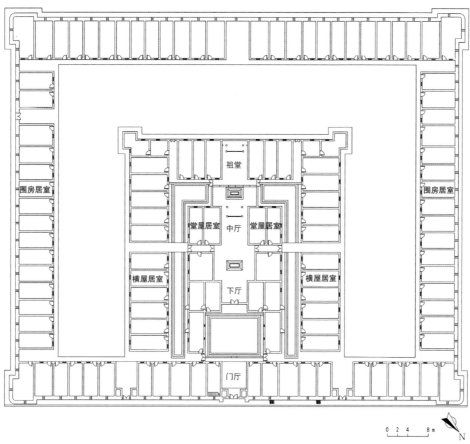

祖堂

围房居室　　围房居室

堂屋居室　中厅　堂屋居室

横屋居室　下厅　横屋居室

门厅

0 2 4　8m

N

安远镇岗乡老围村磐安围平面（丁磊绘）

安远镇岗乡老围村磐安围鸟瞰

图3-1-10　赣南客家民居的居室系统

在赣南，供家庭居住的宅舍，如四扇三间、六扇五间等，居室置于厅堂同列两侧，呈一字形；也可于正屋前加居室，呈"L"形、"U"形；或如小型堂厢屋，居室分列于前后堂两侧，连以庑厅，便呈天井"口"字形；再如一些小型围屋，居室的围合也呈"口"字形。供家族居住的大型宅舍，如排屋，居室由位于中间的多个厅堂始向两侧发展，呈二字形、三字形；或如堂横屋，居室与厅堂组合成行式正屋，并于外围垂直正屋发展出居室横屋，呈现纵横两向、行列排布的形态；再如赣南常见的围屋，往往由堂屋和外围供居住（有的还作其他功用）的围房组成，形成大型"国"字围这类复杂的聚居民居。

由此可以看出，相对厅堂，居室是赣南客家民居类型纷繁多样现象的主导者，是空间核心的跟随者，也是空间构成的延续、展开与结束。因此，居室是赣南客家民居最核心的"外在差异性"，赣南客家民居所有的类型现象主要都是由居室的规模和组合而引发并呈现出来的。

综上所述，笔者认为，"礼制"是赣南客家民居类型最核心的内在文化共性，"厅堂"是赣南客家民居最核心的内在形式共性，"居室"是赣南客家民居类型外在差异性的主导者，三者因此在赣南客家类型的研究当中有着极其重要的意义。蔡晴、姚赯、黄继东等学者认为江西客家建筑的"共同特征就是均为'居祀组合'型建筑"，"在'居'与'祀'的不同组合中创造了丰富多样的形式"[36]。潘安先生认为，客家聚居建筑"由核心体和围合体两部分组成"，"核心体是祠堂等礼制空间，围合体是居住部分"，"大部分情况下，房的构成和组合关系是建筑类型与形态的主要决定因素"[37]。这些学者的研究都有力地支撑了一点，即在以"礼制"为核心的客家文化背景下，赣南客家民居中"厅堂"与"居室"这两个主要构成要素之间的组合和各自的构成，造就了赣南客家民居形态纷繁的类型现象。

三、赣南客家民居类型

（一）赣南客家民居分类的两个思考

赣南客家民居的分类，还需要面对并思考两个问题。

第一个问题是赣南客家民居类型范畴如何明确、如何界定？

分类本身是一种思维活动，它描述分类对象的特性和层次，而类型层次首先要解决类型范畴的界定问题，具体为类型所处的区域范围（空间）、历史跨度（时间）及其所涵盖的对象范围（本体）。

赣南客家民居类型的区域范围，本书界定为"赣南"这个行政区域。客家人在国内分布于江西、广东、福建、广西、四川、台湾、湖南、浙江、香港等省或地区，海外亦有大量客家人散居，"广西、四川等省区客家人口虽多，但居住相对分散，与当地人融合的程度也比较深，自身的文化特性包括民居的建筑特点已不甚明显"[38]。刘佐泉先生虽将客家建筑按地域划分为闽西客家建筑、粤东北客家建筑、粤北客家建筑、川西客家建筑等，但学术界研究客家民居的重心，依然集中在赣粤闽三省交界的客家聚居核心区域，盖因这片热土之上的民居，呈现出鲜明的客家文化特征。赣南位于客家聚居核心区北部，三省之一的江西一侧，因同属客家文化圈，赣南客家民居与粤北、闽西两地客家民居有着相近的文化体征，如空间多遵循"礼序"准则，建筑讲究对称；聚居建筑普遍存在公共厅堂和私密居室两套系列空间；都产生了设防性民居——客家围屋。三地客家民居受自身地理、社会、经济等因素的影响，也呈现出诸多差异，如三地围屋赣南以方围为主，粤北以围垅屋为特色，闽西以圆形土楼、五凤楼扬名海内外。当然，赣南也分布有少量围垅屋与圆形围屋，粤北亦有不少方围和圆围，闽西同样存在大量方围，因此，客家聚居核心区三地民居呈现你中有我、我中有你的态势。本书类型研究的区域范围界定为"赣南"，也即赣南客家民居之于客家民居单独分类。分类无意划清界线，研究的主要目的，一是从客家聚居区域层面，紧跟起步早、成果丰硕的闽粤两地客家民居研究步伐，补好"赣南客家民居研究"这块短板，为客家民居的整体研究夯实"赣南"这个局部基础。二是从江西省域层面来看，地属客家文化圈的赣南客家民居长期"游离"于江西民居之外，从客家民居中单独分类，有利于拼上江西民居版图中"江西南部"这一块，为江西民居的省域研究串起南北桥梁（图3-1-11）。

赣南客家民居的形成与发展，是一个跨越千年的历史进程。伴随着客家民系和客家社会的发展变迁，赣南客家民居的演化本身是动态而复杂的。不同的历史阶段和时代背景会孕育特定的民居类型，例如赣南

图 3-1-11　赣南在江西省及赣闽粤边客家地区的地理位置

围屋，从考证的情况来看，一直是明末清初至 20 世纪 70 年代赣南南部山区主要的民居类型之一。相对地，有些民居类型，会在某些历史阶段趋于消失，例如赣南的圆形围屋，当下已近绝迹。因此，类型研究者无论截取客家社会的任何一个历史阶段开展赣南客家民居类型研究，都可能只是"弱水三千取一瓢"，难以囊括赣南客家民居类型的全部。因此，有必要借助类型学的方法，"为了防止在时间流动中原有的类型变得无法分辨，类型学要建立一个新的，可以不因时间变迁而瓦解的分类方法"[39]。类型学通过提取原型，分析并找到各个类型基于原型的组合规律，便可以摆脱时间的限制，总结历史上形成的所有形式现象（前提是样本足够），乃至创建当下甚至面向未来的类型。因此，我们探索的赣南客家民居类型，研究对象为当下所掌握的"历史上形成的所有形式现象"，关注的重点，是民居类型构成的规律与形成的机制。而时间的因子，诸如民居的渊源、演变等内容，则待另外撰文赘述。

赣南客家民居类型所涵盖的对象，本书专指民居这类"建筑"。民居之作为"建筑"，一是不包括赣南俗称的"村围""村城""围寨""水堡"等（图 3-1-12）。村围、围寨等都不是围屋，两者的关键差异在于"围"。村围、水堡的围墙，一般仅作防御之用，与其围护的

民居在空间上区隔，在功能上独立。而围屋中的围房，除承担防御外，往往兼顾居住、储藏甚至祭祖等功能，是居住空间或公共活动空间的延伸，无论在空间还是在功用层面，围房与围屋都是一个整体，互为膀臂。严格意义上来说，"村围""水堡"均属聚落，若纳入"建筑"的类型范畴，难免产生形式上的混淆，陷入空间上的模糊。二是不包括赣南常见的一些独立设防设施。如寻乌常见的炮台，万幼楠先生将之归为民居之列，笔者认为炮台虽有避乱居住的功能，但居住环境恶劣，属临时功用，炮台功能总体上仍应归为设防而非居住（图 3-1-13）。再如崇义山区的碉楼，多无特定居住的安排，但与炮台一样，这些设防设施多靠近甚至紧贴民居建造，因此本书仅将之定义为赣南客家民居的附属构筑物，不作为"建筑"列入民居的专门类型。

第二个问题是客家民居分类"百花齐放"，如何形成更为广泛的分类共识？

客家民居分类"百花齐放"的原因笔者认为主要有两个方面。一方面来自研究对象，即客家民居自身。赣南客家民居存在散居和聚居两种完全不同的居住模式，而聚居模式客家民居又存在"厅堂"和"居室"两套泾渭分明的系列空间，"一套系列空间以祠堂（本书指厅堂）为主体，具有礼制建筑的特征，另一套系列空间以居室为主体，具有居住建筑的特征"[40]。也正是因为这种有别于其他汉族民居的双重"二元"特性，使得客家民居类型的划分相比其他民居具有相当高的难度。

另一方面来自研究者。从笔者掌握的资料来看，现有的客家民居分类大致有三种。第一种偏重于学术研究，以多层次分类方法为主。比如茂本计一郎（日）、林嘉书等学者，将客家民居分为三类、五型、十七种形式。比如潘安先生将客家聚居建筑分为第一个层次的三个造型层数类型、第二个层次的三个形态类型、第三个层次的无数组合关系类型。这些分类运用了类型学解构方法，严谨细致，为学界研究提供了有力的支撑，但其呈现的复杂性和专业性，也一定程度上阻碍了它的普及与推广。第二种偏重于文博调查，以直观形态分类为主。最具代表性的是万幼楠先生，他将赣南客家民居分为厅屋组合式和围堡防御式两个大类，呈现了"组合"这个赣南客家民居形态构成的关键点。这种"二分法"分类简明直观，为赣南客家民居向外推介起了很大的作用，但在民居的界定划分、

图 3-1-12　龙南里仁镇粟园村围

图 3-1-13　寻乌菖蒲乡五丰村炮台碉楼

构成规律等方面，从建筑学专业的角度尚有潜力可挖掘。第三种偏重于建筑专业的田野调查，结合民间称谓分类。最为典型的是蔡晴、姚糖、黄继东等学者，其"居祀组合"的分类原则，可视为与潘安、万幼楠等学者一脉相承，分类以"四扇三间、六扇五间、上三下三、上五下五、两堂两横"等称谓贯穿其中，易于引起共情，但类型划分包括称谓较为繁复，一定程度上影响了类型辨识度而不利于传播。

笔者希望为这个"共识"勉力做一些探索和尝试，或许不尽严谨，或许不够全面，但如果可以引发一些讨论或者思考，此愿足矣。

（二）赣南客家民居类型的划分

前面我们已经论述过，赣南客家民居是以"礼制"为核心文化的民居类型，赣南纷繁灿烂的民居现象，都以"礼"作为文化内核而造就。而集中体现"礼制"文化的建筑空间载体是"堂"，赣南客家民居便都以"堂"这个空间作为出发点，通过叠加"堂"、增加居室等空间，构成一栋客家民居建筑；同时以"堂"这个空间作为核心，通过"堂"与"堂"、"堂"与房等其他建筑功能空间的无穷组合，衍变出千姿百态的诸多类型。因此，面对纷繁复杂的赣南客家民居类型现象和眼花缭乱的民间称谓，抓住"厅堂"这个空间共性，归纳分析赣南客家民居"居室"基于"厅堂"的平面构成规律，笔者认为可以在学界前辈的研究基础上，找到一种适应赣南客家民居的类型划分方法——这个分类既简单明了，又足够涵盖、严谨有度；既可体现赣南客家人两种不同的居住模式，又可兼顾赣南聚居住宅不同系列空间的特点，适应赣南客家民居的"二元"特性。

当然，针对事物尤其是复杂事物类型的归纳分析，抓住核心规律可以直达类型本质，易于辨识方便记忆，但往往难以概括全貌，呈现民居形态的立体图景，因此，从不同的角度和层次进行赣南客家民居的分类是非常有必要的。

综上所述，结合当代学者对民居尤其是客家民居类型的研究，笔者针对赣南客家民居类型提出几点划分原则：1）不以历史跨度定义类型时间范畴，视客家民系千年以来在赣南出现的民居类型为一个整体；2）借鉴学界前辈以往的分类经验，兼顾学界及客家民间俗称；3）延续"多层次"的基本分类方式，体现赣南客家民居居住模式的二元特性，突出"厅堂"的空间本源地位，聚焦"居祀组合"的构成规律与基本特征；4）归纳列举"多角度"的其他分类方式，以呈现尽可能立体的民居形态图景。

1. 赣南客家民居的基本分类

借鉴孙大章、潘安、万幼楠、蔡晴、姚赯等学者的分类经验，赣南客家民居类型的基本分类，我们划定为三个层次。总体上，第一个层次为大的"类"别，第二个层次为"式"别，第三个层次为"种"别（图3-1-14）。

第一个层次反映客家人的居住模式，赣南客家民居可分为两个大类，即独居类民居、聚居类民居。独居类民居为单个家庭的居所，最为常见的是客家人俗称的"四扇三间""六扇五间"等单堂屋，多属刘敦桢先生分类中的"横长方形民居"，少部分为"曲尺形民居"。聚居类民居为多个家庭直至一个（极少数有多个）大家族的集中居所，充分反映了客家人在特定历史阶段以"聚族而居"为主流的传统居住形态，常见的赣南聚居类民居有堂横屋、排屋、围屋等。聚居类民居对照刘敦桢先生的民居分类较易混淆，潘安先生称为"客家聚居建筑"，孙大章先生归为"集居类民居"，言简意赅，为本书类型称谓所参考。赣南聚居类民居特别要与汉族其他地区的大宅院区别开来，孙大章先生认为，"各地富豪巨绅的大宅院是在传统的合院式或厅井式等独院民居的基础上，按照一定的布局规律，反复重叠地将各院落集合在一起，以增加居住面积"[41]，因此，大宅院是众多功能完善的独立小宅院一个一个组合而成的，本质上是聚落或村落而非单幢建筑。而赣南聚居类民居往往设一处全族共用的祖堂，所有族人居室（围合体）均围绕祖堂（核

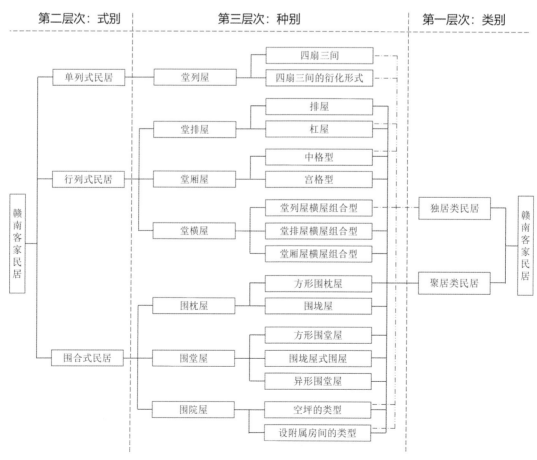

图3-1-14　赣南客家民居分类简图

心体）布局，居室均质而单一，有几分如当代的集体宿舍，厅堂与居室布局泾渭分明而不可分割，整体组合成一幢大型的民居建筑。潘安先生将聚居形态分为合院群聚落、聚居建筑两种，前者"以单元组合为特征"，"在大家族的共同生活中仍能保持每个小家庭的独立性"，后者"以向心式围合为特征"，"以祖堂为核心，小家庭的独立性较差"[42]，赣南聚居类民居便属后者。

　　第二个层次以反映建筑的空间组合为主。按宏观空间的组合形态及构成手法，赣南客家民居可分为单列式、行列式、围合式等三个类别。单列式为民居当中的单体建筑，与蔡晴、姚赯、黄继东等学者划分的"四扇三间、六扇五间类型的单体建筑"范畴相近。赣南单列式民居一般为单堂屋，供家庭居住，信丰县有些排屋长达近百米，可视为数个单堂屋的简单拼合，而不是单独的类型。单列式民居形态主要以"一"字形为主，可以衍生出其他单幢的形态，如"L"形、"U"形等。行列式民居为民居当中的组合式建筑，与万幼楠先生划分的"厅屋组合式民居"概念相近，笔者将其中的四扇三间等单体建筑单独划为"单列式"，以明确"组合"的界限。笔者将行列式进一步完善并细分为堂排屋、堂厢屋、堂横屋等三种形式，包括了蔡晴等学者划分的"上下厅建筑""横堂组合式"等类型。行列式民居多数供家族居住，是赣南客家人"聚族而居"最为主流的民居形式。行列式民居也是赣南客家民居最为典型的民居形式，集中体现了赣南客家民居"居祀合一"的建造思想，由"居祀组合"而创造出的丰富多样的民居形式，在行列式民居中得到充分呈现。围合式民居是居住之余附加更高防御属性的民居形式，参考了万幼楠先生划分的"围堡防御式民居"称谓，笔者将其中的"炮台民居"作为防御构筑物而非居住建筑予以剔除，以界定民居的"建筑"属性。笔者将围合式细分为围枕屋、围堂屋、围院屋等三种形式，包括了蔡晴等学者划分的"四合中庭式""围垅屋""围屋"等类型。围合式民居多数供家族居住，是赣南客家人"聚族而居"最为独特的民居形式，是客家人应对恶劣的生存条件和社会环境而采用的设防性民居类型。

　　第三个层次以反映建筑的平面构成为主。按平面构成规则，赣南客家民居可细分为堂列屋、堂排屋、堂厢屋、堂横屋、围枕屋、围堂屋、围院屋等七个种

别。类型的称谓当中，"堂"是赣南客家民居的内在形式共性，几乎所有的赣南客家民居都有"堂"，赣南客家民居甚或可统称为"堂屋"，"堂"便作为不可或缺的字眼贯穿构成类型的始终。"居室"是赣南客家民居的外在差异性，"列""排""厢""横""枕""围"为"居室"多样性组合关系的归纳体现，由此构筑了赣南客家民居的各个不同类型的称谓。在此，"居"与"祀"结合在一起，既呈现出称谓的连贯，也体现出类型的区别，既体现"居""祀"这两个主要空间构成要素的简单明了，也呈现出居祀两者"组合"关系的纷繁变化，这是笔者划分类型的初衷。七个种别中，堂列屋归为赣南单列式民居，堂排屋、堂厢屋、堂横屋等三种形式归为赣南行列式民居，围枕屋、围堂屋、围院屋等三种形式归为赣南围合式民居。赣南客家民居的平面构成具有较高的建筑类型学分析价值，在此仅就其类型予以界定，民居的类型特征及构成规律置于后文探讨。

　　在界定之前，笔者补充两个有关民居的客家民间称谓。一个是堂屋，也称"正屋""主屋"，由厅堂和正房（或耳房，均为居室）组成，指位于民居中轴线上，大门朝向建筑主朝向的房屋。另一个是横屋，也称"陪屋""护厝"，一般为居室，指位于民居轴线两侧，房门朝向中轴线（往往为堂屋侧墙）的房屋（图3-1-15）。

　　堂列屋。由单个的厅堂和两侧并列的居室构筑成的单列单幢民居类型。四扇三间是堂列屋中最为常见、

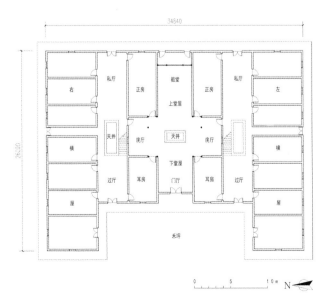

图3-1-15　堂屋与横屋：瑞金云石山乡邱氏民居（丁磊绘）

最为基本的形式，六扇五间等其他堂列屋基本都为四扇三间的衍化形式。堂列屋因基本为单户家庭所居，大类上归为独居类民居（图3-1-16）。

堂排屋。由堂列屋两侧扩展并前后联排，或由堂及其左右两侧成排居室纵列组合而成的行列式民居类型。前者俗称"排屋"，后者俗称"杠屋"，是堂排屋的两种主要形式。排屋向心性稍强、闭合性较弱，杠屋向心性较弱，闭合性稍强，大类里少量属独居类民居，大部分可归聚居类民居（图3-1-17）。

堂厢屋。排行的堂屋之间增加厢房、庑厅等连系空间组合而成的行列式民居类型，与排屋形式最显著的差异是堂厢屋前后正屋之间的空间联系比较紧密。堂厢屋分为中格型和宫格型两种，大小不等，大类上可归入独居类或聚居类民居。堂厢屋闭合性、向心性已显著强于堂排屋（图3-1-18）。

堂横屋。由排行的堂屋和侧列的横屋组合而成的行列式民居类型，与堂排屋、大型堂厢屋等联排"平行"形式最直观的差异是其整体呈现的"垂直"形态。按堂屋形式的不同，堂横屋可分为堂列屋横屋组合型、堂排屋横屋组合型和堂厢屋横屋组合型，多数为聚居建筑，少数为独居类建筑。堂横屋是客家民居明显区别于其他汉族大型民居的平房类型，也是客家行列式平房民居发展最趋完善的类型（图3-1-19）。

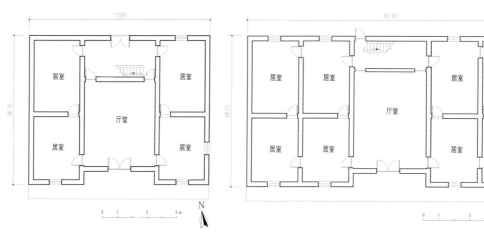

四扇三间：章贡区水东镇七里村民居（丁磊绘）   六扇五间：赣县江口镇旱塘村民居（王朝坤绘）

图3-1-16 堂列屋

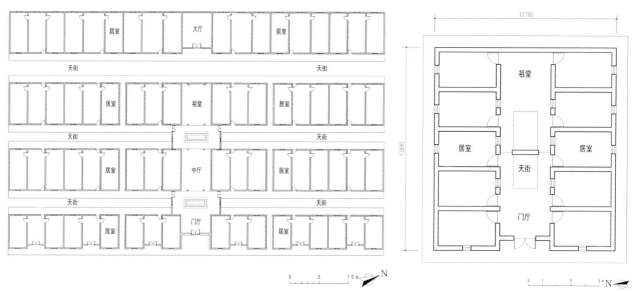

排屋：信丰铁石口镇长远村鹅公排屋简描（王朝坤绘）   杠屋：定南历市镇太公村新屋塅民居（丁磊绘）

图3-1-17 堂排屋

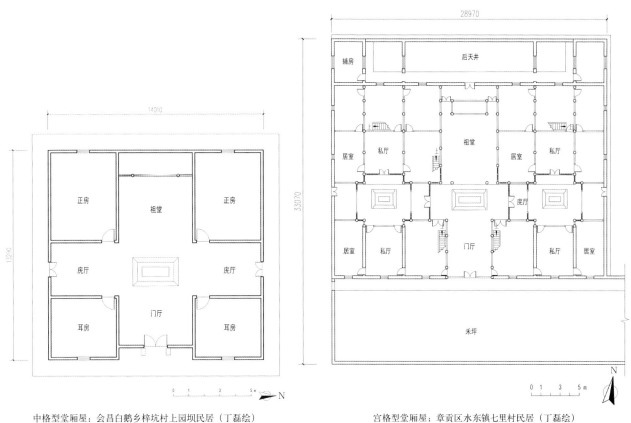

中格型堂厢屋：会昌白鹅乡梓坑村上园坝民居（丁磊绘）

宫格型堂厢屋：章贡区水东镇七里村民居（丁磊绘）

图 3-1-18 堂厢屋

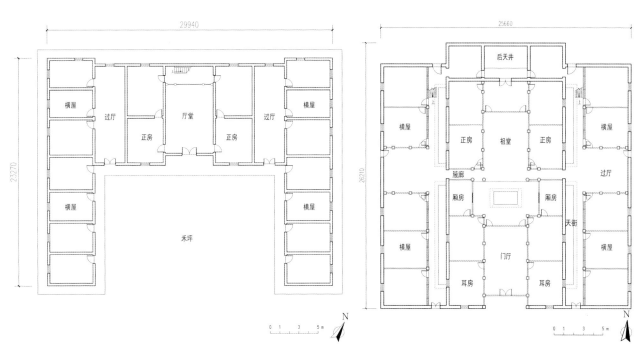

堂列屋横屋组合型：瑞金九堡乡密溪村民居（王朝坤绘）

堂厢屋横屋组合型：章贡区水东镇七里村民居（丁磊绘）

图 3-1-19 堂横屋

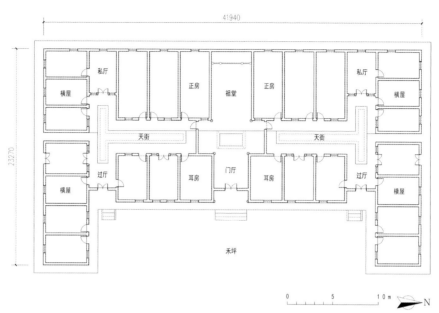

堂排屋横屋组合型：龙南关西镇关西村圳下围（丁磊绘）

图 3-1-19 堂横屋（续）

　　围枕屋。堂横屋后堂之后加一排或多排居室，称为枕屋或围屋，与两侧横屋相连，形成以堂屋为心，横屋、枕屋三面围合的民居类型。围枕屋为行列式向围合式过渡的形态，并因其呈"三面围合"之势，具备较强的闭合性和向心性，笔者将围枕屋归为围合式

民居。围枕屋有方形围枕屋和围垅屋两类，围垅屋是围枕屋的一种独特形式。围枕屋规模较大，大类上属聚居类民居（图 3-1-20）。

　　围堂屋。行列式堂屋外围四周设多层围房（或围房辅以部分围墙）防卫而形成的围合式民居类型。主

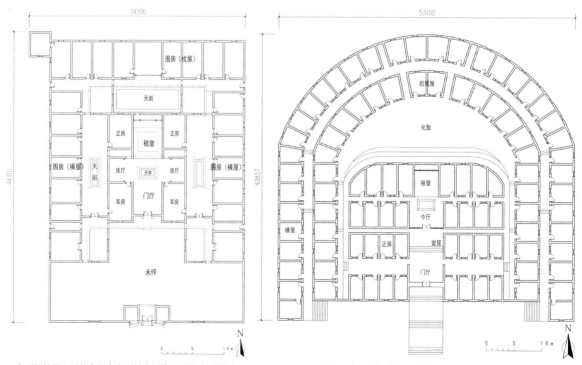

方形围枕屋：于都宽田乡寨面村文田管氏民居（丁磊绘）　　围垅屋：会昌筠门岭镇圩镇朱氏围垅屋（万幼楠绘）

图 3-1-20 围枕屋

要构成特点是四面围合，围内设堂厢屋或堂横屋等行列式堂屋。围堂屋可分为方形围堂屋、围垅屋式围屋和异形围堂屋三类，规模往往较大，大类上基本属聚居类民居（图3-1-21）。

围院屋。"门""堂"隐于围房，围房四面围合而内部成院的围合式民居类型。围院屋与围堂屋最明显的区别是围房围合的空间没有布局核心功能，但有的围院屋内围有附属平房。围院屋民居有的以家庭为单位，有的以家族为单位，大类上分属独居类和聚居类（图3-1-22）。

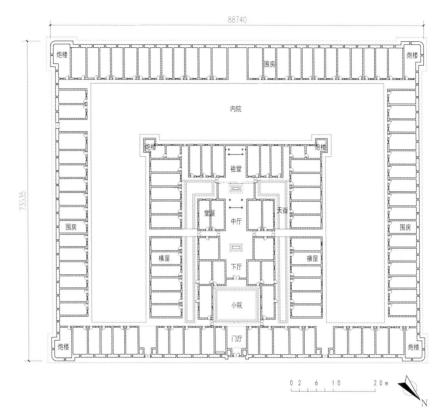

方形围堂屋：安远镇岗乡老围村磐安围（丁磊绘）

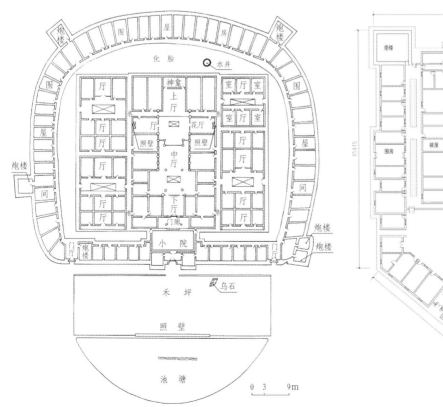

围垅屋式围屋：龙南杨村镇乌石村乌石围（万幼楠绘）

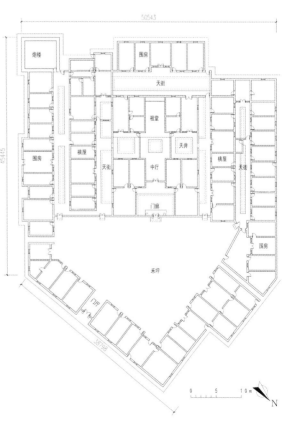

异形围堂屋：龙南关西镇关西村田心围（丁磊绘）

图3-1-21 围堂屋

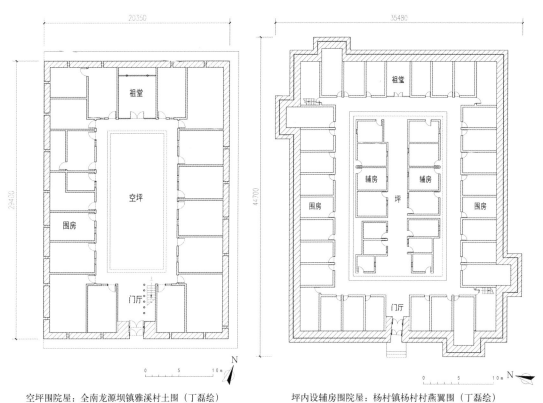

空坪围院屋：全南龙源坝镇雅溪村土围（丁磊绘）   坪内设辅房围院屋：杨村镇杨村村燕翼围（丁磊绘）

图 3-1-22 围院屋

2. 赣南客家民居的其他分类

赣南客家民居的类型，从其他不同角度可有不同的分类方式。

按厅堂的数量，赣南民居可分为单堂、二堂、三堂、四堂等多种堂屋形式，厅堂的数量往往能直接反映出家族的人口规模、财力势力，还可以间接反映出居所依附的地形地势条件，如地势较缓处利于对纵深要求大的多堂民居的建造。按厅堂的构成位置，又可分为中堂式和后堂式两种形式，后堂式民居常见的如"口"形围院屋，祖堂居于民居主轴线的尽端，而大部分赣南客家民居属中堂式民居，厅堂居于民居核心位置。按居室的构成位置，可分为侧居、横居、环居、侧横居、侧横环居等五种形式。居室的位置不仅决定着赣南客家民居的平面形式，还可很大程度反映出居住者的地位，这点往往为研究者忽略，如与厅堂同侧或靠近的"侧居"包括正房、耳房、厢房等，居者在族中的地位一般较高；"横居"的横屋离厅堂较远，居者地位略低；而"环居"已在防御第一线，居者地位应是更低了，有些地方的环居又以堂屋之后的围房或枕屋为次，甚至不作居室而用于储藏。

按民居构筑体量，可分为单层民居（含一层半）、多层民居（含两层）、单多层混合民居。赣南客家民居中，单列式民居、行列式民居及围合式民居中的围枕屋，大部分均属单层民居；大部分堂排屋、围院屋属多层（含两层）民居；大部分围堂屋、少量行列式民居与围枕屋属单多层混合民居。可以看出，多层民居多数防御性较强，单层民居则较弱，因此，层数一定程度上可以体现赣南客家民居的防御性能，从而反映出民居所处区域的社会环境和客家人的生存条件。需要说明的是，众多的单列式民居、行列式民居及围合式民居中的围枕屋，均设有用于储藏的夹层或阁楼，底层与阁楼之间有的设置固定楼梯相连通，大多仅留洞口，需要时搭以移动梯子上下，笔者认为可以将这类"一层半"的建筑划为单层民居的范畴。按呈现的直观平面形态，赣南客家民居可分为方形、圆形、方圆合形、异形等四个形态。单列式、行列式民居均以方形为主，围合式民居中，围拢屋一般为方圆合形，多数围枕屋、围堂屋及围院屋为方形，少数为异形，赣南客家民居中圆形的类型现存已绝少。按外墙墙体材料特性，赣南传统客家民居大致可分为夯土民居、土砖民居、砖石民居、木构民居四种。赣南大地上，夯土民居一度占据主流，土砖民居亦常见，但农村的纯木构民居较为少见；砖石民居中，青砖为赣南民居较高级别的用材，常为宗族祠堂或富户所采用，块石、卵石常见于围屋。按民居防卫强度的不同，可分为无防卫、弱防卫、强防卫三种。单列式民居属无防卫类型，行列式民居及围垅屋因其具备一定的向心性和闭合性特征，多数可归为弱防卫类型，四面围合的围院屋和围堂屋当属强防卫的类型。

第二节　赣南客家民居及其分布

一、赣南客家民居的区域分布

　　赣南客家民居各类型的分布与赣南地区地理环境密切相关。赣南三面环山，山脉整体上口朝北呈"U"字形走势，天然的高山屏障如一道弯曲的分水岭，在地理上将赣南分为南、北两片。山脉以北从信丰盆地开始，包括大余、崇义、上犹、南康区、章贡区、赣县区、兴国、于都、瑞金、石城、宁都、会昌等12个县（区、县级市）及信丰北部，我们称之为赣南北部。山脉以南即信丰盆地以南区域，有全南、龙南、定南、安远、寻乌等5个县（县级市）及信丰的南部地区，我们称之为赣南南部（图3-2-1）。

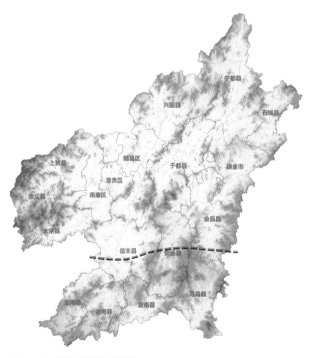

图 3-2-1　赣南地理南北分区图

　　受地理环境的影响，赣南客家民居各类型的分布具有明显的区域特征。

　　赣南北部以行列式客家民居为客家人家族聚居的主流民居形式。从外部环境来看，赣南北部地处中原边缘，北接吉泰盆地，与赣中、赣北经济文化往来密切。赣南行列式民居普遍呈现的"天井""府第"等空间特征，不能不说受到了赣中、赣北乃至中原民居文化的影响。行列式客家民居在赣南东北部的宁都、石城、兴国、于都最为盛行，也最具代表性，同样可见这种文化影响的痕迹。从内部环境来看，赣南北部多盆地，耕地较多，生存环境较好，历史上赣南三大行政州府赣州府、南安府、宁都州均设于赣南北部，政府管控力量较强，文风教化相对深入人心。围合式民居这种既不利于客家人生活，又被官府反对的割据型民居，在赣南北部便难以立足，防御性较弱的行列式民居在该地区广泛分布。

　　赣南南部客家人聚族而居同时采用了行列式和围合式两种民居形式。赣南南部多山地，耕地稀少，生存环境恶劣，自北宋以来，这片区域社会相对动乱，因地处偏远，官府的统治力量往往难以顾及，教化的影响也相对小得多，古时多称之为"未开化之地"。地理环境的恶劣、官府管控的薄弱，促使民间以宗族为单元，被动地担负起安全防卫的职能，在行列式客家民居的基础上，催生和发展了赣南围合式民居这种高度设防的聚居类民居形式。从分布上来看，龙南、全南、定南、安远、寻乌等五县市的北部及信丰全境，围合式客家民居分布较为零散，行列式客家民居要占据主流，可见这块区域是赣南行列式客家民居向围合式客家民居过渡的区域。龙南、全南、定南、安远、寻乌等五县市的南部，行列式客家民居趋少，围屋、围垅屋等围合式客家民居分布相对密集，以龙南南部最为密集。这块区域大体处于赣南南部与广东交界接壤的这条线上，围垅屋这种粤东北客家地区流行的民居形式，出现在赣南寻乌、龙南等地，可视为粤东北文化对赣南这些区域的影响和渗透。

　　赣南南部客家民居类型的分布呈现出渗透交叠的状况。李倩在其硕士论文"虔南地区传统村落与民居文化地理学研究"中做过统计，赣南南部661个村落样本中，以排屋式民居（包括单列式与行列式中的堂排屋）为主的村落占42%，以天井式民居（大体为行列式中的堂厢屋）为主的村落占21%，以丛厝式民居（包括行列式中的堂横屋、围合式中的围枕屋）为主的村落占 22%，以围屋（包括围合式中的围堂屋、围院屋）为主的村落占比 15%[43]。这些数据可以一定程度上反映这个地区民居类型的覆盖情况。

由此可见，从宏观分布上来看，行列式客家民居广泛分布于赣南全境，以赣南东北部最为盛行；围合式客家民居分布于赣南南部，在与广东接壤的狭长地区分布最为密集。从外部文化影响来看，赣南北部行列式客家民居形态受到了赣中、赣北地区文化的较大影响，赣南南部围合式客家民居类型一定程度上受到了粤东北地区文化的渗透。从内部发展态势来看，行列式民居"呈由东北向西南发展逐渐减弱的状况"，围合式民居"呈西南向东北发展逐渐减弱的态势"[44]。

单列式民居是赣南客家人家庭独户居住的主流民居形式，四扇三间、六扇五间等单列式客家民居广泛分布于赣南全境。"客家大多是聚族而居的形态"[45]，族居归纳起来大致有"聚村而居"和"聚宅而居"两类形态，在赣南，单家独户聚村而居的情况仍然较"聚宅而居"为多。原因主要有两个，一是行列式和围合式这些聚居类建筑并非凝聚族人、抵御外乱的唯一空间载体，赣南历史上出现过大量村围，村内设集中祠堂，确保单家独户聚村而居同样可以抱团求得生存，如于都马安乡上宝村围、兴国社富乡东韶村围、会昌筠门岭镇羊角水村堡等。二是四扇三间等单列式客家民居自身有着极强的适应时代和适应环境的能力，能够满足各个历史阶段客家社会中家庭对"居"与"祀"的双重需求，同时比行列式、围合式客家民居更具备适应赣南山区复杂地理环境的优势。若纯粹以楼栋数量论，赣南地区无论南部还是北部，无论哪个历史阶段，四扇三间等单列式民居类型的数量都要占多数。因此，四扇三间等单列式民居是赣南最为常见、存量最大、分布最广的传统民居类型，其现存数量远远大于以"百"为计量单位的围屋民居和九井十八厅民居。

四扇三间、六扇五间等单列式民居在赣南的地理分布同时有其时代特征。历史上，赣南南部尤其龙南、定南等地南部的一些区域，围合式这类设防民居长期占据绝对主流，四扇三间等单列式民居直至近代才遍地开花。以定南龙潭镇忠诚村为例，村民世代居住于围屋之中，20 世纪 70 年代末，随着土地家庭联产承包，村民从围屋中搬离出来，四扇三间、六扇五间等民居才开始成为当地居住的主流。而在赣南北部，客家社

会中家庭、家族作为社会基本单元长期共存，家庭独居、家庭独户同村聚居、家族同屋聚居等各类居住模式也都同时存在，单列式民居作为家庭居住的主体形式，分布于赣南北部的广大地区。当然，20 世纪 70 年代之后，社会的变革导致家族聚宅而居的式微，行列式民居开始退出历史舞台，单列式民居迅速成为赣南北部客家人居住的绝对主流。

赣南客家民居的地理分布，从另外的分类角度看可呈现出不同的区域特征。

从建筑层数类型看，赣南北部以单层民居（含一层半）为主，赣南南部由北向南逐渐向多层民居过渡，刚好跟赣南地理海拔走势相同。单层民居有着较好的生活便利性，多层而高大的建筑利于防御，体现出民居对不同生存环境作出的不同形式反映。广东客家地区流行的围垅屋多为单层，渗透到了寻乌，很大部分也"入乡随俗"筑造成了两层。赣南客家民居为实现防御在建筑高度上所做的拓展，以及为实现多层所采取的筑造措施，刚好积极回应了齐康先生提到的中国古代传统建筑的某些不足之处："垂直交通系统不够发达，建筑多为单层，超过二层的建筑比较少……中国古代建筑及其群体大都朝水平的横向发展"[46]。

从建筑材料类型看，赣南东北部青砖民居较多，中部腹地夯土和土砖民居较多，南部砖石民居稍多。建筑主体材料的选择，从一个侧面反映出赣南经济发展水平呈现由东北向西南渐次递减的态势。赣南东北部宁都、石城、兴国等县历史上相较赣南其他各县更为富庶，宗祠文化也最为强盛，祠堂及民居更多地采用青砖这类因需要二次加工而较为昂贵的材料。而赣南南部全南、龙南、定南、安远等县的南部地区基于防御的需要，民居常就地取材，采用块石、卵石、青砖等材料砌筑外墙外层，而因经济受限常采用夯土或土砖筑造外墙内层，做法俗称"金包银"。

二、赣南单列式客家民居（堂列屋）

（一）基本形式：四扇三间

四扇三间是指由"一明两暗"的三间房组成的客家民居（图 3-2-2），其中的明间为厅堂，暗间为居室。四扇三间中"间"即房间，而"扇"指隔扇，即分隔房间的横墙。四扇三间也有地方称"三间过"或"四扇三植"。有学者根据《汉书·晁错传》对汉代民宅的记载："家有一堂两内"，张晏注："二内二房也"，

于都葛坳乡上脑村民居　　　　　　　兴国县高兴镇高多村某民居

图 3-2-2　赣南四扇三间民居

推断四扇三间的形制始源于汉代民宅，反映了客家民居建筑文化和中原文化的传承关系[47]。也有学者认为，一明两暗"在人类建筑史上属于最早阶段的建筑类型"，"据考古学和人类学的资料……浙江下王岗的长形房屋、印第安人的长形房屋、中国西南地区少数民族以及东南诸多民族的长形房屋在布局模式上均采用一明两暗格局"。由此推断，人类在农业社会早期便已普遍采用"一明两暗"形制[48]。

　　四扇三间是赣南地区最小的"居祀合一"型民居。明间厅堂在四扇三间中，不仅有着生活起居、会客议事的现实功用，更是供奉祖先、敬神祭祖的场所，承载着一家人慎终怀远的精神寄托。厅堂因兼具"祖堂"的作用而体现出一定的礼制空间特征，并切实反映在建筑上，主要体现有两点，一是厅堂的礼制性布置。厅堂大门绝对居中，即便因风水原因大门折向，门的中线亦为居中位置。厅堂后方居中设置神龛，供祖宗牌位，呈现出秩序井然、庄严肃穆的空间特征（图3-2-3）。二是厅堂的独立性和完整性。在客家人的四扇三间中，厅堂两侧的居室，往往尽量地不直接向厅堂开门。有的居室将门开向室外阶檐，后暗间经前暗间穿套而进，宁愿选择牺牲交通的便利性和居室的私密性也不开门进厅堂（图3-2-4）；有的居室尽可能将门开向厅堂入口处，或将厅堂神龛隔墙前移，留置出一走廊空间供居室出入。甚至，有的四扇三间厅堂正面完全敞开，成为显著区别居室室内的半室外空间。

　　赣南四扇三间民居造型的变化不多。多数四扇三间的明间内凹，于大门处留出稍大的"阶沿"空间供

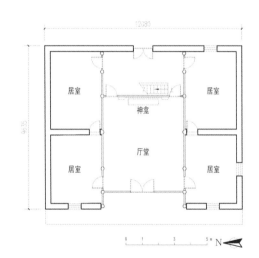

图 3-2-3　章贡区水东镇七里村民居（丁磊绘）

人出入，也有的不作内凹，往往在正面设吊脚楼，既供二层通行，也为底层遮风挡雨。赣南地区的四扇三间多数为单层带阁楼，因阁楼一般供储藏辅助之用且层高较矮，笔者在书中将之归为单层建筑。部分四扇三间发展为两层，外立面上常设有吊脚楼，如全南陂头镇瑶族村邓宅（图3-2-5）。

　　四扇三间被认为是"九井十八厅"这类行列式客家大宅的基本组合单元。万幼楠先生认为："客家民居中再大的房屋，都是从四扇三间和六扇五间这两种基本样式演化而来的"[49]。蔡晴、姚赯、黄继东等学者认为，四扇三间、六扇五间是赣南客家民居各类型的"基本单元"，上三下三、上五下五（即本书所指堂厢屋）等民居形式是"基本单元的扩展"[50]。事实上，六扇五间这个"基本样式"本身也是四扇三间衍变的

图 3-2-4　龙南杨村镇乌石村民居

图 3-2-5　全南陂头镇瑶族村民居

图 3-2-6　兴国县高兴镇高多村某民居

产物，因此，四扇三间是赣南客家民居类型最为基本的形式。

四扇三间的辅助用房往往外置。如厨房、厕所、禽舍，一般傍房搭建，或是紧临主屋另建简舍。

（二）衍变形式：六扇五间及其他形式

以四扇三间为基础，客家人塑造了丰富多样的堂列屋民居形式。四扇三间向两侧拓展，各加一间居室形成"六扇五间"，即"五间过"，也同为赣南客家民居的"基本样式"，如兴国县高兴镇高多村钟氏故居（图 3-2-6）。按这个方法还可扩展成"八扇七间"甚至"十扇九间"，呈长长的"一"字形。六扇五间等形式还可于两侧末端居室向前增加居室，成为"U"形，如瑞金叶坪洋溪村民居（图 3-2-7）、宁都大沽乡阳霁村民居（图 3-2-8）。赣南这些堂列屋民居形式基本上整体对称，厅堂居中，古时有"每进间架，以用单数，不宜双数"之说，实际上也推崇单数对称[51]。少数堂列屋受地势、用地等限制出现不对称的情况，采用了"L"形或厅堂不居中的"五扇四间"等形式（图 3-2-9）。不对称的做法在赣南当代的民居建造中较为常见，一定程度上反映出客家人建房传统文化共识在当代的减弱。

因此，四扇三间的衍变形式，从平面形态上看主要有"一"字形、"U"形、"L"形等几种形式。在赣南，"一"形最为常见，其中六扇五间较多，八扇三间、十扇九间相对少些，"U"形、"L"形相对更少。赣南客家人如需要增加居室规模，已多采用四扇三间、六扇五间，向着"居祀组合"的方向去了。

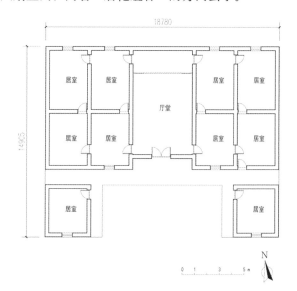

图 3-2-7　瑞金叶坪乡洋溪村民居（王朝坤绘）

图 3-2-8　宁都大沽乡阳霁村某民居

图 3-2-9　宁都大沽乡阳霁村某民居

六扇五间及其他形式在高度上的发展较具特色。如定南龙塘镇忠诚村民宅，厅堂后侧设梯连通上下层，宅舍正面设柱廊连接二层各房间（图 3-2-10）。宅舍上、下两层各设一厅，下层厅兼具客厅与祖堂，上层厅多为家庭起居之用。主屋前设厨房，往往对称设置。忠诚村民宅在高度上发展呈现两个明显特征，一是建筑高度普遍较高，并略高于设置阁楼夹层的四扇三间、六扇五间，二是正面普遍设置柱廊，立面更富层次与变化。

传统堂列屋前多设禾坪。"L"形、"U"形等形式的一端或两端向禾坪外伸，也往往不求围合成合院或天井，区别于其他汉族小型"合院式"民居，更显堂列屋的"单列"特征。

三、赣南行列式客家民居

（一）堂排屋

堂排屋由单列的宅舍多排或多列拼合而成，主要有呈排状的"排屋"和呈列状的"杠屋"两种形式。

1. 排屋

排屋是堂列屋向两侧增加居室，由前后幢长条堂列屋联排组合而成的行列式客家民居。排屋的排与排之间一般缺少室内过渡或连系空间，部分堂排屋仅于前后厅堂之间设有连廊，因此前后排间往往不构成天井（或天井并不明显），而形成通长的"天街"（有称"阶沿"、"街檐"、"厝巷"）。排屋中的厅堂一般位于各排居中，前后排厅堂位置相对呈轴线关系。排屋中的居室向两侧横向拓展，可达十数间，随着房间的规模不断扩大，排屋特征逐渐加强，前后排间联系减弱，公共厅堂湮没于长排之中，识别性和向心性受到一定弱化。

排屋按组合紧密程度分为无连廊和有连廊两种。

无廊排屋组合较松散，多呈"二"字形、"三"字形及其叠加形态。如全南大吉山镇上窑村排屋（图 3-2-11），为"三"字排。各排中间设厅堂，最末排厅堂为祖堂，前后位置对应成序列，串起成组的

图 3-2-10　定南龙塘镇忠诚村民居

图 3-2-11　全南大吉山镇上窑村排屋

一幢排屋民居。上窖村排屋高两层,各排均设通长吊脚楼,组织二层交通。

有廊排屋组合稍紧密,一般呈"工"字、"王"字等形态。信丰铁石口镇长远村鹅公排屋是一幢四排进深、19开间面阔的大型排屋(图3-2-12)。前三排居中设族人公厅,通过两条庑廊连通,排中四面围合有两个天井。四排所在地势迭级而上,最末排最高,全为居室,倚为后枕。因面阔较大,除厅堂串通外,鹅公排屋在每排左右两侧各设一条底层辅道,连通前后天街。

赣南有些地区的成组宅舍常呈排屋状,但并非堂排屋。如信丰万隆乡寨上村有两组三排民居,各排均由多组"四扇三间"构成,没有公共厅堂,族人在村内另建有独栋祠堂(图3-2-13),这类民宅应属四扇三间的单元拼接,并非单栋完整的堂排屋。

堂排屋和这类四扇三间、六扇五间的单元拼接,相互组合,可以形成庞大的"排屋村"。如信丰万隆乡李庄村江头组(图3-2-14),九排宅舍拼合,面阔最宽近200米,从空中俯瞰,实在蔚为壮观,客家社会的群体性在民居建筑上得到了充分的体现。

排屋多分布在赣南与广东接壤的几个县市,如信丰、全南、龙南、定南等地,以信丰最为普遍。这些地区多为山区,平地较少,建房受地形地势的限制较多,而排屋呈排状布局,组合机动,非常适合在山区采取台地退阶方式建造。排屋同样有着建造简单、造价低廉的优点,成为经济条件相对落后的赣南山区客家人的选择之一。基于排屋的地理适应性,有学者认为排屋是"适应南方山地的原生类型"[52]。

2. 杠屋

杠屋是由成排的居室相对而建与中间的厅堂(或过厅)纵列组合而成的行列式客家民居类型。杠屋中纵列的居室即横屋,横层之间形成了狭长的"天街"(或称巷、天井),天街短则数间居室开间,长则十数间。厅堂一般正对天街短边,前后间距较大,空间序列受到弱化。在杠屋中,正屋空间地位不突出,均质而长条的横屋居室取代堂屋成为构成的主导力量,这在赣南属于异类,似可推断赣南杠屋是广东常见的"杠式楼"的舶来形式。

杠屋在赣南较为少见。从笔者掌握的资料来看,赣南杠屋主要有两种,一种是客家民间俗称"独水"的民居,另一种广东俗称的"多杠屋"民居。

图3-2-12　信丰铁石口镇长远村鹅公排屋

图3-2-13　信丰万隆乡寨上村私房

图3-2-14　信丰万隆乡李庄村江头组排屋村

"独水"民居是一种小型住宅。"独水"是客家称谓，大意为描述这类宅舍只有单独一个如漏斗般的天井水口，其形态与粤东北"合面杠"民居相似。陆元鼎、魏彦钧等学者这样描述："'合面杠'"由两列横屋合面组成，中间为长方形天井。前面是门厅，后面是上厅，两边是檐廊，平面很紧凑"[53]。定南历市镇太公村新屋墩民居即为"独水"，见图3-1-17。会昌筠门岭镇羊角村周宅亦为一栋"独水"住宅(图3-2-15)，其大门设于两面山墙之间，进门即为门厅，正对天街窄边。天街两侧为三间横屋居室，台阶设于阶沿连接上下两层。

"多杠屋"民居是"合面杠"的拓展形式，"当住宅规模增大时，可以增加横屋，称之为三杠屋或四杠屋，甚至六杠屋"[54]，属较大型的住宅形式。如瑞金叶坪乡华屋村的华屋老宅，现完整的遗存有六杠五巷，

从现场情况看，原来应至少有七杠六巷。华屋老宅横屋呈列状整体与后山垂直，每条横屋分成三段错阶而上，以顺应地势（图3-2-16）。

杠屋与排屋在地形的适配上方向相反，横屋受山势限制而难以像排屋一样呈条状通长扩展，所以大型杠屋往往以"多杠"形式组合延伸。杠屋同样布局简单，造价低廉，适合大规模容纳族人人口，或是部分赣南客家人选择杠屋的原因之一。

（二）堂厢屋

堂厢屋是两排及两排以上的堂屋，通过中间的联系空间连接组合而成的行列式客家民居类型。堂屋在赣南民间称"正屋""主屋"，由中间的厅堂和两侧的正房（或耳房，均为居室）组成，可视为四扇三间及其扩展形式。堂屋间的连系空间比较多样，主要有厢房、腋廊、虎厅（或称花厅、子厅）等形式，因此，

图3-2-15 会昌筠门岭镇羊角村周宅

华屋老宅鸟瞰

图3-2-16 瑞金叶坪乡华屋村老宅

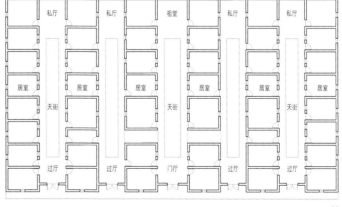

华屋老宅平面简描（王朝坤绘）

堂厢屋也称"堂厢式""堂庑式"。堂厢屋构成上与排屋类似联排，但堂屋排间建有连系空间过渡，中间形成天井或庭院，排间联系较为紧密。另外，堂厢屋横向尺度大小不等，小的仅三开间，大的可达十数开间，不似排屋普遍较长，面阔较宽。

堂厢屋在赣南分布较为广泛，以赣南北部尤其是东北部最为盛行。赣南南部的定南、安远等地的北部也有相对密集的堂厢屋分布，南部其他地方稍少。从宏观上看，堂厢屋在赣南的分布，基本与行列式客家民居大类的分布情况一致。

小型堂厢屋一般为以正屋厅堂为中轴，单个天井（或庭院）宅舍或前后两进天井（或庭院）宅舍构成的单格或双格形态，笔者称之为"中格型"堂厢屋，以示天井格状前后居中组合。大型堂厢屋可视为由"中格型"向两侧拓展而形成，呈多天井的九宫格状，笔者称之为"宫格型"堂厢屋。按平面组合形态分类，赣南堂厢屋大体上有"中格型"和"宫格型"这两种主要形式。

1．"中格型"堂厢屋

"中格型"堂厢屋主要有"口"字和"日"字两种形态。三个天井纵深的组合形式较为少见，一般也仅为单栋祠堂所采用。

"口"字堂厢屋较小，一般由前后两排单堂正屋和排间两侧庑厅或厢房组合构成，中间四面围合成单口天井的形态。因前后堂屋的开间数多为三开间或五开间，"口"字堂厢屋常被客家人称作"上三下三""上五下五"（图3-2-17）。赣南"口"字堂厢屋作为民居时多数为家庭的居所，属独居类民居。

根据居住的需要，"口"字堂厢屋可产生不同的变化。如章贡区水东镇七里村某私宅（图3-2-18），"口"字堂厢屋宅前增加厢房，设围墙而形成一天井一院落的格局。再如会昌筠门岭镇羊角村世能祠（图3-2-19），为居祀合一宅舍，厢房前还可增加门面居室。少数宅舍受用地限制，建造为不对称的形式，如南康坪市镇谭邦村某宅（图3-2-20）。

"日"字堂厢屋是"口"字堂厢屋的拓展形式，由三排单堂正屋与排间庑厅或厢房组合构成，因此往往以堂屋为轴，三堂递进，两"口"天井纵列呈"日"字格状（图3-2-21）。"日"字堂厢屋这种三堂屋形式，在赣南多数用于建造独栋的宗祠，民居中运用得相对较少，一般到了三堂规制，赣南客家民居多发展成为"宫格型"这类大型堂厢屋。

赣南地区的小型堂厢屋与北方典型堂厢屋有着相似之处和较大的区别。在赣南堂厢屋中，我们能够看到"天井""庭院""厢庑"等其他汉族地区民居普遍采用的空间要素，反映出赣南客家堂厢屋与中原民

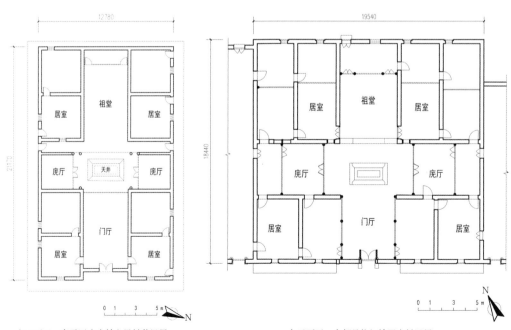

上三下三：章贡区水东镇七里村某民居　　　　　　　上五下五：宁都县梅江镇罗家村民居

图3-2-17　"口"字中格型堂厢屋（丁磊绘）

七里私宅鸟瞰

图 3-2-18　章贡区水东镇七里村某私宅

七里私宅平面（丁磊绘）

图 3-2-19　会昌筠门岭镇羊角村世能祠

居的文化传承关系。但两者也有着明显区别，一是北方堂厢屋多围合成院，堂与厢常常分离，布局较松散，而赣南堂厢屋为适应用地紧张的地理环境，堂与厢几为一体，组合十分紧密，多围合成内天井。二是北方典型堂厢屋多为"三合院"式，即一堂两厢，前一围墙，合而为院，过渡到皖南、江浙一带，围墙往往加高而内设倒座，形成内天井或小内院，而至赣南，堂厢屋是由前后两堂屋和左右两厢庑四面围合而成，有学者称为"中庭型"[55]，既区别于三合院式，也区别于倒座天井式。在赣南厢房常发展

图 3-2-20　南康坪市镇谭邦村某宅

图 3-2-21　章贡区水东镇七里村某民居

为虎厅，故称"四厅相向，中涵一庭"，呈四合十字形空间形态，从这一点看，赣南堂厢屋也要明显区别于北京四合院模式。赣南小型堂厢屋既反映出与北方堂厢屋的文化传承关系，也体现出客家人对北方堂厢屋的在地化改造，说明它是中原典型民居向客家特色民居过渡的一种民居形式。

2．"宫格型"堂厢屋

宫格型堂厢屋为大型宅舍。堂屋厅堂两侧的居室向外侧叠加拓展成长排，前后排间增加连廊或虎厅，居室与间设的连廊（或虎厅）围合成天井，呈现多天井、宫格状排布格局，可视为"中格型"堂厢屋的扩展形式。在赣南，宫格型堂厢屋多数为客家人聚族而居的宅舍，属聚居类建筑。宫格型堂厢屋庞大的规模，并不是小型堂厢屋的单元拼合，客家人将"厅堂"与"居室"分割成两个独立的空间系统，呈现出厅堂为核、居室围合的客家聚居建筑"居祀组合"典型特征，显著区别于北方单家独户拼合而成的大宅院。如果说堂排屋尤其排屋是赣南客家基于地理环境和族居需求创造的"原生型"聚居类民居，那么宫格型堂厢屋就是赣南客家人传承汉族典型民居形式，并从其独居形式中脱离出来，基于族居需要而形成的"传承型"聚居类民居形式。

赣南"宫格型"堂厢屋按规模分类，主要有两堂、三堂、四堂等三种形式，其中以两堂为多，三堂、四堂及以上规模的宫格堂厢屋现存已较少。

两堂宫格堂厢屋如章贡区七里镇某宅（图3-2-22），由"口"字堂厢屋横向拓展为三格天井的形式。南康凤岗董氏民居是典型的四堂宫格堂厢屋（图3-2-23），恰如其数地呈现出"九井九宫格"的格局形态，当地人称"九井十八厅"。

"九井十八厅"不是一个民居的类型。"九井十八厅"是客家民间称谓，也称"九厅十八井""九井十三厅""十厅九井"，其中的数字多为描述天井、厅堂数量较多之意。在这里，"厅"并不纯粹指位于民居中轴的下厅、中厅、祖堂等公厅，也包括厢庑位置的虎厅、起着过道作用的过厅、居室群中的辅厅或私厅。万幼楠先生根据大量的调研资料，认为"客家人称为'九井十八厅'的民居，并没有完全拘泥其准确的'井'和'厅'的数字，大多是概言其大的意思"[56]。如龙南关西新围居中被围的三堂宫格堂厢屋，当地人也称"九井十八厅"，事实上其井、厅数量远不止九、

图3-2-22　章贡区水东镇七里村某宅

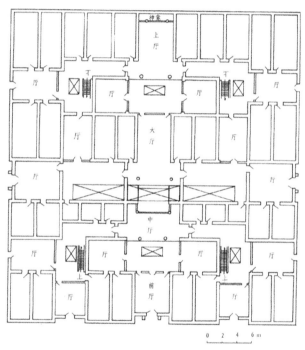

图3-2-23　南康凤岗董氏九井十八厅民居（万幼楠绘）

十八这两个数，而是十四井、十八厅。

在赣南，堂厢屋形式的"九井十八厅"相对少些，"九井十八厅"大多是以堂横屋的形式出现。

（三）堂横屋

堂横屋由排行的堂屋和侧列的横屋组合而成。堂横屋的堂屋居于建筑中轴线，面向建筑主朝向，横屋居于堂屋两侧，面向建筑中轴线，正对堂屋山墙，两者呈行、列垂直形态，这是堂横屋与堂排屋、大型堂厢屋等联排"平行"形式最直观的差异（图3-2-24）。

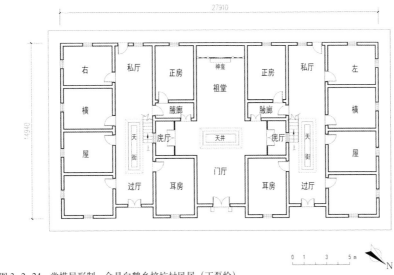

图 3-2-24 堂横屋形制：会昌白鹅乡梓坑村民居（丁磊绘）

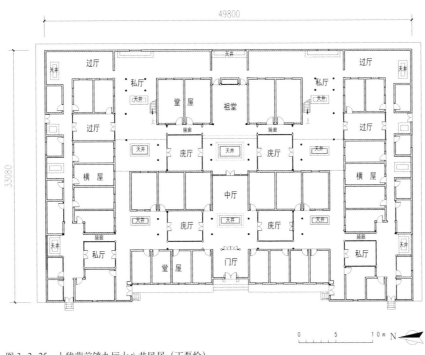

图 3-2-25 上犹营前镇九厅十八井民居（丁磊绘）

堂横屋中横屋陪伺于堂屋左右，是赣南行列式客家民居当中向心性、闭合性最强的形式，强烈地体现出赣南客家人礼制为先、家族至上的营造理念。堂横屋的这种"居祀组合"行列垂直形态，也使它成为赣南客家民居最趋完善、最为典型的民居形式，显著区别于其他汉族民居类型。堂横屋较小时可为家庭的居所，一般情况下多为家族聚居所采用，稍作组合形成规模便可构成"客家人建房追求的一种较高境界"[57]——"九井十八厅"大屋（图 3-2-25）。

堂横屋当中的堂屋一般由厅堂和正房组成。厅堂视堂屋在堂横屋中轴上的位置，可分别作门厅、客厅、祖堂之用，也可兼具多种功能。正房位于厅堂两侧，也称"耳房"、"偏房"，均为居室，因其位置显赫，多为家庭或族中长辈居处。也有的堂屋仅仅是厅堂，纯粹作族人或家人公共活动之用。

堂横屋当中的横屋一般纯粹为居室，设辅厅的情况为极个别例子。横屋在民间也称"陪屋"，闽粤民间常称"护厝""巷厝"，因此也有学者称堂横屋为"从厝式民居"[58]。横屋形成的源头尚无确切记载，从直观的形态可推测有两种可能，第一种为横屋由单个居室简单重复拼合而成，第二种可能为横屋是长条堂排屋或堂列屋剥离厅堂后的结果。横屋极少见地设辅厅，缺少堂排屋或堂列屋向其过渡的痕迹，笔者认为前者的可能性大一些。

两堂以上的堂横屋前后堂屋之间往往通过腋廊、庑厅或厢房连接，少数呈排屋状仅厅堂之间设廊，亦有不设连廊的例子。横屋与堂屋之间，横屋或横屋之间，一般通过连廊连接，同样也有不设连廊的情况。前后堂屋与庑厅或厢房四面围合而形成天井，少数排屋状堂屋之间形成"天街"，横屋之间多形成"天街"（九井十八厅中"天街"均统称为"井"），少部分形成天井。

堂横屋中堂屋两侧的横屋往往向前发展而凸出堂屋，使得堂横屋整体形态呈对称的太师椅状，暗合稳坐泰山之意。横屋也如风水讲究的左右护"砂"，对供奉祖先的堂屋形成侧护拱卫的态势，有的堂横屋后侧设枕屋，更形成三面环护捍卫之势，体现出客家人崇宗敬祖的文化精神。

学界较早已关注到客家堂横屋这一独特客家民居类型。1957 年，刘敦桢即在《中国住宅概说》一书中采用"二堂两横""三堂六横加围房"来描述福建客家民居规模[59]。其后有学者称闽海民系的这一类型为"中庭型护厝式"[60]，直至 2008 年，陆元鼎先生在其论文中第一次提出了"堂横屋"这一称谓，称其为"客家民居单幢建筑的代表"[61]，"堂横屋"才作为民居类型的特定称谓逐渐成为主流。卓晓岚通过对堂横屋的基础性特征分析，认为堂横屋"以传承自中原的堂厢式和适应本土地理环境的原生型民居排屋构成"[62]。从笔者掌握的资料来看，绝大部分赣南堂横屋符合这一点，但亦有例外，如赣南最小的"一堂两横"堂横屋，堂屋仅为单排单堂，却非堂厢屋。卓晓岚同时研究了堂横屋的分异与衍变，推论出"堂横屋是更基础的聚居建筑类型，在客家聚居建筑的发展序列中可能更具有前导性，是其他'围屋型民居'发展的起源"[63]，为堂横屋的深入研究提供了一条探索的路径。

江西本地学者亦对堂横屋这一类型给予较多关注。早在 1995 年，万幼楠先生在其论文"赣南客家民居试析——兼谈赣闽粤边客家民居的关系"中就提出，"厅屋组合式"民居是赣南客家民居两大类型之

一，"厅是房屋的核心，许多栋'正屋'和'横屋'连在一起便组合成了一幢大房子"[64]，明确堂屋和横屋是构成赣南客家民居主流类型的两大要素。黄浩先生描述遂川"草林民居"平面（形制实为堂横屋）时指出，其"正轴主体还算基本按照天井式一进来编排的，它勉强还保留前堂、正堂和两厢的格局，可是两厢已经变为通往左右两个单元（即横屋）的过厅，主体（即堂屋）与两侧这两个附房单元（即横屋）中间的天井也只是连接的过渡空间。这种串连和编排已经多少背离了天井式民居的组接规律"，彼时先生也已敏感地注意到了堂横屋与天井式民居之间的形制差异[65]。近年，蔡晴、姚赯、黄继东等学者经过大量田野调查，提出"堂横式建筑的关键特征，在于其祭祀和居住既合一又分立"，认为"在江西，堂横式建筑之于客家是一种普遍和基本的民居空间组合模式，正如天井式住宅之于非客家地居民"[66]，从而进一步确立了堂横屋在客家民居中的典型意义与主流地位。

完整的堂横屋格局还包括风水池塘、禾坪等外延设施，形成标识性极其鲜明的客家民居空间特征。堂横屋也是一种高度风水化的民居类型，其宅基选址、环境度量，都有着相当的风水讲究，诸如宅舍面有山屏、背有山枕、左右砂护等等，客家人的风水观念在堂横屋上得到了充分体现。

堂横屋遍及赣南的大部分区域。赣南东北部的兴国、石城、瑞金、于都、会昌等县分布较多堂横屋，尤以瑞金、石城为盛，中部的章贡区、赣县、南康及西北部崇义、上犹、大余等县区稍少，赣南南北交汇的寻乌、安远、信丰等县也有分布，但在赣南南部的全南、龙南、定南等县及安远、寻乌南部，大量的堂横屋衍化为高度设防的堂横屋型围屋，单纯的堂横屋有所减少。

堂横屋类型看似单一，无非堂屋与横屋行列垂直组合，但其组合形态的数量却不胜枚举。按堂屋类型，堂横屋可分为堂列屋型、堂排屋型、堂厢屋型三种；按横屋数量，可有二横、四横、六横、八横等各种搭配形式，还有一横、三横、五横等诸多不对称形式。另外，结合堂的数量，可组合成一堂二横、二堂二横、三堂二横、三堂四横、四堂六横等等数不胜数的形式。笔者以最为直观的堂屋厅堂数量分类，将堂横屋分为单堂、二堂、三堂等主要类型加以举例描述，四堂及以上的堂横屋较少，似可推断堂横屋多朝横向发展，

纵深发展已无必要，也更不适应坡地地势，故甚为少见。

1. 单堂堂横屋

单堂的堂横屋在赣南较之两堂的要少很多，但笔者在瑞金九堡乡密溪村访得四幢，并且保存得都相对较好。以密溪村村中心的这栋单堂堂横屋为例（图3-2-26），规模为一堂两横，中间堂屋为四扇三间，两侧横屋各配六间居室，堂屋与横屋经过厅相连。横屋凸出堂屋较多，三面围合成一个正向开敞的院子，即便位于平坦之地，横屋依然沿袭了在山地的做法，屋顶分为三阶向前依次跌落。宅舍高二层，横屋二层设吊脚楼连通，吊脚楼吊柱、栏杆多已损毁，仅余木质楼板相对完整。

单堂堂横屋基本为一堂两横形式。上升到四横及以上的居住规模，客家人都会选择二堂及以上规模的

堂屋来与居住规模相匹配，以满足群体居者崇祖睦族的精神诉求和凝聚族人的现实需要，另外从人力、物力等因素上考量，也已具备建造二堂、三堂的条件。

2. 二堂堂横屋

二堂堂横屋在赣南最为常见。

二堂堂横屋最基本的形式是二堂二横。寻乌澄江镇周田村上田塘湾王氏巨楣公祠是一栋典型的二堂二横宅舍（图3-2-27）。堂屋为"上五下五"堂厢屋，横屋对称各一横，依地势三阶迭级，前伸围合成院。王氏宅舍背枕后山，面设围墙为近屏，大门设于左横屋首端。堂厢屋四合而为天井，横屋与堂屋之间合为狭长天街，均见"四水归堂"之意。二堂二横的典型堂横屋民居还有崇义上堡乡黄土坳民居、章贡区水东镇七里村民居（图3-2-28）。二堂二横中的堂屋也常有纯粹公厅而不安排居室正房的情况，如石城小松

图3-2-26　瑞金九堡乡密溪村村中心私房

图3-2-27　寻乌澄江镇周田村上田塘湾王氏巨楣公祠

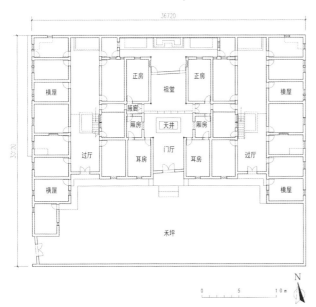

崇义上堡乡黄土坳民居

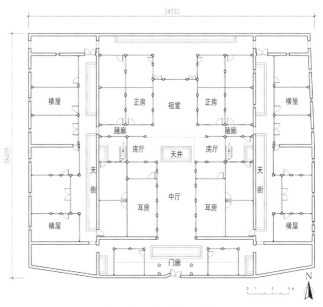

章贡区水东镇七里村某民居

图3-2-28　典型堂横屋民居（丁磊绘）

丹溪某宅（图3-2-29）。

　　二堂二横可扩展为二堂四横、二堂六横。但受用地限制，或历代加建，二堂堂横屋常出现堂屋两侧横屋数量不对称的情况。如于都寒信村围路某民居（图3-2-30），为二堂一横。瑞金九堡镇密溪村观光鼎臣公祠（图3-2-31），原为二堂二横，后加建为不对称的二堂五横。瑞金叶坪乡洋溪村某民居为一幢二堂六横大型堂横屋（图3-2-32），堂屋左侧二横，右侧四横，亦不对称。值得一提的是，该宅舍堂屋后建有一排后枕屋，已有向围枕屋过渡的迹象，只是后枕屋与侧横屋未作连接，尚未形成三面围合之势，笔者仍将其归为堂横屋类型。

　　3. 三堂堂横屋

　　三堂堂横屋也较为常见，是赣南"九井十八厅"的主要表现形式。潘安先生认为，"三堂屋空间形态是客家聚居建筑厅堂建筑的基本模式"，"三堂屋模式在不同的条件下产生不同的变异形式"，或减少厅堂，或增加厅堂。在赣南，"三堂"是客家人普遍认可和追求的一种厅堂完整形态，笔者推测这是汉民族共同持有的一种文化心理，或来源于老子《道德经》所述，"道生一，一生二，二生三，三生万物"，"三"是对立而调和的产物，是生成万物的机体，因而是一个圆满和谐、充满生机的数字。

　　三堂堂横屋最基本的形式是三堂二横。如石城横江镇友联村虎尾坑赖氏民居（红五军团旧址）（图3-2-33）、石城琴江镇梅福村黄氏民居（红十二军司令部旧址）（图3-2-34），均为三堂两横格局。两幢宅舍堂屋面阔均为五开间，横屋对称侧布，长短齐平，规制严整。堂屋由前及后分别设下、中、上三堂，配置标准，进阶有序。末端堂屋祖堂后还设有座墙为枕屏，力求风水上的尽善尽美。

　　这里的天井空间值得细品。黄宅堂屋天井侧的两

图3-2-29　石城小松镇丹溪村某宅

图3-2-30　于都寒信村围路某民居

图3-2-31　瑞金九堡镇密溪村观光鼎臣公祠

图3-2-32　瑞金叶坪乡洋溪村某民居

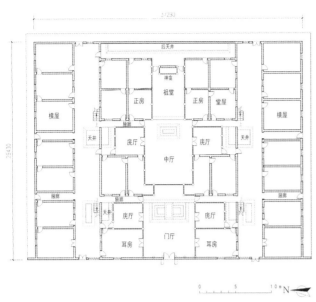

图 3-2-33　石城横江镇友联村虎尾坑赖氏民居（丁磊绘）

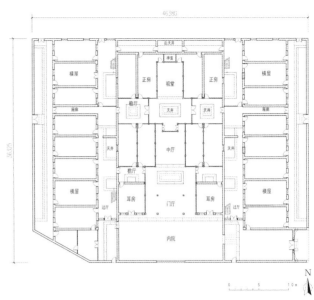

图 3-2-34　石城琴江镇梅福村黄氏民居（丁磊绘）

厢为兼具过厅功能的庑厅，厅侧设通往横屋的腋廊，形成典型的"四厅相向，中涵一庭"的"中庭型"格局，而赖宅堂屋天井两厢完全衍化为连系横屋的过道或天井檐厅，天井退化成了采光通风的辅助空间、交通连系的过渡空间，如黄浩先生所言，"天井并非空间组织的核心"。从这个空间意义上来看，以堂横屋为代表的赣南客家民居，已可从江西乃至南方汉民族普遍采用的"天井式"民居类型当中剥离出来，成为以"厅堂"为空间组织核心，以"居祀组合"（或"厅屋组合"）为构成手段的另一个民居类型。笔者因此而尝试将堂横屋、堂排屋、堂厢屋等厅屋行列组合类型归纳为"行列式"，强调厅与屋的构成关系，而非天井构成。

三堂两横可扩展为三堂四横、三堂六横甚至三堂八横。如石城大畲村南庐屋（图 3-2-35），为三堂四横形式，左侧内横长度有缺，外横破损较为严重，其他处尤其厅堂及正面保存较好，是石城堂横屋的典型代表。南庐屋面朝开阔远山，近前开塘聚气，塘两侧古树相傍，屋后靠山林为枕，风水极为讲究。堂屋为两进三堂，前设门廊，与两厢围合成内向小院，作为室内外过渡，横屋依地势前低后高叠为四至五级，相互之间以廊相连。南庐屋整体上行列排布，天井密布，规模庞大，属赣南客家典型的"九井十八厅"大屋民居。

而于都禾丰镇大坵某民居已拓展至二堂八横，规

图 3-2-35　石城大畲村南庐屋

模更是惊人（图3-2-36）。瑞金壬田镇凤岗村钟唐裔公祠为三堂八横大屋（图3-2-37），破损十分严重，仅堂屋保存较好，而横屋无一完整，但从航拍角度俯瞰，依然能够从基址遗存上清晰地辨识其八横布局，想象其宏大壮观的规模气势。

三堂堂横屋同样有不少非对称的例子。如瑞金叶坪乡田背村谢宅（图3-2-38），因一侧为谢氏宗祠，便于堂屋另一侧发展横屋，呈三堂单侧两横形态。瑞金叶坪田背村牺纯公祠是一幢三堂八横大屋（图3-2-39），堂屋一侧三横，另一侧五横，后有一长两短的三排枕屋，为不对称堂横屋中甚为阔大者。定南县老城镇老城村朝珍公厅是一个较为特殊的例子

（图3-2-40）。这栋大屋为三堂两横，建于坡地，为处理近两米的地势高差，下堂屋与中堂屋拉开了距离，以便设置台阶，因此而形成大纵深的庭院空间，两侧厢房亦拉长，便似横屋。

四、赣南围合式客家民居

赣南围合式客家民居分为围枕屋、围堂屋和围院屋三种。其中，围枕屋为三面围合型，围堂屋和围院屋为四面围合型，前者防御性相对较弱，后两者防御性较强。万幼楠先生以"防御"这一特性作为界定，将赣南客家民居大致上分为"厅屋组合式"和"围堡防御式"两类，围堡防御式大体上包括本书所界定的

大圫民居平面（万幼楠绘）

大圫民居正立面（万幼楠摄）

图3-2-36   于都禾丰镇大某民居

图 3-2-37　瑞金壬田镇凤岗村钟唐裔公祠

图 3-2-38　瑞金叶坪乡田背村谢宅

图 3-2-39　瑞金叶坪田背村牺纯公祠

图 3-2-40　定南县老城镇老城村朝珍公厅

围堂屋和围院屋两类，而包括围垅屋在内的围枕屋，万幼楠先生划为厅屋组合式民居的大屋类型。在赣南，围屋也称"围""水围""围子""土围子"，事实上，赣南民间对围屋并无明确的界定，在寻乌、定南、龙南等地，不仅口字围、国字围这类四合围属"围"，围垅屋也被称作"围"，三面围合的其他围枕屋，多也被称作"围"，如龙南杨村镇平湖下龙小组新安维（与"围"谐音）。笔者以空间组织及构成手法作为类型划分的标准，将围枕屋、围堂屋和围院屋都界定为"围屋"，归属围合式客家民居，一来契合建筑类型学的分析方法和归纳逻辑，二来也与客家人的直观认知和民间对围屋的称谓相符。

（一）围枕屋

堂横屋后堂之后加一排或多排居室，称为枕屋，与两侧横屋相连，形成以堂屋为心，横屋、枕屋三面围合的民居类型，笔者称之为"围枕屋"。

枕屋也称后枕房、围垅、后厝、包厝，围枕屋民间有称"枕头屋"，学界有学者称"包厝式民居"或"丛厝后包式"民居[67]，最为我们熟悉的围枕屋就是我们称之为"围垅屋"的类型。围枕屋为行列式向围合式过渡的形态，并因其呈"三面围合"之势，具备较强的闭合性和向心性，笔者将围枕屋归为围合式民居。围垅屋是围枕屋的一种独特形式，当围枕屋堂屋后的枕屋由直线形衍变为半圆弧形，就形成了我们常见的围垅屋形式。

围枕屋在赣南的数量相对其他围合式民居要少，主要分布于赣南南部与广东接壤的地区，北部稍为少见。其中，龙南分布有较多方形围枕屋，围垅屋主要分布于寻乌南部，少量零散分布于龙南、定南、安远等地的南部。

围枕屋在赣南主要有方形围枕屋和围垅屋两种形式。

1．方形围枕屋

围枕屋在龙南分布较多。如龙南杨村镇平湖下龙小组新安维，是一幢二堂围枕屋（图 3-2-41），由四排六横三枕组成，其中一侧横屋破损严重。四排正屋中后两排设厅堂，前两排中轴上仅设架空通道。新安维第一排后枕屋与中间列横屋连接，形成一围围枕屋，后枕有一角缺口，为近年损毁。龙南杨村镇平湖细围小组某宅是一幢三堂围枕屋（图 3-2-42），规模原也有四排六横三枕，现遗存稍完整的仅四排三横两枕。四排正屋中后三排设厅堂，前排中间断开作为进厅堂的通道。大屋内排枕屋与内列横屋连接，次排枕屋与次列横屋相连（一侧横屋已损毁），形成内外相套的两围，拱卫内部的堂排屋。

围枕屋在其他县也有分布，多数规模比龙南围枕屋更小，但较多保存得更为完整的例子。如瑞金叶坪乡洋溪村某民居（图 3-2-43）和于都宽田乡寨面村文田管氏民居（见前图 3-1-20），属二堂围枕屋。再如寻乌澄江镇周田村下田塘湾王氏巨楫公祠，为一幢三堂围枕屋（图 3-2-44）。

2. 围垅屋

陆元鼎先生这样描述围垅屋："它分为前后两部分，前半部都是堂屋和横屋的组合体，后半部是半圆形的杂物屋，称作围屋"[68]，简明扼要地概括了围垅屋的主要构成。围垅屋也有学者称"围龙屋""围拢屋"，本书以陆元鼎先生及江西省级重点文物保护单位名录中使用的"围垅屋"称谓为准。

围垅屋主要流行于粤东北兴宁、梅州等客家地区，以其围垅、化胎、月池等空间所体现的形式意境和文化内涵而广为人知，与赣南方围、福建土楼并称客家围屋三大形式。在赣南，围垅屋主要分布于与广东梅州地区接壤的寻乌县，与寻乌临近的安远、定南、龙南等地有零星出现。有关学者考证，围垅屋"目前发现的这些案例，全部为明清时来自广东、福建的移民所建"[69]，据此可断定赣南围垅屋是外来民居文化渗透的结果。

粤东北典型而完整的围垅屋，往往还包括屋前的半月池。于是，半月池、堂横屋、半圆形围屋就构成了一个满圆的整体，既体现出建筑平面构图的完整性，也反映了中国传统"天圆地方"阴阳哲学观。围垅屋最具特色的空间，是化胎和围屋。化胎，也有称花胎、花头、胎土，为堂屋和围屋围合的半圆形空间，"填其地为斜坡形，意谓地势至此，变化而有胎息"[70]，化胎被客家人赋予了更深层次的文化内涵，有无化胎常被学者视为判断一栋民居是否为围垅屋的标准。吴庆洲先生认为，全国唯客家围垅屋才有化胎的设置，这是客家围垅屋独树一帜的地方。围屋，也有称围垅、垅屋，即化胎后方的半圆弧形枕屋，围屋正中间称为垅厅或龙厅，其他房间称围屋间或围垅间。

围垅屋多建造于坡地，前低后高，迭阶而上，立体形态如"太师椅"般对称衡稳，成为客家地区一道独特的风景。围垅屋一般占地较大，小者如龙南武当镇岗上村珠院围，

图 3-2-41　龙南杨村镇平湖下龙小组新安维

图 3-2-42　龙南杨村镇平湖细围小组某民居

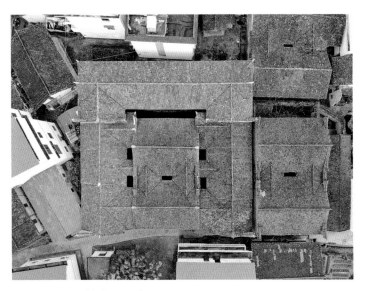

图 3-2-43　瑞金叶坪乡洋溪村某民居

王氏巨楫公祠鸟瞰

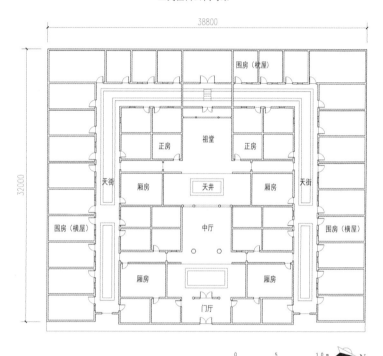

王氏巨楫公祠平面（王朝坤绘）

占地约 1500 平方米，大者如寻乌晨光镇金星村角背围拢屋，占地约达 4170 平方米。

赣南围垅屋按围环的数量，有一围、二围、三围、四围等多种形式。据其平面形态，赣南围垅屋大体上有方圆合形围垅屋和变形围垅屋两种。

方圆合形围垅屋。赣南有些围垅屋完全继承了广东围垅屋前方后圆的方圆合形形态，如寻乌菖蒲乡五丰村寀米岗龙衣围（图 3-2-45）。龙衣围中部堂屋为三堂两横，外有三围。它整体前方后圆，围屋圆弧规整，排间间距匀称，内部化胎形态完整，仅围前池塘并未保有半月形，甚为缺憾。寻乌晨光镇金星村角背围拢屋（图 3-2-46），角背围原有三围，现仅存完整的两围。会昌筠门岭镇圩镇朱氏围拢屋亦是典型的方圆合形围垅屋，见前图 3-1-20。

变形围垅屋。赣南部分围垅屋，其形式相较广东典型围垅屋有所偏离，如寻乌晨光镇司城村新屋下刘氏公祠（图 3-2-47）。该围屋后围垅由三条直线形围房组成，与侧围房、前围墙形成六边形围合形态，迥异于典型围垅屋。内围堂屋三堂四横，前有禾坪，

图 3-2-44　寻乌澄江镇周田村下田塘湾王氏巨楫公祠

图 3-2-45　寻乌菖蒲乡五丰村寀米岗龙衣围

角背围鸟瞰

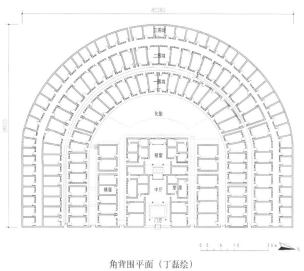

角背围平面（丁磊绘）

图 3-2-46 寻乌晨光镇金星村角背围垅屋

刘氏公祠远景（万幼楠摄）

刘氏公祠炮楼（万幼楠摄）

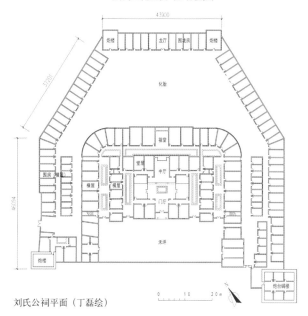

刘氏公祠平面（丁磊绘）

图 3-2-47 寻乌晨光镇司城村
新屋下刘氏公祠炮楼

后有化胎，胎形自也变化为多边形，更为有趣的是，上堂屋与外横屋相连处采用了圆弧过渡，这在赣南实在少见。为补充防御，围屋左侧前端配建了一栋五层炮楼，内挖水井，配备为族人最后的防御地和庇护所。

为加强防御，围垅屋与赣南围屋形式相结合，进一步发展为四面围合的围垅屋式围屋，衍化为围堂屋。

（二）围堂屋

行列式堂屋独立或半独立于围房，并由围房四面围合而成的围合式客家民居类型，笔者称之为"围堂屋"，取堂屋为围房所围之意。

因此，围堂屋的显著构成特点是四面围合。围堂屋围内往往设堂排屋、堂厢屋或堂横屋等行列式堂屋作为核心体，也有较多的围堂屋，部分堂屋本身就是围房的一部分，反映出围合式与行列式这两类客家民居形式的交融与过渡。

围堂屋是赣南最为典型的设防性民居建筑。万幼楠先生将围屋特点总结为四点：1.聚族而居；2.四面围合封闭；3.外墙中设有炮楼、枪眼等防御设施；4.围内设有水井、粮柴库、水池等防围困设施和设备[71]。四个特点中就有三项跟设防有关，因此万幼楠先生认为，"赣南围屋最大的特征就是'防卫性'"[72]。为强化防御效果，围房一般建造为两至三层，多者四层。方围围房四角常设炮楼，也有后座两角设炮楼的做法，炮楼一般比围屋高一层，尤其高耸森严。

赣南大部分的围屋为方形围屋。在赣粤闽客家集聚地区，赣南围屋、闽西土楼、粤东北围垅屋分别以其方、圆、方圆合形的形态，成为三地围屋民居的文化标签和类型代表。包括围堂屋和围院屋在内的赣南方围，具备客家聚居建筑的一般特点，蕴含了丰富的文化内涵，并以"设防"文化、严整方形突显其独特魅力，是赣南客家民居的一块瑰宝。据载，有日本学者这样评论赣南围屋："它的大尺度、大空间、大容量集居住、城堡、神社、议事厅和中心广场于一体，如此宏伟多功能的民居却为世之罕见，令人感到震撼！它几乎包含了人类生活的所有，看了围屋，就像读了一本建筑教科书，从中学到很多知识和得到许多启发"[73]。

围堂屋多建于平地。在赣南乡村，我们常常有这样一种经历：群山之中，穿过一道水口，出现一处大片的盆地，满目的稻田之中，耸立一栋围屋大宅。也因此，赣南很多围屋直接被称作"田心围"，表达得很是形象。因围内有堂，聚族而居，围堂屋往往占地很是，大型如龙南安西新围，占地面积竟达7800余平方米。形体庞大而又要保持形态的规整，是围堂屋尤其安远东生围这类大型围屋选址于盆地的重要原因之一。

围堂屋是赣南分布最广、数量最多的围合式客家民居类型。围堂屋广泛分布于龙南、全南、定南、安远、寻乌等五县市及信丰南部，尤以龙南分布最为密集，基本与围合式客家民居在赣南的分布格局一致。2011年第三次全国文物普查资料显示，赣南现存围屋372座，其中龙南尚存219座。而1998年，万幼楠先生在其论文中报道的围屋总数尚在600座以上[74]，可见围屋的消失在近20年来甚为快速。在围合式客家民居当中，围堂屋的数量要占绝对多数。有学者做过统计，在赣南南部村落样本中，回字式、田字式围屋（即围堂屋）分布村落占82%，口字式围屋（即围院屋）分布村落占比18%[75]，一定程度上可以反映围堂屋的数量占比情况。

赣南现存的围堂屋，根据直观平面形态可分为方形围堂屋、围垅屋式围屋和异形围堂屋等三类。赣南历史上曾有类似闽西土楼的圆形围屋，如万幼楠先生记载的定南龙塘镇长富村圆围，但均已损毁，圆形围屋在赣南已几无踪迹可寻。根据堂屋与围房的组合关系，围堂屋还可分为独立型、半独立型两类。

1. 方形围堂屋

方形围堂屋在赣南最为常见，一般呈"国"字形、"田"字形，学界常称"国"字围、"田"字围。按照空间组合特征，方形围堂屋大体上可分为围祠堂型、围堂屋型、堂横型三种形式，前两者属独立型围堂屋，围房与其围合的核心体无连接或连系并不紧密，后者属半独立型围堂屋，围房与核心体紧密连接，或者核心体堂屋本就是围房的一部分。

第一种围祠堂型围屋，即围房所围核心体仅为公共祠堂而并无居室的形式。这类围屋一般较小，如龙南杨村镇杨村村新围（图3-2-48）。新围内环方整而外围稍异，大体为方围。围房二层，内围一栋单层祠堂，单堂三个柱间，供这小型围屋所居族人公用。龙南里仁镇新里村沙坝围原也是一栋围祠堂型围屋（图3-2-49），据蔡晴等学者考证，内围祠堂"三间单进，面阔约11米，进深约7米"[76]。该祠堂于近代损毁，仅留方正基址清晰可见，于静谧中等待重建。

图 3-2-48 龙南杨村镇杨村村新围

沙坝围鸟瞰

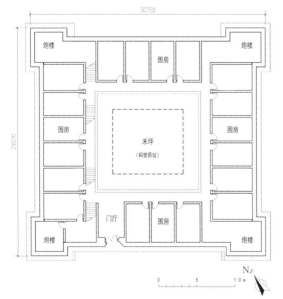

沙坝围平面（丁磊绘）

图 3-2-49 龙南里仁镇新里村沙坝围

第二种围堂屋型围屋，即围房所围核心体为居祀组合之行列式堂屋的类型。这类围屋在围堂屋当中最为多见，根据围房所围合的行列式堂屋的类型，又有分围堂排屋型、围堂厢屋型和围堂横屋型三种。

围堂排屋的围屋数量稍少，但规模多数较大。如信丰铁石口镇芜甫村大坝高围屋（图 3-2-50），围房两层，正面设有两个炮楼，围内堂排屋共计五排，每排都有近 20 开间，整个围屋可容纳数百族人居住。全南大吉山镇大岳村江东围是一个两围相套的套围（图 3-2-51），核心体为三堂堂排屋，围房损毁较为严重，内围房尚存三面，外围房仅存不到半数，从航拍鸟瞰角度看，基址遗存与现存屋体呈现方正完整的围屋形态，向人们诉说它们曾经的宏伟辉煌。

围堂厢屋的围屋数量较多，形态也最为多样。较小的如定南历市镇车步村虎形围（图 3-2-52），围有面阔三间的一栋两堂堂厢屋。稍大如龙南里仁镇新里村渔仔潭（图 3-2-53），围有一栋两堂堂厢屋，面阔稍大为五间，围房三层墙体严实，四角炮台（也称"四点金"）危楼耸立，尽显壁垒森严之势。较大的如定南老城镇老城村圳上围屋（图 3-2-54），内围三井宫格堂厢屋，炮楼四方拱卫，屋顶三角披檐、围房夯土筑墙（或土砖砌墙）是定南围屋的普遍特色。龙南关西镇关西新围是赣南围屋中主体围合面积最大的围屋（图 3-2-55），其规模当地称"三进四围五栋九井十八厅一百九十九间"，有的虽非确数，却可说明其规模之大。关西新围代表了赣南围屋建造工艺的最高水平，其堂屋雕梁画栋，"门窗所用棂格变化颇多，有水纹，一码三箭，以及拐纹棂和雕花棂的不同组合"[77]，连祠堂地面都用

图 3-2-50　信丰铁石口镇芜甫村大坝高围屋

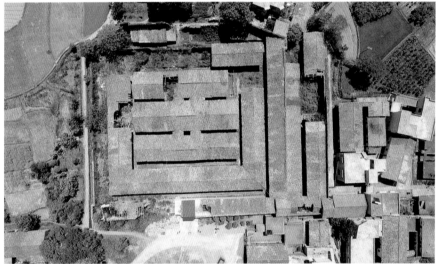

图 3-2-51　全南大吉山镇大岳村江东围

图 3-2-52　定南历市镇车步村虎形围

图 3-2-53　龙南里仁镇新里村渔仔潭

图 3-2-54　定南老城镇老城村圳上围屋

图 3-2-55　龙南关西镇关西新围平面

关西新围鸟瞰（万幼楠摄）

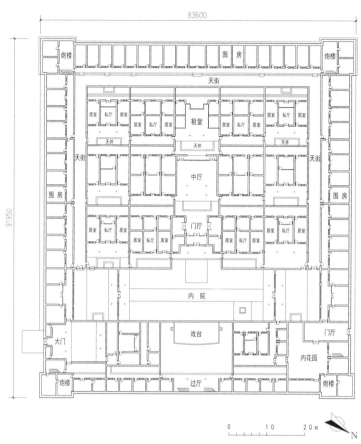

关西新围平面（丁磊绘）

关西新围远景（万幼楠摄）

图 3-2-55 龙南关西镇关西新围平面（续）

上水磨方砖，另外，围房下部墙体采用三合土所筑，据称土中还添加了漏水糖、糯米汁，使围房硬度得到强化，历久弥坚。关西新围更是赣南居住舒适性最好的围屋之一，围内空间松紧有度，设施配套丰富多元，祠堂、居室等基本用房自不必说，围内还配有内花园、戏台、马厩甚至轿夫房，彰显出当时徐氏族人的财力和品位。

围堂横屋的围屋数量也不少，规模往往也较大。最具代表性的是安远镇岗乡老围村东生围（图 3-2-56），围内堂横屋为三堂四横一枕。东生围围房主体围合面积较之关西新围稍小，但如加上主体前院围房围合的附属设施部分，其占地达 10700 余平方米，就远超关西新围的 7800 余平方米了。东生围围房也较高大，为三层，围内外横屋及枕屋二层，堂屋递减为单

东生围鸟瞰

东生围俯视

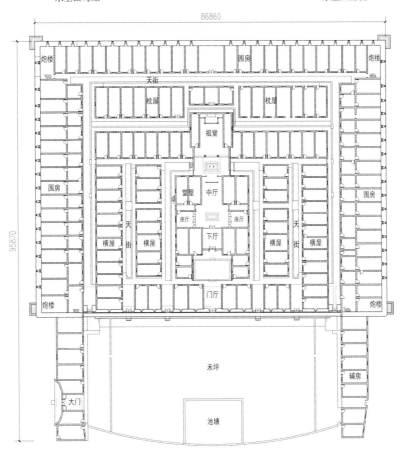
东生围平面（丁磊绘）

图 3-2-56　安远镇岗乡老围村东生围

层带阁楼，呈现丰富的立体层次和强烈的拱卫之势。安远镇东生围周边有慰庭围（图3-2-57）、磐安围（图3-2-58）与之互为犄角，都是典型的围堂横屋型围屋。

　　第三种是堂横型围屋，为类似堂横屋但四面围合的围堂屋形式。在赣南，堂横型围屋数量也不少，是行列式客家民居向围合式客家民居过渡的类型之一。龙南杨村镇车田村德馨第是一栋小型围屋（图3-2-59），设有三堂。围屋门厅下堂屋兼作前围房，祖厅上堂屋兼作后围房，堂屋侧边两横与前后围房连接，对称设炮楼，形成一栋四面拱卫的围堂屋。定南历市镇修建村明远第围规模较大（图3-2-60），其祖厅上堂屋兼作后围房，堂屋与横屋围房联系紧密，类似三堂四横堂横屋。该围设有六个炮楼，前四后二，极

其注重防卫。围屋规制方整，保存得相当好，是定南围屋的精品。定南历市镇太公村新屋塅八角围跟明远第围极其类似，但更为对称地设置了八个炮楼（图3-2-61）。

　　2. 围垅屋式围屋

　　围垅屋式围屋即赣南方围与广东围垅屋相结合的形式。主要有两个突出的特点，一是四面围合，二是有化胎空间。因此，它既具备赣南方围四面围合的高设防特性，又吸收了广东围垅屋化胎、围垅的形制特征。在赣南，围垅屋式围屋大体上也有方圆合形及其变形两种。

　　方圆合形的围垅屋式围屋跟广东典型围垅屋相似，区别在于屋前增设了最后一道闭环——前围房。寻乌南桥镇圩镇某围垅屋是一幢单围围屋（图3-2-62），

图 3-2-57　安远镇岗乡老围村慰庭围

图 3-2-58　安远镇岗乡老围村磐安围

图 3-2-59　龙南杨村镇车田村
德馨第

图 3-2-60　定南历市镇修建村
明远第围

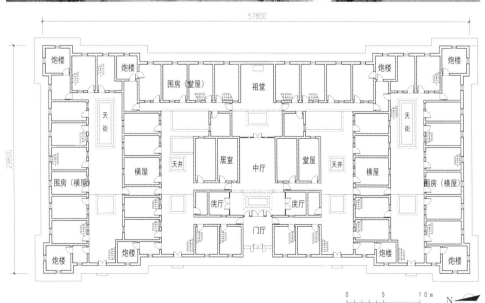

图 3-2-61　定南历市镇太公村
新屋塅八角围（丁磊绘）

图 3-2-62　寻乌南桥镇圩镇某围垅屋

前围房、侧围房和规整的半圆弧形后围垅四面围合。围屋中间围有两堂两横堂横屋，堂屋与后围房之间设有月形化胎，胎形与广东典型围垅屋几无二致。

　　赣南围垅屋式围屋的形态大多数会偏离典型形制，出现变形。如龙南武当镇大坝村田心围（图 3-2-63），大体上为方圆合形，但其左侧外沿已出现变形，末端建造了一幢口形围屋锁头封边。田心围内围三堂堂厢屋，外围围房大体三圈，是赣南占地面积最大、现存年代最早的围垅屋式围屋，现已出现较大面积的残损。

　　有的围垅屋式围屋整体出现形变，如龙南杨村镇乌石村乌石围（又名磐石围）（图 3-2-64）。乌石围侧围房由直线形变化为弧形，后围垅由半圆形变化为直径较大的圆弧形，活脱一个方围与围垅屋的形态折中体。当然，化胎空间也在这种变形的围合中变得窄细狭长。乌石围加强了防御，围房除四面围合，层数还由单层增加到二层，并依围房建造了四处炮楼，高度设防是乌石围的一个显著特色，可视为围垅屋适应赣南防御形势作出的在地化改造。

3. 异形围堂屋

　　受用地条件、地形地势的限制，或受风水观念影响，或后人无序加建，围屋无法保持方正、对称的形态，出现异形围堂屋，这在赣南也较为常见。

　　有的围堂屋表现为不方正。如龙南杨村镇杨村村楼下组敬安堂（图 3-2-65），建造的时代较旁边细围更晚，受用地条件限制，朝向细围一侧围房不得不偏移，围屋整体便呈现不方正的形态，这也影响到围

大坝田心围鸟瞰

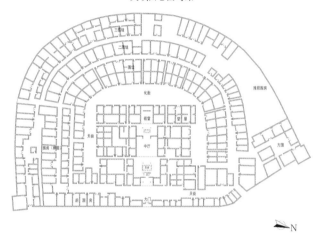

大坝田心围平面（丁磊绘）

图 3-2-63　龙南武当镇大坝村田心围

图 3-2-64　龙南杨村镇乌石村乌石围

内的堂屋，使得堂屋也建造为不方正的布局。

　　有的表现为缺角或不对称。如寻乌南桥镇南龙村某围（图 3-2-66），围房原是闭合的一圈，后因破损于正面缺少一角，但从堂屋和现存的围房也可判断出，即便完整的状态，该围屋也是不对称的。龙南武当镇岗上村有很多这样的情况，如珠院围和锦绣堂这一组围屋（图 3-2-67）。类似围垅屋的珠院围原本大体对称，后人于前端左侧加建数间前伸，便破坏了这

图 3-2-65　龙南杨村镇杨村村楼下组敬安堂　　图 3-2-66　寻乌南桥镇南龙村某围

图 3-2-67　龙南武当镇岗上村珠院围和锦绣堂

唐屋村恒豫围鸟瞰（丁磊摄）

图 3-2-68　安远三百山镇唐屋村恒豫围

种平衡。珠院围旁边的锦绣堂建造得相对更晚，其嵌入珠院围的部分缺少一角，据村民证实是受风水的影响——在赣南，民居往往将其与山水的空间关系摆在第一位，其与周边建筑的关系倒为其次，当空间关系上两者发生冲突时，后者一般让位于前者，这是赣南客家民居选址布局普遍存在的一个特点。因此，赣南客家民居建筑之间，有时会难以取得较好的空间关系，甚至产生较大冲突，珠院围和锦绣堂就是典型例子。

有的围屋呈现出更为复杂的形态，如安远三百山镇唐屋村恒豫围（图 3-2-68）。恒豫围分为内围和外围两个部分，内围是一幢方正的围堂屋，围墙厚实，让人有固若金汤之感。外围是内围的拓展，由后人历代加建，越往外扩张，形态就越显变形，大体上虽向心拱卫、四面围合，但已显现出一定程度的放任无序。

（三）围院屋

"门""堂"隐于围房，围房四面围合而内部成院的围合式民居类型，笔者称"围院屋"。因其四面相合、内围一庭，有学者称之为"四合中庭型"[78]。围院屋的特点是围房围合的空间没有布局核心功能，围中一般是一个庭院或者禾坪，有时会在院里设厨房、禽栏、畜圈等独立的附属功能房间。围院屋朝庭院一侧往往每层设一圈四合贯通的走廊，称为"走马廊"。围院屋普遍较围堂屋为小，如龙里仁镇新友村"猫柜"围，面阔仅五间，围房边长约15米。但围院屋围房层数普遍较围堂屋为多，一般三层，常至四五层，因此赣南最小的围屋和最高的围屋，均属围院屋。

围院屋是"赣南方围"除方形围堂屋外的另一种常见类型。因规模小，地形适应能力强，围院屋往往能够保

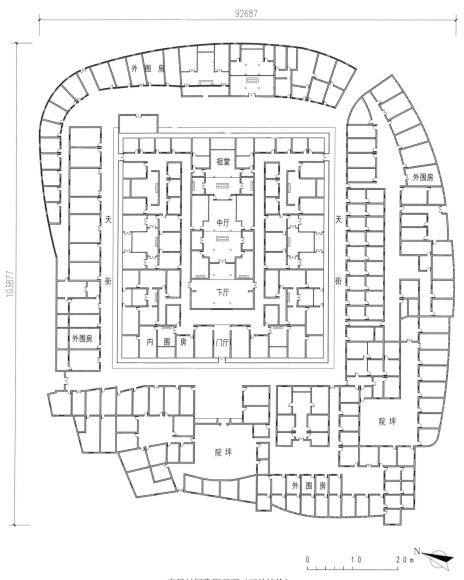

唐屋村恒豫围平面（万幼楠绘）

图 3-2-68　安远三百山镇唐屋村恒豫围（续）

持相对完整的形态，所以赣南围院屋大多方正，极少变形。在赣南，最常见的围院屋是口字围，当人口规模增加，客家人在口字围外套一个更大的口字围，便衍化为回字围。

围院屋有的以家庭为单位，有的以家族为单位，因此大类上分属独居类和聚居类。围院屋主要分布于全南、龙南、定南、安远等地，寻乌也有零星分布。

围院屋主要有围内空坪和围院内设附属房间两种情况。

围内为空坪或庭院的围院屋，如全南龙源坝镇雅溪村雅溪土围（图 3-2-69）、石围（图 3-2-70）。

雅溪土围高三层，二层、三层设走马廊连通，庭院地坪采用块石铺就，其四周设沟与阶檐分界。土围围墙虽以土坯砖砌筑为主，但底部墙基仍采用了三合土与鹅卵石混筑，提高其强度以利防御。雅溪土围屋顶向外飘檐近 3 米，在以叠涩出檐为主的赣南围屋当中较为少见，倒跟福建土楼的大挑檐做法更为接近。最为独特的是土围四角顶部檐下设置的转角炮台，一角两扇，专司防守死角，这种做法全南较为多见，是全南围屋的一个特色。雅溪石围占地规模更小，但层数为四层，较土围更高。石围顶层围房由青砖砌筑，下部三层采用三合土和鹅卵石混筑。转角炮台对角设有

雅溪土围鸟瞰　　　　　　　　雅溪土围内景　　　　　　　雅溪土围屋檐及转角炮台

图 3-2-69　全南龙源坝镇雅溪村雅溪土围

雅溪石围鸟瞰　　　　　　　雅溪石围外墙体　　　　　　　雅溪土围屋檐及转角炮台

图 3-2-70　全南龙源坝镇雅溪村雅溪石围

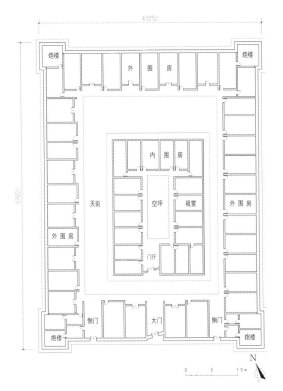

图 3-2-71　龙南东江乡三友村上半坑象形围（万幼楠绘）

两处，屋顶外沿采用叠涩出檐。口字围加一圈外围便形成回字套围，如龙南东江乡三友村上半坑象形围（图 3-2-71）。象形围内院仍为空坪，外围围合一圈，形成阶檐和外院，两环相套，院内方向感较弱，犹如一座小型迷宫。

围院内设附属功能房间的围院屋，如龙南杨村镇杨村村燕翼围（图 3-2-72）。燕翼围也称"高水围""高守围"，高四层，墙坚壁厚，被誉为"赣南最雄伟、最坚固的围屋之一"[79]。围院内有两列矮平房，多为厨房或禽畜圈舍，围房底层设祖厅、膳厅，与院内附属平房、内庭共同构成族人公共活动的区域。

杨村燕翼围鸟瞰

杨村燕翼围内景

图 3-2-72　龙南杨村镇杨村村燕翼围

第三节　赣南客家民居空间构成

一、空间类型及其构成

类型，是人们认知事物与现象的"上帝视角"，研究者通常基于大量的资料与辛苦的归纳，才能建立起这种宏观的认知。下面，我们探讨民居的空间构成，基于直观与感性，从"人类视角"去逐个感知空间的片段。施马索夫认为，空间通过身体在一个体量中的想象延伸来感知，那么这种片段的叠加和体量的延伸，便构成了人们感知的空间的整体。因此，我们通常首先进行的工作便是建筑空间的解析，或者说分解、解构。

空间是当代建筑学最为常见的语汇之一。按《中国土木建筑百科辞典》定义："建筑空间是人们为了满足人们生产或生活的需要，运用各种建筑主要要素与形式所构成的内部空间与外部空间的统称。它包括墙、地面、屋顶、门窗等围成建筑的内部空间，以及建筑物与周围环境中的树木、山峦、水面、街道、广场等形成建筑的外部空间。"[80] 基于定义中界定的位置与范围概念，建筑空间可分为内部空间和外部空间等两个大的类型。按边界形态，空间还可分为封闭空间、半封闭空间、半开敞空间和开敞空间等四类，赣南客家民居中，封闭空间有居室，半封闭空间有厅堂，半开敞空间有走马廊，开敞空间有禾坪。按使用性质，空间可分为公共空间、半公共空间、半私密空间和私密空间等四类，使用性质是一个相对的概念，禾坪或属公共空间，但围了围墙的禾坪却又可归为半公共空间了，厅堂对外人来说属半公共空间，对族人来说却是公共空间了。按结构特征，空间可分为单一空间和

复合空间两类，如居室等纯居住功能空间属单一空间，而厅堂兼顾议事、会客、起居甚至学堂等功能而属复合空间。按空间态势，建筑空间又可分为动态空间和静态空间两类，赣南客家民居空间基本属静态空间，动态空间例如弗兰克·盖里的毕尔巴鄂古根海姆博物馆空间。建筑空间的分解或分类方式中，有些界线不清分解不易，如按边界形态、使用性质进行的分类；有些过于笼统不便细化，如依据结构特征的分类；有些过于依赖学术和感性的判断，如按空间态势的分类。

客家民居空间的外在尤其广阔。决定客家民居整体朝向的环境因素，比如民居面向的风水空间远山"屏护"，常常在数里之外，决定民居选址和朝向的河流、小溪（风水称之为"水抱"）等自然因素，也往往距离民居数十米甚至数百米。这些外在空间上的特征其他一些汉族民居也有，但其普遍性和注重的程度，远不及客家民居，这应该和客家人普遍遵循的风水文化共识有着密切的关系。

同时，客家民居空间的内在又尤其丰富。客家民居尤其聚居类民居，一幢民居往往就是一个村落，一个小型社会，其功能的复杂程度，往往不是作为家庭居所的中国大部分民居所能比拟。为了满足这个"社会"的各种需求，客家大屋不仅有厅堂这类会客议事空间、居室这类居住空间、厨房茅房这类起居空间，还有祖堂这类祭祀空间、庑厅腋廊这类过渡空间、杂屋土库等储藏空间、禽舍畜栏等养殖空间、水井这类供给空间、天井化胎这类围合空间……凡此种种，蔚为大观。

结合客家民居空间的这两个特征，基于范围的识

别性和位置的明确性，根据建筑空间的定义分类，我们将赣南客家民居空间总体上分为外在空间和内在空间两个大的层面，外在即民居所处的环境空间，内在即民居呈现的本体空间。赣南客家民居外在空间又包括外感空间和外延空间两个层次，体现出其广阔性；内在空间包括主要空间、辅助空间和中介空间等三个方面，体现出其丰富性。

二、赣南客家民居的外在空间

外感空间是客家民居建筑周围的特定自然环境空间，如确定客家民居选址的后龙山；外延空间是客家民居建筑周边近处的特定人造环境空间，如屋前的半月池、禾坪。作为赣南客家民居外在空间的两个层次，外感空间和外延空间一个离建筑相对远，一个相对近，一个为自然环境，一个多为人工环境。

（一）外感空间

与建筑有一定距离，因某些无形的规则将之与建筑联系在一起，从而决定建筑选址、朝向的外在空间，我们称之为外感空间。客家人自古笃信风水，经过长年浸染，风水文化早已根植到每个客家人的内心，形成一种强烈稳固的文化共识。在客家社会，客家人每身处一个客家民居环境，往往一经对照，便能或模糊或明确地感知到建筑与自然的互动及其背后的隐形规则。因此，外感空间是与建筑并无直接连接但可以为人所感知的空间，也可以具体地理解为，外感空间是与建筑存在某种空间关系的特定自然环境，包括建筑周围特定的山、水等空间要素（图 3-3-1）。

风水理论其实就是客家人建立建筑与环境两者空间关系的主要规则。潘安认为，"风水理论实质上是一种环境分析理论，是运用经典哲学、美学观点去观察、批评环境的一种学术理论"[81]。客家人的风水观念运用于房屋选址营造，界定的空间要素主要有"龙""砂""水""屏""穴"等五个，其中"穴"为宅地及建筑本体，其他四个要素"龙""砂""水""屏"等才属建筑外在的"外感空间"。关于这些空间要素，潘安先生在《客家民系与客家聚居建筑》一书中有着精彩的描述。

所谓"龙"是指生气流动着的山脉，其中隐喻着"靠山"的含义。以起伏绵延、逶迤曲折的山势为背景，无论从自然景观还是从生态环境来看，都是最佳的建筑选址。建筑背山，既可少占或不占农田，又符合前面视野开阔、背后有所依托的构图法则。所谓"砂"是指大山脉之下，建筑选址背后及两侧重叠环抱的山势，"砂"与"龙"的关系隐喻着一种"秩序"关系，而且"砂"与"龙"配合在空间上起着围合和界定环境的作用，使建筑与自然环境的空间构图更加完美。所谓"水"是指建筑选址前面的水面，无论池塘、水溪还是河流，都特别强调水势"聚"的意境。水是生命之源，聚水于宅前，隐喻着祈求家族团聚的含义。客家人在无水可聚的条件下，必在宅前开凿池塘，池塘形状多为半圆形环抱宅院，可见水的意义……所谓"屏"是指建筑朝向的景观以远山为屏，既可完善自然空间的响应关系，又可增加建筑景观的层次，起着护卫建筑的作用[82]。

图 3-3-1　赣南客家民居的外感空间：赣县南塘镇清溪村

"穴"为宅地,在这个宅地上所建造的房舍,最理想的状态是宅座背靠于后"龙"之山,前朝于远山之"屏",近"水"之抱,两侧还需后"龙"延绵之"砂"环护于左右(图3-3-2)。建筑之选址,宅座之朝向,便决定于这大自然中的山形水势之间。

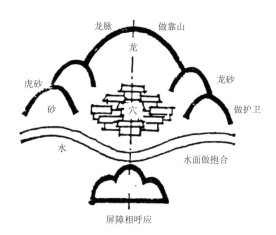

图3-3-2 风水理论民居选址图解
(引自潘安《客家民系与客家聚居建筑》163,略有修改)

当然,宅地的选址还有其他的一些影响因素,其中相当重要的一个是宅田距离。传统农耕社会交通不便,宅地往往受限于其与农田的距离,选址便难以完全符合风水的要求。这时候客家人常常会做一些变通,如宅后无山,便种高大树木形成"风水林",作为倚靠;宅前无自然水溪逶迤而过,就于宅近前掘土蓄塘,替为"水"抱。这些措施,限于条件与范围,一般只能于宅前后近处实施,空间就由"外感"过渡为"外延"了,容后文赘述。但是,即便可以采取一些变通的措施,客家人的宅舍依然会尽可能地保持与周边自然环境的对话,以期选址、朝向尽可能符合风水理念的要求。

赣南客家民居依靠风水这个无形规则,通过外感空间这个有形物质与自然环境产生关系,最终在自然环境中取得定位,实现客家人"天人合一、自然共生"的精神追求。因此,谈到赣南客家民居,便不能脱离外感空间。外感空间之外,再没有影响赣南客家民居的空间因素,也便因此,外感空间成为赣南客家民居最外层次的外在空间。

(二)外延空间

赣南客家民居的外延空间包括屋前的水塘、禾坪及屋后的树林等空间要素,因明显的人工痕迹及其与建筑紧密的序列关系,成为民居空间不可或缺的部分。

1. 半月池

古时客家人建房,如有条件,往往在屋前掘土围塘,尤其聚居类的客家大屋。笔者作田野调查时常见没有池塘的情况,走访下来,当地人均称以前确有,只是近代为他人所填而已。客家大屋前的池塘一般呈半圆形,形如半月,有地方称"半月塘""半月池"或"风水塘"。半月池不直接紧挨建筑,两者之间的空间一般是禾坪或院子。半月池一般位于民居中轴线前端,半月池、禾坪与民居门厅、祖堂等内部公共空间形成明显的空间递进关系。半月池直面紧挨禾坪或院子的院墙,弧面朝外,在民居之前呈环抱拱卫之势,池塘与建筑整体上就形成了一种良好的构图关系,便如潘安先生所说,"就设计理念上讲,建筑前面设置水面是一种构图手段"[83],在空中俯瞰,让人不由得感叹赣南客家民居规模之壮观、形制之严谨(图3-3-3)。

半月池有洗涤、养鱼、蓄水、灌溉、调节微气候等实用功能,建筑火灾时还可作消防灭火应急之用,犹如当代的人防地下停车库一般称得上"平战结合"了,再加上挖掘池塘的土方还可用于做砖或填筑风水后山,半月池可谓尽得所用。但客家民居前设置池塘,肯定不仅仅为了这些实用功能,如吴庆洲先生所言,"水来处谓之'天门'……故门前必须有好水,方能财源茂盛;宅前无水,即需开挖水塘,以示吉利"[84],这便是客家建屋风水方面的要求了,体现了客家人求财求平安的心理诉求。另有"江河近绕处不能挖塘"的说法,可见池塘是"宅前无水"的破解替代之法,古语有云,"门前若有玉带水,高官必定容易起,出人代代读书声,荣显富贵耀门间"[85],屋前近处有玉带好水便无须人为修池塘,这点应无争议。但客家人将半月池人为地围筑成半圆形,几无例外,却无法从池塘的实际功用上得到解释,"显然更重要的是表达了一种象征性的含义"[86](图3-3-4)。

关于客家大屋前池塘为何均呈半圆半月状,学界及民间有两种观点。一种观点认为源自"学宫泮池"形态。如余英先生认为,"这含义就是客家人'耕读传家'的理想,这个半圆形池塘的原型就是学宫大门前的半圆形水池——泮池。在科举时代,中举也称入泮或进泮。在客家家谱中,也有大量子弟入泮的记载,所有耕读并举、崇文重教的客家人在屋前设一个辟雍式半圆形水池,以企盼子弟读书出仕,客家人在半圆水池边上竖旗杆石或称石笔以表彰家族成员获取

图 3-3-3　定南历市镇修建村明远第围半月池

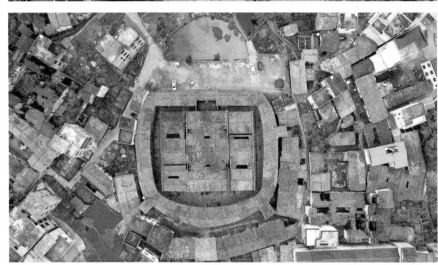

图 3-3-4　龙南杨村镇乌石村乌石围半月池

功名，也是这种思想的表达"[87]。客家大族多办家学，而学堂多数不另外新建，一般设于客家大屋的前堂，与学宫相伴的泮池，便内化为客家大屋外的半月池，成为民居空间的一部分[88]。

另外一种观点认为半月池形态源自风水的要求，持此观点的学者有吴庆洲、潘安、万幼楠等。根据走访调查，赣南当地有客家人认为，半月池在风水上有对内止气、对外挡煞的作用，半月池直面横亘于建筑大门之前，可止房屋之"气"（诸如财气、人气）外泄，与南方民居中天井"四水归堂""肥水不流外人田"的精神功用异曲同工；而半月池以弧面朝外，可挡煞、分煞，化解屋前外在因素对建筑的不利影响。明代王君荣撰《阳宅十书》有言："凡宅，门前不许开新塘，主绝无子，谓之血盆照镜。门稍远可开半月塘。"[89]或可为客家大屋前设半圆形池塘的古籍依据之一。针对屋前风水池塘的外形要求，风水理论有诸多要求，如："水塘不能上小下大如漏斗状，不能小塘连串如

锁链状，宅前尤不能开方形塘……池塘离住宅要有3至5米以上。"[90]如"门前三塘及二塘，必啼孤子寡母娘""此屋门前两口塘，为人哭泣此明堂"[91]，等等。客家人于单幢大屋前设置单口半月池，均严格遵循了这些风水方面的原则，从一个侧面反映出客家人对风水理论笃信程度之深。关于半月池形态的渊源，两种观点并存，目前风水说的考据似乎更为充分一些。

从笔者现在掌握的资料来看，中国还未有一个民系或民族的传统民居屋前普遍设置半月池，因此，半月池事实上已成为包括赣南客家民居在内的客家民居的一个标签，一种象征。就客家人聚集的闽粤赣三地来看，广东客家地区因地势多平坦之处，半月池的设置最为普遍，广东围垅屋几乎都有半月池相抱。赣南客地半月池设置稍少，但也相当普遍，赣南为数不多的围垅屋，也都设置半月池，有学者认为，缺少了半月池，围垅屋就无法构成一个完整的圆形，也便无法真正体现"天圆地方"的"宇宙图式"[92]，半月池于

围垅屋便成"标配"了。当然，不止围垅屋，赣南流行较广的堂厢屋、堂横屋等行列式民居，以及方形围合式民居，均常见半月池的配置，只是不及围垅屋属于"标配"。福建客家地区半月池相对最少，据访原因至少有二，一是山地较多，地势不平阔，限制了半月池的设置；二是福建客家民居中圆形土楼数量较多，民间认为圆形土楼本身有避煞功能，便不设半月池。

2. 禾坪

禾坪的设置，要比半月池普遍得多（图3-3-5）。赣南客家民居小至四扇三间等单列式民居，大到九井十八厅等行列式大屋及围垅屋、围堂屋等围合式大屋，几乎没有不设禾坪的。这跟江南其他民居有较大不同，比如江浙地区，自古织造等手工业发达，为商业兴盛之地，多有重商轻农的传统，虽为鱼米之乡，经济上却并不完全依赖耕种，反映在民居尤其江南水乡民居上，或背贴水而面街巷，或后宅前店面街，屋前却少有专设禾坪。再如徽州地区，因田少农耕生产难以发家，古时多崇尚入仕或是外出经商，禾坪在徽州民居亦非每宅必备。赣南因处中原边缘，没有繁荣商业的地理区位条件，同时自古蛮荒，接受教化较晚，虽自明清以来，文风渐盛，但文化底蕴及昌盛程度远不如江浙、徽州等地，相比近邻庐陵（今吉安）更是难望其项背，再加上诸如迁徙、动乱等其他因素，因此，赣南传统上一直就是自给自足型的小农经济。赣南主要的粮食作物一直为水稻，宋代至明代，经济作物以蓝靛为主，清代，烟草、花生等经济作物引入赣南[93]，而水稻、花生、烟草均需开敞地面晾晒，便于居家照看、随时翻晒的屋前禾坪便成为最佳场所。蓝靛收益

较丰，但制作颇费场地，客家人也常利用禾坪作为制作蓝靛劳作之处。因此，晾晒是赣南客家民居屋前禾坪的主要功用。

除晾晒外，禾坪一般还有三个功能。一个是用于举办民俗活动，客家人逢年过节常有舞灯等民俗，禾坪往往作舞灯之所，人们于禾坪四周围而观之。另外，客家人婚嫁丧葬摆席甚多，厅堂容纳不下，余席多移至禾坪摆放。第二个功能是敬神祭祖，客家人常于正对门的禾坪末端设香炉，年节时往往全族人（主要是男丁）聚于禾坪，背宅朝外，奉茶设点，插香点烛，祭拜祖先和神明，禾坪俨然成为家族或家庭除祖堂外另一个祭祀的重要所在。第三个功能是充当"缓冲地带"和"预留用地"。前文有提及，半月池有不能紧贴民居建筑的风水要求，禾坪便成了两者之间的缓冲地带。另外，万幼楠先生认为禾坪还兼具预留用地的作用，成为赣南客家民居扩建朝前发展的"势力范围"[94]。

就其形态来说，禾坪一般呈长方形。禾坪长边多以赣南客家民居正面面阔为长，当屋前有半月池时，短边一般不宜过大，主要是基于风水"观水理气"的考量，半月池距民居建筑过远，有"泄气"之弊；当屋前无半月池时，限制便少些，也有禾坪较为阔大的情况，但禾坪纵深再大也不会超过民居正面的面宽。按是否设围墙，赣南客家民居屋前的禾坪分为开敞禾坪和封闭禾坪，前者稍多，后者稍少。封闭禾坪演化为民居前院，功能不变，平面构成也似无变化，但封闭的围墙却在一定程度上割裂了禾坪与半月池的空间联系。

3. 风水林

赣南客家民居的外延空间还包括屋后的树林，本书特指客家人基于为其居所营造风水的目的而人工栽种的一片树林（图3-3-6）。赣南客家民居多依山而建，但也有建于山间盆地、江边平原等开阔平坦地带的情况，这个时候建筑后侧无近山可靠，客家人便种植高大树木，于屋后充作"后龙山"。客家人常称人工植造的这类树林为"风水林"，作为建筑之倚靠，完善民居风水格局中"龙"的这块版图。事实上，风水林涵盖的范围要更大些，关传友在《风水景观：风水林的文化解读》一书中将中国风水林分为村落宅基风水林、坟园墓地风水林、寺院风水林、来龙风水林等四种基本类型[95]，杨期和等将客家村落风水林分为水

图3-3-5　安远镇岗乡老围村东生围禾坪

图 3-3-6 安远镇岗乡老围村磐安围风水林

口林、山脚林、垫脚林、宅基林等四类[96]，赣南客家民居屋后风水林便属宅基林一类。

赣南客家民居风水林有着较鲜明的特点。从规模来看，赣南客家民居屋后风水林小至数十平方米，大至数千平方米，一般根据民居体量来确定，要求风水林至少能够覆盖建筑后部面阔，并宜延展至建筑两侧，形成人工营造的"砂环"态势。风水林纵深一般受限，需人工造林的民居多处平地，生存首要，周边用地多用于开垦农田，所以风水林于民居屋后中轴方向延伸不会太大。从立体形态上来看，风水林为赣南客家民居公共空间中轴线的延伸，是民居空间层次的收尾部分，高度上基本中高侧低，尽可能符合风水观念对"龙真"的形态要求。风水林对种树也有诸多讲究，如要求林相要好，一般以树干高大、枝繁叶茂、浓荫蔽日为好；要求树的生命力强，能耐干旱，适应贫瘠土壤条件，能够存活百年甚至数百年；要求树种适合本地气候条件，在赣南的风水林大多选择樟树、榕树、乌桕、杉木、五月茶、桉树、桂树、竹等。

三、赣南客家民居的内在空间

赣南客家民居的内在空间包括主要空间、辅助空间和中介空间。主要空间包括厅堂、居室两种，为构成赣南客家民居的基本空间要素，是客家民居建筑本体不可缺少的部分。辅助空间如厨房、茅房、水井等都是客家人日常生活的必备空间，既可为客家民居建筑本体的一部分，也常独立设于客家民居建筑本体之外。中介空间如连廊、楼梯、天井、天街、化胎等，一般依附于主要空间或由主要空间围合而成，它起着

相当重要的作用，但众多的中介空间并不为每栋客家民居所必备，不同的客家民居类型有差别地配备了不同的中介空间，如化胎，一般只出现在围垅屋当中。

（一）主要空间

1. 厅堂

厅堂是赣南客家民居的公共活动空间，赣南客家民间称"厅""厅厦"。

狭义的厅堂指的是位于客家民居中轴线，以祖堂为主体的公共部分，是赣南客家民居地位尊崇的核心空间，有着礼制建筑的特征。三堂屋是客家人追求的完整而圆满的堂屋模式，以"两进三厅堂"特征示人（图 3-3-7）。三个厅堂分别为下堂、中堂和上堂，或称下厅、中厅和上厅，亦可统称为"正厅"。

下堂即门厅，位于三堂屋中轴前端，进宅舍大门即为门厅。因门厅在三堂中的位置和地位，其亦称下厅，因客人进门可暂歇并奉茶以待，有的地方也称茶厅。门厅通常陈设较少，装饰也较为简朴。门厅空间面阔一般与中堂或祖堂接近，小于中堂或祖堂的情况稍多，尺寸多数在 4.5 米至 5 米之间，为单开间（图 3-3-8）。客家人为壮其门面，门厅做成三开间的情况亦不少，如南康坪市乡谭邦村某民居（图 3-3-9）。门厅的进深一般较中堂和祖堂为浅，通常为 5~9 米，进深过 9 米的情况较少。门厅单开间的情况基本为横墙搁檩承重，三开间的情况一般中间设两列木柱，普遍采用中间梁架结构、两端横墙搁檩相结合的混合结构体系。

中堂位于三堂中轴中部，亦称中厅或大厅（图 3-3-10）。中厅是族人尤其族中长老议事、会客的主要场所，在中厅所议之事，多为族中大事，族中小事，寻得族中权威便可解决，尚无须聚首商议。中厅所待之客，亦多为重要的客人，属需由族长及长老出面接待的情况。其他族人之客，多于各属私厅或其他辅厅接洽。中厅还兼具其他职能，如用作族人学堂，中厅还兼宴请贵客之餐厅，红白喜事宴席主位常常也设在此处。作为客家人重要的议事、接待场所，中厅最适合对外展现家族的财力和实力，激发族人自豪感和内聚力，所以其室内装饰往往精致繁复，极尽所能。中厅的面阔一般与祖堂相当，较少窄于祖堂，大于祖堂的情况稍多，单开间中厅的面阔尺寸多在 5 米左右，因此中厅总体上阔大者居多，与其议事、接待、宴请的功能相匹配。三开间面阔的中厅亦不罕见，总体上

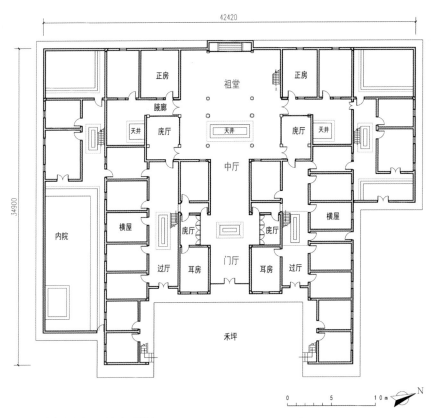

图 3-3-7　客家三堂屋：于都段屋乡寒信村肖氏民居（丁磊绘）

图 3-3-8　上犹营前镇营前圩某民居门厅

图 3-3-9　南康坪市乡谭邦村某民居门厅

较门厅设三开间的情况稍少（图 3-3-11）。中厅的进深一般较门厅稍深，较祖堂为浅，通常在 7~9 米之间，进深过 9 米的情况也不少。

上堂即祖堂，亦称上厅、宗厅，位于三堂屋中轴的尽端。中国传统宗法观以中为尊，视后为上，祖堂即居上尊之位。祖堂是客家人供奉祖宗、举行祭祀的空间场所，功能专一而少有其他职能干扰，营造了

一个庄重肃穆的空间氛围。在现实生活中，客家待客基本止于中厅，祖堂一般不对外，它是家族内部精神核心的承载容器。客家人祖堂的陈设基本相似（图 3-3-12），尽端设通高神龛，安放历代祖先牌位，神龛底部前端固定一长条形祭台，放置香案烛台，祭台前再摆设供桌，放置献祭的供品。祖堂的两侧靠墙常常各摆一长凳，名"稍凳"，起祭祀议事、仪式候

图 3-3-10　崇义上堡乡某民居中厅　　　　　　　图 3-3-11　石城琴江镇大畲村南庐屋中厅

序的作用。相较门厅、中厅，祖堂空间一般强调较大纵深，以烘托尽端祖先龛位，营造仪式感。因此，祖堂绝大部分都为单开间，面阔尺寸在 5 米左右，而进深基本都有 9~10 米，超过 10 米的情况也常见。上厅多开间的情况更多见于单独建造的祠堂建筑，事实上在祠堂当中，中厅、下厅三开间的情况亦很普遍

（图 3-3-13），祠堂往往要承担全族族人聚会的功能，空间阔大的要求相对客家民居大屋当中的厅堂要高。

在赣南地区，客家人对祖堂的空间尺度常会有一个特殊的要求，称为"过白"（图 3-3-14），即从祖先龛位低处朝外看，要能透过天井看到天空，哪怕只有一线天。这就要求祖堂的纵深、净高与前栋堂屋的

图 3-3-12　上犹安和乡某民居祖堂　　　　　　　图 3-3-13　石城屏山镇长溪村某堂祖堂

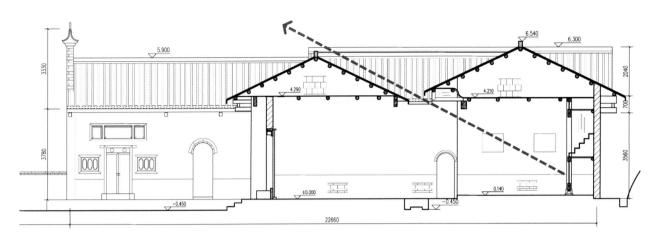

图 3-3-14　赣南客家祖堂"过白"：于都桥头乡桥头村某民居（丁磊绘）

屋脊高度三者之间达到一种平衡，而这个平衡由"祖先的视线"决定。祖堂要求有一定的纵深，却又不能深到祖先"看不到"天空，祖堂前檐口梁枋净高要在"视线"之上，而前栋堂屋屋脊要在"视线"之下，这一切，都为了祖先能够看到天空透过前堂屋脊、祖堂前檐投下来的那一线光、那一抹蓝。

在现实的生活中，赣南客家民居常常不能保持三堂的完满形式。在不同的情况下，三堂屋模式常发生不同的变化，表现为减少或增加厅堂的数量，用地条件、地形地势、居住规模等因素都能影响厅堂规模的发展。当居住人口不多或受用地限制时，客家人常常采用二堂形制，这个时候中厅取消，仅设下厅、上厅。二堂屋在赣南极为常见，从统计的大量样本来看，其数量甚至要比三堂屋还多，可一定程度上反映出赣南山地环境不利于建筑纵深的发展。当居住规模较大且用地条件允许时，三堂屋可发展为四堂屋。四堂的情况一般是将下堂分解为门厅和下厅，祖堂仍居于客家民居中轴尽端。赣南山区地形利于客家民居横向拓展，族居人口繁衍较众时，客家人往往选择在中轴两侧增加横屋，或者增加次要轴线的方式，以增加居住规模。再加上客家人以三堂为尊，四堂已无精神层面的需要，因此四堂屋在赣南较三堂屋要少得多。四扇三间、六扇五间等单堂屋为家庭居所，其厅堂只有一间，起居、祭祀只能在一起，单个厅堂便要兼具门厅、中厅和祖堂的所有职能了。

广义上的厅堂还包括客家民居其他位置设置的"厅"，一般已不称之为"堂"。这类厅地位并不如中轴诸厅显要，承担着各种公共补充职能，有庑厅、过厅、私厅、横屋厅、垅厅等。庑厅一般位于客家民居天井的左右两侧，民间亦称花厅、对厅或对照厅。庑厅因其位置特殊，常有不同的用处，有时作交通之用，庑厅用来串联横向的数个天井空间，也可作为居室与中轴厅堂的过厅；有的作接待之用，庑厅可用于客人的等候奉茶之处，亦可作为族人非正式招呼客人的偏厅；有的兼作长老办公议事之所，也有的庑厅用作祭室，供奉财神、福神或忠节义士。庑厅一般尺度较小，于天井两侧互为"对照"，与前后正厅构成十字形格局，谓之"四厅相向，中涵一庭"。过厅多位于宅舍各入口处，客家民居中间穿过型的过厅也常见，一般无甚陈设或陈设较简，为通过或暂停之所。私厅亦称小厅，多见于堂屋两侧的居室当中，如龙南关西新围供族中地位高的家庭使用的小厅。横屋厅即横屋居室当中设的小厅或辅厅，一般供横屋居住的族人公共活动之用，亦有为小家庭单独使用的情况，相较堂屋私厅地位要低。垅厅亦称龙厅、龙屋厅，仅见于围垅屋，位于围垅屋化胎之后围间的中间位置，为对应祖堂龙神之位而设。

2. 居室

居室是赣南客家民居的私密空间，赣南客家民间称一幢房子为"屋"，一间房子为"房""间"。整体上看，客家民居当中的居室因其位置大致可分为四种，即堂屋居室、横屋居室、枕屋居室、围房居室（图 3-3-15），笔者将与之对应的居住位置形态归纳为侧居、横居、枕居、环居，以示区别，方便解读（图 3-3-16）。笔者认为，赣南客家民居的居室在尺度和形态上虽然均质无差，但却最能在位置上反映赣南家族社会的宗

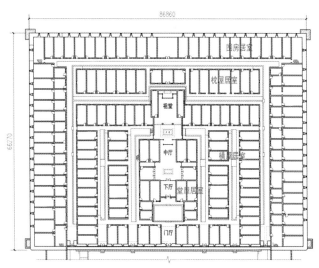

图 3-3-15　居室的种类：安远镇岗乡老围村东生围（丁磊绘）

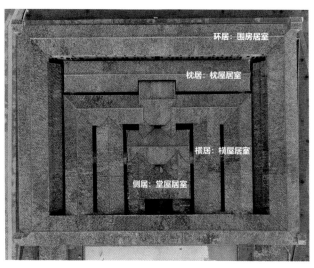

图 3-3-16　居室的位置：安远镇岗乡老围村东生围

法伦理等级观念。居室的开间尺寸一般在 3~4 米之间，以 3.3~3.6 米居多，清代箬冠道人所撰《八宅明境》有载，"卧房与外面客厅不同，厅前可以阔大，卧房之前阔大则气散"，可一定程度上反映出居室面阔不大的缘由。不同宅舍的居室进深差别较大，但一栋宅舍往往采用一个或两个固定的进深尺寸，使得客家宅舍的居室个体规模相近，尺度均质。但居室位置所体现的等级关系却差别显著，我们在调查中发现，总体上，侧居地位最高，横居其次，枕居、环居最末。

堂屋居室也称正房、正间，布局于堂屋厅堂同列两侧，与厅堂共同构成堂屋，为"侧居"居住形态。除了围院屋、杠屋和极少数堂屋纯粹为厅堂的行列式客家民居，绝大部分赣南客家民居都有正房这种侧居形态。正房有两种常见的平面形式，一种为单间，进深多在 5~8 米，进深过 8 米的也不少见；一种为前后间，中间设一隔墙，两间穿套和前后开门的情况均常见，进深一般为 7~10 米。在客家大屋中，正房通常为家族当中地位较高的家庭或族人的居所，空间地位要明显高于横居、环居等其他居室形态。正房自身也要分出等级，堂屋前排的正房地位要低于后排的，离厅堂中轴远的正房地位要低于近的。正房地位的高低，严格遵循着以中为尊、以后为上的宗法原则，简单地说，离祖堂越近，地位越高。即便在四扇三间、六扇五间这类家庭居所当中，也遵循着这种原则，长辈靠近厅堂居住，晚辈则远之。

横屋居室也称横屋间，布局于堂屋两侧，与堂屋垂直相向，为"横居"居住形态。横屋间主要见于堂横屋、杠屋、围枕屋，部分围堂屋尤其堂横型围堂屋也布局有横屋间。横屋间也分单间和前后间两种平面形式，前后间两向开门的情况多于前后穿套，单间进深尺寸多数在 3.5~7 米，前后间的总体进深一般为 7~8 米。横屋间地位次于侧居的正房，自身等级根据与堂屋的距离，近横地位稍高，远横递次降低，同一横屋的各间居室其等级差别并不明显。

枕屋居室即枕屋间，围垅屋当中称围垅间，布局于堂屋后倚为祖堂之"枕靠"，为"枕居"居住形态。枕屋间主要见于围枕屋、带枕屋的堂横屋及在此基础上发展起来的围堂屋，形式上也有单间和前后间之分，宏观形态主要有直线、折线和弧线三种，单个房间形式有矩形和扇形两种。枕屋间居者地位一般较横屋居者低，客家人一般认为堂屋之后并非风水上居住的好方位，所以枕屋间作为堂屋之枕的形式重要性显然要重于居住。在围枕屋当中，家族人口如外迁，一般首先空出来的居室就是枕屋间，平时空闲亦常作杂间之用。

围房居室属"环居"居住形态，是围堂屋、围院屋的围房部分。围房朝外的外墙即围屋的围墙，封闭不开门，因此围房基本为单间形式，开门朝内。围院屋仅环居一种模式，围房个体的地位一般以离祖堂的远近来确定。围堂屋常常有侧居、横居、环居多种居住模式，围房在远离祖堂的建筑边缘，又在防御的第一线，其居者地位可想而知。围房的开间尺寸一般

3~4 米，与其他居室类型无异，但进深往往较大，一般不小于 5 米，甚至可达 8 米。较长的垂直横墙有利于从侧面增加围墙的抵抗力，围墙的厚度也增加了围房一定的进深。

（二）辅助空间

赣南客家民居的辅助空间包括厨房、茅房、柴房、杂间、禽舍、畜圈等。辅助空间是赣南客家民居的重要组成部分，承担着不可或缺的实际功能，但它们常常独立于建筑本体之外，或者利用建筑本体作为其功能空间，因此辅助空间往往无法左右客家民居建筑的形制，成为赣南客家民居建筑形制上隐形的"虚体"。

1. 厨房与茅房

厨房和茅房是人们正常生活必需的使用空间，但客家人并不重视两者。赣南客家民居的厨房常作为单层平房依附于建筑主体搭建（图 3-3-17），或者在宅舍周边尤其前方禾坪单独建造；有的围屋在围院内搭建厨房，如龙南燕翼围、定南忠城村老围屋（图 3-3-18）；利用横屋间、围房作厨房用的情况也不少见。客家人的厨房一般开窗特别小，其内部往往没有任何装饰，甚为简陋。客家人生火做饭一般用木柴或稻草，烟灰较大，加上通风不足，年岁日久，内墙、门窗常被熏得"乌漆抹黑"。客家人的茅房基本设在建筑本体之外，常与畜圈同建或独立搭设。茅房建造较厨房更为简陋，四面有墙尚属讲究，通常靠畜圈一面侧墙挖坑搭棚即为厕。

2. 柴房与杂间

客家人的柴房和杂间一般不单独建造，多利用客家民居当中边缘的横屋间或围房。在传统农业社会，柴火是重要的生产资料，客家人为争抢山上的柴火资源而产生纠纷的情况并不罕见，赣南有的地区至 1949 年后都还有分山砍柴的做法。柴火较占地，柴房常常难以容纳，所以客家人多选择其他地方堆放，常见的有两个做法，一个做法是堆放在宅舍的外墙屋檐下，多选择后背墙或山墙；另一个做法是在外墙二层高度搭设吊脚架，其上放置柴火，吊脚架类似吊脚楼，只是更为简易，没有栏杆甚至连楼板都不设。客家人最重要的杂间可能要算阁楼了，赣南客家民居多数设阁楼夹层，空间虽低矮，但平面尺度极为宽裕，客家人大量的生活杂物、耐久食材甚至重要物件都会放置于阁楼。

3. 禽舍与畜圈

禽畜尤其耕牛是传统社会重要的生活资源和财产，常被人们悉心照料和保护。客家人的禽舍与畜圈，在安稳的地区常集中布局于宅前禾坪一侧，有的放在客家民居山墙两侧，而在治安防卫需求高的地方，常集中安排在建筑本体内，有的设在围院内，有的设于多层建筑的底层。

（三）中介空间

赣南客家民居的中介空间，也称过渡空间、灰度空间，主要包括交通空间和围合空间两类，前者有走廊、走马廊、楼梯等，后者如天井、天街、庭院、化胎等。

1. 交通空间

廊道是客家人生活当中重要的交通空间。赣南地区属季风气候，雨季绵长，雨量充沛，遮挡风雨是客家民居适应气候最为重要的要求之一。赣南客家民居

图 3-3-17　于都段屋乡寒信村某宅厨房

图 3-3-18　龙南杨村镇杨村村燕翼围厨房

往往厅屋排布，楼栋较多而规模庞大，而单栋体量往往较长，缺少穿过空间，因此，楼栋之间、房前屋后如果没有遮盖的通道在雨季是相当不方便的。客家人尤其聚居的客家人，其日常生活与廊道息息相关，廊道保障了他们无论阴雨还是酷暑，都可以畅行无碍地来往于客家大屋的各个角落。廊道不仅满足了遮雨及交通的要求，而且还起着改善空间环境、促进邻里交往的重要作用。

　　赣南客家民居的廊道大致上可分腋廊（图3-3-19）、檐廊和走马廊三种（图3-3-20）。腋廊可视为室内空间，多数较狭窄，宽度一般1.2米左右。赣南客家民居基本四面出檐，檐廊最为常见，客家民居天井内圈的走道、房前屋后挑檐下或吊脚楼下的阶沿都属檐廊。檐廊宽度一般1米左右，基本能保证迎面两人错身而过。檐廊多位于挑檐或吊脚楼之下，因此通常不设柱子。客家人称首层以上架设的通长廊道为走马廊，有时也特指四面可通的回字廊。走马廊常见于多层建筑，如围院屋、围堂屋当中的围房、堂排屋等，在二层的单堂屋当中也不少见。走马廊通常采用吊脚楼形式，由挑梁和吊柱双向承力，极为稳固，这也保证了宅舍底层空旷无柱，扩展了地面活动的范围。走马廊视设置层数通高设吊柱，栏杆多为竖排直棱的做法，通过木质扶手与木吊柱连接固定。

　　楼梯是多层建筑必要的交通空间，但并不为客家人重视。在赣南客家民居当中，楼梯通常被安排在不显眼的角落，有的甚至在闭合的房间内，外人常找不到它的位置。客家民居楼梯所处空间一般比较局促，所以楼梯基本上都狭窄陡直，每阶踏步窄而高，通行甚是不便（图3-3-21）。楼梯基本为木作，无论梯体还是栏杆多不加任何装饰。竖向交通最为简单的做法，是只在楼板上开一个几十厘米的洞口，放置一把木制便梯连通上下，不用时便梯靠墙侧放，不占室内空间，这种情况在客家民居当中较为常见，反映出客家人对楼梯处理的随意性（图3-3-22）。

　　2. 围合空间

　　天井这种空间形式的起源暂不可考。"天井"一词最早出现于《孙子兵法》行军篇所载，"凡地有绝涧、天井、天牢、天罗、天陷、天隙，必亟去之，勿近也"。这里的"天井"为周高中低的地形之井，并非建筑空间形式。关于天井形式的起源，目前尚无定论，学界存在着不同的观点，最为主流的是"院落演化论"。"院落演化论"认为南方"天井式"民居形式由北方"院落式"演化而来，如潘莹认为，"天井式民居的平面模式，当为北方汉民大量南迁后，针对南方地少人多的高密度的人口环境，和炎热高湿的气候环境，对于院落式民居进行改进的结果"[97]。另有"井田影响论"，如张斌、杨北帆两位学者认为，传统民居当中天井的形式意义与"中国古代的井田制度和井田制度下的民

图 3-3-19　宁都固村镇岚溪村赖氏民居腋廊

图 3-3-20　石城屏山镇长溪村某民居檐廊与吊脚楼

图 3-3-21　上犹双溪乡大石门村民居楼梯

图 3-3-22　南康唐江镇卢屋村某民居便梯

图 3-3-23　南康坪市乡谭邦村某民居天井空间

众生活"有关，"结合了井田制、客家生活方式等关系后，'天井'便真正地具备了符号意义"[98]。

天井在赣南客家民居当中极为普遍。除单堂屋、围院屋外，赣南大部分的行列式、围合式客家民居都有天井空间形式的存在。天井是空间四面围合的产物，一般认为是建筑的内部空间。在赣南客家民居当中，前后堂屋与两侧厢庑可围合为天井，横屋与连廊可围合为天井，堂屋与围墙倒座亦可围合为天井，天井围合的构成方式极其多样。黄浩先生将天井形制分为土形天井、水形天井和坑池天井三类[99]，土形天井为中间结心设石板埠者，水形天井中间无石板结心，坑池天井是有天井四周设挡水栏板的情况。赣南客家民居的天井少见水形天井、坑池天井形式，多数为土形天井，一般中间设石板埠，四周低下为环沟。天井事实上是一个立体的空间概念，包括上部的天檐、下部的井座及两者之间的空间（图 3-3-23）。赣南客家民居的天井空间往往平面上狭长窄小，立体上深纵沉渊，风水上有"天井润狭得中聚财"之说，天井狭小有聚财之义。天井上部天檐洞口多数平面纵深 1.0~1.5 米、面阔 2~2.5 米，一般深不过 2 米、阔不过 3 米。天井下部井座总体尺度较天檐略宽十厘米，井座深一般为 30~50 厘米，石埠高约 10 厘米。井座无论井底或井沿，大多采用大块青石板或红砂岩砌筑，少数采用青砖或其他材料（图 3-3-24）。

客家民居当中的天井，其现实作用是满足建筑内部的通风、采光和排水，民间流传的《理气图说》认为"天井为屋内之明堂，主于消纳"，即为此意。但在这之外，天井往往被包括客家人在内的汉民族赋予超越现实的精神功能和其他重要作用。清代箬冠道人所撰《八宅明境》有载，"天井乃一宅要，财禄攸关……大门在生气，天井在旺方"，"凡屋以天井为财禄，以面前屋为案山"。在此，天井既是吐旧纳新、天人合一的消纳明堂，也是聚财得禄、润狭旺方的攸关要地，反映了人们传统的宇宙观念和朴素的生活追求。

在赣南客家民居当中，天井并不是庭院形态的缩小版。北京四合院当中围合的庭院是一块开敞地，除具有日照采光、通风排水的作用，更为重要的是它可以实施绿化美化，并为居住者提供了一个户外活动的场所。而赣南客家民居当中的天井空间尺度窄小，沉一方井而不便容身，除通风、采光和排水等职能外，并无活动的实际功用。但客家民居当中并不缺少活动

图 3-3-24　崇义上堡乡南流村民居天井井座与天檐

空间，天井周边的檐廊、庑厅、厅堂，基本是开敞的自由空间，在多雨的赣南，这些介于室内与室外之间的灰空间，比露天的庭院更为适合客家人公共活动。

　　读者可能注意到，笔者在此处将"天井"定位为赣南客家民居的中介空间而非主要空间。天井是赣南客家民居尤其聚居类建筑当中普遍采用的空间形式，这也是黄浩先生将赣南除围屋之外的民居形式视为江西天井式民居的原因。但赣南客家民居在形制上与包括江西在内的江南天井式民居有着本质的区别。在江南"天井式"民居当中，天井往往是空间的灵魂、核心，是民居空间的组织者。而在赣南客家民居中，虽然天井仍有着相当重要的实际功用和文化意义，但它已不是空间的组织者，而是厅与房基于"礼序"规则组合排列，围合而成的产物。客家民居当中的天井在形制上起着过渡的作用，是客家民居堂屋与堂屋、堂屋与横屋这些厅屋之间的过渡空间。

　　天街在形式上可视作天井的加长版。客家人通常将堂横屋当中横屋与堂屋、横屋与横屋之间围合的狭长条形空间称为"天街"，这类天街短者 3~4 米，长的天街可达十多米，再长一般中间设连廊断开，以利交通（图 3-3-25）。堂排屋当中杠屋的天街空间与堂横屋相似，而排屋中前后排之间的长条空间也称天街，这类天街仅两面围合，事实上已跟天井区别甚大。类似的情况出现在围堂屋上，如安远东生围（图 3-3-26），围屋核心体与围房之间的长条空间，民间也称天街，实际上是室外通道。

　　内庭院在客家民居当中并不普遍。赣南行列式客家民居多数布局紧凑，围合空间以天井为主，开敞的厅堂、室外的禾坪代替内庭院成为客家人主要的活动空间。内庭院在围屋当中更为常见，封闭的防御形态限制了客家人的活动范围，发展内庭院可以极大提升围屋的生存环境。如围院屋，内必围一庭院，而围堂屋也有些设置内院，如龙南里仁镇新里村渔仔潭围（图 3-3-27）。

　　化胎是围垅屋的"专利"，仅在围垅屋或围垅屋式围屋当中出现。化胎也称花胎、胎土，位于围垅屋的后半部分，是堂屋和后围垅间围合的室外露天空间，可视为内庭院的一种特殊形式（图 3-3-28）。化胎的标准形态是半圆形，但在赣南常发生变异，一般趋势是变得细长，呈半弧形，也有变异为多边形的极个别情况。客家人赋予化胎丰富的象征意义，化胎"象征大地母亲的子宫，具有生殖功能"[100]，是客家人生殖崇拜和风水观念的体现。

四、赣南客家民居的空间序列

（一）空间序列与客家民居的"完型"

　　前文我们已探讨过赣南客家民居空间的组成，在此基础上，我们进一步探索这些空间组合时呈现的顺序、走向，即空间序列。

　　空间序列的组织本质上就是空间动态关系的处理。建立空间序列的目的，是通过组合若干空间，建立有机联系、前后连续的宏观空间环境和空间层次。空间的动态关系最初由建造者根据其意图来组织，但最终体现为人的感观体验。人在建造者组织的空间当

图 3-3-25　石城屏山镇长溪村某堂天街

图 3-3-26　安远镇岗乡老围村东生围天街

图 3-3-27　定南历市修建村明远第围内庭院

图 3-3-28　寻乌菖蒲乡五丰村龙衣围化胎

中跟随空间的顺序规律活动，并在这种活动中感知和体验空间的阔与窄、高与低、曲与直、冷与暖。空间序列就如一部完整的小说，开篇、发展、高潮、结局，优秀的小说跌宕起伏而又顺理成章，好的空间序列同样讲究富于变化而又适合情境。中国传统园林往往注重空间的起、承、转、合，营造出曲径通幽、山穷水复、柳暗花明、豁然开朗等空间效果，就是空间序列动态关系的经典体现。

就中国传统建筑而言，空间序列大致有两种组织

模式。一种是以纵深轴线作为行为路线的主线；另一种是以引导线作为行为路线的主线[101]。后者主要出现在园林建筑群的空间组织中，而前者在官式宫殿群、府第式宅院群当中最为常见。宫殿群典型如西安大明宫，入宫依次为丹凤门、广场、含元殿、广场、宣政殿、紫宸殿、太液池、玄武门，空间连续，秩序明确，这类沿轴线纵深推进的空间序列既是功能的现实需要，更是伦理等级、宗法秩序的精神需要，礼仪规制使这类空间序列程式化而稳定下来。这种程式化也深刻地

反映到民居上，如北京四合院，其中的三进院住宅就形成了从大门、前院、内庭院，一直到后院的固定序列。

　　赣南客家民居所呈现的空间序列也属于纵深轴线模式。完整和连续是空间序列形成的两个关键。赣南客家民居当中的辅助空间、中介空间要么零散独立或附设于建筑主要空间，要么充当主要空间的过渡，大多是碎片化的空间（除天井外），无法构成完整连续的空间序列。赣南客家民居主要空间当中的居室部分以线性组合为主，有的为单向排列，如堂排屋、堂厢屋；有的为双向排列，如堂横屋、围垅屋、围院屋。这些线性的单列房屋在空间上相互之间都是均质的，既没有轴线层次上的纵深递进，也没有类似园林建筑在引导路线上的连续性，因此居室部分同样无法构成连续的空间序列。赣南客家民居的空间序列集中在客家民居的中轴线上，客家人在客家民居的中轴线上布局了他们的精神本源空间——以祖堂为主体的厅堂公共部分，即客家民居的核心体，并沿着中轴线，为这个本源空间打造了有机联系的外延空间，构成了纵深推进、完整连续的空间序列，呈现出显著的礼制特征。

　　研究建筑的空间序列需要建立一个标准的分析模型。如本章前两节所述，赣南客家民居按平面形制可分为七个种别，每个种别又可细分为两至三个不同的形式，而每个形式又可扩展出数个不同的规模形态，亦可变异为其他形态。一幢建筑其空间组合所呈现的顺序，首先受该建筑参与组合的空间的数量支配，这就出现了一个难题，即空间组合构成的每一个建筑形式都会有一个顺序，我们如何去分析这无穷无尽的空间组合所呈现的无穷无尽的顺序？所以，我们有必要建立一个标准的模型，并以此为基础来分析基于此标准模型发生的无尽变化。在此，笔者提出"完型"这一概念。"完型"定义为赣南客家民居的基本空间模式搭配完善的外延空间形成的完整空间模型，即作为赣南客家民居空间的标准模型。

　　赣南客家民居的"完型"由两部分空间构成。一部分是建筑的本体空间，三堂屋是客家人追求的完满形式，其空间形态也被学界认为是客家民居尤其聚居建筑的基本模式[102]，在此作为标准"完型"的建筑部分。另一部分是建筑的外延空间，赣南客家民居完善的外延空间包括屋前的半月池、禾坪及屋后的风水林。由此，客家民居"完型"的中轴线上，半月池、禾坪、门厅、前天井、中厅、后天井、祖堂等七个空间，就构成了客家民居"完型"的定型序列。

　　（二）赣南客家民居的空间序列

　　客家民居"完型"的中轴空间序列可以划分为三个层次（图3-3-29）。

　　第一个空间层次由半月池始，经禾坪，至大门结束，是整个空间序列的开端。

　　半月池和禾坪是客家人为客家民居营造的人工空间环境。它虽属室外场所，独立于建筑本体之外，但其与建筑高度契合的空间功能与平面构图，均揭示其为建筑空间的一部分而显著区别于自然空间。半月池和禾坪是自然与建筑之间的"暧昧"空间，一方面，作为室外空间的一部分，"坪塘"是自然环境向建筑的渗透，建筑远方的山"屏""水"抱等自然空间，透过"坪塘"而与建筑产生关联，确定了自然与建筑的互动关系。另一方面，作为客家民居建筑的外延空间，"坪塘"是建筑向自然界的延伸，清晰地引导了建筑的方向感，而这个方向是唯一的，因为客家民居建筑的两侧与后部都极为封闭；"坪塘"也是人的活动向室外的延伸，极其有效地组织了人活动的秩序性，而这个秩序也是主要的，禾坪成为客家人出入、活动、劳作最为频繁的场所。

　　第二个空间层次为门厅，是整个空间序列的承纳与发展。

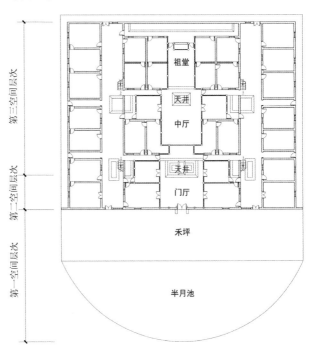

图3-3-29　赣南三堂屋"完型"的空间序列（丁磊绘）

门厅是客家民居建筑的空间枢纽，起着由室外空间向室内空间过渡的重要作用。这个过渡作用体现在三个方面，一是作为建筑对外的门面，门厅的大门需要营造得气派进而彰显家族实力，同时还要兼具防卫和接纳这两个看似矛盾的功能。我们看到，在相对安定的北部，赣南客家民居的大门外墙多内凹形成过渡空间，突显接纳而防御较弱；在防御需求高的南部，赣南客家民居尤其围屋的大门直接设在平直的围墙上，突显防御而接纳较弱。二是作为建筑内部的枢纽，门厅是一个短暂停留可作茶歇的地方，也是通向内部厅堂和两侧居室的中转站。三是作为内部厅堂序列空间的起点，门厅的尺度和形式应与内部其他厅堂相宜，其纵深一般不逾越祖堂。门厅面阔常和内部厅堂相当，也常与中厅互动，如中厅三间阔，门厅有时单间，而中厅如为单间面阔，门厅亦常设三间，这种互动，极大地丰富了厅堂序列的空间体验。

第三个空间层次由门厅始，经中厅，至祖堂结束，是整个序列的高潮与终章。

由门厅至祖堂的这段空间是赣南客家民居建筑的核心空间，既承担着实用的功能，又承载着客家人的精神寄托。厅堂序列作为核心空间，在整个序列当中有着三个明显的特征。第一，它是整个序列最具节奏感的礼制空间。厅堂序列空间开敞连续，韵律感强，其空间结构可以抽象为"OIOIO"节奏，厅堂与天井交替出现，空间表现为实—虚—实—虚—实，紧—松—紧—松—紧，充满节奏感，移步易景，变

化丰富，与中国传统园林的营造有着异曲同工之妙（图3-3-30）。厅堂序列呈现的节奏变化，与它作为礼制空间的秩序性相结合，使得厅堂空间既规整严肃，又不失趣味。第二，它是整个序列最为重要的高潮空间。中厅承担着对外接待的职能，常常甚是阔大而尽显气派，装饰往往最为精致繁复，侧墙还高挂功名牌匾，彰显族中人才辈出，这是外来客人感知的高潮部分。而祖堂是家族族人感知的高潮空间，纵深较深，仪式感强，这里供奉着他们尊崇的祖先，在祖堂举行的敬拜祭祀是客家人最为重要的群体活动。第三，它是整个序列最为突兀的终章空间。故宫的高潮部分是太和殿，之后有中和殿、保和殿作为余潮过渡，通向后寝空间，整个空间过渡自然而平和。而客家民居的厅堂序列明显不同，祖堂之后再无连续的公共空间，序列到此，高潮戛然而止，不留余韵，显示出祖堂地位的至高无上。

赣南客家民居的其他类型，在分析其空间序列时可视作客家民居"完型"的变异。它们在中轴线上的公共空间数量，表现为"完型"七个空间的增加或减少；划分的空间层次，也可归纳为"完型"三个层次的增加或减少。

单列式客家民居和行列式客家民居当中的单堂堂横屋都属单堂屋。它们的中轴线上，大多数布局为禾坪、厅堂两个空间，极少数有池塘、禾坪、厅堂等三个空间。单列式客家民居的空间序列层次并不明显，细究最多也就划分为外延空间和厅堂两个空间层次。

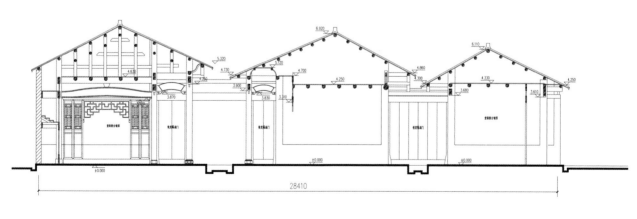

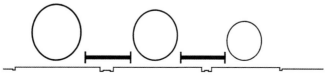

图 3-3-30 赣南三堂屋的序列节奏：于都段屋乡寒信村肖氏民居（丁磊绘）

行列式客家民居的空间序列除单堂堂横屋外都有三个空间层次。二堂的排屋、堂厢屋、堂横屋，其中轴线上相比三堂屋"完型"少了一个中堂和一个天井，仍然可构成外延空间、门厅、祖堂等三个空间层次。这些客家民居类型的四堂屋形式，中轴线上相对"完型"多了一个厅堂和一个天井，序列空间的层次并无变化。这里要特别提到杠屋，这种类型与客家民居"完型"差异较大，"独水"民居和多杠屋中轴线上的厅堂空间遭到削弱，前后厅堂距离较远，中轴线上的空间依次为外延空间、门厅、天街、祖堂，笔者认为杠屋中轴空间节奏感、序列感虽弱，仍不影响其空间序列划分为外延空间、门厅、天街＋祖堂等三个层次。因赣南行列式客家民居普遍设置禾坪，外延空间作为客家民居空间序列的第一个层次基本不会缺席，只是半月池的配置与否有差异而已。

围合式客家民居的空间序列相对要复杂许多。方形围枕屋可视作堂横屋增加后枕居室的结果，其中轴线上的空间序列与堂横屋无异。围垅屋及围垅屋式围屋较为特殊（图3-3-31），它们当中连续的中轴空间序列虽然到祖堂就已经结束，但半圆形化胎及

后围垅与围垅屋前的半月池构成了一个完整的空间构图，却很难让人视而不见。杨建军在其论文当中将楼背（即化胎）划分为围垅屋中轴线序列的第四个空间层次[103]，笔者认同这种划分。方形围堂屋有堂横型、围堂屋型、围祠堂型三种，堂横型围屋当中围房多数兼堂屋，围屋大门一般居中与内部堂屋相对，其空间序列与堂横屋无异。围堂屋型围屋的空间序列分为两种情况，一种是围屋大门居中与围内堂屋相对，围屋便整体与外延空间构成连续的空间序列，与客家民居"完型"一样可以划分为三个空间层次，空间序列在本质上并无差别，如安远镇岗乡东生围、磐安围；另一种情况如龙南关西镇关西新围、里仁镇渔仔潭围，围屋大门侧开，围内堂屋与外延空间被正面的围房所割裂，围屋便只能呈现围内堂屋的局部空间序列了。围院屋当中祖堂和门厅均设于围房，多数相对，中轴线上的空间依次为外延空间、门厅、内庭院、祖堂，虽与客家民居"完型"差异较大，仍可划分为外延空间、门厅、内庭院＋祖堂等三个层次，内庭院可视作门厅与祖堂的过渡，这一点在龙南杨村镇杨村村燕翼围上体现得尤为明显。

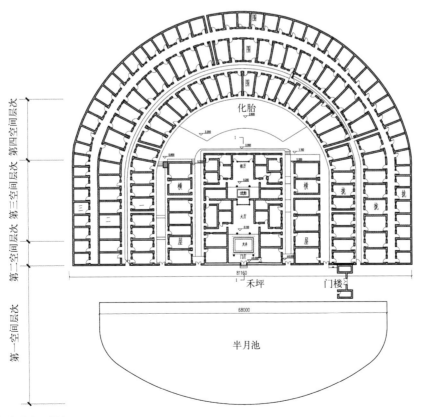

图3-3-31　围垅屋的空间序列（丁磊绘）

第四节 赣南客家民居平面构成

一、平面构成的要素与规则

建筑构成是一个宽泛的概念。人们的常识，往往按照实体组成来理解，如一栋建筑是由屋顶、墙体、地面、门窗等构造构成的，而建筑学层面，提到建筑构成往往离不开"三要素"——建筑功能、技术与形象。本书建筑构成的含义取自王中军先生的阐述，他在《建筑构成》一书中将建筑构成分为平面构成、空间构成、色彩构成等[104]，空间构成前文已有述及，本节关注平面构成，主要探究赣南客家民居平面构成的规则与逻辑。

《大辞海》定义，"构成"指将造型要素按照视觉效果、力学或精神力学等一定原则组成具有美好形象和色彩的形体的造型行为；"平面构成"指将既有形态（包括具体形态和抽象形态的点、线、面、体）在平面内按照一定的秩序和法则进行分解和组合，构成理想形态的组合形式。因此，分析建筑平面构成的总体的思路可以归纳为，首先要识别建筑的"造型要素"或者"既有形态"，也即"具体形态和抽象形态的点、线、面、体"，然后是找到"秩序和法则"，最后依据"法则"梳理和厘清各类形态现象的构成"逻辑"。

（一）赣南客家民居构成的基本要素

那么首先，对于赣南客家民居建筑，其基本的主要构成要素是什么？

客家人向来不重视厨房、茅房、柴房等辅助空间。这些功能房间大多极为简朴甚至简陋，大多依附于堂屋，或另外择地就近建造，布局随意，对赣南客家民居形式的影响几可忽略。客家民居的中介空间如天井、化胎等，是实体房间围合的产物，并非空间的组织者，也不是民居空间的主要构成要素。

在赣南客家民居中，平面的主要构成要素是厅堂与居室这两种空间。

厅堂作为一个房间，一般为两面围合或三面围合，极少四面围合，显示出其开敞公用的特征。从平面构成的定义来看，厅堂就是"具体形态的点"，这个点是静态的，当它固定下来，就奠定了客家宅舍的"穴地"。在单列式客家民居中，单个的厅堂就是宅舍的核心。在客家大屋中，开敞的厅堂前后串通，这些"点"串起来形成一个递进的序列，就完成了客家大屋核心体的生成。这个核心体，是赣南客家民居的礼制主体和公共部分。

居室是私密房间，居室的私密性决定了它基本为四面围合的状态。在赣南，最常见的单个居室平面形态是矩形，少数为规则的扇形及不规则房间。规则的扇形仅见于围垅屋和围垅屋式围屋，不规则房间多见于异形民居。赣南客家民居的居室多均质而无个性，缺乏独立性，它往往以封闭个体拼合成列的形式出现，成为平面构成定义中的"线"。这些"线"围绕厅堂核心体展开，构成了赣南客家民居的围合体，是赣南客家民居的居住主体和私密部分。

（二）赣南客家民居构成的法则与秩序

最早采用类型学解构手法深入研究客家建筑构成法则并取得显著成效的是潘安先生。

客家聚居建筑当中，以祖堂为主体的厅堂部分是民居空间的核心体，有"点"的特征，而居室拼合的居住部分是民居空间的围合体，具备"线"的特征。潘安先生首次提出"点、线围合法则"，认为"以点为核心，以线来围合是客家聚居建筑形制构成的基本法则"[105]，揭示了客家聚居建筑空间组合的普遍内在规律。笔者通过分析赣南客家民居当中的非聚居类建筑，发现它们同样遵循类似的规则。赣南地区最为常见的四扇三间、六扇五间等堂列屋，厅堂居中为点，居室位列两侧，虽未呈明显的线状，但其两侧合伺的状态与聚居类建筑并无本质的区别。尤其赣南最为典型的堂横屋，横屋两侧伺卫堂屋，其实就是堂列屋居室合伺厅堂的组合放大版本。学界也有学者提出"家祠合一""居祀组合"等构成观点，与"点线围合"有异曲同工之妙，只是描述上前者更强调空间类型，后者更为突出构成手法和规律（图3-4-1）。

点、线围合法则向我们提示了两点。一是赣南客家民居具有极其简单的基本构成要素——点与线，也即厅堂与居室。二是赣南客家民居丰富多样的形制形态都因"围合"这一构成手法而来，也就是说，"围合"造就了赣南客家民居纷繁复杂的类型现象。赣南客家民居构成要素的单一性和类型形态呈现的复杂性，这一现象放在中国民居这个范畴也并不多见。

赣南客家民居空间组织的秩序是先点后线，也即先厅堂后居室。前文已有叙述，厅堂是赣南客家民居空间构成的出发点，是客家人"安身先安祖""立宅先立堂"的观念写照，反映出客家社会深厚强烈的礼制思想、伦理观念和宗族意识。赣南客家民居从厅堂这个核心出发，以居室围合来形成客家民居的各种形态，这个空间组织的先后顺序，为我们提供了一条清

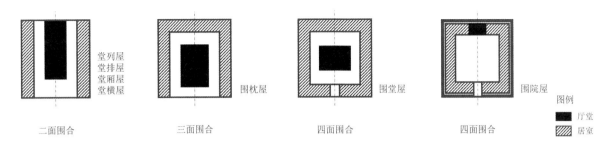

图 3-4-1 赣南客家民居的构成法则
（图片引自潘安《客家民系与客家聚居建筑》P92，有修改）

晰的路径，通向赣南客家民居的构成逻辑。

二、赣南客家民居的构成逻辑

构成关系并不等同于演变关系。构成与设计的主要区别在于构成是去掉了时代性、地方性、社会性和生产性等的造型活动，从这个意义也可称为"纯粹构成"[106]。演变往往带着"时间"或"时代"的动态属性，是偏向传承的概念，我们讨论闽粤赣三地客家围屋的渊源关系，往往先要去考证哪种围屋类型出现的时间最早，以判断谁先谁后、谁传承自谁这一类演变关系。从现在掌握的考古资料来看，赣南客家民居遗存的建筑最早可追溯到明代晚期，而客家民系形成的时间，学界主流观点是两宋之间——明末到两宋，这里有近500年的时间，我们缺少详细确切的民居考古资料去寻根溯源。因此，赣南客家民居各类形式之间相互的演变以及先后传承关系，也就难以盖棺定论。

构成逻辑注重研究的是物体呈现形式之间"分解和组合"的静态关系。构成更多从呈现的形式现象出发，研究其从小到大的组合关系，或从大到小的分解关系，偏向静止形态的分析。在演变关系并不明确的背景之下，针对民居类型的构成逻辑研究可以通过归纳分析，帮助我们厘清民居形式的组合规律和构成关系，更好地理解赣南客家民居丰富多样的类型现象。

为更好地厘清赣南客家民居的构成逻辑，在这里我们基于客家民居类型分析设立"基型""变型""残型"三个概念。

基型：传统民居平面中具备代表性、稳定性、起始性的基本形式。

变型：由基型通过数量的增减或形态的衍变而产生的完整形式。

残型：在基型及其变型基础上因特定限制条件而产生的残缺形式。

（一）赣南客家民居七个种别内部的构成逻辑

1. 堂列屋

堂列屋的基型是四扇三间。通过在堂屋两侧同列增加居室数量，四扇三间可以衍化出六扇五间、八扇七间甚至十扇九间等"一"字线状变型。六扇五间、八扇七间等四扇三间的量变衍化形态在前方增加居室，其形态可以进一步衍化为对称的"U"形堂列屋。而受用地条件、地形地势、财力状况等因素的限制，或后人无序加建，客家人建房并不一定能够符合对称的圆满状态，也采用了一些非对称形式，如一明一暗（三扇二间）、一明三暗（五扇四间），或"L"形堂列屋，笔者将之列为"残型"。横屋较少单独出现，因无厅堂，笔者在此亦将之视为堂列屋衍化的残型（图 3-4-2）。

2. 堂排屋

堂排屋中排屋的基型是二排屋，杠屋的基型是二杠屋（也称合面杠）。通过前后增加排数，排屋可以衍化出三排、四排甚至五排及以上的排屋形式。排间前后厅堂增加连廊，排屋还可衍化为工字排、王字排等形变形式。二杠屋在两侧增加杠数，可以衍化出三杠屋、四杠屋、五杠屋甚至更多杠的形式。当这些杠屋单杠较长，往往会在中间增加连廊，衍化为宫格型的形变形式。有的客家人将排屋和杠屋当中的厅堂分出来，而在屋外或村落中单建独栋祠堂，排屋和杠屋就衍化为单纯居住的宅舍，可视为堂排屋缺少厅堂的"残型"了，这种情况在客家"独水"民居当中较为多见，信丰也有少量无厅堂"排屋"的例子（图 3-4-3）。

3. 堂厢屋

堂厢屋的基型是"上三下三"，即"口"字两堂三开间的堂厢屋。"上三下三"向两侧发展，可衍化出五开间的"上五下五"及更大的宫格型堂厢屋，"上三下三"向前后发展，可衍化出"日"字三堂屋，甚至四堂及以上规模的堂厢屋。堂厢屋前增加厢房，正

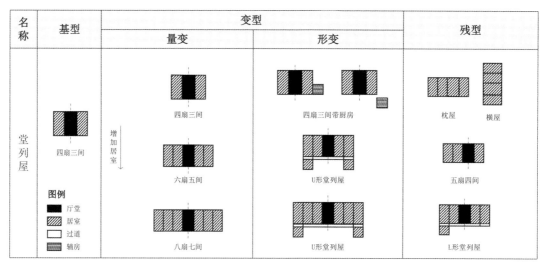

图 3-4-2　堂列屋的内部构成

面设门楼围墙，就可发展衍化为有"院"有"井"的堂厢屋形式，在这个基础上围墙变化为围房，还可衍化为类似"吕"字的堂厢屋形态。堂厢屋也衍化出不少"残型"，常见的有厅堂不居中的情况，如"上二下二"，还有堂屋前后开间数不一致的缺口形态，如"上五下四"，用地受限时，甚至出现斜面山墙的变异形式（图 3-4-4）。

4. 堂横屋

堂横屋的基型笔者认为是二堂二横。二堂二横堂横屋相比一堂二横这种过渡形态，更具稳定性，相比三堂二横这种三堂圆满形式，更具代表性和起始性。二堂二横前后纵向增加厅堂或减少厅堂，可产生一堂二横、三堂二横等形式，在这个基础上两侧增加横屋，又可衍化出四横、六横、八横甚至更大规模形式的堂

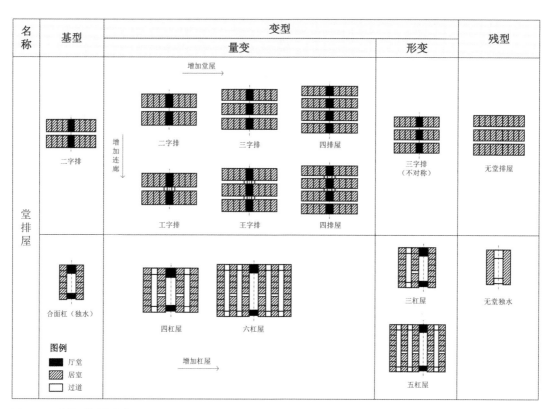

图 3-4-3　堂排屋的内部构成

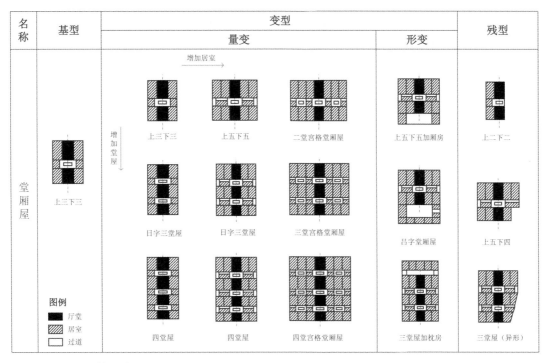

图 3-4-4 堂厢屋的内部构成

横屋, 堂屋与横屋的不同组合, 可产生数不胜数的形式变化。后人加建还常出现一横、三横、五横等不对称形态, 有的堂横屋依山就势, 横屋与堂屋并不完全呈方正的行列关系, 横屋本身的长短也有变化, 这些情况并不代表"残缺", 更多体现出堂横屋在堂屋和横屋这两个完整形式基础上"组合"关系的变化, 属典型堂横屋的变型而非残型 (图 3-4-5)。

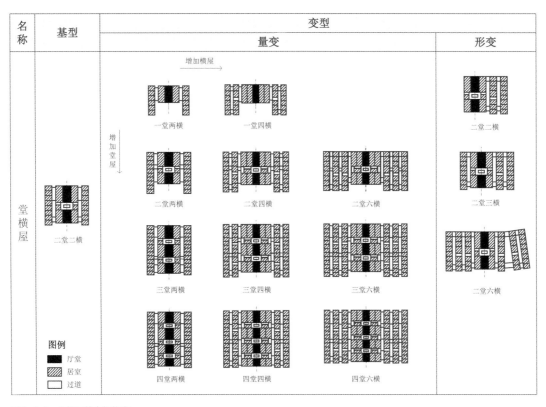

图 3-4-5 堂横屋的内部构成

5. 围枕屋

围枕屋的基型是单围的方形围枕屋和围垅屋。围枕屋、围堂屋和围院屋等围合式客家民居平面构成的主要变化来自于围内的堂屋，围房本身形式的衍化并不丰富。围枕屋以后枕房的形态来区分，以直线形和半圆弧形为典型。典型围垅屋半圆弧形垅屋还可变化为非半圆弧形、多边形，成为变异的围垅屋形式。单围的方形围枕屋、围垅屋增加围房向外围发展，可形成二围、三围甚至四围形态的围枕屋。方形围枕屋围房之后还可增加枕屋，围房之侧亦可增加横屋（图3-4-6）。

6. 围堂屋

围堂屋的形式复杂多样，基型较难确定，暂以较小型的围堂屋作为其基型。

堂横型围堂屋以内围一单堂屋、后围房设祖堂的堂横型围屋为基型，向前可增加堂屋，向两侧可延展堂屋，并可增加横屋，横屋也可发展为围房，形成两道或多道侧围房的围堂屋形式。半独立型围屋围房受限于整体，较少出现其他变形。

围祠堂型、围堂屋型围堂屋以围祠堂型围屋为基型，围房内围祠堂增加居室而成堂屋，围屋就衍化为围堂屋型围屋；围房向外增加一圈，围屋就发展为两围相套的套围。受特定因素的影响，独立型围屋常出现斜边、多边形、类圆形等变异形式。

围垅屋式围屋以单围为基型，向外发展为两围、三围规模的围垅屋围屋，其形态也常发生变异，衍变为非半圆弧形、类圆形等异形的围垅屋式围屋（图3-4-7）。

7. 围院屋

围院屋的基型是口字围。口字围空坪内院设置厨房、杂间或禽舍畜圈，就形成设置附属功能房间的围院屋。口字围向外发展，增加一圈围房，可发展为回字围。围院屋因规模小，较易保持方正完整的形态，因此较少出现变异或残缺的形式。围院屋建造相对容易，即便容纳不下后续人口，客家人往往选择别址再增建一幢，较少发展为规模更大的回字围，这也一定程度上减少了其变异或残缺的可能性（图3-4-8）。

综上所述，赣南客家民居各类型内部的构成衍化，一般表现为数量增减、形态变异和形式残缺三种情况，这三种构成情况在赣南客家民居上呈现出不同的特征和动机。

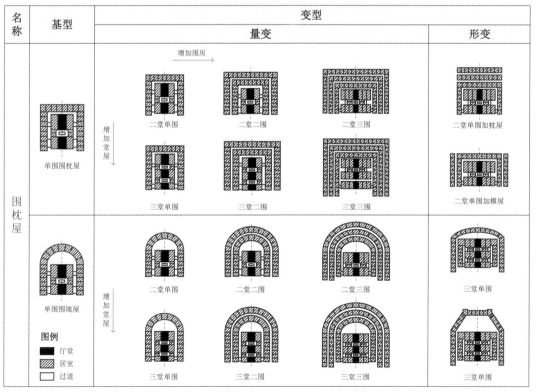

图3-4-6　围枕屋的内部构成

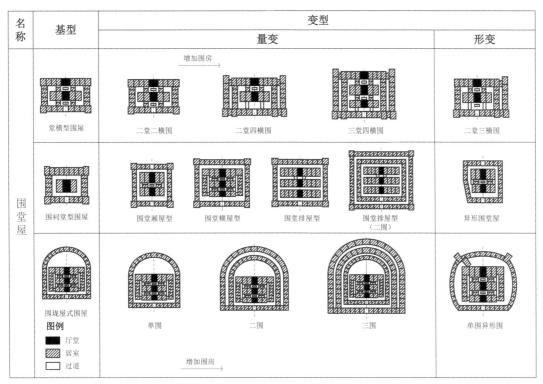

图 3-4-7　围堂屋的内部构成

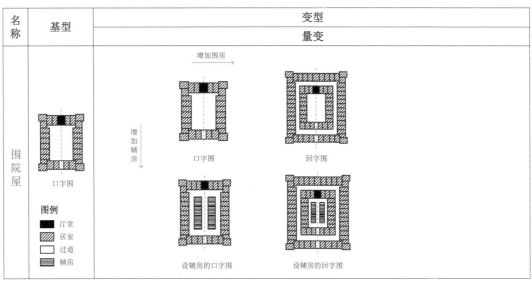

图 3-4-8　围院屋的内部构成

同一类型构成在数量上的增减具有普遍性。每一种基型都可以进一步发展出量变的形式，可见客家人聚族而居是一种常态，同时也反映出客家人对大屋民居的推崇，这一点在赣南"九井十八厅"民居上体现得尤其明显。

同一类型构成在形态上的变异也较为普遍，大多数客家民居类型均有其变型。民居形式变异有的

表现为对地理环境的适应，如堂横屋依山势调整横屋与堂屋之间排列的角度；有的表现为对功能需求的满足，如"一"字堂列屋发展为"U"形堂列屋、二字排发展为工字排。变型现象是客家人建造房屋的形式创新活动，极大地丰富了赣南客家民居的类型形态。

同一类型出现形式上的残缺较常见但不具普遍

性,主要发生在堂列屋、堂排屋、堂厢屋这三个类型上。围合式客家民居的三个类型因为需要高度设防,围房完整就是最为基本的条件,因此均少有残型。堂横屋规模虽大,但构成堂横屋的堂屋和横屋相对独立,各自较易保持完整的形态,其变异往往表现为组合变化而非残缺。堂列屋、堂排屋、堂厢屋三者出现的残型,大多数为受限于条件或后人无序加建造成的,当然也有例外,如堂排屋剥离厅堂而成为类似宿舍的纯排居室,明显是人为干预的结果。

(二)赣南客家民居三大式别之间的构成逻辑

赣南客家民居总体上划分为单列式、行列式、围合式等三个式别,这里我们首先梳理一下赣南客家民居三大类型的宏观构成关系,以便进一步探索赣南客家民居七个种别之间更为复杂的平面构成关系。

单列式客家民居当中,四扇三间和六扇五间被认为是赣南客家民居最基本的民居形式,是构成行列式客家大屋的最基本的组合单元[107]。而构成的规则是"点线组合法则",或称"厅屋组合"或"居祀组合"。换句话说,四扇三间、六扇五间等单列式客家民居形式,遵循这一构成规则,通过排行与纵列的各种组合、围合,衍化发展出了赣南行列式客家民居。客家民间称两堂堂厢屋为"上三下三""上五下五",也充分佐证了这一观点。另外,赣南围合式客家民居被认为"从其平面的基本元素来看,仍未跳出'厅屋组合式'民居的范畴"[108],有学者推断围枕屋(包括围垅屋)由门堂屋(即堂横屋)衍化而来,并进一步发展为土楼(即围屋)[109],另有学者认为枕头屋(即围枕屋)、围屋均由堂横屋直接衍化而来[110],学界的这些观点都指向了一点,即围合式客家民居是由包括堂横屋在内的行列式客家民居发展衍化过来的。这在围堂屋上表现得尤其明显,某种程度上,我们甚至可以大致认为,围堂屋是由行列式堂屋外套一圈设防围房而发展过来的。

由此可见,赣南客家民居呈现出这样一条大致而清晰的构成发展脉络:单列式客家民居发展为行列式客家民居,行列式客家民居衍化为围合式客家民居(图3-4-9)。

从中可以看出,赣南客家民居三大类型的总体构成衍化大致上呈递进关系。单列式发展为行列式,反映出"家庭独居"向"家族聚居"居住规模的递增关系,并进一步体现为客家民系为适应艰难的"立锥"环境

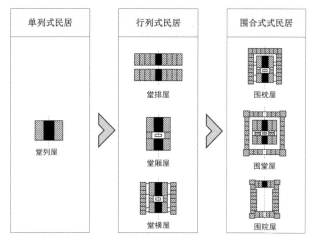

图3-4-9　赣南客家民居三大式别之间的构成逻辑

在礼制观念上的递进关系。客家民系的形成、发展过程,也是"礼"逐步加强并成熟为"强化版"礼制的过程,从这个意义上来说,行列式客家民居是客家社会成熟文化在民居建筑上的反映。赣南客家民居由行列式衍化为围合式,反映出民居由"居、祀"两用向"居、祀、防"三用功能发展的递增关系,进一步体现为客家人为适应赣南南部恶劣的"动乱"环境在防御诉求上的递进关系。而赣南南部是赣南官府管治常常鞭长莫及的小块区域,从地理区位来看,围合式客家民居是特定社会环境造就的独特民居类型,并非行列式客家民居进一步走向成熟的发展形式,属赣南客家民居当中的小众而非主流。

大类型的构成衍化能够清晰地反映宏观脉络主线,但往往因缺少细致的类型关联而无法构筑起严谨的逻辑。接下来我们以宏观脉络为基础,结合前述类型内部构成关系的研究,尝试进一步探究赣南客家民居七个种别之间的构成逻辑。

(三)赣南客家民居七个种别之间的构成逻辑

堂列屋是赣南客家民居七个种别当中最小最基础的形式。堂列屋的基型四扇三间,由厅堂、屋室这两个赣南客家民居构成的主要空间要素"拼列"而成,是一种古老的形制,它是赣南客家民居最早最基本的原型。四扇三间及其扩展的六扇五间、八扇七间等量变形式,成为堂排屋单排、堂厢屋前后堂屋的基础样式。

堂排屋当中的排屋是由长条状的堂列屋前后多排组合而成的行列式客家民居,因此,从平面构成看,堂排屋即由堂列屋发展而来。余英先生称"一明

两暗"（即四扇三间）的基型为单列型排屋式和并列式排屋式[111]，潘莹认为四扇三间、六扇五间等堂列屋是"单个有堂式排屋"[112]，李倩认为"排屋式民居"以四扇三间为原型，"主要包括四扇三间及变体与多联排"[113]。可见堂列屋与堂排屋都属广义上的"排屋"形式，其形制并无本质差异。笔者将广义"排屋"划分为堂列与堂排两类，原意即在于区分两者——前者单列单幢，后者由前者多排发展而成，已非单列，而属组合的形式。

堂排屋当中的杠屋由横屋"合面"纵列组合而成，陆元鼎、魏彦钧等先生认为杠屋由广东流行的锁头屋发展而来[114]。而事实上，锁头屋也是横屋的一种独栋形式，即可认为杠屋由横屋发展而来，这在以堂屋为重的赣南确属异类。

小型堂厢屋是由条状堂列屋前后排列增加联系空间组成的民居形式，即由堂列屋发展而来。客家人称小型的两堂堂厢屋为"上三下三""上五下五"，建房时前屋、后屋均布局四扇三间或六扇五间，前屋、后屋之间两端各加一"塞口"厢庑，闭合为天井，堂厢屋即建成。在此，"上三下三""上五下五"的民间称谓很好地诠释了小型堂厢屋的构成渊源。

大型堂厢屋的形成有两种主要途径。一种是小型堂厢屋向两侧发展的结果。在赣南，众多堂厢屋发展到庞大规模都是历代多次加建的结果。一般起始为"上三下三"或"上五下五"，人口增加后，堂屋向两侧对称增加居室，分别建"塞口"增加前后联系，再后一代加建亦作此重复，直到面阔宽大，发展为多天井宫格状。另一种途径是由堂排屋强化排间联系衍化而来。这种情况一般初始条件下宅舍便拥有宽大的面阔，在横长的排屋基础上，直接在前后排之间增加连廊或厢庑等纵向联系空间，即形成大型宫格堂厢屋。

因此，堂厢屋尤其大型堂厢屋的形成衍化相较堂排屋要复杂一些，构成手法上也从单纯的"拼列"发展到更为紧密的"拼联"，由于厢庑、子厅、连廊等"塞口"空间的增加，其平面形态由开放逐渐走向闭合。

堂横屋是由堂屋和横屋行列组合而成的客家民居类型。堂横屋当中的堂屋，既可以是单堂的堂列屋，也可以是多堂的堂排屋或堂厢屋，换句话说，堂列屋、堂排屋、堂厢屋等三种类型均可发展为堂横屋。

而横屋于排行的堂屋两侧垂直纵列，构成上就由"拼列""拼联"发展到了双向的"行列组合"，帮助堂横屋完成了由"排"向"排＋列"的过渡，衍化发展为赣南最为完善和成熟的行列式客家民居类型。横屋的加入，使得堂横屋平面形态的闭合性得到进一步增加，成为行列式客家民居当中最为封闭、最为向心的形式。

堂横屋是赣南客家民居当中的一个特殊存在。它既是赣南客家民居最趋于完善、最为典型的类型，也被认为是赣南客家民居最基本、最普遍的空间组织模式。蔡晴、姚赯、黄继东等学者认为，堂横屋具备基本性，"体现在它可以作为一种基础构成其他客家建筑类型，影响到大部分江西客家民居"[115]。卓晓岚认为，堂横屋具有前导性，"是其他'围屋型民居'发展的起源"[116]。可见，在赣南客家民居七个式别的衍变发展序列当中，堂横屋起着承上启下的关键作用——它由前承载容纳了堂列屋、堂排屋、堂厢屋这些单列或行列式类型，向后又启发衍生了围枕屋、围堂屋、围院屋这类围合式形制。

围枕屋由堂横屋衍化而来。堂横屋后方增加枕屋，后枕屋两端与堂横屋两侧横屋的末端相连接，就形成了围枕屋。也可以简单概括为，围枕屋是堂横屋增加"后包"的结果，因此有学者称之为"丛厝后包式"民居。有了后枕屋的加入，围枕屋就由堂横屋的"两侧拱卫"发展到"三面围合"，完成了赣南客家民居由行列式向围合式的衍化过渡。围枕屋相较堂横屋，其平面形态的闭合性得到显著提升，四面围合的全封闭客家民居形态便也呼之欲出。

作为围枕屋的一个独特类型，围垅屋的形成学界有着不同的观点，大致上有三种。第一种观点认为围垅屋是方形围枕屋的变形，"通过增加后方围合以及后围的变形（闭合＋变形）形成典型民居——围垅屋"，方形围枕屋后的直列后枕房变形为半圆弧形即形成围垅屋[117]。第二种观点认为围垅屋由堂横屋加上围垅直接发展而来，"化胎之设与杨公仙师相关"[118]，而半圆弧形围垅是客家人顺应山坡地势、追求风水间意象的直接反映，并非由直列后枕房变形而来[119]。第三种观点认为围垅屋"是府第式和方、圆围楼的又一次蜕变和发展"，"吸收了中原府第式房屋，以及福建江西的方形围楼和圆形围楼的精华"[120]。

从现有的遗存和史料来看，围垅屋、方围、圆围最早出现的时间尚不明确，它们之间的传承衍化关系在学界有着较大争议。我们研究三者的平面构成，可见围垅屋的前半部分仅大体呈现的"方形"形态与方围相似，形制上却相差甚大，但与堂横屋几无二致。围垅屋的后半部分，也仅其"半圆"形态与圆围相似，形制上同样差异悬殊，房间构成却与横屋、枕屋无本质区别。仅从大体的直观形状就断定围垅屋为方、圆两类围屋与府第式民居的结合，并无时间断代方面的明确考证，亦无形制衍化方面的可靠支撑。围垅屋在粤东北被认为是极其完善、高度程式化的民居形式，从民居衍变的规律来看，一个地区成熟的民居形制大多是多因素制约、多方面衍化的产物，因此笔者推断，方形围枕屋变形、堂横屋直接衍变都是推动围垅屋走向形制成熟的重要途径。

围堂屋的形态相当丰富，其构成渊源亦相对复杂。

方型围堂屋当中的堂横型直接由堂横屋衍变而来。这一点从平面构成上看就相当明确，其后堂屋、侧横屋均与围房兼为一体，无疑是在堂横屋基础上四面加强围合直接发展过来的。方形围堂屋当中的围祠堂型、围堂屋型，核心体堂屋与围房相对独立，从平面构成看，这类形式应当至少有两个衍化途径。一个是在方形围枕屋的基础上增加前围房（或倒座房）而形成，沿着堂横屋这条衍化路径发展而来，持此观点的有潘安、卓晓岚等学者。另一个是在单列式、行列式客家民居的基础上直接增加四面围房而形成，可视为受赣南城堡、山寨、村围的影响，持此观点的学者如万幼楠先生。

围垅屋式围堂屋的形成明显受到粤东北围垅屋和赣南方围的双重影响。但就其衍化的路径来看，围垅屋式围屋应当是在围垅屋而非方围基础上发展起来的，理由有二。一是其呈现的围垅屋的形制特征明显强于方围，如整体形态、围房层数、化胎设置等。二是现存不少围垅屋式围屋有着由围垅屋衍变过渡的明显痕迹，如寻乌南桥镇圩镇某围垅屋，其前围房两侧部分是围房，中间部分还是门楼围墙。因此，围垅屋式围屋是粤东北围垅屋形式向赣南渗透，受赣南围屋影响，衍化发展过来的围合式客家民居类型。

围堂屋由赣南客家民居的其他类型衍化而来，构

成上发生了显著的变化。围堂屋平面由"行列组合"或"三面围合"发展到了"四面闭合"，赣南客家民居的闭合性至此达到极致。同时，围堂屋向高度上发展，建筑层数进一步增加，成为赣南最具设防性、最具代表性的围合式客家民居类型之一。

围院屋的形态相对简单，学界主流的观点认为围院屋由围堂屋衍变而来。万幼楠先生分析各类型围屋的建成年代，认为围屋演变趋势总体上为由大型向小型化发展，"从一些调查研究数据来看，围屋建筑年代的轨迹，表现出是由国字形围向口字形围发展的历史脉络"[121]。黄浩在其硕士学位论文中提到，江西围屋发展的后期即晚清时期，规模更小的"口"字围开始大量出现[122]。卓晓岚提出，"堂从被拥护的中心位置转移到中轴线后侧与大门相对的位置，与围成为一体"，认为围院屋是围堂屋将厅堂"融合"到围房后的结果[123]。

综上所述，赣南客家民居七个种别之间的构成关系相对复杂（图3-4-10）。

七个种别各自的构成手法总体是简单的，但具体细节上是多样的。堂列屋、堂排屋体现为"拼列"，堂厢屋体现为"拼联"，堂横屋体现为"行列组合"，围枕屋体现为"三面围合"，围堂屋体现为"四面闭合""增高"，围院屋体现为"融合""再增高"。赣南客家民居构成法则、构成要素虽然相当简单，构成的总体手法亦不外"围合"或"组合"二字，但细分到各式别客家民居的构成手法却呈现出极其多样的特点，这是赣南客家民居形式丰富、形态纷繁的根本原因。

七个种别之间的衍化发展宏观上是单线递进的，但微观上是多元发展的。赣南客家民居的宏观发展脉络是单列式发展为行列式，行列式衍化为围合式，这是一个单条主线、分阶递进的关系。具体到七个种别，它们之间的衍化生成就不是单线发展所能涵盖，既有内部多途径衍化发展的情况，也有赣南外部民居形式渗透影响的情况。比如方形围堂屋，既是堂横屋、方形围枕屋递进发展的结果，也是堂列屋、堂排屋、堂厢屋、堂横屋直接发展的结果，为内部多途径衍化的情况。而外部民居形式渗透的情况，属围垅屋、围垅屋式围屋、杠屋最为明显。这种现象，反映出民居的衍化发展，是一个多因素制约、多方面衍化的过程。

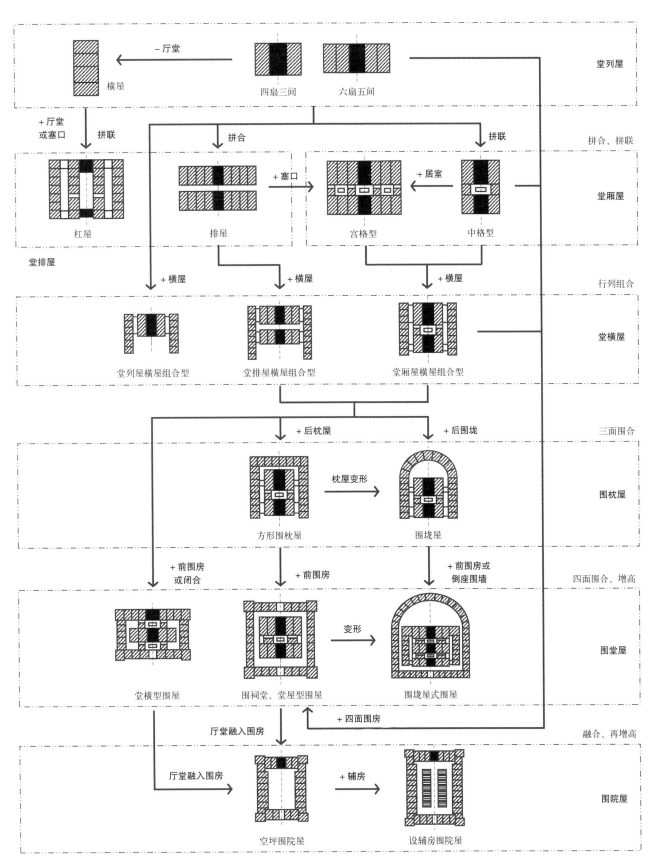

图 3-4-10 赣南客家民居七个种别之间的构成逻辑

第五节　赣南客家民居的形成机制

一、民居成因及其关系

一个地区民居的平面形制和空间模式，促使其形成、发展的影响因素，往往是多元而复杂的。余英先生分析东南系建筑特质成因，主要从历史因素、社会环境、地理因素、自然环境等四个方面展开研究[124]。潘莹研究江西天井式民居的平面和空间模式的形成，进一步提出民居主要受到地形、气候、国家居住制度、家庭结构、封建宗法观、宇宙观、风水观、巫神观八大要素的影响[125]（图3-5-1）。周立军、陈烨等学者研究中国传统民居形态，将成因归纳为自然环境、文化环境两大方面。自然环境方面分气候、地形、地方材料等三类，再细化为降雨量、温湿度、风速、日照、水乡、山地、土筑、石作、木构等影响因子。文化环境又分物质文化、制度文化、心理文化等三类，再细化为经济、氏族、人口结构、宗法礼制、信仰、佛道伊三教、儒道两家、民俗文化等因子[126]（图3-5-2）。

这么多的影响因子，它们各自作用于民居形制的哪些方面？主导因素是谁？次要的影响因素又是哪个？随着时代的变迁，这些影响因子的作用会发生什么变化？影响赣南客家民居形制的因素主要有哪些？它们各自扮演着什么角色？

针对赣南客家民居成因的研究，相较其他地区客家民居尚显薄弱。从笔者掌握的资料来看，主要体现在两个方面。一方面是客家民居成因纵向上的层次太多，交叉重叠，较难横向比较而得到厘清。比如有的研究常将儒家文化与风水文化并列，风水观念可以直接作用于民居，而儒家文化往往不直接作用于民居，而需要通过礼制、宗族、国家制度等因素来影响民居形式，这就易造成解读上的困顿。另一方面客家民居成因横向上的跨度太大，研究各有切入点。有的从迁徙的社会角度切入，有的从民俗的文化角度展开，有的从自然地理角度切入，各自阐述影响因素的重要性，哪个因子都重要，宏观上就容易导致主次不分。

在本节，笔者立足于民居"形制"这个点，带着这些问题及对既有研究的思考，尝试厘清这些庞杂的影响因子，进而找到赣南客家民居形制大致清晰的生成机制脉络。需要说明的是，本节立足的"形制"，大致指向民居的规制类型、平面构成或空间模式，并非微观的构造、色彩、空间要素。

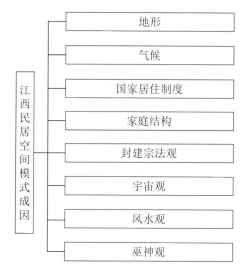

图3-5-1　潘莹的民居成因分类

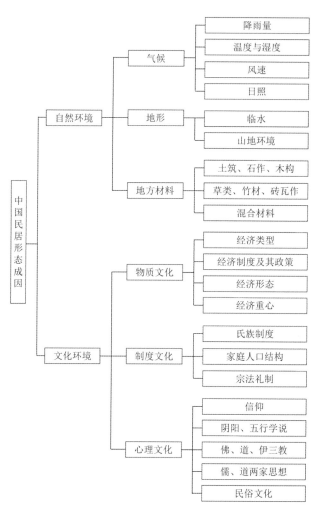

图3-5-2　周立军、陈烨等学者的民居成因分类

拉普普在《住屋形式与文化》一书中系统地分析了民居形制成因之间的关系，对学界产生了较大影响。汉宝德先生评价，"拉普普的贡献乃在以普遍的实地调查与研究，证明了乡土建筑是一种多因素的产物"[127]。拉普普较全面地梳理了学界在气候、材料、构筑技术、基地、防御、经济、宗教等各方面提出的民居形式"决定论"，并以全球民居实地调研为基础，提出了其著名的"社会文化主导论"。"社会文化主导论"的核心阐述是，"住屋的形式并不是实质的力量或任何一个因素的单纯结果，而是最广义的社会文化因子系列的共同结果。而形式渐次为气候条件、构筑方法、可用材料和技术所修改。我认为社会文化的影响力是主要的，而其他上述条件都是次要的和修改性的"[128]。赣南客家民居形制成因之间的关系亦基本遵循这一论点，这从陆元鼎先生带领其研究生持续开展的传统民居文化研究当中可以反映出。而从赣南客家民居的实际情况来看，拉普普的理论运用到客家民居形制成因的分析上还需补充两点。一是地理地形的因素，拉普普未作专门论述，但对赣南客家民居形态的影响相当重要，需要纳入进来分析。二是材料及构筑技术的因素，对赣南客家民居构造、风貌的影响较大，但对其形制类型的影响有限，此节不作论述。

基于学界的研究，结合赣南的实际，我们可以建构起一个赣南客家民居的成因框架。赣南客家民居形成的主导因素是社会文化，修正因素是气候地理，前者包括社会形态和文化共识两个方面，后者包括气候与地理两个因素（图3-5-3）。

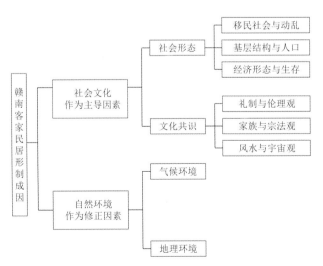

图3-5-3　赣南客家民居的形制成因框架

二、社会文化作为主导因素

（一）社会形态

1. 移民社会与动乱

客家社会是一个移民社会。我们从谢重光先生对客家民系的定义中便直观可见，"客家是汉族在南方的一个民系，它是在汉族对于华南地区的经略基本完成，越海系、湘赣系、福佬人和广府人诸民系业已形成的情况下，继续向闽粤赣交界山区经略的结果"[129]。而赣南又有其特殊性，它经历过移民的二次回流。明末清初，由于战争、动乱等各种原因导致赣南人口下降，而闽粤客家在相当长的时期得以生息，"系裔日繁，资力日充，而所占地，山多地少，根植所获，不足供用，以是，乃思向外移动"[130]。人多地少的矛盾，让闽粤客家人在明末清初大举外迁，其中就有一部分迁回赣南，即闽粤客家"回迁入赣"现象。

移民迁徙对客家文化的各个方面产生了深远的影响，赣南客家民居形制也在其中，表现为三点。

第一，移民迁徙让迁出地源头中原本土的空间形制"迁徙"到了赣南。传统汉族社会宗法制度衍生的明堂、祠堂等祭祀空间形式，由中原迁入地延续传承到了赣南等客家地区。当然，迁徙的建筑形式往往受迁出地和迁入地因素的双重影响，其在迁入地的演化仍要经历一个与当地环境融合的过程。为适应聚族而居、抱团生存的需要，祠堂空间到了赣南，往往与宅舍居室融合，发展形成"家祠合一"的客家民居民居建筑。祠堂成为客家民居当中的礼制空间，而中原礼制文化也在客家民居建筑当中得到传承和体现。从某种意义上来说，中原迁出地的民居形式是以"礼制"这种非物质的形态随着移民被带入迁入地赣南的，客家人再结合赣南的自然、文化环境，通过重新诠释，将中原礼制建筑非物质精神转化为"厅堂"这类新的建筑物质形式。在这个过程里，厅堂被赋予了经过强化的新的礼制精神，以团结庞大的族群，共同面对赣南相对恶劣的生存环境。

第二，移民迁徙使得沿途迁出地的民居形制"迁徙"到了赣南。客家迁徙是一个波浪推进的过程，并非从中原到赣南跨越千里一蹴而就。事实上，据学者考证，自唐代中叶安史之乱开始，向南迁徙的汉人便多来自江淮一带[131]，而南迁的江淮汉人，当然也是上一波南迁汉人与江淮当地汉人的融合体。在这个历程里,中原合院式民居衍化为江南天井式民居,形成了中国汉族两大民居形式南北并立的格局,而江南天井式民居形式随着移民进一步"南迁"。赣南客家承接了天井式民居形式,堂厢屋等天井式民居的典型形式在赣南有着广泛的分布,以赣南东北部最为兴盛,这也从地理上反映出了这种形式的延续与过渡。同时,客家人为适应赣南自然、人文环境,逐步消化和融合了天井式民居形式,将之衍化发展为更为大型的行列式、围合式民居形式,形成了以居祀组合为显著特征的赣南客家民居形制。

第三,闽粤客家回迁及两地文化的渗透进一步丰富了赣南客家民居的形式。赣南寻乌分布的围垅屋无疑是粤东北民居形式渗透的产物,而寻乌、龙南等地分布的围垅屋式围屋,明显是围垅屋适应赣南动乱形势、强化防御特征与赣南围屋形式融合的结果。

赣南客家社会的发展也是一部山区地方动乱的社会变迁史。赣南山区的动乱大体上分为两类,一类是山区"匪乱",一类是宗族械斗。"匪乱"为官府定性,事实上赣南历代"匪乱"的制造者,不仅有出身草莽的平民、流民,更多的是豪强这类地方社会的支配力量,黄志繁先生认为,赣南"匪乱"可看成是"地方社会整体转型所带来的与中央王朝的互动"[132]。宋元以来,赣南就是一块是非喧嚣之地。南宋初绍兴五年(1135年),江西制置大使李纲有报,"虔、吉、筠、袁等州,素产盗贼,蜂屯蚁聚,不可胜计","本路盗贼,虔为最,吉、抚、筠、袁次之"[133]。明末清初,闽粤移民大量涌入赣南,加剧了这个改朝换代历史阶段的社会动荡。《赣州府志·武事》统计:明正德元年(1506年)至清同治十三年(1874年),这368年间记载的动乱即有148起。在这148起中,涉及定南、龙南、定南、安远、寻乌这些地区的动乱就有92起。这个数字还不包括赣南除赣州府之外的南安府和宁都州的动乱数目,而盘据在这些山区的"匪贼"同样不少。

宗族械斗事实上是宗族之间、地主与佃农之间围绕生存空间的争斗。赣南山多田少,生存空间有限。面对这种受限的资源环境以及上述动乱的社会环境,客家人选择了抱团生存的宗族聚居方式,生存空间的大规模争夺往往就在宗族与宗族之间展开。明代晚期以后闽粤客家大量回迁,"新客"冲击"土客"的生存空间,地主与佃农之间的矛盾突出,争斗常常也以宗族为单位呈现,加剧了社会的冲突和动荡。宗姓械斗常常十分剧烈,为了本族的利益,族人往往不惜身家性命,大动干戈而结下世仇,乃至数十上百年不解。

社会动乱促使客家社会强化中原礼制文化,加强了宗族内聚性,形成客家广泛的聚族而居的社会生态,间接地对赣南客家民居形制产生广泛而深刻的影响。这些影响,成为赣南客家民居呈现向心性、围合性、秩序性等特征的重要因子,礼制与宗族文化观对赣南客家民居形制的作用,容后文赘述。

动乱的社会状况催生了防御的现实需求,直接影响到赣南客家民居的形制。民居最原始的功能,在于为人类提供遮风挡雨、应对气候的荫庇之所。而为应对山区的"匪乱"和宗族之间的械斗,赣南客家民居的很多类型,已不仅为荫庇之所,更是高度防御的堡垒。除四扇三间等供家庭居住的堂列屋外,赣南客家民居的其他类型都具备或多或少的围合性,而围合性(对外即排他性)本身是建筑设防的基本要求。赣南行列式客家民居多属弱防卫类型,但自堂排屋始,堂厢屋、堂横屋的围合性均呈现增强的趋势,至围枕屋这类三面围合的客家民居类型,设防特征已颇具雏形。赣南单列式、行列式客家民居呈现出的弱防御性,并不代表其广泛分布的赣南北部地区没有动乱,而是这些地区相对能够得到官府统治力量的庇护,中和了民间自设防御的需求。即便如此,赣南北部如兴国、于都、瑞金等县,依然有很多的村落建造村围以保平安。

邻近闽粤的赣南南部地区,山高林密,动乱尤甚。而这些地区远离州府之地,官府统治力量难以企及,客家人便不得不设防自保,赣南围屋便在这种情况下产生了。围堂屋、围院屋等赣南围合式客家民居,都是四面围合、墙高壁厚的强防卫类建筑,因其高度设防、方正冷峻而与闽西南土楼、粤东北围垅屋并称为客家地区三大围屋类型。围屋的围房常为两至四层,对外封闭基本不开窗,顶层设射击孔,四角设炮楼。每一座围屋的内部,要么是个大家庭,要么是一个家族,不论人口结构有多复杂,一围只设一个祖堂。因此,每个围子既是一个供奉同一祖先的血缘集体,也是一个有着共同利益、高度一致对外的战斗团队(图3-5-4)。

综上所述,形成客家社会的移民迁徙,是赣南客家民居传承中原礼制精神和江南天井形制、承接闽粤民居文化渗透的主要途径。持续动乱的社会生态是赣南客家民居普遍呈现围合性、排他性的主要成因,是

图 3-5-4　动乱与围屋：龙南燕翼围

赣南聚居类客家民居尤其围屋这类高设防性建筑产生的主要社会因素。赣南客家社会的移民特征和动乱环境，是宗族生存和发展的社会土壤，也是塑造赣南社会宏观文化形态、形成客家民系性格的主要因素。

2. 基层结构与人口

我们这里讨论的基层结构，指的是民间治理的社会基层单元，而不是官府统治权力体系的社会基层单元。在官府的治理体系当中，社会基层只有家庭一种单元，无论人口管理抑或是税赋管理，均以单个家庭之"户"为最小单位。民间的基层结构，指向的是话事与共堂的基层单元，赣南民间社会基层单元有两种，即家庭和家族。

家庭作为社会基层单元，尽管仍有宗族的约束，但保有较大独立性，话事人为家长。单个家庭人口的规模，往往由经济基础决定。赣南乡村多为小农经济，加上耕地有限，人口众多的大家庭合作劳动相比人口少的小家庭，并不具有优势。另外，由于大家庭中兄弟子侄共同生产劳作，不易维持平等，因此，男丁长大成婚后分家单过，这种现象在赣南极为普遍。家庭人口结构的变化，体现在居住的宅舍的变化上，大致有三种情况，一种是原堂扩建，如四扇三间扩展为六扇五间、八扇七间或一堂两横；第二种为多堂扩建，如四扇三间扩展为"上三下三"堂厢屋；第三种是另建宅舍，表现为民居剥离之后的独立单元复制。独居类民居有的为单个家庭之居所，也有的居住着多个家庭。多个家庭一般为至亲血缘，是家庭分化男丁分家（分灶不分居）的结果，仍由家长支配，未形成如族规之类的家族准则，仍可视为一个大家庭。这个时候，家庭虽仍未发展为家族，但已初见雏形。这样，以家庭为独立基层单位构成的村落，就呈现出聚村独居的居住形态，家庭作为相对独立的存在，在宗族相对弱势的治理下聚集形成熟人社会，这是汉族群居最为主流的社会场景（图 3-5-5）。

家族作为社会基层单元事实上包括家族、小家庭两个层级。小家庭在这两个层级里，其独立性受到极大削弱，家族单元话事人是族长或长老，家之父受制于族之宗子，即所谓"父，至尊也""大宗，尊之统也"。要构成宗族，第一必须是一个男性祖先的子孙，从男系计算的血缘关系清楚；第二必须有一定的规范、办法，作为处理族众之间的关系的准则；第三必有一定的组织系统，如族长之类，领导族众进行家族活动，管理族中的公共事务。这三个基本特点都是缺一不可的[134]。

前文所述的行列式客家民居、围合式客家民居形式，大多为家族居住所采用，这些客家大屋，由于内部承载着数量众多的家庭，其居室数量、厅堂规格、建筑占地常常远超一般的独居类宅舍。客家大屋当中供小家庭居住的居室随着家庭独立性的削弱而呈现极度均质的状态，所有的居室均向心拱卫着祖堂这个象征宗族力量、族长权威的空间场所，祖堂在客家大屋当中是唯一的核心。当家族之中家庭数量或人口规模

- 上下有别
- 尊卑有别
- 男女有别
- 内外有别

图 3-5-5　家庭伦理场景与聚村独居
（引自潘安《客家民系与客家聚居建筑》，P123）

图 3-5-5　家庭伦理场景与聚村独居（续）

增长时，居住的安排大致有两种情况，一种是共堂扩建，另一种是选址另建。共堂扩建即共用祠堂的扩建活动，一般是在客家大屋的基础上加建居室，表现为居室叠加之后的累积，如堂厢屋向两侧同排增加居室，形成更大宫格型堂厢屋，或如堂横屋，二堂二横向两侧扩展为二堂四横，再可向后扩展为一枕、二枕。选址另建的情况往往以宗族的一个支系为单位，在老宅旁边新建大屋，如龙南关西新围，就是徐家老四徐名均带领其脉一系在老宅西昌围南侧选址另建的。家族在一处宅舍内聚居是客家人应对外界恶劣环境采取的必要措施，即便人口规模扩大了，客家人扩建或新建宅舍，一般都尽力维系家族的完整性。在赣南，往往一座客家大屋或者几幢客家大屋就是一个村落，一幢大屋就是一个小型社会，呈现出聚宅而居的客家社会独特场景。

因此，家族作为社会基层单元，是赣南客家聚居类建筑衍生的人口规模因素。赣南客家社会基层结构呈现的家庭、家族二元特征，使得赣南大地上既分布着四扇三间、堂厢屋这类家庭独居类的汉族经典民居形式，也有着堂横屋、围垅屋、围堂屋这些家族聚居的客家大屋民居形式。基层单元人口的规模，往往决定了赣南客家民居尤其聚居类建筑的体量，同时，家族作为独立不可割裂的居住单元，其人口规模发展的过程，也推动了赣南聚居类客家民居可扩展性的完善。

3. 经济形态与生存

历史上，赣南总体上属于欠发达地区，社会生产力长期相对低下。

经济因素对赣南客家民居形制的影响较小。拉普普认为，住屋的形式反映了居者的世界观，他们的经济生活便不能发挥决定性的影响，经济强弱甚至不如讲究面子更能影响到住屋的形态[135]。在赣南，客家人采用什么样的民居形式，往往取决于其他因素而非经济因素，比如围屋的封闭形态，取决于防御的现实需要，由社会环境主导，再如赣南客家民居普遍采用居室围合厅堂的形式，更多是凝聚族人、抱团求存的需要，主要为礼制文化与宗族文化结合的结果。一个村落或一个大家族，无论整体贫困或富裕，在共同的社会文化大环境下，他们选择的民居形式都是基本一致的，体现出同一环境下所孕育的共同的价值观。

经济财力的强弱在民居上的反映，更多在于筑造用材、构造装饰等方面。财力雄厚的富户或宗族，建造的宅舍往往堂门阔大高耸，尽显气派，内部构造雕梁画栋，精致繁复，为求装饰效果，常常从外地请来工匠重金打造（图 3-5-6）。而其构架主材亦求大求整，典型如门头主梁，往往整根塑成，粗壮厚实，而粗大原木料多到山中寻找，如无合适，也要从外地购买得来。而贫穷的佃户或家族，其宅舍便要简陋许多，佃户宅舍多用土砖或夯土筑成而用不起青砖自不用说，许多财力不足的宗族大户宅舍虽大，但其装饰、构造往往朴素而少装点。

学界常有一种观点，认为赣南客家民居尤其"九井十八厅"、大型围屋这类客家大屋规模庞大，耗资

图 3-5-6 家族财力在民居构造上的反映

甚巨，是家族财力的象征。而笔者持相反的看法——聚族而居的客家大屋，恰恰反映了客家人生存资源紧缺情况下的生存智慧。从建造的整体耗费来看，客家大屋的总体建造成本，相比族人各家单独建造独居宅舍的耗资总额，往往更具节约成本的优势。我们可以看到，客家大屋中规模占比最大的居室部分，普遍均质而简陋，墙体夯土或土砖砌筑，窗多采用直棂木窗而不雕饰，而规模占比小的厅堂部分，墙体常采用青砖，木构、石构、门窗往往精雕细刻。客家人对厅堂与居室的不同处理方式，明显是财力有限的情况下家族宏观权衡的结果，将有限的资金集中用于厅堂公共部位，既是崇宗敬祖的体现，也是更大程度装点门面的需要。因此，客家大屋是客家人"集中力量办大事"建造出来的，体现出客家人抱团取暖、用规模换成本的生存智慧。从建造的时间跨度来看，九井十八厅等客家大屋的庞大规模，往往并非一时建成的结果，而是十来年甚至数十年历代建造而成。支撑建造的，并非某代人财力的雄厚，而是宗族的繁衍和历代长期持续的投入，彰显出家族代代接力的生存韧性和生存智慧。

由此可知，经济因素并未直接干预和影响赣南客家民居形制，其影响更多体现在建筑用材和构造装饰等方面。持续欠发达的经济状况，是赣南聚居类客家民居形成的一个基础因素，换句话说，赣南客家大屋现象从经济上看，可视为一种社会财力不足情况下家庭或家族善用规模效应、代代接力建造的生存智慧之体现。

（二）文化共识

1. 礼制与伦理观

在中国，"礼"既是一个包罗万象的文化概念，也是一个具有约束力的制度概念。大到国家层面制定的各类典章、法律制度，小到每个中国人日常的待人接物礼仪，礼的精神几乎无处不在。从表现形式来看，中国尤其汉民族的礼制文化可分为内涵和外延两个部分，礼制文化的内涵包括忠孝仁义、三纲五常等伦理文化精神，礼制文化的外延具象为典章制度，即狭义的礼制。

一方面，礼制文化以典章制度的形式直接影响着民居形制，赣南客家民居亦在其内。

国家制度对官式建筑、地方民居有着不同的约束与规定。官式建筑在中国亦可称礼制建筑（图3-5-7），大体上包括坛、庙、宗祠；明堂；陵墓；朝堂；阙、华表、牌坊等五类。朝廷设将作、内府或工部统管官式建筑的设计与标准，主要包括制度条例、法式和图纸，对中央及各地的官式建筑加以约束，因此官式建筑规制不一，但形式统一，地区同级之间没有差别性。地方民居建筑则有不同，国家对它的控制和管理主要依靠制度条文，不作法式、图纸约束。民居的建造基本由各地工匠、居者甚至风水师参与，多因地制宜，建筑形态各地不同，特色鲜明。

中国历代政权对住宅的等级及相应规制都有明文规定。自周代的《周札》一直到清朝的《大清律》，关于民居建筑的这些规定，无一例外地作为朝廷礼法制度的一部分出现。这些制度成了几千年中国传统民居建筑必须遵循的基本准则，原则上违者都需要面对法律的制裁。

据《唐会要·舆服志》记载，唐代对私宅建筑的规制即有着明确的规定，"三品以上堂舍不得过五间九架，厅厦两头。门房不得过五间五架。五品以上堂舍不得过五间七架，厅厦两头。门房不得过三间两架……""庶人所造堂舍，不得过三间四架，门房一间两架，仍不得辄施装饰。"宋代作了补充，"庶人舍屋许五架。门一间两厦而已"[136]。明代继承了唐宋法统，并制定了更为详细的约束条文，据《明史舆服志》记载，"公侯前厅七间两厦，九架，中堂七间九架，后堂七间七架，门三间五架，家庙三间五架，从屋不得过五间七架。""一至五品厅堂五间七架，门三间五架，六至九品厅堂三间七架"。对于庶民宅舍，明洪武二十六年规定，"庶民庐舍不过三间五架，不许用斗棋饰彩色"。洪武三十年重申，"禁饰，不许造九五间数，房屋虽至一二十所，随其物力，但不许过三间。正统十二年令稍变通之，庶民房架多而间少者，不在禁限"。清代政策与明代相似，据《大清会典事例》记载，"……顺治九年定亲王府基高十尺，外周围墙，正门广五间启门三，正殿广七间，前墀周围石栏，左右翼楼各广九间，后殿广五间，寝室二重，各广五问，后楼一重，上下各广七间……"。公候以下官民宅舍形制的规定，清代基本照搬了明代的政策条款。

历代国家制度对民居的限制规定都有着明显的等级特征。公候官员的宅邸依据品秩有着不同等级的限制，官秩高则宅舍规制大，反之则小。而作为乡村民居主流的庶民宅舍，位于等级中的最末一级，住宅规模受到极大的限制，客观上造成了对民居形式创新的束缚。

赣南客家民居很少有全木构架的民居建筑，绝大多数民居均为墙体承重，除厅堂为扩大内空开间尺度常采取穿斗式、抬梁式木构架，其他部位多数采取屋顶架设檩条搁墙承重的方式。因此制度上"三间五架"的要求，对赣南客家民居的约束便有一定的模糊性。赣南客家民居当中四扇三间的正面虽然不是由四个木

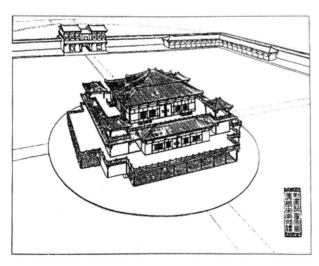

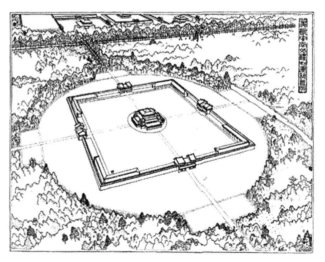

图3-5-7　汉代礼制建筑复原图（引自刘敦桢《中国古代建筑史》）

柱分隔出三个开间，但实墙"三间"面阔的特征依然相当明显，完全符合朝廷规制对庶民宅舍的要求。四扇三间的山墙因属实墙，不似穿斗式、抬梁式木构架有明显的构架数量特征，虽然屋顶檩条大多为七、九、十一甚至十三之数，一般亦被视为符合"五架"的进深要求。四扇三间广泛分于赣南乡村的各个角落，是赣南数量最多、最为常见的客家民居形式，这种情况既反映出这种形式对家庭生活需求、自然与社会环境的适应能力，同时也是对国家礼制典章的一种积极回应，体现出赣南客家民居与中原礼制文化的传承关系。

历代国家制度对民居的限制亦有着宽松的一面，这给了赣南客家民居形式发挥的余地。制度严格控制的重点在于单栋建筑的规制大小，而宽松之处大致上体现为两点，一是制度对民居的群体规模、房间数量和组合方式并无限制，二是对宅舍平面的规定没有细化落实到具体的尺寸上。制度上未作限制的这些地方，为赣南客家民居朝着群体组合的方向发展创造了必要的条件，也为赣南客家民居规模"逾制"埋下了伏笔。

客家"上三下三"民居有着群体发展的典型意义。它由两栋四扇三间前后拼联而成，可视为赣南客家民居在"三间五架"框架下向群体组合的方向迈出的第一步。"日"字形中格型堂厢屋再进一步，扩展到正屋三堂，只要堂屋开间仍然为"三间"，即便制度上

从严约束也找不出它的毛病。包括江西在内的江南地区流行的天井式民居，多数与赣南"上三下三"民居有着类似的规制反映，即便进入清代之后几乎所有的天井民居都超越了"五架"进深，但其面阔超过"三间"的却相对少得多。可见国家礼制对民居的影响根深蒂固，而这种影响力在地理上，往往呈现越是向北、越是靠近朝廷中央便越明显的态势。

细心的读者会发现，赣南地区的大部分客家民居类型，事实上已经逾制了。还是以"上三下三"为例，当客家人在"上三下三"或"日"字堂厢屋基础上向两侧同列增加居室，扩展成宫格型堂厢屋时，情况就显得微妙起来了。这个时候，有的堂格型堂厢屋在面阔上虽然采用了"侧三间＋正三间＋侧三间"的组合做法，如龙南关西新围核心体堂屋（图3-5-8），但如果将一排堂屋视为一幢单体建筑，其规制就已远超所谓"三间五架"。有学者认为这是一种"擦边球"的做法，并不违背朝廷法规，它的长期存在说明已得到朝廷的认可[137]。笔者认为得到朝廷认可的观点值得商榷，因为赣南客家民居的很多类型现象无法从中得到解释。最为明显的是"六扇五间"民居，在赣南大量存在，亦被视为赣南客家民居的基本形式之一，规制上直接就超过了"三间五架"，由两幢六扇五间前后拼联组成的"上五下五"，在赣南也相当常见。再如全南

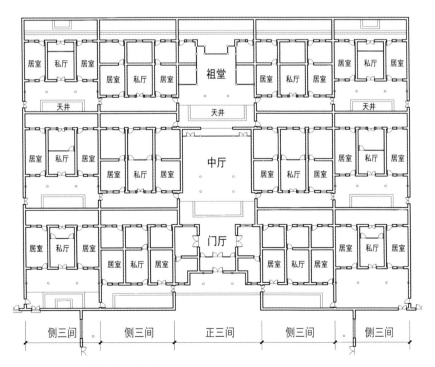

图3-5-8　"逾制"的龙南关西新围堂屋

图 3-5-9 "逾制"的全南大吉山镇上窑村排屋

大吉山镇上窑村排屋（图 3-5-9），一排堂屋十数间，或如寻乌澄江镇周田村下田塘湾王氏巨楫公祠，堂屋亦有明显的七个开间，笔者相信官方如果较真，是很难被当作"擦边球"而得到认可的。

　　根据赣南地区的地理、社会的特征，这类逾制的客家民居形式之所以长期存在，笔者推测有两个原因。一个是所谓"山高皇帝远"，即国家制度的实施效力，与民居所处地方距离朝廷中央的远近有关，与朝廷在该地区投放的统治力量有关。在南北地理跨度较大的江西，封建统治易于延伸的赣中、赣北等大盆地、大平原地区的民居逾制的情况很少。而赣南区位上属中原的边缘地带，远离朝堂，地理上多为山地，面阔过"三间"的逾制民居比例显著增多，当地人的居住模式和民居形态亦呈现出更加多元的鲜明特征。第二个原因是赣南地方官府的妥协。赣南社会的动乱是长期的，地方官府社会治理的难度相当大，其自身力量常难以应付，于是往往借助地方宗族豪强的力量，这是赣南官府地方治理的常态。这种情况下官府一般会默许地方宗族的壮大，客家大屋的逾制在官府与宗族的合作面前就显得微不足道了，官府与宗族往往极易取得关于民居规模上的某种默契。赣南南部的山区动乱尤其剧烈，官府鞭长莫及，不得不允许地方聚族自保，围屋这种割据色彩极其浓厚的民居形式，即便规模逾制，赣南官府也只能妥协，被动地接受了。

　　另一方面，礼制文化的伦理思想内涵对赣南民居形制起着决定性的影响作用。

　　礼制作为文化内涵对民居的影响，笔者在本章第一节论及礼制的类型意义时已有详细阐述。潘安先生

提到，"汉民族的所有文化现象都可以回归到尊祖崇古的思想体系""'礼'是尊祖崇古思想体系系统化、规范化、逻辑化和具体化的结晶"[138]。作为礼制文化伦理内涵根源的尊祖崇古思想，反映到赣南客家民居当中，便是直接确立了以祖堂为主体的"厅堂"在客家民居当中至高无上的核心地位，也间接地确立了居室等其他空间的从属地位。通过具体化的伦理精神所体现的等级观和秩序观，礼制将构成赣南客家民居的各类空间组织为秩序化的群体，进一步塑造了赣南客家民居"厅堂为核、居室围合"的基本形制，赣南客家民居普遍呈现的向心性、秩序性等特征，在根源上得到奠定和确立（图 3-5-10）。当然，这个过程有两个因素不可或缺，一个是礼制文化在赣南的融合与强化，前文有述；另一个是家族体系在赣南的强化。家族作为礼制文化载体对赣南民居形式产生的影响，见于后文。

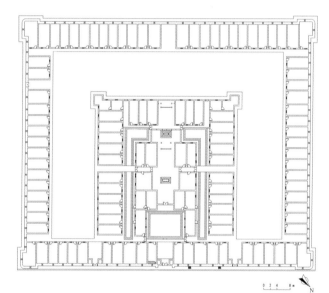

图 3-5-10 体现"礼制"的赣南客家民居：安远磐安围

综上所述，礼制的制度形式影响了赣南客家民居当中四扇三间、"上三下三"等小型民居的规模形制。由于赣南独特的地理、社会环境，赣南客家民居的众多类型都突破了国家制度的约束，呈现丰富多元的类型和鲜明的地域特征。总体来看，"礼"是客家社会的文化内核，也是赣南客家民居所有类型的内涵本源。礼制文化是赣南客家民居形制确立向心性、秩序性等基本特性的根本文化因素，在赣南客家民居形制的各个成因之中，礼制文化是决定性的主导因素。

2. 家族与宗法观

家族与宗法是一个相互依存的关系。家族是父系单系亲属集团，是有着血缘关系的家庭的集合体。而宗法起源于远古氏族社会的家长制，是传统社会以血缘关系为基础对族人进行管理的制度。因此，宗法制度事实上是家族这个家庭集合体的管理制度，是家族维护秩序、保持稳定的制度保障。当然，广义上的宗法制度还与君主制、官僚制结合为社会政治和文化体制，成为统治阶级维护政治稳定、社会秩序的重要手段，外延过大，此处不作深入阐述。

家族、宗法与礼制之间更是无法分割的关系。礼制是中华民族文化之纲，同样也是宗法制度之纲、家族伦理秩序之纲，礼制文化渗透到了家族、宗法的各个方面。笔者试图结合礼制的分析，从家族社会、宗法制度、宗族管理三个方面，梳理家族及宗法对赣南客家民居形制的影响。

首先，我们关注家族社会的"大公"特征对赣南客家民居形制的影响。

客家社会某种程度上就是家族社会。家族是客家民系的社会主体，"今天所谓赣南客家社会结构和客家社会文化，事实上主要是通过'宗族'这种社会主体来体现和表达的"[139]。而客家大屋往往容纳着一个家族，于是客家大屋便成为一个小而独立的家族社会。林嘉书、林浩两位先生描述客家土楼内的社会场景："土楼内的家庭与家族的各家庭之间、家庭与家庭之间的密切关系，使他们在包括住宅建筑空间设施上最大限度地共财，即共一所屋宇之下、共门户、共一个小宇宙、共外周墙、共厅堂天井中庭梯道等等，还有种种公产。这一切都是紧紧围绕着血缘核心而存在的。表现在生活事俗之时，土楼内的各家庭之间的'大公'事俗情景，是最大限度的一律性格、甚至几乎不见单家的特色"[140]。

由此可见，客家家族社会是一个"大公"的社会。"大公"的家族社会，有着两个显著的特点，一是公私剥离，强调共同祖宗及祖堂的崇高地位，拉开其与世俗居所的距离，有助于形成族群向心力；强调共财、公产的独立性，有利于保持分配的公平和群体的稳定。二是扬公抑私，强调家族，弱化家庭；强调群体，弱化个性。归根结底，抑制个性生长，注重群体秩序，同样是维护家族稳定、强化族人内聚力的重要手段。从调研的资料来看，家族"大公"社会的这两个特点，对赣南客家民居形态的形成影响甚大。

家族社会"公私剥离"的特点是赣南客家民居空间呈现二元性的重要成因。尊祖崇古思想赋予了供奉祖先的祖堂以某种神性，以祖堂为主体的厅堂因属族人共财、公产而具备独立性。赣南客家民居当中的公共部分，拉开了其与居室这些私密部分的距离，"厅堂"与"居室"这两个客家民居的主体空间于是走向剥离，成为赣南客家民居当中相互独立、整体关联的两个个体。由此，赣南客家民居空间的二元性便具体地确定下来。赣南客家民居所具备的围合性、秩序性、整体性等特征，大多是以二元性为基础进一步展开的，因此，二元性是赣南客家民居多数特性形成的基础特征。

家族社会"扬公抑私"的特点是赣南客家民居主要空间形态特质的重要成因。"扬公抑私"的观念反映在厅堂、居室上，使得赣南客家民居的这两个主要空间呈现出迥然不同的空间特质。客家民居当中的厅堂地位崇高，处于绝对中心的位置，空间尺度高大而气派，空间装饰精美而繁复，空间序列递进而有层次，空间整体氛围庄重而肃穆。而居室明显属于从属地位，围绕厅堂布局，空间尺度狭小而局促，房间简陋几无装饰，空间均质而毫无个性，一间间叠加便如当代集体宿舍一般，是生活情景"甚至几乎不见单家的特色"在建筑上的表现。

家族社会的这两个特点的综合作用是赣南客家民居呈现整体性的重要成因（图3-5-11）。因其具备的二元性及二元空间迥异的空间特质，客家人聚居的大屋无法像其他汉族地区聚居的村落一样，可以将其中的宅舍拆分为一栋栋独立的建筑单元，每个单元都有一套公共与私密的空间系统。赣南客家民居只能拆分为厅堂和居室两个部分，厅堂如剥离开来，就转变成为纯粹公用的祠堂，已非居所，而居室拆分开来，就只是仅剩睡觉等私密功能的房间而已。因此，赣南

- 共奉一祖公
- 共享一空间
- 共用一门堂

图 3-5-11　家族伦理场景与聚宅族居
（上图引自潘安《客家民系与客家聚居建筑》，P129）

客家民居是一个由厅堂合体和居室合体构成的宏观联合体，具有显著的整体性特征。

其次，宗法制度体现的等级、秩序观念对赣南客家民居形制亦有重大影响。

宗法制度的目的依然是以伦理内涵为基础确立和维护社会秩序。在某种程度上，宗法制度就是等级观念和秩序观念的制度反映，它以等级关系为主要特征，构建家族甚至社会阶层的整体秩序。宗法观结合传统礼制反映在赣南客家民居形制上，分别确立了民居各个空间的尊卑等级和组合秩序。

宗法观确立了建筑各个空间的尊卑等级。一是体现在空间布局与方位的尊卑上，建筑以中为上，侧为下；后为上，前为下；左为上，右为下；距中近者为尊，远者为卑。二是体现在不同功能空间的界定上，建筑以正房为尊、厢房为卑；祖堂为尊，居室为卑；长辈居室为尊，晚辈居室为卑。

宗法观确立了赣南客家民居主要空间的组合秩序。一是明确了空间的主从布局关系。具体体现为，重要尊崇的空间是主体空间，布局于"上位"或是"尊位"，次要基本的空间是从属空间，布局于"下位"或"卑位"。赣南客家民居当中最为尊崇的祖堂居于中轴尊位，中轴当中又布局于后端上位，空间地位至高无上。稍次重要的其他厅堂布局于中轴前部，空间地位次之。居室是家族社会弱化家庭地位和个性的建筑体现，在赣南客家民居中处于从属地位，布局于中轴两侧"下位"，形成两侧伺奉拱卫中轴厅堂的态势。客家大屋当中的围枕屋及部分堂横屋依据前堂后寝制度，将居室布局于堂屋后侧，是为枕屋，因其已不在中轴的空间序列，并非居后的"上位"，事实上，枕屋在客家民居当中相对横屋地位更为低下，居室足够时枕屋往往兼作杂间及其他功用。二是确定了空间的先后排列关系。赣南客家民居当中的公共部分，形成了风水池、禾坪、下堂、中堂、祖堂的空间序列关系，这个空间关系层层递进，前敞后闭，前卑后尊。赣南客家民居当中的私密部分，虽无明显的递进序列关系，但居室以居者尊卑为依据的分配秩序，依然向我们揭示了其背后的递次关系。我们可以看到，家族当中与祖先血缘关系越近的家庭，其居所越靠近中轴厅堂，反之距离越远，居室以祖堂为始向外发散，居者地位递减，空间上堂屋正房、横屋、枕屋也呈现地位递次下降的关系。这些空间秩序关系，反映出客家社会鲜明的伦理、礼制特征。

最后，我们关注宗族管理对赣南客家民居形态的影响。

中国历代封建王朝治理乡村都依赖于乡绅或宗族。民国之前，朝廷权力机构的正式设置一般止于县一级，乡镇和村庄的基层则为地方自治，实际上即由乡绅或族长以血缘关系为纽带通过对家族社会的管理来实现自治。

宗族是文化的载体，它并非赣南客家民居形制的成因，而是客家民居形制影响因素的传导媒介。客家人的居所反映的是客家人的世界观，而世界观需要人，尤其是在宅舍建造当中有话语权的人传递到建筑上，乡绅、族长或者族中的长老便是这个角色。宗族的管理更多体现在聚落层面，诸如个人营建行为的协调、公共设施的统筹、村庄环境的维护等，对家庭独居类客家民居形式本身的干预较少。而赣南聚居类客家民居一座大屋本身就属一个小型聚落，宗族管理便起着决定性的作用了。从田野调查的情况来看，强势宗族管理介入的客家大屋，往往功能分区合理、空间层次分明、形制规则完整，这与经济实力并无大的关系，财力的多寡更多影响建筑的精美程度而已。

赣南客家民居当中出现了一些残缺异形的形态，很大程度上是由于宗族管理缺失导致的。如前文提及的安远三百山镇唐屋村恒豫围，内围方正厚实，极其规整。外围越往外扩张，加建则越发放任无序，形态就越显变形，明显是后期宗族管理趋于弱势所造成的。

3. 风水与宇宙观

风水古称堪舆，观念起源于远古。风水系统理论建立于隋唐，至宋代发展为风水史的高峰。中国风水文化唐代及之前以长安为中心，称长安派，后随汉民南迁至赣南，称赣南派（亦称江西派、形法派、形势派），开派祖师为唐末掌管琼林御库的金紫光禄大夫杨筠松，其避黄巢之乱由京城至赣南而授徒立宗。再后赣南人王伋至福建建瓯，衍生出理法派（亦称福建派、宗庙派），与形法派并称于世。因此，赣南是客家风水的发祥地，也被称为中国民间风水文化的发祥地。赣南当地极盛风水之术，赣南客家人亦笃信形法风水。形法理论较之讲究个人命相的理法派而言，更关注和强调实质的自然环境，学界普遍认为其科学成分相对更多。罗勇先生认为风水在赣南客家地区立派并兴盛并非偶然，赣南山区独特的地理形势为风水的培育与传播带来了条件，风水自身也适应了客家先民求生存、开发山区的需要，加上赣南地区宋明理学、"巫文化"的盛行，亦为风水的兴盛创造了文化环境[141]。

研究赣南客家建筑不能不提风水。赣南民间有"医药不明杀一人，地理不明杀全家"之说，认为宅舍风水好坏与否，会影响居者祸福吉凶，并延及子孙。在赣南乡村，客家人营造住宅，必先请风水先生踏勘

风水，察看形势，择地选址。潘谷西先生认为，"风水的核心内容是人们对居住环境进行选择和处理的一门学问"[142]。当然，不可否认的是，风水当中也有不少神秘迷信的成分，这点无需避讳，但这并不影响我们通过风水文化去理解客家人塑造其居所形式的动机。风水对客家民宅营建有着深刻而重大的影响，它的长期兴盛本身就说明其存在的合理性。林嘉书先生论及客家土楼，提出："可以肯定地说，离开了风水，对土楼是没法解释的。不了解客家的风水观念，就根本谈不上理解土楼文化"[143]。吴庆洲先生同样认为，"研究中国传统建筑文化，不能回避风水。研究中国客家建筑文化，风水更应给予特别的关注"[144]。

风水对客家民居的影响是广泛的。潘莹总结风水对民居平面和空间产生的影响，认为分为两种，一种为间接方式，即"通过对民居的选址及外部形态的规定性来影响其内部平面与空间形态"，典型如大门相冲偏向的"歪门斜道"做法（图3-5-12）。另一种为直接方式，即"直接针对民居内部平面、空间要素的形状、尺度和排布、组织方式进行的风水规定"，典型如天井与周边房间之间敞与闭体现的气流平衡，阴阳调节[145]。风水观念甚至渗透到了客家人建房各个阶段的仪式上，如动土"选吉"、升大梁"祭梁"、安大门"格庚"，都活跃着风水先生的身影。

由学者的研究可见，就建筑本体而言，风水更多地影响着民居当中单个的空间要素和构造要素，而对建筑本身宏观形制的影响有限。《阳宅会心集》当中的"格式总论"记载，"屋式以前后两进，两边作辅弼护屋者为第一。后进作三间一厅两屋，或作五间一厅四房，后厅要比前厅深数尺而窄数尺。前厅即作内大门，门外作围墙，再开以正向或傍向之外大门，以迎接山水。正屋两旁，又要作辅弼护屋两直，一向左一向右，如人两手相抱状以护卫，辅弼屋内两边，俱要作直长天井。两边天井之水俱要归前进外围墙之内

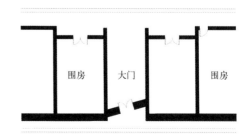

图3-5-12 龙南东江乡三友村上半坑象形围大门

天井，以合中天井出来之水，再择方向而放出其正屋地基。后进要比前进高五、六寸，屋栋要比前进高五、六尺。两边护屋要作两节，如人之手有上下两节之意，上半节地基与后进地基一样高。下半节地基与前进地基一样高。两边天井要如日字，上节与内天井一样深，下节比上节深三寸。两边屋栋，上半节与前进一样高，下半节比上半节低六、七寸，两边护屋，墙脚要比正屋退出三尺五寸，如人两手从肩上出生之状，……此为最上格。其次则莫如三间两廊者为最，中厅为身，两房为臂，两廊为拱手，天井为口，看墙为交手，此格亦有吉无凶"。所论为堂横屋民居形制及其构造，堂横屋形制平面格局本是现实已存在的模式，并非风水典籍所创，风水理论只是对该形制作了布局建议，并提出构造尺度、构造组合、排水组织等方面的风水要求。

作为"人们对居住环境进行选择和处理的一门学问"，风水最为重要的表现是深刻影响着传统民居与自然环境的关系，主要体现在宅舍的定位定向和人工环境的营造上。

风水主导了客家宅舍在自然环境中的定位和定向，确立了建筑与自然的外感空间关系。一般情况下，建房密集而单幢宅舍较小的大型聚落，建筑之间多有制约，单个建筑往往很难与自然产生直接的对话，而以密集宅舍构成的聚落整体与大自然产生某种联系。而在赣南，广泛分布的聚居类客家民居规模庞大，独立性突出，它的选址、定位、朝向就直接受到自然环境的影响，大屋建筑之间的空间关系反而退到了其次。不仅大屋，赣南建房稀松聚落的小型宅舍，单家独户的客家人也力求其宅舍风水上佳。赣南因属山区，稀松的聚落最为常见，于是便成这样一个局面：赣南客家民居无论规模大小，只要条件允许，都有风水上的强烈需求。客家人开基建房第一步便要请风水先生，风水师考察形势具体可分四个方法，称觅龙、察砂、观水、点穴。仅以点穴举例，《疑龙经》有载，"龙从左来穴居右，只为回来方入首。龙从右来穴居左，只为藏形如转磨。高山万仞或低藏，看他左右及外阳。左右低时在低处，左右高时在高冈。朝山最是龙正穴，不必求他金尺量"。总体上看，宅基选址在风水上的要求大致可概括为后龙枕、侧砂环、前水抱、面山屏，宏观上界定了宅舍前后左右的环境态势，宅舍的选址和朝向，便也在这个过程中得以确定。

风水主导了客家宅舍周边的人工环境营造，完善了建筑的外延空间形态。这一点主要体现在赣南客家民居屋前的水池、禾坪及屋后的风水林上，前文已有述及。客家宅舍周边的人工环境，不仅有着实际的使用功能，更是风水上的要求，它们是客家人对外感空间的补充或者锦上添花，也是对宅舍近处空间环境的风水打造。外延空间的极力打造，反映出客家人对人居环境的不尽追求，是客家人风水观念的重要反映。

中国传统哲学追求宇宙万物的和谐统一，这是中国文化朴素的宇宙观念。老子《道德经》有云："人法地，地法天，天法道，道法自然"。人与自然的协调互动，在中国的传统里，既是文化修养的追求，也是建筑营造的追求。客家民居深受风水观念影响，其与自然环境的对话尤其显得突出。客家人的宇宙观，不仅体现在天井、庭院、化胎等本体空间上，如天井，被视为人与天对话的共情空间，也是建筑与天地共呼吸、吐旧纳新的交融空间；更作用在建筑与外在环境的空间关系上，影响着赣南客家民居在山、水环境之中的定位与定向。

在"天人合一""道法自然"等思想的影响下，建筑表现为对自然资源的依赖和对自然形势的顺应等两个方面。一方面，赣南客家民居近水向阳、天地为依是对自然资源的依赖。老子云"万物负阴而抱阳，冲气以为和"，赣南客家民居多喜朝阳，向阳的宅舍冬暖夏凉，居住舒适，体现出向阳而生的环境哲学。赣南山区山谷之处多溪水长流，客家民居往往能近水而建，得用水之便，繁衍生息。另一方面，赣南客家民居依山就势、因地制宜是对自然形势的顺应。我们从航拍鸟瞰的角度俯视赣南的乡村（图3-5-13），常常震撼于客家民居布局之于山势走向，融合顺应得如此默契协调，这说明"道法自然"是客家人强烈的心理文化共识，成为客家人宇宙观的一部分。

我们注意到，风水观与宇宙观两者对客家民居的影响多有重叠之处。在中国传统社会大环境下，风水从理论形成初始本就汲取了道家思想的丰富营养，尤其道家学说当中人与自然的辩证内容，与形势风水的观点极为契合。风水理论再附会阴阳五行、鬼神巫术，不幸演变成"一个以宿命论为基调的杂家学说"[146]，但其包含的环境理论，的确契合中国人传统的宇宙观念和心理诉求，是其积极的一面。这种文化的交叠与融合，我们在中国社会传统的儒家、道家、佛教之间纯粹以传统风水观、宇宙观营造的聚落更有优势。

在对赣南民居的长期调研中，我们发现，传统乡村生活的客家人并非不注重朝向，而是在特定的条件下，决定宅舍朝向的各种因素的权重与建筑师考量的并不一样。他们对于民居的要求，顺应地理形势的心理安全感，要优先于适应日照通风的物理亲切感；心理层面的舒适性，要优先于生理层面的舒适性；"道法自然"的文化认同感，要优先于理性主义的规则认同感。正如拉普普所言，"人类实质环境，尤其是建构成的环境，从未也永不是被设计者控制着的；它是乡土建筑的成果"[147]，这确实值得我们去反思。

总体来看，客家人的风水观与宇宙观对民居影响广泛，但对赣南客家民居形制本身的影响有限。两者作用的点主要是客家民居建筑与自然的关系，包括建筑在自然界的定位、定向、定势，目的是取得建筑与自然的和谐。风水与宇宙观确定了赣南客家民居的外感空间关系，组织和塑造了建筑的外延空间，是赣南客家民居外在空间形态形成的文化主导因素。

三、气候地理作为修正因素

（一）气候环境

气候环境大致有降雨、温度、湿度、风、日照等几个区域气候因子，另有气候区这个跨区域综合因子。

赣南为亚热带湿润季风气候，冬夏季风盛行，春夏降水集中，雨量充沛。赣南属夏热冬冷与夏热冬暖两个气候区交界的区域，酷暑和严寒时间短，较少极端天气，气候温和，但夏季绵长，日照丰富。因此，作为客家人应对气候的栖居之所，赣南客家民居主要解决的是遮阳、隔热、通风、挡雨等问题。

气候环境对赣南客家民居产生较多影响，客家人为应对气候做了很多努力。遮阳方面，客家人加大了宅舍屋面的前后出檐长度，同时拉长了宅舍尤其是堂屋的进深，以拓荫蔽。隔热方面，采用土墙、土坯砖等厚实墙体材料作隔热围护，房间多设夹层，起到屋面隔热的良好效果。通风方面，客家民居外围严实，多借助内部通风，天井的设置可起到热压拔风的作用。挡雨方面，客家民居多采用出挑的悬山屋顶，四面出檐，以利挡雨（图3-5-15）；而面对绵长雨季，连廊、开敞厅堂、天井四周的庑厅、檐廊等空间的设置，也为客家人日常公共活动提供了宽裕的半室内场所。

客家人为应对气候对客家民居所做的上述努力，

图3-5-13 赣南客家民居与赣南山水

亦可看到。风水观体现了中国传统宇宙观的一部分内涵，两者互有交叠便也在情理当中了。

风水观与宇宙观使得地理环境成为建筑朝向的主导因素，常常与当代建筑的营造理念相悖。当代建筑注重物理性与生态性，通风、日照、与周边建筑的关系常常是其设计建造的重要考量因素。但在赣南乡村，客家宅舍依山就势，朝东、朝西的比比皆是，朝北的亦有不少，宅舍日照、通风等气候生态性均不理想，客家大屋只顾及其与山水的关系，与周边建筑也常碰撞冲突。学界常有学者认为这是风水观与宇宙观造成的消极因素，笔者对此持不同看法。以赣南某村民集中安置点为例（图3-5-14），该安置点总体为排列式布局，每排住宅的每个家庭单元均南北朝向，通风、日照等气候物理性、生态性均完全满足当代建筑营造理念，建筑之间亦无冲突。但我们知道，这并不是好的结果，姑且不说文脉的问题，就仅其建筑与环境的割裂关系，就已是硬伤。这类例子在赣南甚至中国的乡村往往常能见到，虽稍显极端，却能说明一个问题，即纯粹以当代建筑理念营造的聚落，并不比

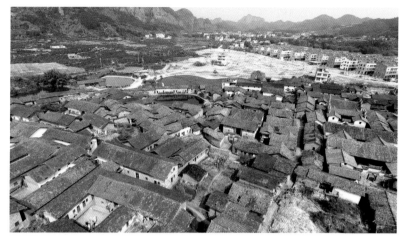

图 3-5-14 会昌筠门岭镇羊角古村与村民安置点

图 3-5-15 悬山顶四面出檐：崇义上堡乡某宅

基本指向了建筑构造、空间尺度等，对赣南客家民居平面形制的影响不大。事实上，区域气候因子并不能解释本地区民居形成秩序性、围合性、整体性等特征的原因。因此，我们有必要将目光放到更大的巨区域的气候综合因子上，即气候区。

跟气候区相关的民居宏观形制问题，我们会关注到中国南方、北方两个大的气候区域的主流民居形式：天井式民居和合院式民居。

气候因素是天井式民居与合院式民居呈现特征差异的主要因素之一。北方纬度高，冬季严寒且漫长，合院式民居院落宽敞，利于房屋吸纳阳光，蓄养热量，更可为居者提供冬季晒太阳及户外活动的场所。南方纬度低，夏季炎热而绵长，民居反而要考虑遮阳防晒，同时南方春夏两季雨水丰沛，多有盖顶挡雨的需求，阔大院落设置无益，天井式民居明显更为合适。当然，民居的南北差异还有其他的一些影响因素，如刘胜澜提出，人多地少的生存环境，也使得南方人选择了更为紧凑的天井式布局[148]。

气候因素并不是赣南客家民居与江南天井式民居之间形制差异的影响因素。赣南客家民居的空间要素是厅与房，天井是两者组合的产物，而江南天井式民居往往视天井为空间的核心。前文已有叙述，这种形制上的差异，并非因为气候，大多是由一个地区的社会形态，或者这个地区生活的人们的文化共识所决定。赣南客家民居当中众多类型都有着类似江南民居的"天井"特征，相似的气候在这里反而成了两者形态相似的佐证。

赣南的气候环境影响了赣南客家民居，体现为客家民居在赣南气候环境下所做的适应性修正，主要针对建筑构造和空间尺度等方面，但对赣南客家民居形制的形成并无影响。因此拉普普认为，气候是修正性因子。

（二）地理环境

赣南是典型的丘陵山区。赣南东有武夷山，南横大庾岭和九连山，西有罗霄山脉，北屏雩山山脉，山岭纵横，汇有十条河流水系穿梭于崇山峻岭之间，冲积出大小山谷平原繁衍着客家人。山地环境是孕育风水观念的自然地理温床，道法自然的传统宇宙观也在此得以尽情体现，赣南特定的地理环境，是客家文化和赣南客家民居鲜明特征产生的一个主要因素。

从地理资源上看，赣南山多田少，客家人生活环境实为艰难。赣南各地均有"地瘠民贫"的记载，民谚有称："八山半水一分田，半分道路与庄园"。客家先人选择包括赣南在内的闽粤赣边区定居生活，"并不是因为他们对山区生活有什么特别的爱好，而是出于一种无奈"[149]，这种无奈，是因为闽粤赣边区为挑剩仅余的一块生存洼地，周边宽广肥沃的平原盆地都被先期形成的其他民系所占据。恶劣的生存环境和动乱的社会环境推动客家人抱团求生，同时为了尽可能地节约生存资源尤其是可耕田地，上了规模的客家族群选择了集约化的聚居模式。

集约化的聚居模式体现为两种居住形式，即聚村而居和聚宅而居。聚村而居的形式即以家庭为居住单位聚村居住，建筑多数较小，但接踵密布。聚宅而居也即举族聚居于客家大屋，多为行列式、围合式客家民居等赣南聚居类建筑。聚宅而居相较聚村而居往往更有节地上的优势，行列类客家民居基本已是平房形式紧凑布局的极致，而赣南围屋更进一步，发展为多层群居的围楼。我们分别以石城屏山镇长溪村中心村聚落与龙南武当镇大坝村田心围为例，比较两者的节地成效。长溪村表现为聚村而居（图3-5-16），村落建设用地规模约180000平方米，村庄人口规模约1900人，人均用地约95平方米。田心围表现为聚宅而居（图3-5-17），该围垅大屋占地约10000余平方米，围内居住人口最多时有900多人，人均用地仅约11平方米，远小于长溪村。田心围这样的人口规模，在赣南山区已相当于数个甚至十数个自然聚落了，如此小的用地面积容纳这么多的人口，可见其节约紧凑

图3-5-16　石城屏山镇长溪村中心村

图3-5-17　龙南武当镇大坝村田心围

的程度。

山多地少的自然资源状况是赣南生存环境的总体特征,对民居形态集约化有着重大影响。赣南客家民居尤其客家大屋走向集约化发展的路子,既是社会形态、文化共识驱动的,也是客家人面对特定地理资源作出的生存选择。

从地理区位上看,赣南南部甚为偏僻,远离赣南历代官府驻地。赣南府治至清乾隆后完善为"两府一州"即赣州府、南安府和宁都州,分别设于章贡区、大余、宁都三地,均位于赣南北部。而赣南南部的全南、龙南、定南、寻乌等县,设县驻地与赣州府衙的直线距离分别约126、100、115、122公里,考虑到古时人行山路的路径,实际距离翻上一倍亦不止,还不细算诸县更为偏远的区域。赣南南部历来是"匪寇"呼啸山林之地,我们假设定南某地一族受"匪寇"袭扰,宗族向官府求援,考虑地形复杂交通不便,途中一来一去之耗时,粗算一周已是极快了,而等官府派兵来援,村庄或早被劫掠几遍了。

地理区位导致的偏远难援,是赣南设防性建筑产生的地理因素。官府治理鞭长莫及,客家人以血缘宗亲为纽带结集聚居自保,赣南围屋由此产生。封闭性、排他性是建筑设防在形式上的基本要求,我们看到赣南围屋基本都为四面围合的全封闭形态。而为塑造更强的排他性,围屋外围的围房均加高至二层甚至三四层,呈现出与汉族传统平房民居截然不同的立体形态。围合式客家民居当中的围枕屋三面围合,可视为行列式客家民居向围合式民居过渡的形式,当需要面对严峻的防御形势时,亦都选择四面围合同时增高围房,向围堂屋形式发展。因此,偏远的地理区位是赣南南部地区客家民居基于提升防御走向闭合化、立体化的地理因素。

从地形地势上看,赣南的山地地形,推动着赣南行列式客家民居形态向立体化发展。山地聚落基本都有一个布局上的共性:将有高差的山坡筑成一阶一阶的等高台地,宅舍都沿山体等高线呈线状展开,形成上下迭级、鳞次栉比的山地聚落。赣南地区聚村而居的山地村落都有着这种特征,单幢的独居类民居依山随坡而建,层次毕现。山地地势上的高差特性同时也影响到客家大屋,客家大屋庞大的规模使得它无法像单列式独居类客家民居一样适应陡峭的山地地形,只能选择在盆地平坦处、山脚缓坡地建造。赣南客家民

居当中的围垅屋、排屋"偏爱"山脚缓坡地,围垅屋前低后高,半圆弧围垅随地势于后部隆起,山坡地势奠定了其特有的"太师椅"立体形态;排屋有着与单列式客家民居山地聚落类似的线性布局特征,工整地依山势台地迭级排列,作为整幢大屋呈现立体形态。堂横屋即便建于平地,其中的堂屋与横屋均遵循前低后高的立体营造原则,这里既有礼制文化的影响,笔者认为亦受赣南宏观山地地形的影响,从横屋屋面刻意保持迭级,与山势保持一定程度的契合这一点可以判断(图3-5-18)。

山地地形还促进了赣南客家民居的横向化拓展。陡峭的山地地势限制着民居向进深发展,相反,民居横向面宽受地形的制约则要少得多。因此,当人口增加居住规模需要扩大时,赣南客家民居往往选择向横向拓展。赣南客家民居尤其单列式、行列式客家民居横向扩展的现象相当普遍,如四扇三间沿横向扩展为六扇五间、八扇七间,"上三下三"等中格型堂厢屋沿横向扩展为宫格型堂厢屋,堂横屋由二堂二横扩展为二堂四横、六横甚至八横。

赣南特定的自然地理和生存环境,是赣南客家民居向集约化、闭合化、立体化、横向化发展的重要因素。这里需要注意两点,一是这几个发展趋势大多并非地理单一因素作用的结果,比如客家民居集约化发展有社会动乱、宗族抱团等社会因素影响,闭合化发展由社会动乱因素直接推动,立体化发展亦有礼制文化影响的痕迹。二是这几个发展趋势更多指向的是直观形态而非类型形制,客家民居集约化表现为紧凑,闭合化表现为封闭,立体化表现为层次,横向化表现为线性,大致可视为客家民居平面构成、类型形制确定后的形态修正。

图3-5-18 迭级的横屋:寻乌澄江镇周田村上田塘湾王氏巨楣公祠

第六节 赣南客家民居的总体特征

一、文化内涵特征：礼法为本，宗族为体

礼法为本、宗族为体是赣南客家民居文化内涵的主要特征。其中，礼法为文化本源，家族为文化载体。

中国传统礼制文化是赣南客家民居的文化核心和内涵本源。以祖堂为主体的"厅堂"在客家民居当中至高无上的核心地位，居室空间以从属的地位围绕厅堂布局，赣南客家民居是一个主要由这两类空间构成的秩序化群体。赣南客家民居表现出显著的向心性，是礼制文化内涵根源的尊祖崇古思想在建筑上的反映；赣南客家民居呈现的秩序性，通过国家礼法制度、伦理秩序观和宗法等级观等礼制具体化内容的共同作用而得以实现。赣南客家民居"厅堂为核、居室围合"的基本空间特征，其文化的本源均指向了礼制文化。

赣南客家民居的礼制文化并不完全等同于中原礼制文化。谢重光先生认为，客家文化是一种"新的文化""迥异于当地原住居民的旧文化，也不完全雷同于外来汉民原有文化"[150]。客家文化是在持续动乱的社会生态和艰难逼仄的生存环境下形成的，也是在南迁汉人与原本生活在这一区域的南方民族的长期碰撞、互动和融合当中形成的。不可否认，客家文化的主"源"是中原文化，但客家文化并不是中原文化的"迁徙"或复制，这个"源"在包括赣南在内的客家地区发生了变异。潘安先生认为，这种变异体现为强烈的"内聚性"和"怀旧性"[151]，使得客家社会承接的中原礼制文化衍变为"强化版"的客家礼制文化。

赣南客家民居的文化源头可以追溯到中原礼制文化，但其文化的时代背景和现实作用是"强化版"的客家礼制文化。赣南客家民居反映了生活在赣南的客家人而不是中原汉人的居住价值观，只有充分认知到这一点，我们才能更清晰地解释客家民居区别于汉族其他民居的建筑形制现象。比如为什么赣南等客家地区能够广泛形成聚居类建筑而北方不能，主要的现实原因是聚居类客家民居相比北方汉族独居类民居更具抱团求生、抵御外乱的空间优势，而其深层原因是"强化版"礼制文化所呈现的强烈"内聚性"和"怀旧性"催生了聚居类客家民居。再比如赣南客家民居为什么无一例外地设置厅堂，主要是因为厅堂空间容纳了"祖先"，祖先是客家人精神上的"根"，是维系客家人聚族抱团的纽带，因此赣南客家民居无论大小，必设供奉祖先的厅堂，厅堂是赣南客家民居的"心"，是客家文化"内聚性"和"怀旧性"在建筑上的聚焦点，使得赣南客家民居普遍呈现向心性特征。

家族是礼制文化的载体，礼制内涵主要通过家族载体反映到赣南客家民居当中。黄浩先生提到，环境造成了客家人的社群关系"不是以最小的家庭为单位，而是以血缘关系为纽带的大宗亲为单位"[152]，客家社会一定程度上就是家族社会。一方面，赣南客家民居是家族社会形态在建筑上的直接体现。构成客家民居的厅堂和居室两个主要部分，一公一私相对独立，是家族社会强化公共财产独立性"公私剥离"形态的反映；厅堂序列地位超然，居室部分无家庭之别，是家族社会重家族轻家庭"扬公抑私"状态的反映。总体上看，厅堂与居室两个部分相对独立而又不可分割所呈现的整体性，直接受客家家族社会的"大公"特性所影响。另一方面，赣南客家民居也是家族宗法伦理在建筑上的直接体现。客家民居当中不同功能空间及其布局方位的尊卑等级，如长辈居室为尊、晚辈居室为卑，或以祖堂为尊、侧房为卑，都是家族成员地位尊卑的伦理等级之体现。赣南客家民居当中不同空间的主从排列关系、先后排列关系，如祖堂为主布局于中轴末端，门厅为次布局于中轴前端，或如先安放祖堂，再排列中厅、门厅，这些建筑的礼制要求，依然由家族宗法伦理直接反映在建筑上。

二、环境适应特征：依山就势，自然共生

依山就势、自然共生是赣南客家民居主要的环境适应特征，即赣南客家民居的环境协调性（图3-6-1），主要体现在空间处理与地势适应两个方面。

在建筑与周边自然环境的关系处理上，赣南客家民居体现为自然共生。赣南客家民居无论规模大小，只要条件允许，都遵循着这样一套环境关系处理的原则，即以正中后山为枕靠，后山延势为侧护，以正前远山为屏障，近前曲水为环抱。客家民居由此取得了其在自然环境的定位，并与自然环境形成了良好的空间互动和深度的环境默契。这套原则已发展为一种趋吉避凶的文化心理和世俗观念，为客家人世代遵循，深刻影响着赣南客家民居的宅地选址、建筑朝向，客家人甚至宁愿牺牲其宅舍与周边其他建筑的良好关系，也要确保宅舍与宏观自然环境相协调，可见观念影响之深。从根本上说，赣南客家民居与自然环境协

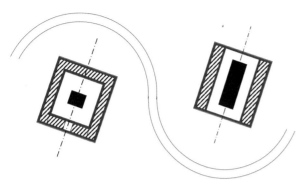
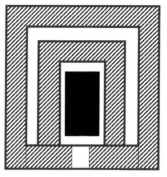
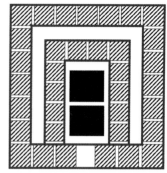

图 3-6-1　赣南客家民居的环境协调性　　　　　　　　　　图 3-6-2　赣南客家民居的二元性　　　图 3-6-3　赣南客家民居的整体性
（引自潘安《客家民系与客家聚居建筑》，P138，有修改）

调共生，是中国传统"天人合一""道法自然"宇宙观的投射，而实现自然共生的空间处理手法，大多通过风水理论当中具体化的要求来得到实现。

在建筑对其所处地形地势的地理适应上，赣南客家民居体现为依山就势。赣南为丘陵山区，客家民居对地形的适应主要为对山地地势的适应，体现在纵深和面阔两个方向。首先，在纵深方向，客家民居采取了立体化的处理手法来突破山地地势的限制。单幢独居类客家民居多依山随坡，宅舍都沿山体台地上下选级而建，与其他山地民居无异。赣南客家民居立体处理的特点主要体现在客家大屋上，如客家排屋，一排排堂屋依山势台地迭级排列，前低后高，工整立体而富于层次；最为典型的是围垅屋及围垅屋式围屋，后部围垅间随地势隆起，呈现其特有的"太师椅"形态。其次，在建筑的面阔上，客家民居以横向拓展的方式来顺应山地地势的等高优势。山地地形在等高横向上对建筑的制约要比纵深上少得多，赣南客家民居尤其单列式、行列式客家民居充分利用了这一点，选择了横向扩展的方式来满足居住需求的增长。如四扇三间沿横向拓展为六扇五间、八扇七间甚至更长的单列式客家民居，堂横屋由二横扩展为四横、六横等。

三、形制构成特征：家祠合一，居祀组合

家祠合一、居祀组合是赣南客家民居空间形制的主要构成特征，使得赣南客家民居呈现出两个特性，即空间上的二元性和建筑上的整体性。

赣南客家民居的空间二元性表现为客家民居主要由厅堂和居室两部分构成（图 3-6-2）。四扇三间、六扇五间等单列式客家民居较为简单，纯粹由厅堂和居室两个空间要素构成。客家大屋空间类型较多，但

建筑本体当中辅助空间（如厨房、杂间）和过渡空间（如连廊、天街）大多附设于主要空间或由主要空间围合而成，客家民居建筑的主体仍然是厅堂和居室这两个主要空间。显著区别于其他民居的是，赣南客家民居当中的厅堂和居室是两个相互独立、特质迥异的个体。以祖堂为主体的厅堂空间是客家民居的公共部分，地位超然，空间阔大，氛围庄重肃穆；而居室空间是客家民居的私密部分，属于从属地位，空间局促，场景嘈杂琐碎。厅堂和居室两个部分在空间功能上剥离，在空间特质上分化，界限分明，使得赣南客家民居呈现出鲜明的二元特性。

赣南客家民居的建筑整体性表现为厅堂和居室这两个空间不可分割。四扇三间、六扇五间等单堂屋是客家民居最为基础的形式，作为单幢建筑已无法分割为更小的单元。客家大屋当中的公共部分是厅堂的合体并居于核心，私密部分是居室的合体而围于核心四周，两个合体的基本组合可抽象为"（厅－厅－厅）+（房－房－房）"。客家大屋虽然规模可以大得如聚落一般，却无法像家庭聚落一样可以将其中的宅舍拆分为"（厅－房）+（厅－房）+（厅－房）"这样的独立生活单元。赣南客家民居只能拆分为"（厅－厅－厅）"的厅堂合体和"（房－房－房）"的居室合体，前者有公共厅堂而无居室，后者有居室而无起居厅堂，各自无法构成独立生活的空间系统。可见，厅堂空间与居室空间既相互独立又不可分割，因此，赣南客家民居是一个由厅堂合体和居室合体构成的宏观联合体，具有显著的整体特性（图 3-6-3）。

四、空间布局特征：厅堂为核，居室围合

厅堂为核、居室围合是赣南客家民居空间组合与

布局的主要特征，使得赣南客家民居呈现出另外两个特征，即向心性和秩序性。

赣南客家民居的向心性表现为厅堂和居室之间的主从关系和组合关系（图3-6-4）。在客家民居当中，空间的主从关系相当明确。厅堂尤其祖堂体现着"神性"的一面，地位崇高，居室体现着"世俗"的一面，地位卑微；厅堂空间为权威，居室空间为从属；厅堂是空间的静态主导者，居室是空间的动态追随者。赣南客家民居的组合关系亦非常清晰。在客家民居当中，厅堂空间是绝对而唯一的中心，居于客家民居中轴，是客家民居的核心体；而居室以从属者的角色围绕厅堂这个中心布局，或如横屋分伺于两侧，或如枕屋倚为后枕，或如围房环于四周，为客家民居的围合体。赣南客家民居当中的围堂屋，如龙南杨村镇杨村村新围，四面围房围一祖堂，最能直观地表现这种向心围合的空间组合形态。空间的二元性和核心的唯一性，使得赣南客家民居即便有千百种组合或围合的形态，亦能呈现出显著而明确的向心性，也称围合性。

赣南客家民居的秩序性表现为客家民居各空间之间的布局规则与组合顺序（图3-6-5）。首先，在厅堂与居室之间，布局规则均依宗法尊卑等级而定。厅堂居于中轴而为上位，居室位于两侧为下位；中轴左侧居室忝为上，中轴右侧居室忝为下。就厅堂与居室两者的组合顺序来看，也依礼法伦理秩序而行，客家人谨遵"安身先安祖"，先定中轴上位的厅堂，再向两侧下位的居室发散布局。其次，我们再看客家民居的厅堂空间，祖堂居于中轴末端，门厅布局于中轴前端，体现为后为上、前为下的尊卑等级；而客家民

居中轴线上风水池、禾坪、下堂、中堂、祖堂空间之间层层递进的序列关系，也向我们展示了客家民居礼制空间的组合秩序。最后，我们看到客家民居的居室之间，明显体现出汉族传统空间营造"近中者为尊，远者为卑"这一组合规则，布局时先定正房，再排横屋，最末安置枕屋与围房，尊卑有别，秩序井然。

万幼楠先生认为，赣南客家民居的布局"以正厅为中轴，以祖堂为核心，向前逐步延伸，向左右对称发展"[153]，正是赣南客家民居向心性和秩序性的宏观概括，笔者再精炼为"厅堂为核，居室围合"，以方便解读。

五、边界形态特征：闭合排外，动态扩展

闭合排外、动态扩展是赣南客家民居外围边界形态的主要特征，体现为赣南客家民居的静态排他性和动态扩展性。

赣南客家民居的排他性表现为建筑边界向闭合发展并呈现普遍排外的态势（图3-6-6）。除单堂屋这类小型的家庭居所外，赣南客家民居普遍具有排他性。由堂排屋、堂厢屋发展到成熟的堂横屋，是建筑边界闭合性逐渐增强的过程。堂排屋前后围合，两侧开敞，堂厢屋两侧增加厢庑"塞口"，闭合性显著增强，而堂横屋在两者基础上增加两侧横屋护翼，进一步提升了围合感。行列式客家民居衍化为围合式客家民居，建筑的闭合性产生了质的飞跃，围堂屋、围院屋呈现出四面闭合、极端排外的特征，增高围房的做法使得它们拥有了极高的防御性。赣南客家民居的排他性表现为两种，一种是无意识的排他性，为客家人

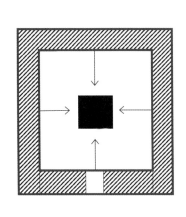
图3-6-4 赣南客家民居的向心性

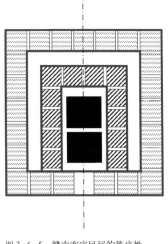
图3-6-5 赣南客家民居的秩序性

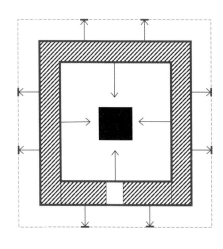
图3-6-6 赣南客家民居的排他性

聚族而居强化空间内聚力产生反作用力的结果，并非有意识排外的产物，如堂厢屋、堂横屋等行列式客家民居，建筑具有闭合特征而没有（或有较弱的）设防特征。另一种是有意识的排他性，以客家人聚族抵抗外乱设置高大围房为标志，如围堂屋和围院屋，建筑不仅具有闭合性，还呈现出显著的设防性。

赣南客家民居的扩展性表现为建筑边界可随着居住需求的增长而动态扩展（图3-6-7）。赣南客家民居大多属单中心的围合营造模式，"此模式在选址开基之时，就藏下了其发展的势头"[154]。当人口增加需要扩大居住规模时，客家人往往选择在原宅舍基础上扩建。单堂屋如四扇三间可扩建为六扇五间，排屋如三排扩为四排，杠屋如两杠扩建为四杠；堂横屋表现为向两侧增加横屋，人口进一步增长可在堂屋之后增加枕屋；围屋则表现为增加圈层，形成双环甚至多环的居住规模。总体来看，赣南客家民居的扩展性表现为向心围合的边界动态拓展。

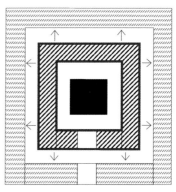

图 3-6-7　赣南客家民居的扩展性

参考文献

[1] 黄志繁. "贼""民"之间：12~18世纪赣南地域社会[M]. 北京：生活·读书·新知三联书店，2006：V.

[2] 梁思成. 中国建筑史[M]. 北京：建筑工程出版社，1957.

[3] 刘敦桢. 中国住宅概说[M]. 天津：百花文艺出版社，2004：23.

[4] 刘致平，等. 中国居住建筑简史——城市、住宅、园林[M]. 北京：中国建筑工业出版社，1990.

[5] 陆元鼎. 民居史论与文化[M]. 广州：华南理工大学出版社，1995.

[6] 汪之力. 中国传统民居建筑[M]. 济南：山东科学技术出版社，1994.

[7] 陈从周，潘洪萱，路秉杰，等. 中国民居[M]. 上海：学林出版社，1993.

[8] 孙大章. 中国民居研究[M]. 北京：中国建筑工业出版社，2004：4.

[9] 刘敦桢. 中国住宅概说[M]. 天津：百花文艺出版社，2004.

[10] 同[9].

[11] 同[9]：3.

[12] 余英，徐晓梅. 东南系民居建筑类型研究的概念体系[A]——中国客家民居文化：2000年客家民居国际学术研讨会论文集[C]. 广州：华南理工大学出版社，2001.

[13] 孙大章. 中国民居研究[M]. 北京：中国建筑工业出版社，2004.

[14] 同[13].

[15] 林嘉书. 土楼与中国传统文化[M]. 上海：上海人民出版社，1995.

[16] 刘佐泉. "客家历史"与传统文化[M]. 开封：河南大学出版社，1991.

[17] 黄汉民. 客家土楼的概念界定[A]——中国客家民居文化：2000客家民居国际学术研讨会论文集[C]. 广州：华南理工大学出版社，2001：8.

[18] 潘安. 客家民系与客家聚居建筑[M]. 北京：中国建筑工业出版社，1998.

[19] 万幼楠. 赣南客家民居试析——兼谈赣闽粤边客家民居的关系[J]. 南方文物，1995（1）：95-102.

[20] 万幼楠．赣南客家建筑研究 [M]．北京：中国社会科学出版社，2018．

[21] 李秋生．赣南客家传统民居的文化内涵初探 [D]．长安大学，2010．

[22] 潘莹．江西传统聚落建筑文化研究 [D]．华南理工大学，2004：357-363．

[23] 同 [22]．

[24] 李倩．虔南地区传统村落与民居文化地理学研究 [D]．华南理工大学，2016．

[25] 黄浩．江西民居 [M]．北京：中国建筑工业出版社，2008：27+203-231．

[26] 蔡晴，姚赯，黄继东著．章贡聚居 [M]．北京：中国建材工业出版社，2020：41．

[27] 吴庆洲．中国客家建筑文化 [M]．武汉：湖北教育出版社，2008．

[28] 潘安．客家民系与客家聚居建筑 [M]．北京：中国建筑工业出版社，1998．

[29] 余英．客家建筑文化研究 [J]．华南理工大学学报（自然科学版），1997（01）：14-24．

[30] 潘安．客家民系与客家聚居建筑 [M]．北京：中国建筑工业出版社，1998．

[31] 黄志繁．"贼""民"之间：12~18 世纪赣南地域社会 [M]．北京：生活·读书·新知三联书店，2006．

[32] 潘安．客家民系与客家聚居建筑 [M]．北京：中国建筑工业出版社，1998．

[33] 同 [32]．

[34] 同 [32]．

[35] 黄河．天井的解析 [D]．重庆大学，2016．

[36] 蔡晴，姚赯，黄继东著．章贡聚居 [M]．北京：中国建材工业出版社，2020：37+41．

[37] 潘安．客家民系与客家聚居建筑 [M]．北京：中国建筑工业出版社，1998：126+184．

[38] 张斌，杨北帆．客家民居记录．从边缘到中心 [M]．天津：天津大学出版社，2010．

[39] 同 [38]．

[40] 潘安．客家民系与客家聚居建筑 [M]．北京：中国建筑工业出版社，1998．

[41] 孙大章．中国民居研究 [M]．北京：中国建筑工业出

版社，2004.

[42] 潘安 . 客家民系与客家聚居建筑 [M]. 北京：中国建筑工业出版社，1998.

[43] 李倩 . 虔南地区传统村落与民居文化地理学研究 [D]. 华南理工大学，2016：40-42.

[44] 同 [19].

[45] 万幼楠 . 赣南历史建筑研究 [M]. 北京：中国建筑工业出版社，2018.

[46] 吴庆洲 . 中国客家建筑文化 [M]. 武汉：湖北教育出版社，2008.

[47] 万幼楠 . 欲说九井十八厅 [J]. 福建工程学院学报，2004（01）：99-101.

[48] 余英 . 徐晓梅 . 东南系民居建筑类型研究的概念体系 [A]——中国客家民居文化：2000 客家民居国际学术研讨会论文集 [C]. 广州：华南理工大学出版社，2001.

[49] 万幼楠 . 赣南历史建筑研究 [M]. 北京：中国建筑工业出版社，2018.

[50] 蔡晴 . 姚赯 . 黄继东著 . 章贡聚居 [M]. 北京：中国建材工业出版社，2020：19+37.

[51] 八宅明境（清）.

[52] 卓晓岚，肖大威，冀晶娟 . 试论客家堂横屋建筑类型的基础性特征及其分异衍变逻辑 [J]. 新建筑，2019（06）：84-88.

[53] 陆元鼎，魏彦钧 . 广东民居 [M]. 北京：中国建筑工业出版社，2018.

[54] 同 [53].

[55] 同 [48].

[56] 同 [47].

[57] 同 [47].

[58] 曾艳 . 广东传统聚落及其民居类型文化地理研究 [D]. 华南理工大学，2016.

[59] 刘敦桢 . 中国住宅概说 [M]. 天津：百花文艺出版社，2004.

[60] 同 [48].

[61] 陆元鼎 . 梅州客家民居的特征及其传承与发展 [J]. 南方建筑，2008（02）：33-39.

[62] 同 [52].

[63] 同 [52]

[64] 同 [19].

[65] 黄浩 . 江西民居 [M]. 北京：中国建筑工业出版社，2008：197-199.

[66] 蔡晴，姚赯，黄继东 . 堂祀与横居：一种江西客家建筑的典型空间模式 [J]. 建筑遗产，2019（04）：22-36.

[67] 曾艳 . 广东传统聚落及其民居类型文化地理研究 [D]. 华南理工大学，2016.

[68] 陆元鼎，魏彦钧 . 广东民居 [M]. 北京：中国建筑工业出版社，2018.

[69] 蔡晴，姚赯，黄继东著 . 章贡聚居 [M]. 北京：中国建材工业出版社，2020：133.

[70] 吴庆洲 . 围龙屋与太极化生图式 [J]. 建筑史，2012（02）：82-97.

[71] 万幼楠 . 赣南客家建筑研究 [M]. 北京：中国社会科学出版社，2018：92.

[72] 万幼楠 . 赣南传统建筑与文化 [M]. 南昌：江西人民出版社，2013：56.

[73] 同 [72].

[74] 万幼楠 . 围屋民居与围屋历史 [J]. 南方文物，1998
（02）：72-85.

[75] 李倩 . 虔南地区传统村落与民居文化地理学研究 [D].
华南理工大学，2016：43-44.

[76] 蔡晴，姚赯，黄继东著 . 章贡聚居 [M]. 北京：中国
建材工业出版社，2020：239.

[77] 万幼楠 . 赣南客家建筑研究 [M]. 北京：中国社会科
学出版社，2018：97.

[78] 蔡晴，姚赯，黄继东著 . 章贡聚居 [M]. 北京：中国
建材工业出版社，2020：31-34.

[79] 万幼楠 . 赣南客家建筑研究 [M]. 北京：中国社会科
学出版社，2018：103.

[80] 李国豪 . 中国土木建筑百科辞典 [M]. 北京：中国建
筑工业出版社，2008.

[81] 潘安 . 客家民系与客家聚居建筑 [M]. 北京：中国建
筑工业出版社，1998.

[82] 同 [81].

[83] 同 [81].

[84] 吴庆洲 . 中国客家建筑文化 [M]. 武汉：湖北教育出
版社，2008.

[85] 王君荣 . 图解阳宅十书 [M]. 北京：华龄出版社，
2009.

[86] 同 [48].

[87] 同 [48].

[88] 王铭国 . 客家建筑元素半月池的形式及其意涵 [J]. 华
中建筑，2014，32（07）：138-142.

[89] 王君荣 . 图解阳宅十书 [M]. 北京：华龄出版社，

2009.

[90] 吴庆洲 . 中国客家建筑文化 [M]. 武汉：湖北教育出
版社，2008.

[91] 王君荣 . 图解阳宅十书 [M]. 北京：华龄出版社，
2009.

[92] 李杰玲 . 水里的空间——论广东客家围龙屋半月池的
建筑文化 [J]. 广东第二师范学院学报，2013，33（06）：
102-108.

[93] 曹树基 . 明清时期的流民和赣南山区的开发 [J]. 中国
农史，1985（04）：19-40.

[94] 同 [19].

[95] 关传友 . 风水景观：风水林的文化解读 [M]. 南京：
东南大学出版社，2012.

[96] 杨期和，杨和生，赖万年，刘惠娜，刘德良 . 梅州客
家村落风水林的群落特征初探和价值浅析 [J]. 广东农
业科学，2012，39（01）：56-59.

[97] 潘莹 . 江西传统聚落建筑文化研究 [D]. 华南理工大
学，2004：357-363.

[98] 张斌，杨北帆 . 客家民居记录 . 从边缘到中心 [M].
天津：天津大学出版社，2010：68.

[99] 黄浩 . 江西民居 [M]. 北京：中国建筑工业出版社，
2008：52.

[100] 同 [70].

[101] 林皎皎 . 客家聚居建筑及其室内的研究 [D]. 南京林
业大学，2004：42.

[102] 潘安 . 客家民系与客家聚居建筑 [M]. 北京：中国建
筑工业出版社，1998：179.

[103] 杨建军 . 礼法规范与权威——浅析客家聚居建筑的空

间构成与布局 [J]. 装饰，2011（12）：101-103.

[104] 王中军 . 建筑构成 [M]. 北京：中国电力出版社，
2004.

[105] 潘安 . 客家民系与客家聚居建筑 [M]. 北京：中国建
筑工业出版社，1998：137.

[106] 夏征农，陈至立 . 辞海 [M]. 上海：上海辞书出版社，
2009.

[107] 万幼楠 . 赣南客家建筑研究 [M]. 北京：中国社会科
学出版社，2018：76.

[108] 同 [107].

[109] 潘安 . 客家民系与客家聚居建筑 [M]. 北京：中国建
筑工业出版社，1998：64-67.

[110] 同 [52].

[111] 余英 . 中国东南系建筑区系类型研究 [M] 北京：中国
建筑工业出版社，1997：158-159.

[112] 潘莹 . 江西传统聚落建筑文化研究 [D]. 华南理工大
学，2004：357.

[113] 李倩 . 虔南地区传统村落与民居文化地理学研究 [D].
华南理工大学，2016：27.

[114] 陆元鼎，魏彦钧 . 广东民居 [M]. 北京：中国建筑工
业出版社，2018：81+84.

[115] 同 [66].

[116] 同 [52].

[117] 同 [52].

[118] 同 [70].

[119] 潘安 . 客家民系与客家聚居建筑 [M]. 北京：中国建
筑工业出版社，1998：66.

[120] 杨耀林，黄崇岳 . 粤东、粤北客家围若干类型及其流
变的初步研究 [A]——中国客家民居文化：2000 客家
民居国际学术研讨会论文集 [C]. 广州：华南理工大
学出版社，2001：63-69.

[121] 万幼楠 . 赣南客家建筑研究 [M]. 北京：中国社会科
学出版社，2018：101.

[122] 黄浩 . 赣闽粤客家围屋的比较研究 [D]. 湖南大学，
2013：25.

[123] 同 [52].

[124] 余英 . 中国东南系建筑区系类型研究 [M] 北京：中国
建筑工业出版社，1997：253.

[125] 潘莹 . 江西传统聚落建筑文化研究 [D]. 华南理工大
学，2004：253.

[126] 周立军，陈烨 . 中国传统民居形态研究 [M]. 哈尔滨：
哈尔滨工业大学出版社，2017.

[127] 拉普普 . 住屋形式与文化 [M]. 张玫玫，译 . 台北：
境与象出版社，1976：2.

[128] 同 [127].

[129] 谢重光 . 客家民系与客家文化研究 [M]. 广州：广东

人民出版社，2018：4-5.

[130] 罗香林 . 客家研究导论 [M]. 上海：上海文艺出版社，1992.

[131] 谢重光 . 客家民系与客家文化研究 [M]. 广州：广东人民出版社，2018：5.

[132] 黄志繁 ."贼""民"之间：12~18 世纪赣南地域社会 [M]. 北京：生活·读书·新知三联书店，2006：264.

[133] 同 [132].

[134] 潘莹 . 江西传统聚落建筑文化研究 [D]. 华南理工大学，2004：51.

[135] 拉普普 . 住屋形式与文化 [M]. 张玫玫，译 . 台北：境与象出版社，1976：43-49.

[136] 宋史舆服志 .

[137] 潘安 . 客家民系与客家聚居建筑 [M]. 北京：中国建筑工业出版社，1998：117.

[138] 同 [137].

[139] 饶伟新 . 明清以来赣南乡村宗族的发展进程与历史特征 [A]——赣南与客家世界：国际学术研讨会论文集 [C]，北京：人民日报出版社，2004：291-296.

[140] 林嘉书，林浩 . 客家土楼与客家文化 [M]. 台北：博远出版社，1992.

[141] 罗勇，邹春生 . 客家民居与聚落文化研究 [M]. 哈尔滨：黑龙江人民出版社，2014：221-234.

[142] 潘谷西 . 风水探源 [M]. 南京：东南大学出版社，1990.

[143] 林嘉书 . 土楼与中国传统文化 [M]. 上海：上海人民出版社，1995.

[144] 吴庆洲 . 中国客家建筑文化 [M]. 武汉：湖北教育出版社，2008.

[145] 潘莹 . 江西传统聚落建筑文化研究 [D]. 华南理工大学，2004：151-152.

[146] 潘安 . 客家民系与客家聚居建筑 [M]. 北京：中国建筑工业出版社，1998：161.

[147] 拉普普 . 住屋形式与文化 [M]. 张玫玫，译 . 台北：境与象出版社，1976：7.

[148] 刘胜澜 . 北方四合院与南方天井院传统民居空间模式比较研究 [D]. 湖南大学，2014：10-19.

[149] 潘安 . 客家民系与客家聚居建筑 [M]. 北京：中国建筑工业出版社，1998：47.

[150] 同 [131].

[151] 潘安 . 客家民系与客家聚居建筑 [M]. 北京：中国建筑工业出版社，1998：40.

[152] 黄浩 . 江西民居 [M]. 北京：中国建筑工业出版社，2008：223.

[153] 同 [19].

[154] 同 [19].

第四章

筑造：艺术与实用的兼顾交织

建筑的构造装饰作为建筑的重要组成部分，与建筑的空间形制大致上是"肉"与"骨"的关系。采用类型学方法研究建筑形制，常"摒弃诸如装饰、材料、工艺、细节等传统的'肉'来获得传统的'骨'"[1]，抽丝剥茧，以方便分析传统建筑宏观构成。文丘里对传统建筑的研究理念与此相反，在他看来，传统建筑的构造、装饰、工艺和材料等内容，与空间和形制同等重要，前者蕴含的文化内涵与人文细节甚至要远甚于后者。本章以微观视角切入，分析赣南客家民居的主体构造和装饰构造，探究其筑造材料与工艺，并进一步分析赣南客家民居的构造特征。

第一节　赣南客家民居的主体构造与技术

建筑史学家肯尼斯·弗兰姆普敦曾说："建筑的根本在于建造，在于建筑师利用材料将之构筑成整体的创作过程和方法。"[2] 作为构筑建筑整体的主要物质基础，赣南客家民居的主体构造反映了客家人的居住文化心理、工匠的结构建造水平和建筑的材料构筑特征。

一、屋顶

《诗经·小雅·斯干》有云："筑室百堵……如跂斯翼，如矢斯棘，如鸟斯革，如翚斯飞"。中国传统建筑的飞檐屋顶在此有着诗意的表达，屋顶自古就反映甚至代表着中国传统建筑的整体意象和形态特征。

赣南客家民居的屋顶主要有悬山顶和硬山顶两种形式。悬山屋顶在赣南最为普遍，以生土、土砖构筑的土木结构民居基本采用悬山屋顶，便于遮蔽雨水而免墙体漏损（图4-1-1）。硬山屋顶形式数量较悬山屋顶为少，常见于砖木、石木结构民居当中，赣南大部分的围屋围房外檐亦都采用硬山做法（图4-1-2）。因赣南历史上经济较弱，客家民居多数采用造价低廉的土木结构，造价较高的砖木结构相对较少，普遍为民居当中重要的厅堂所采用，而与砖木结构相适应的硬山屋顶，亦因此常被视为民居屋顶的高级形式，其"地位"高于悬山屋顶。但在赣南南部，围屋民居的围房常采用硬山屋顶，却非地位重要使然，而是硬山顶较悬山顶更不易遭到破坏，实是基于防御的现实需要。

屋顶构造的特点通常体现在屋面、屋脊、屋檐和山墙（檐部）等四个部位，它们既相辅相成，又各有特色。

（一）屋面

赣南客家民居的屋面基本为人字两坡屋面（图4-1-3）。由于赣南地处亚热带季风性区，气候湿润，常年降水量较多且雨季较长，在雨季来临之时，两坡屋面的优良排水特性能起到至关重要的作用。客家民居的屋面基本采用小青瓦作为面材，叠铺之下一卧一背，形成条条沟壑顺势排水于檐下。

赣南客家民居屋面一般采用"压七留三"的"冷摊"做法。小青瓦基本一头宽、一头稍窄，尺寸多数约为17厘米长，13~15厘米宽。小青瓦背铺称为面瓦，卧铺称为底瓦，面瓦叠起以压底瓦并分水至底瓦，底瓦铺成沟槽以汇水排水。屋面由底瓦和面瓦以"压七留三"的原则层层"冷摊"叠铺，"压七留三"即将面瓦盖住底瓦的70%（图4-1-4）。其中，底瓦宽头朝上，而面瓦宽头朝下，这种铺盖方式不但能够有效增加底瓦和面瓦之间的重合面积，而且可以通过底瓦面瓦间的咬合，来防止雨水倒灌渗进屋瓦间的缝隙。"压七留三"的铺盖方式，不仅能够使屋面更加稳定，亦能够形成和谐、有序、统一的形式美。"冷摊"即在椽条上直接铺钉挂瓦条（图4-1-5），再在瓦条上挂瓦，因瓦及瓦条之下不设望板，故做法简单，造价低廉，为经济不发达的赣南普遍采用。"冷摊"做法具有施工快、透气和易检易修的优点，但也存在保温隔热性能差、不利防火、易坏易漏等问题，客家人常对其宅舍瓦面做检修，俗称"捡瓦"，检修频率常为两年一修甚至一年一修。清墙灰瓦的赣南客家民居，深度融入周边自然环境，形成一幅幅建筑与自然和谐共生的山水画卷。

围屋屋面构造的设防做法值得一提。据访，围屋屋面的防御功能常常体现在三个方面：首先是屋顶形

图4-1-1　兴国县城岗乡白石村民居悬山顶

图4-1-2　龙南县里仁镇新里村沙坝围硬山顶

图 4-1-3 全南龙源坝镇雅溪村民居人字坡屋面

图 4-1-4 龙南杨村镇乌石村乌石围屋面

图 4-1-5 赣县南塘镇大都村民居"冷摊"工艺

图 4-1-6 龙南关西新围瓦面上的三角毒钉（万幼楠摄）

式的选择。硬山顶广泛应用于客家围屋外围房的外檐，重要的原因在于其不似悬山顶外挑易损，还有一个附带的优势，即硬山顶能够有效防止敌寇在黑夜中以瓦檐为掩护实施侵袭。其次，许多围屋在瓦面上暗置了很多涂抹有剧毒药水的三角铁钉（图 4-1-6），据说这种药水能够让胆敢进犯的敌寇"见血封喉"。最后，在敌寇能够突破上述两道防线后，"口"字形围屋还设有最后一道构造防线——"天罗地网"，即在围屋的内院上空，与瓦面平齐处，设置一道铁丝网。围屋屋面上的这三道构造防线，能够有效防止潜入者的进犯与偷袭，这一屋面防御系统在龙南县乌石村下新围中都有体现（图 4-1-7）。

（二）屋脊

屋脊，也称"压脊"，是建筑屋面斜坡顶端或侧端的交汇线，与屋面的结构稳定和防水性能紧密相关。中国北方及江淮一带的民居，其悬山屋顶多设五脊，即一条正脊四条垂脊。而赣南客家民居悬山顶的屋脊一般只有一条正脊，两坡侧边际并不设垂脊，仅面瓦

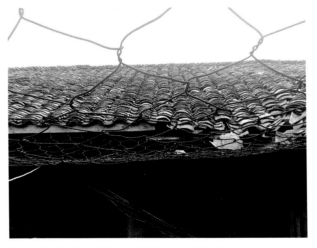

图 4-1-7 龙南杨村镇乌石村矮寨围天井上空的铁丝网

沿坡面边际叠铺封檐，其上间隔数十厘米置青砖以压瓦。赣南客家民居当中的硬山顶，其屋脊设五脊或仅设正脊的情况都为常见，但即使设垂脊，一般仅略高于屋面，不似北方硬山垂脊高凸。赣南硬山垂脊一般少作装饰，极少见北方垂脊端部常叠砌的墀头花饰，

反映出节俭实用的建造取向和简朴无华的构造特征。

赣南客家民居屋顶正脊大致有瓦脊和砖脊两种构造做法（图4-1-8）。瓦脊构造即青瓦压脊，具体做法为：在屋面正脊处先使用小青砖垫铺，然后在砖面上再竖砌干摆小青瓦压脊，脊两端用青砖卧砌收尾，亦有小青瓦卧砌收尾的情况，但较少见。这些竖铺的小青瓦地方俗称"子孙瓦"，盖因其可为日后补漏捡瓦时预留备用。砖脊即面层青砖压脊的做法，一般直接在屋脊处错缝叠砌若干层青砖，也常见先在屋脊处垫铺小青瓦，再在其上砌压青砖的做法。在赣南，一般认为瓦脊较砖脊要更为讲究，因此更受推崇。

赣南客家民居屋顶正脊大多为平脊，通长硬直平铺，两端并不起翘，亦不出挑伸出侧檐。少数正脊两端稍作起翘，常使用本地俗称为"软水"的做法。该做法是将屋檐和屋脊的檩条两端稍微垫高，让屋檐和屋脊两端能够微微上翘，檩条之间因此产生向内挤压的作用力，从而使得檩条向内收紧、相互压制，能够有效约束屋面及屋脊的侧向滑动位移。

屋脊尤其正脊往往是屋顶最能体现装饰性的地方，但赣南客家民居的正脊装饰普遍较为简朴。客家人多在正脊正中设置"中墩"，既可做脊砖或脊瓦的起铺定位，更体现出装饰效果与吉祥寓意。常见的中墩有葫芦、瑞兽及镂空瓦拼的样式，简单的直接砌砖叠成，亦不少见。正脊两端极少见鸱尾之类的吻兽装饰，多数为叠砖收尾封脊，相当简朴。在赣南，较少的一部分民居正脊也会采取两端起翘出挑的做法，多采用砖瓦与铁、竹做骨筋，表面用膏灰塑形，翘脊多呈厚实的尾翼状，部分在端部设置动植物吉祥装饰，极少采用卷草脊、燕尾脊等闽粤两地常见的装饰样式。

（三）屋檐

屋檐通常指坡屋顶前后坡的边缘部分，亦指坡屋面的前后端与墙体连接的部分。赣南客家民居的屋檐主要有挑檐和叠涩两种做法，前者在赣南民居当中被普遍采用，极为常见，后者因出挑较小而多运用于砖木或砖石结构的民居屋顶当中。

挑檐即屋面瓦檐较大挑出外墙的做法（图4-1-9），既方便屋面排水，亦可保护外墙不受雨水侵蚀。赣南客家民居的屋顶挑檐出挑较大，一般在90~120厘米，在撑拱、挑枋等承重构件的支撑下，屋檐能够达到最大限度的延伸，甚至可以达到近2米的出挑距离。挑檐亦是赣南民居主要的装饰部位，支撑出挑的挑枋、挑梁有单挑、双挑和多挑等多种形式的檐枋装饰，高级的便如雕花斗拱，往往精致繁复。尤其在宅舍前檐的出挑构件上，客家人常常尽其财力来装点门面，工匠们也因此得以尽其所能，展现其高超的技艺。赣南客家民居的檐下空间有着多种功用，夏天可遮挡阳光，供人取荫纳凉；雨天可遮水防雨，成为重要的檐廊交通空间；客家人亦常在檐下存放柴草薪木，尽其所用。

叠涩是砖石构造的一种砌法（图4-1-10），通常采用砖石一层层堆叠向外挑出，上层的重量一层一层地传导至下部墙体。在赣南，青砖叠涩出挑最为常见，一般为三层叠涩。具体做法通常为：将第一层青砖纵向放置在墙体上；然后第二层青砖以45°角放置在第一层青砖上；最后，第三层青砖和第一层砌法相同，纵向放置于第二层青砖上面。叠涩还有青砖并不转角，而层层纵砌外挑的简易做法，叠涩层数超过三层的情况亦有。叠涩出檐及叠涩硬山，在赣南各地民居的屋顶均不少见，尤其赣南南部及东北部最为盛行。赣南南部的围屋，其外围房外檐多数采用叠涩出檐的做法，赣南东北部的行列式民居较多采用砖木结构，

定南县历市镇车步村虎形围瓦脊

兴国县高兴镇高多村民居砖脊

图4-1-8　赣南客家民居屋顶正脊形式

图 4-1-9 信丰铁石口镇芜甫村民居挑檐

图 4-1-10 寻乌菖蒲乡五丰村光裕围叠涩

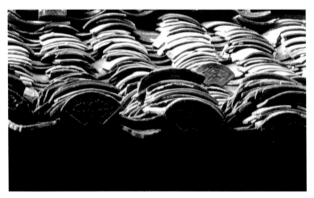
图 4-1-11 宁都黄陂镇杨依村民居瓦当

图 4-1-12 兴国县高兴镇高多村民居悬山顶

叠涩的做法亦相当普遍。

赣南客家民居的屋檐檐口，常见的是叠瓦压边，讲究的则多做滴水、瓦当（图 4-1-11）。

（四）山墙（檐部）

我们通常描述的山墙形式，多指山墙与屋顶结合的檐部，屋顶有悬山、硬山、歇山之分，都与山墙有关。因与屋顶关系更为密切，山墙形式便作为屋顶侧檐重要的一部分在此述及。

赣南客家民居山墙形式较为多样，包括悬山山墙、悬山出际、人字硬山墙、马头墙、马鞍墙、观音兜等。这么多的山墙形式，大体上可分为檐下的悬山墙和凸出檐上的硬山墙两种，悬山墙包括悬山山墙和悬山出际；人字硬山墙、马头墙、马鞍墙、观音兜等形式都可归为硬山墙。

悬山墙居于屋檐之下，山墙受外悬的挑檐保护（图 4-1-12）。悬山山墙在赣南最为常见，亦最为普遍，赣南民居的这类山墙基本不作装饰，少数会在山墙上半部分的中间设气窗。"悬山出际"的说法最早由万幼楠先生提出，以区别传统歇山顶。这种山墙形式可视为悬山山墙的衍变形式，即在悬山人字山墙端部增设一条横直的披檐，形成三角披檐的做法（图 4-1-13）。悬山出际的山墙做法可以更好地保护墙体，基本见于土木结构，在赣南中部、西北部及南最为常见。因同样山墙披檐外挑，悬山出际常易与歇山顶混淆，事实上它们有着本质的区别。一是歇山顶端部的三角"山花"与檐下山墙是两个构造，并不在同一个平面位置，而悬山出际山墙自下而上为一片整体墙面；二是歇山顶有九脊，亦称"九脊顶"，而悬山出际多数只有明显的正脊，基本不设垂脊，屋面与披檐相交的戗脊亦不明显，多数只简单盖瓦压脊；三是歇山顶山墙坡面较大，几可视为四坡顶，但悬山出际仍属两坡顶，山墙仅为短挑披檐。另外，歇山顶往往彰显出建筑较高的地位，而悬山出际却没有这种属性，更多体现出保护山墙的现实需要。

硬山墙凸出于屋面之上，既是山墙压顶，又是屋顶封檐（图 4-1-14）。在赣南客家民居的硬山墙当中，人字硬山墙、马头山墙最为常见，马鞍墙、观音兜较少，散见于各地乡村，多属闽粤等地民居山墙的舶来形式。人字硬山墙一般略高于屋面，基本采用青砖叠涩做法而稍微出挑，山墙压顶也即屋顶垂脊，往往盖瓦并通长砌砖压脊，也有盖瓦间隔数十厘米置砖铺压的简易做法。

马头山墙亦称风火墙或封火墙，因形似马头而得名（图4-1-15）。马头墙在赣南北部最盛，赣南南部相对更少，由北向南其运用有逐渐减弱的趋势。在赣南，四扇三间等单列式民居基本不采用马头墙形式，马头墙多见于行列式、围合式民居当中的厅堂部分，可见客家人主要是把马头墙作为一种突显厅堂地位的装饰构造来运用的，这种建造取向跟普遍采用马头墙的徽州民居有着较大区别。马头山墙一般呈叠级状高出屋面，高出尺度低处一般不少于30厘米，高处常超过1米，因此有着相当好的隔火作用。山墙叠脊依屋面坡势中间高而两侧低，叠级多数以最高叠段为中而两侧对称，偶见前坡叠级多而后坡叠级少的情况。赣南民居马头墙按墙脊的形态划分，有翘脊的曲弧型与平铺的横直型两种，其中翘脊马头墙相对较多，常见墙脊起翘、檐角出挑较大而显张扬者。在赣南的有些地方，常视主人的官职类别来选择其宅舍马头墙的起翘样式，如于都，武官宅邸马头墙翘角多呈弧翘，而文官多为直翘。赣南马头墙按叠段数量又有三叠、五叠和七叠之分，其中最流行的是三段五叠式，即所谓"五岳朝天"式，每段均朝两端翘起，形成一段段弯月式弧线（图4-1-16）。马山墙脊基本采用青砖叠涩做法，叠涩之上铺分水瓦，瓦脊处铺砌青砖或铺设竖瓦压脊。墙脊端部多起翘出挑有厚实的鹊尾式檐角，造型简单，偶见檐角末端用灰塑工艺制作各种动物雕饰。马头墙脊檐口下山墙多数为清水墙，墙面并不多做装饰，极个别如徽州民居墙面作粉刷，檐下简单装饰有一条白灰带，其中用墨线装饰或绘画。

（五）屋顶的民俗讲究

建筑构造中的细枝末节常常能见微知著地窥探出客家人的文化心理和建造者的工匠精神。赣南客家民居当中，"阴阳坡""天父""地母""咬剑""露齿"和"过白"等民俗文化讲究，都与屋顶构造密切相关。

1."阴阳坡"

赣南客家民居尤其行列式民居和围合式民居当中的堂屋，其屋面前后两坡常有阴阳坡面之别（图4-1-17）。区分原则有两种，其一是以屋脊中轴线为基准，朝向正大门的为阳坡，远离正大门的为阴坡；还有一种是以天井为基准，朝向天井者为阳坡，远离天井则为阴坡。赣南本地工匠在处理阴阳坡的建造口诀是"前高后低，前短后长"。具体构造做法是：

图4-1-13　会昌筠门岭镇羊角村民居悬山出际

图4-1-14　兴国县高兴镇高多村民居硬山墙

图4-1-15　龙南杨村镇乌石村乌石围马头墙

图4-1-16　赣县南塘镇清溪村民居"五岳朝天"马头墙

图 4-1-17 寻乌吉潭镇圳下村民居阴阳坡

图 4-1-18 瑞金瑞林镇下坝村民居天井及其上空

称作"桶脚"的阳坡屋檐椽头需高于阴坡，其屋坡斜长则较阴坡更短。因此，也有工匠将这种构造做法称为"后坡要拖"。由此可知，堂屋前后屋面坡的挑檐檩并不在同一标高，即阳坡屋面的进深一般小于阴坡，而阴坡屋面的檩距步架也较阳坡更大。

2．"天父"与"地母"

在赣南客家民居中，"天父"指屋顶脊檩（中脊）的竖向高度，也称作"天公"尺寸，而"地母"则泛指建筑左右面宽与前后进深的尺度（图 4-1-18）。客家工匠们世代相传的"天父压地母"讲究，目的是明确和规范厅堂高、宽、进深三者之间的尺度比例关系，即大厅的中脊底部标高应大于面宽和单进的进深，也常概括为"天包地"。这种约定俗成的建筑构造尺寸要求，实则能达到两种效果，其一，作为客家人待人接客、日常活动的公共场合，较高的建筑高度能够避免因层高不足给人以压抑感；其二，中脊较面宽和进深更大，更有利于自然采光和通风。在实际建造过程中，为充分考虑居住者的使用需求，工匠也时有放松对"天父压地母"的要求，即提出"天父压地母，压宽不压深"的说法，换言之，中脊高度一定要大于面宽，而不必大于进深。

3．"咬剑""露齿"与"过白"

赣南客家民居相当讲究祖堂相关屋面洞口高度与厅屋进深的尺度比例关系。屋面洞口高度是指天井所在竖向屋面开口的高度，厅屋进深指天井至祖堂神龛寿屏的距离。在赣南地区，工匠们常用"咬剑""露齿"和"过白"等讲究来规范屋面洞口高度与厅屋进深的比例关系。

"咬剑"和"露齿"是建造的两大禁忌。其判定原则是，在祖堂寿屏前向外望的视角中，不可出现脊檐，否则屋面洞口与脊檐就形成一幅如同"口咬剑"一般的景象，又称"咬剑"或"狮子衔剑"；若视角中出现椽头和滴水，则称作"露齿"或"狮子大开口"。祖堂檐口过远或过低、门楣过低都会有违风水讲究，而厅堂进深也是影响因素之一。对于"咬剑"和"露齿"这两方面的禁忌，主要是出于对居住者心理方面的考量。

"过白"是厅堂与天井上空之间构造尺度的追求。在供奉祖宗牌位和香案的祖堂寿屏前向天井方向仰视，应透过屋面洞口看到天空，此即为"过白"或"见白"（图 4-1-19）。如果仰视的视线被中堂（或下堂）屋脊挡住，则为不吉利，概称"不见白"。细心的读者可能会注意到，"过白"与"咬剑""露齿"看起来是存在矛盾的，即讲究"过白"便必会"咬剑"，亦

图 4-1-19 安远长沙乡筼筜村崇实堂"过白"

常会"露齿"。笔者就此问题向一些工匠和风水师求证，得到的大致答案是"过白"与"咬剑""露齿"的视点并不一体。祖宗牌位一般忌讳"咬剑""露齿"，亦即"不见白"，而牌位下供奉祖宗的香案通常讲究"过白"。客家各宅舍祖堂香案常见高矮不一，往往是讲究"过白"、规避"咬剑"和"露齿"的结果。

"过白"是赣南客家人通过建筑构造比例，表达敬天法祖、缅怀先辈的一种方式，其主要目的是让祖堂神龛中的神明能"见天"。工匠们在构造"过白"高度时，通常需同时考虑中堂（或下堂）屋脊高度、祖堂檐口高度、屋顶洞口（天井）进深以及祖堂进深四者的关系。为达到"过白"的要求，有三种常用的构造措施，一是将祖堂脊圆的高度建造得比中堂（或下堂）的脊圆更低；二是规定祖堂进深不宜过深；三是天井天檐祖堂一侧高而其他三侧放低。

工匠们在建造过程中一般使用"八卦图"仔细推算"过白"的尺寸。过白尺寸以一尺为宜，过多或过少都将产生不吉利的效果。用当代的视觉语言描述传统"过白"讲究，一般认为"过白"即为神龛处对屋面洞口仰视所框景的画面，如果框选画面太少或缺失，将给人以局促和压抑感；如果画面尺度太大，又会给人一片白茫茫的空洞虚无之感。因此，合适的取景视角，"过白"应取纳一线彩云蓝天，使得框选景物恰到好处的完整与舒展。另外，"过白"对室内的通风及采光也有积极意义，通过取纳"天空光"，能够有效防止南风天的"回潮"，进而达到保护木构件、避免其发霉、防止滋生细菌、抑制白蚁生长等作用。

4. "目屎流滴"

赣南客家民居屋檐出挑尺度亦有讲究，工匠常以"目屎流滴"来规范房屋底层与屋檐出挑尺寸之间的关系，其中"目屎"为赣南客家方言中"眼泪"的代称。清代《八宅明镜》中写道："不论前后檐，下水滴在阶檐上者，凶"。赣南工匠也深谙其中的道理，他们使屋檐出挑超过大门大石砂的边界，甚至超过脚踏石的外缘，这种做法能让雨水滴落在天井内部，否则就称为"目屎流滴"。其实，在中国北方的传统建筑中也同样要求台基的长宽须遵循"上檐出"超过"下檐出"的原则，以形成必要的"回水"，从而保证屋檐的滴水掉落到台基面外。避免"目屎流滴"其实也有现实意义，在雨量较充沛的赣南地区，如果屋檐滴水在室内空间，将增加通行难度和木质

构件霉变几率。

二、墙体

墙体作为建筑的主要构件，对内纵横分隔，组织起功能的分区，对外屏障挡遮，围合起人们的容身之所。赣南客家民居的墙体往往还作为承重受力构件，显著区别于赣北、徽州等以木构架承重为主的江南民居。客家人主要使用生土、砖、木材和石材等材料构筑其宅舍的墙体，因此，赣南客家民居的墙体可按材料的不同大体分为土墙、砖墙、木墙和石墙等四种。客家人常以"就近且量大易得"作为选材取料的首要原则，这些墙体材料均由自然材料经简单加工制作而成，各自又具有良好的保温、通风和受力等特性，十分环保易得，很好地体现了人与自然环境和谐共生的建造理念。

（一）土墙

生土，也称原土，是自然形成、未经人类扰动的原生土壤，也是最早被人类运用于建筑营造的材料之一。作为一种比热容较高、蓄热性能良好、可塑性强、随处可取的自然材料，生土常被用于构筑传统民居的围护墙体。由生土墙围筑而成的建筑，可以很大程度地降低建筑室内热环境的波动，有效阻隔夏季外界环境的热辐射，并能吸收和存储冬季的太阳热量，从而达到夏季干燥凉爽、冬季保温防寒的要求，实实在在地让居住者体验到冬暖夏凉的舒适性。再者，生土保留了自然土壤中孔隙率较高和土壤胶质吸湿的特性，也因此，生土墙还可吸附室内空气中悬浮的有害物质，对室内湿度和空气质量具有调节作用，并有助于改善室内热环境。从最初的挖洞（坑）穴居，到后来的地上建房，再到如今被建筑行业视为最有发展前景的绿色建筑材料之一，生土一直伴随着人类建筑发展进步的全过程。赣南客家民居不论是单列式、行列式还是围合式民居，墙体材料最常用的也是生土，土墙是赣南民居墙体的主流。

赣南客家民居的土墙主要有夯土墙、土砖墙和三合土墙等三种。三种类型土墙各有所长，其中夯土墙保温隔热性能最好，土砖墙造价低廉同时最易砌筑，而三合土墙最为坚固耐用。相较于三合土墙，夯土墙和土砖墙的防水性能较差，遇水浸泡容易变软、甚至坍塌。因此，客家人一般都会给墙体做防护，民间称"穿靴戴帽"（图4-1-20）。其中，"穿靴"是指给墙

图 4-1-20　信丰铁石口镇芜甫村民居"穿靴戴帽"

图 4-1-21　定南县老城镇老城村民居夯土外墙

根外部做防水、防潮层或设砖石墙裙，而"戴帽"则是指屋檐需要外挑合适的距离，以确保土墙墙体不会直接被雨水冲刷损毁。

1. 夯土墙

夯土墙是客家板筑墙的一种，民间称"干打垒"。夯土建筑在赣南广泛分布，尤以赣南西北部、南部最为盛行（图 4-1-21）。夯土墙在我国有着悠久的建造使用历史，是一种最为古老的建筑类型之一。夯土技术早在公元前 16 世纪的殷商时代就已发展成熟，汉代民居建筑中夯土墙的使用已达到相当可观的数量，而且当时夯土城墙中已经开始使用水平方向的木骨墙筋，称为"纤木"[2]。

赣南民居夯土墙的黏土原材料通常取自山体土层，少量来自田间。为弥补夯土建筑中墙体先天怕水的不足，防止雨水对夯土墙脚的侵蚀，客家人多在其宅舍墙基处砌筑一定高度的墙裙，墙裙多采用青砖、片石砌筑，亦常见卵石三合土板筑的情况。另外，为改善夯土墙的受力性能及防霜雪侵蚀，工匠们常在夯土中加入沙子、石子、碎瓦砾或火砖（生土砖焙烧而成的土砖）等材料。为提高墙体韧性，也常在夯土墙中加入竹片、木条等材料作为墙体骨筋。亦有少量大族或富户，不惜加入红糖水和糯米浆等材料，以使夯土墙坚固耐用。夯土墙夯筑并不复杂，但颇费人工，大致可分为五个步骤。

步骤一，熟化。在原始黏土中加入水并反复搅拌和碾压，然后静置，如此重复搅拌、碾压和静置两三次。这一过程的主要目的是通过发酵促使黏土中的腐殖质流失，在赣南，亦常有土质好而不做熟化的情况。

步骤二，拌料。在熟化的黏土中加入适量的石灰、沙子、石子或碎瓦砾，并充分搅拌。

步骤三，支模夯实。将木模板夹成计划的墙体厚度（通常约为 50 厘米），然后在夹板中放入熟土用杵进行分层夯紧，一般分层夯至 50~70 厘米。之后，拆模平移，夯筑至一定长度称之为"一版"，一版既成，再夯一版，如此重复。

步骤四，预埋构件。当墙体达到一定高度后，应将门窗外框、射击孔等预埋构件放入墙体中，此步骤与步骤三同步进行。

步骤五，安放过梁与楼面。当墙体达到预计层高时，安排放置过梁、楼面及屋面预留件。

有时，从第二层开始，每层墙体都会向内缩 10 厘米左右，以减少工程量，降低建造成本。夯土墙并非一气呵成，需要风干一层再夯一层，如此往复，因此，整个夯筑过程需花费较长时间。民间有"上三下四"的说法，即是指工匠上午最多夯筑三版，下午最多四版。即使主人希望加快工期，但只要工匠做到"上三下四"，主人也不好催促，本地有俗语称"上三下四，主人看到不敢声"。夯土建筑虽说耗时较长，但对赣南客家人来说，夯筑质量较好的夯土墙使用年限常可至数十年甚至上百年，基本是一劳永逸的做法。

2. 土砖墙

赣南人所称"土砖"，即土坯砖，汉代称"土墼"。土砖是不经焙烧的生土砖，由定型的模具加工而成。相较于夯土墙，土砖墙的成本更低，营造技术要求也更低，且因为可以预制，相对更为省时省力。土砖墙的防潮和防水性能比夯土墙更差，基本上只要屋顶漏雨或有雨水渗入，土砖墙就极容易倒塌。这也是很多遗存围屋外部保存完好，围房雄壮依旧，而内部却早已破败不堪的原因之一（图4-1-22）。赣南地区常用的土砖主要有两种规格，一种为大土砖，长宽高一般为30×20×14（厘米）；另一种是小土砖，其厚度与重量约为大土砖一半。大土砖在赣南运用较为普遍，尤其贡江流域于都、瑞金、会昌等县，用于垒砌主要宅舍。小土砖在贡江流域多做填隙补缺之用，在章江流域上犹、崇义等县常用于垒筑厨房、畜圈等辅助用房，仅少量用于宅舍。万幼楠先生经考证认为，赣南小土砖"嫡传"自中原，而大土砖体块更大，更耐潮湿侵蚀，是客家人为适应南方潮湿环境在小土砖基础上做的改进[3]。土砖的制作大致可分为四个步骤。

步骤一，备料。首先，选取农田上表层15~20厘米的生土若干。其次，为了改善土砖的抗拉、抗剪和抗弯能力，还需准备干稻草，并将其斩成约10厘米长。

步骤二，拌料。将截断的干稻草倒入生土中搅拌均匀，为节约人力与时间，有时也会借用犁牛来辅助踩拌。

步骤二，封堆熟化再拌和。将犁牛踩拌均匀的生料封堆、熟化，静置一段时间后再加水拌和，此次不用犁牛而使用人工踩匀，以使拌和足够均匀。

步骤三，制框。使用平整的木板，钉制模具木框（大小根据所需土砖的规格确定），每次使用木框前，应在框内表面抹细干土，以防生土料粘框。

步骤四，打坯并晾干。取适量拌匀的泥土料拍入木框中压实，平框高抹去多余泥土料，并将框内土表面抹匀，最后将框取出，成型的湿土砖留置在场地上，经充分晒干晾透，即为成品土砖。

使用土砖进行砌筑时须注意错缝搭接，并用泥浆作为胶结材料，做到砖块间层层咬接、严丝合缝。整片土砖墙砌筑完成后，一般会在外表面抹上拌有干草的泥浆，并以白灰抹面。抹面泥浆里掺入干草主要是为了提高泥浆的拉结性，避免泥浆晾干后开裂。

3. 三合土墙

三合土墙是赣南客家除夯土墙外的另一种板筑墙体。三合土常用的原材料有石灰、黄泥、沙和河卵石四种，有的加碎石或片石块，并辅以木屑、竹丝等材料，赣南本地常称其为"金包银"。三合土有石灰、黄泥等凝结材料，又有沙石等骨料，具有坚固耐久、防风防潮、耐磨抗压等优点，堪称古代混凝土。三合土的制作工艺较夯土和土砖都更为复杂，且造价更高，客家人常用"一碗猪肉换一碗三合土"来形容三合土造价高的情形。

根据主材用量的掺和比例不同，可将三合土分为干土、普通湿土和特殊湿土三种类型。其中，干土三合土以黄泥为主，沙和石灰为辅；普通湿土则以沙为主，石灰和黄泥为辅；而特殊湿土是在普通湿土的基础上再加入红糖、桐油和糯米浆等黏性物。因其坚固无比而又耗资甚大，三合土墙在设防要求较高的赣南围屋外墙中更为常见，赣南普通的单列式、行列式民

图4-1-22　兴国县城岗乡白石村土坯砖外墙

居很少使用，即便使用也多用于板筑局部的墙基。为使围屋的外围墙成为具有极强防御性能的堡垒，赣南客家人将三合土的板筑技术发挥到了极致。围房外墙厚度常达到一米以上，夯筑后的三合土墙密实度也相当高，不仅刀枪不入，甚至连铁钉也难以敲入墙内。赣南客家人花费如此大的财力、物力和人力建造这类举世瞩目的客家围屋，不是为了展现其巧夺天工的营造技能，而是为了保家卫族、抗敌御寇，让围内居民及建筑免受战争的侵扰（图4-1-23）。

三合土墙的板筑与夯土墙类似，最显著的区别在于特殊湿土的制作与掺和。因为红糖和桐油都很容易招引蚂蚁，所以它们不能直接与其他主要原料同时搅拌。特殊粘合剂的制作工艺为：先将干糯米研磨成粉，再在糯米粉中加少量冷水和均，然后一次性加入大量热水并快速搅拌，使得糯米浆非常稀，再加入适量红糖并充分拌匀，待糯米红糖浆冷却后加入适量桐油并拌匀即可。特殊粘合剂是在三合土搅拌好后再加入，并彻底和匀。经过这一系列工序，特殊三合土即可制成。

围屋围房的外墙可直接由三合土垒筑而成，也有与砖石一同做成复合墙。在赣南，内外分层的复合墙体亦被称为"金包银"（图4-1-24）。围房外墙"金包银"复合墙体在竖向上根据材料特性、使用要求，可分为三段不同的墙体构造。通常情况下，墙体最底下是由砖石垒砌的墙基，墙内约三分之二厚度垒砌青砖，外部再包砌石块。中部即为典型的"金包银"做法，墙内约三分之二由三合土鹅卵石（也有用土砖）垒筑而成，外部再包砌青砖或片石；最顶部则只对外墙外部三分之一垒以青砖，而留内侧的三分之二厚度作为围

屋顶层的环形夹墙走廊，俗称"外走马"。设在外墙上的这一环形走廊使得整个屋顶相互连通，便于作战时调兵遣将。

（二）砖墙

砖墙通常指青砖墙。在赣南民居土、砖、木和石墙这四种墙体中，砖墙被视为规格最高的类型，使用频率亦仅次于土墙。作为墙体构成材料，青砖具有抗压耐磨、耐风化和不易腐蚀等物理特性，且色泽素雅古朴，常给人以沉稳宁静和璞润的质感。如此优异的综合性能表现，青砖本该成为墙体材料的首选，但由于其制作工艺相对土墙更为复杂，且造价更高，在经济并不发达的赣南，青砖的运用不如生土普遍便在情理之中。反映到赣南地域上，往往历史上经济条件较好地区的民居，如赣南东北部的宁都、石城等县，青砖墙更为常见。相反，赣南南部经济较为薄弱，青砖墙在民居建筑当中则更少见到。反映到民居建筑上，往往更为重要的部分，如赣南民居的公共厅堂，其墙体常常使用青砖砌筑。相反，处于从属地位的居室一般采用土墙。还有如大门外立面、正厅内立面、山墙面、墙角和墙裙等局部，亦常使用青砖装点门面或作防护。纯砖墙的单列式民居在赣南并不多见，只有个别相对富裕的小户人家才有这种魄力。南康区历来有烧制生产青砖的传统，相较其他县区，南康的青砖烧制技艺较好，且当地青砖多为定制，大都刻有主人铭文（图4-1-25）。

赣南民居的青砖墙多数不事粉饰，故多为"清水墙"（图4-1-26）。清水墙所选青砖往往质地细腻，砖间灰浆饱满，砖缝平整美观。因此，赣南民居青砖墙自砌成后只需勾缝即为成品，不需要做外墙面粉刷。

图4-1-23　定南县历市镇车步村虎形围

图4-1-24　安远孔田丹林围"金包银"墙（万幼楠摄）

图 4-1-25 南康唐江镇卢屋村民居青砖铭文

图 4-1-26 南康唐江镇卢屋村民居清水墙

在赣南这种多雨且潮湿的亚热带季风气候区，也有的客家人为增加墙体防潮性能，提高其耐久性，在建筑高度的 1/3 以下青砖墙体部分做石灰砂浆抹面，极少见整片墙面做粉饰的情况。赣南最为常见的土墙亦跟砖墙一样多不做粉刷，相比徽州民居"粉墙黛瓦"的意象，赣南客家民居多呈"清墙灰瓦"，体现出更为天然质朴的特征。

青砖的制作流程已有定式。一般需经过备料、拌料、制框和打坯晾干，这几个步骤与土砖类似，但青砖的备料步骤中不会加入干稻草，而是使用原始生土制浆打坯。青砖与土砖最大的区别在于，土砖不作焙烧，而青砖需要烧制而成。在制成砖坯并晾干后，放入砖窑中焙烤至 900~1100℃，并持续 8~15 天，烧制过程中用水冷却，即成青砖。黏土经煅烧并加水冷却后呈青色，是因为黏土中含有铁元素，烧制过程中加水冷却，使得铁元素不完全氧化（生成四氧化三铁），

故呈青色。若烧制后自然冷却，则铁元素完全氧化（生成三氧化二铁），砖呈红色，即为红砖。

赣南客家人在物质匮乏、朝不保夕的年代，为何舍易求难、颇费周折地选择青砖而非红砖呢？从理性角度看，青砖与红砖力学性能相差无几，而在抗氧化和耐腐蚀方面则青砖更优。从感性角度看，青砖颜色内敛、含蓄，易与建筑周边的自然环境协调共存并融为一体，没有红砖这种张扬、扎眼的感觉。另外，青砖也更适合村民"隐居"于山野，不至于被敌寇过于轻易地发现。在客家人选择青砖的缘由上，笔者更倾向基于文化心理的认同感，以及对"天人合一"的物我存在感，而非青砖实用性方面的考量。红砖在赣南直到 20 世纪 80 年代后才逐渐流行，而在此之前如此长的历史时期内，赣南传统客家民居从未出现上规模的红砖运用。实用性相差不多的材料之间的取舍权衡，文化心理层面的因素应当起了决定性的作用。

（三）木墙

木墙多见于章贡区河套老城区及贡江水系的传统民居当中，赣南乡村纯木构民居以石城稍为多见（图 4-1-27）。在赣南客家民居当中，土墙或砖墙常作承重构件，木墙则做隔挡或围护墙体之用，一般不承重（图 4-1-28）。赣南地区的木隔墙多选择杉树作为原料，部分采用松木。木墙的制作，需选用完全干透的杉树木材，否则木墙易起翘变形，大大缩短其使用耐久性。杉树树干端直，树形整齐，在赣南山区属易种速长的树种之一。并且杉木纹理顺直，耐腐防虫，使用过程中无需经过多人工修整，可原木剥皮晾干后直接使用。杉树的这些特性，大多优于赣南最为常见的松木，是其大量作为木隔墙的主要原因。赣南客家民居中的木墙一般以杉木板直接拼接咬合而成，不采用任何油漆彩绘等作装饰，直接显现杉树木质纹理，自然淡雅、清新宜人，但隔声效果较差。杉木墙常作为厅屋两侧厢房的主要隔断墙体，与整个构架及外承重墙等形成统一整体。

（四）石墙

石材常给人以稳定坚硬、厚重抗压的直观感受，具有承重能力强、耐火防潮以及吸热小等物理特性。在赣南，石砌墙体运用较木墙广泛得多，但比土墙、砖墙要少。赣南南部较多见石墙，客家围屋常采用鹅卵石、条块石垒砌或与三合土混砌围房的防御外墙，这类围屋当地常称"石围"。赣南北部民居采用的石

图 4-1-27　石城高田镇堂下村木构架民居

图 4-1-28　章贡区慈姑岭民居木墙

墙主要用于建筑局部，如基础、墙根、墙角等部位（图 4-1-29）。亦有少数全屋外墙采用石墙的，在贡江流域的于都等地稍为常见。赣南民居石墙所选用的石料为本地常见的河卵石、条石和片块石等，其中，河卵石运用最多，不规则块石其次，规整条石最少。

　　石墙建造普遍较为简单。卵石石墙在砌筑墙体前，首先挑选直径大小合适的卵石，然后通墙垒以卵石，用石灰砂浆或三合土作为胶结材料，使卵石能够充分结合。赣南民居的卵石墙多数为清水墙，不事粉刷，少数饰面者多用石灰砂浆为墙体抹面找平。赣南南部围屋围房外墙较流行采用河卵石三合土混砌（图 4-1-30），北部的于都常见采用河卵石砂浆垒砌的外墙形式。赣南民居的块石墙体多采用石灰砂浆垒筑，较少与三合土混筑。规整条石砌筑的墙体在赣南极为少见，基本采用石灰砂浆垒砌（图 4-1-31）。龙南县桃江镇清源村龙光围是一座典型的条石石围，建于清道光末年（图 4-1-32）。该石围共三层，前两层使用的条石尺寸约为 15×30×15（厘米），顶层约为 15×15×15（厘米），以石灰砂浆接缝粘合。据乡人讲述，当年建造此围并不是刻意采用条石，而是因为附近有一座石质优等的石山。主人就地取材，以条石筑墙，不但因运输距离短而降低了建造成本，而且使围屋外墙坚固异常，可谓一举两得。

三、构架

（一）构架形式

　　构架是指我国传统建筑的承重骨架，通常指木构

图 4-1-29　龙南杨村镇杨村村燕翼围卵石墙基

图 4-1-30　全南龙源坝镇雅溪村雅溪石围卵石外墙

图4-1-31　于都车溪乡坝脑村民居片石外墙

图4-1-32　龙南桃江乡清源村龙光围条石外墙

图4-1-33　石城高田镇堂下村温氏民居穿斗式构架

架。赣南客家民居的构架承重形式主要有穿斗式、抬梁式、插梁式和山墙搁檩式等四种。其中，山墙搁檩式为主流，插梁式、抬梁式其次，穿斗式最少。

穿斗式木构体系在赣南民居当中使用较少，常常与木隔墙配合使用（图4-1-33）。该体系的构成形式是：沿房屋进深方向立柱，柱身之间锚入短梁（也称穿枋），然后每根柱头各架一根檩条，檩条上再搁置椽木。这种构架体系中，屋顶的重量由檩条直接传给柱，再传至地面。相较于抬梁式木构架，它的传力路径短且清晰，但立柱多，不易形成大空间。构架的搭架部位常使用穿枋和斗枋两种构件进行连接，其中穿枋将每排进深方向的柱子串起形成一榀榀屋架，而斗枋是在各开间的榀与榀之间进行连接，保证体系的整体稳定性。

抬梁式木构架在赣南多用于民居祖堂、中厅和下厅等公共厅堂明间，以突显其规格与地位。为了获得阔大而完整的使用空间，抬梁式木构体系相对其他木构体系使用的落地柱更少。因此，抬梁式单根柱子需承受的作用力相较穿斗式更大，柱子直径也相对更大。单榀抬梁式木架的构成形式是：以垂直落地柱作为基本支撑，然后沿着建筑进深方向将梁端锚入柱身，然后梁上再立短柱（瓜柱），瓜柱柱身插入短梁，最上层的梁再立脊瓜柱，如此形成一榀木构件。为形成完整的木架体系，需将檩条横向搁置在两榀木构架对应的梁头、柱头和瓜柱上，再将椽木搁置在檩条上。抬梁式木构体系的传力途径是：屋顶重量经过椽木、檩条、短梁或瓜柱、主梁、落地柱，层层往下传，直至基础和地基。由于该体系使用了很多短梁、瓜柱层层传递重力，因此可达到减少柱子数量、获取阔大空间的目的。

插梁式木构架形式在赣南的运用同抬梁式，主要见于民居厅堂当中（图4-1-34）。在插梁式木构体系中，每一檩条下方皆有一瓜柱，瓜柱架在梁上，梁端锚入临近瓜柱柱身，最外端的瓜柱架在最下端的承重梁上。多层次的榫卯加强了结构整体稳定性，同时也使插梁式获得了较为开敞的使用空间。因此，插梁式兼有抬梁以梁传力和穿斗柱承檩条的特点，且综合使用效果优于两者。建筑史学家孙大章在《民居建筑的插梁架浅论》（2001）中将插梁式构架描述为："承重的梁端插入柱身（一端插入或两端插入），与抬梁式的承重梁顶在柱头上不同，与穿斗架的檩条顶在

图 4-1-34　寻乌澄江镇周田村民居抬梁式构架

柱头上，柱间无承重梁仅有拉接用的穿枋的形式也不同。"[4]

山墙搁檩式承重形式在赣南客家民居中使用最为广泛，民居公共厅堂部分常见，居室部分则基本采用这种形式（图 4-1-35）。虽说赣南地区盛产木材，但客家人往往将木材成规模地运往赣南以外的其他省市，进行跨区域的销售，而自己则采用山墙搁檩这种节约木材的民居承重方式。另外，赣南地区多雨且湿度大，木材具有易燃、不耐腐、易虫蛀等天然缺陷，这也是赣南少采用木构架承重结构的原因之一。山墙搁檩式相比前三种木构形式，更具适应湿热气候的优势，关键是其造价亦更为低廉。这种构架形式具有较好的耐久性和实用性，但其在装饰方面的丰富性和美感远不如抬梁式、插梁式等构架。

（二）构架的民俗讲究

沿袭单数，是构架檩条及房屋开间的数量讲究。我国传统建筑一直有对称美和构架居中放置的观念，因而构架檩条数目、房屋开间间数一般为奇数，赣南

图 4-1-35　安远长沙乡筜笃村民居硬山搁檩式构架

客家民居也沿袭了这种构造讲究。古代《鲁班经》和赣南工匠手册《论膺法》中都对檩条单双数有明确的"指导性意见"。前者规定："三五架屋偏奇，按白量材实相宜，是以单数为吉。"后者指出，构架檩条和开间间数只能为单数形式而不取双数。另外，"双"字在赣南客家方言中音似"伤"，工匠们常常会避开这种营造禁忌。相应地，因着开间间数为奇数，民居构架的楹数往往就是偶数了。事实上，赣南民居亦有构架檩条为双数的情况，这时往往讲究落地柱须为单数，可见面对情况的复杂性，民间建房亦有很多折中的做法。

顺应自然，是构架檩条的朝向讲究。考虑檩条梢部（头部）与根部（尾部）的直径差异，《营造法式》卷五"大木作制度·栋"中，对檩条檩头的朝向有明确规定，正文为："凡正屋用檩，若心间及西间者，头东而尾西；如东间者，头西而尾东。其廊屋面东、面西者，皆头南而尾北。"文中并未对这种檩头朝向的做法意义作出解释，参考"春生夏长秋收冬藏"的自然法则，可推测：将檩头朝东或南方可能是考虑到木材的生发方向，蕴含了古人顺应自然的朴素思想以及居住者对生活欣欣向荣的美好愿景。赣南部分地区的客家人筑造其宅舍亦有这种讲究，但从调查的情况来看，传统民居当中并不严格遵循《营造法式》关于檩条朝向要求的亦为常见。

木身石础，是竖向承重构件的气候讲究。赣南客家民居的柱子一般由柱身和柱础两个部分组成。赣南地区湿润多雨，对柱子的设置不但需考虑承重本身，还要着重考虑柱子落地部位的防水与防腐（图 4-1-36）。因此，赣南民居的柱子多采用木质柱身和石材柱础相结合的形式。木柱脚与地坪分离免受地面湿气与虫害侵蚀，石质柱础也有利于将承受的负荷均匀地传递到地面，类似当代钢筋混凝土结构的基础承台。柱身与柱础之间一般使用"榫"进行连接。具体做法是：缩小木质柱身的底部截面形成管脚榫，然后将管脚榫锚入石柱础重心部位凿出的榫窝中。也有少数赣南民居，采用全石材打造的柱身和柱础，这种做法对石材尺寸、质地及运输的要求较高。

顺长避倒，是构架木柱的头尾讲究。对于柱子、瓜柱等垂直木构件，赣南民间要求其根在下头在上，取"生发、生气"之意。若根上头下，则意为"不能长进、做事颠倒"。宋人孔平仲《谈苑》提到"造屋，主人不

图 4-1-36　赣县南塘镇清溪村民居柱础

恤匠者,则匠者以法魔主人。木上锐上壮,乃削大就小,倒置之,如是者凶",可见木柱头尾方位之干系。对于尺寸较小的构件,如斗栱、斜撑等,因木纹不明显而对头尾不太重视,一般可忽略。赣南民居柱子的柱身常在竖向尺寸上加以变化,俗称"收分"或"卷刹",这种做法是将柱身上部逐渐缩小,到顶部即缩成覆盆状,可以在视觉上让人觉得底部扎实、稳定。

四、地面

(一) 室内外地面

赣南客家民居对室内地面的处理通常比较简单,多数采用夯实素土地面,少数采用三合土板筑或砖石铺装。在赣南,青砖地面被视为"高级"地面,三合土其次,常见于赣南客家民居的厅堂,而素土地面最为普通,常见于赣南民居的居室地面。素土地面一般采用经过翻捡、干净而无杂质的素土,直接夯实即为地面,往往随着年深日久的踩踏,日渐干燥坚硬

(图 4-1-37)。三合土地面多在夯实的基层之上铺设并压实,相对素土地面更为坚实平整 (图 4-1-38)。砖石铺装的室内地面主要有青砖地面和卵石地面两种,因造价较高,主要用于厅堂等重要的室内空间。青砖地面又以方砖为贵 (图 4-1-39),长砖为次。地面做法一般先用砂、砂浆或细土对夯实的地面基层进行找平,然后铺上青砖,压平压稳即可 (图 4-1-40)。卵石地面往往需要添加石灰砂浆铺装,在平铺的卵石上浇以石灰砂浆,将原有卵石间的缝隙填平,使得河卵石"去粗留圆"。室内卵石地面一般较室外卵石地面更为平整,亦可起防滑的作用,常用于室内走道 (图 4-1-41)。

赣南民居建筑的室外地面主要有素土地面、三合土地面、卵石地面和条石地面等几种。素土(见前图 4-1-10)和三合土地面较为平整,常用于赣南民居建筑的禾坪空间,方便铺晒谷物。因易于施工、工艺简单、耐磨防滑且造价低廉,鹅卵石地面在赣南运用也较为广泛,常见于天井、阶檐、庭院及化胎等处,赣南民居的禾坪亦往往整片地采用卵石地面 (图 4-1-42)。卵石地面常作拼花,卵石粒径及色泽均为丰富,客家人充分利用卵石的这些特性,或拼作方格,或拼为图案,使得地面富于层次。卵石所拼图案如铜钱、太极、植物、福寿字等,多有"财源滚滚""人丁兴旺"之类的吉祥寓意,平添了几分耐人寻味的内涵 (图 4-1-43)。条石地面多采用红砂岩条石和麻条石,因造价较高,一般较少大面积铺设,常用于天井、阶檐等处,在禾坪及庭院当中多数铺作主要步行道路,或辅作装点 (图 4-1-44)。

(二) 地面排水

地面排水主要有明沟和暗沟两种构造方式,赣南

图 4-1-37　瑞金九堡镇坝溪村民居素土地面

图 4-1-38　瑞金壬田镇凤岗村民居三合土地面

图 4-1-39　安远长沙乡筼筜村民居石材地面

图 4-1-40 于都段屋乡寒信村青砖地面　　　　图 4-1-41 瑞金九堡镇密溪村民居卵石地面

图 4-1-42 安远镇岗乡老围村东生围室外卵石地面

图 4-1-43 上犹安和乡黄坑村民居卵石地面　　　　图 4-1-44 宁都肖田乡带源村民居庭院地面

客家民居的天井排水相当有讲究。明沟构造最为普遍，赣南客家民居无论挑檐及叠涩排水，多数都采用明沟接水泄水（图4-1-45）。明沟的构造较为简单，通常是在地面铺砌时预留宽约0.5米，深约0.4米的沟渠，然后在地面铺装时用卵石或条石将沟渠砌筑，最后用石灰砂浆抹面（图4-1-46）。暗沟多用于天井排水，亦常有赣南民居正面大门处设置暗沟方便出入，偶见民居四周或墙角设暗沟的情况。暗沟构造做法稍为复杂，通常是预留宽约0.3米深约0.15米的沟渠，然后在底部和两侧砌筑青砖，最后将顶面青砖搭在两侧青砖上，有时面上再覆土以作通行地面。

天井往往处于民居内部纵深较深的厅堂之间或居室之间，其排水的实用性和文化性跟天井自身一样往往为客家人所重视（图4-1-47）。天井井座一般在坡度较低一边的两端或中间设置边长（或直径）为15厘米的出水口。出水口一般设有竖立细铁杆或带有图案石雕的栅格，以防止垃圾进入暗沟引起堵塞

（图4-1-48）。客家人常将"流水"看成钱财或财气，而天井的"排水"也称"放水"，因而赣南本地有"千银起屋，万银放水"的古谚语，可见天井排水在客家人心中的文化心理地位。风水上讲究的"曲水有情"也同样在天井出水路径（简称"水路"）上适用。具体来说，天井排水水路宜弯曲，忌横流直出，而且不能直接从门槛下方或穿过房间排出，只能从门厅两边通过暗沟排出。为提高天井排水性能，减少内涝概率，客家人常采取三个措施。其一，设涵蓄水、纳雨减涝。这是设置"燥涵"（也称"受涵"）的一种构造做法，具体为：将天井深挖2~3米，然后从下到上竖砌大的破陶片和碎砖瓦若干层，最后铺上铺石板；其二，养龟除淤、保渠降阻。即便有栅格栏阻，年深日久天井排水暗沟亦难免积有淤泥。民间常饲养乌龟放入暗沟来处理淤泥。龟爱抓爬泥沙，利用乌龟的这种习性清理淤泥，能够有效降低淤堵的可能性。其三，设罐搅沙、罐旋沙走。在暗沟的排水口处放置一个不固定的

图4-1-45　安远镇岗乡老围村东生围明沟

图4-1-46　安远镇岗乡老围村磐安围明沟

图4-1-47　安远长沙乡筼筜村民居天井

图4-1-48　寻乌澄江镇周田村民居天井出水口

空陶罐，当大雨来袭时，天井内水量充足，陶罐浮起，排水口处水流很急时将引起旋涡带动陶罐旋转，旋转的陶罐如同搅拌器，搅起淤积的泥沙随水流走，故而暗沟内的淤泥不需要人工掏挖。赣南客家民居中也有极少数天井不设暗沟排水的情况，以期达到聚水、防止"财水"外流的目的。其做法是在天井中深埋三层倒扣的大陶瓮，大瓮起到支撑和储存雨水的作用。

五、门窗

老子在《道德经》中说"凿户牖以为室，当其无，有室之用"，意指有了门窗的通纳虚无，才有房屋的实质作用，可见古人心中门窗在建筑当中的地位。建筑门窗按设置部位有外门窗及内门窗之别，赣南客家民居的内门、内窗多与装饰更为相关，笔者将之列为装饰构造置于后节阐述。

（一）外门

客家人往往将其宅舍建筑的外门视为脸面，常通过外门的形式和装饰来彰显家族或家庭的地位、财富和声望。赣南客家民居的外门按位置有院门、大门及侧门、后门几种。侧门及后门通常较为低调简朴，单开门居多，亦少有门罩、抱鼓石等配套构造。客家人较注重的外门主要为院门和建筑正大门。

院门在赣南客家民居当中常以门楼形式出现，即门上加有出檐屋顶的门面形式，亦称"牌楼门"（图4-1-49）。门楼综合了门与楼的形式特征，是分割客舍内外的界限，进门即内院，已属一家宅舍的范围。作为对外"脸面"，在赣南不论是豪门望族还是普通百姓，无不倾其财富之所有，重点打造门楼构造

与装饰，民间甚至有"千金门楼四两屋"的谚语。作为吐纳门户，赣南客家人亦相当讲究门楼的位置及朝向。民间风水有"气随水而比，故送脉必有水"的说法，门楼常被视作一栋客舍趋福避祸的气口，往往在迎水纳气的方向开启。相较于赣南其他地区，赣南东北部石城、宁都和瑞金等县民居的门楼相对较多，亦更为阔大气派。

建筑正大门即从室外环境进入建筑室内所经过的主门，广义上的大门亦包括大门入口空间。赣南客家民居的大门主要有门斗式、门廊式和门罩式等三种形式。门斗式大门是指大门外墙向建筑内部凹进，并且无柱落地的大门入口空间形式（图4-1-50）。门斗式大门有着较深的空间缓冲，既可遮风挡雨，又起着良好的空间过渡作用，简单实用，因而成为赣南客家民居当中最为主流的大门形式。门廊式大门一般三个开间内凹，中间两柱落地，类似廊道，较门斗式大门更为阔大。门廊式大门常见于大家族聚居的客家大屋厅堂主门，亦为富户所采纳，赣南各地民居都为常见，会昌、寻乌、安远等地相对盛行（图4-1-51）。门斗式、门廊式大门装饰多集中于挑檐之下，以斗栱、挑枋和雀替等木雕为主。相对而言，门罩式大门并不随墙内凹，因此没有深挑的出檐。门罩式大门按平面形式有一字形和八字形两种，以八字外开形更显气派亦更受推崇。立面上常仿门楼做成六柱五间或四柱三间的式样，顶部多设斗栱外挑屋顶，亦与门楼相似。门罩式大门形式赣南各地均有，在赣县、章贡区、兴国、于都、南康等县民居当中最为盛行（图4-1-52）。门罩式大门多以青砖为墙，装饰以砖雕和灰塑为主。

图4-1-49　会昌筠门岭镇羊角村民居门楼

图4-1-50　寻乌澄江镇周田村民居门斗式大门

图 4-1-51 安远长沙乡赏笃村民居门廊式大门

图 4-1-52 宁都黄陂镇杨依村民居四柱三间门罩

赣南客家民居大门本身的构造相对简单。普通民居的大门，一般使用双开的实木板门，粗犷质朴，讲究结实耐用（图 4-1-53）。赣南围屋的大门尚有抵抗外敌的需求，其附设的防御构造就显得尤其复杂。作为围屋的薄弱环节，围门的防御性充分体现了客家人的才思机巧。围屋的大门常常设有四道防线。其一，将门设置在炮楼监护下的转角处，不但有利于炮楼作战，还利于破门后在巷门窄路中进行阻击（图 4-1-54）。其二，在实木门表面敷上一层 3~5 毫米厚的铁皮，以防敌寇刀劈斧砍以及火攻（图 4-1-55）。其三，在包铁实木门背面设置横、竖两道门杠，以防入侵者使用重力攻门。具体做法为，在门背面顶部加设一道设有暗槽的支杠木梁，用来支护竖杠，再在门框左右两侧设槽插入直径更大的横杠（图 4-1-56）。其四，在外门正上方设置一个青砖和石条筑成的灌水口，当入侵者火攻大门时，灌水口中的水流可直接流向门外灭火。使用青砖和条石作为槽体材料，亦可有效防止灌水口的水流侵蚀外墙主体。另外，围屋大门还配有拱券门框和石库门框（图 4-1-57）。这两种外门门框都用条石或青砖垒砌而成，其中后者可看成是前者的升级版本。即在拱券门的门洞内再设置一个石库门门框，该门框上部的横梁由一整块条石构成，而横梁两端则设置类似加腋的短石料，以缩短横梁跨度，增添装饰性。

这里重点介绍一下赣南客家的门榜文化。在赣南地区，门榜颇为流行，尤以上犹、南康、大余和崇义等地最为盛行。门榜亦称门匾，一般设于客家宅舍主门之上，基本为横长条矩形（图 4-1-58）。在赣南地区，门榜大都以匾框的形式直接贴融于建筑墙体，不同于中原民居悬挂的木质门匾。门榜匾框有石制的、砖制的、贴瓷的，亦有简单涂漆划出的线框，构造装饰并不复杂，但其真正的价值在于，其文字内容背后丰富的文化内涵和独特的历史渊源。它常常集书法、文学和艺术于一体，简短的三四个字，朴实无华而兼纳乾坤，寄托了赣南客家人尊宗念祖、寻根思源的文化情结，亦往往反映出宅舍主人的文化内涵和审美趣味。门榜是赣南客家进行寻本溯源的"微型族谱"，是研究本地宗亲家族史和客家迁徙史的珍贵史料。移民文化情结催生的门榜文化，能够增加客家宗亲的亲切感和归属感，让他们在新迁入地感受到家族的温暖与支持。门榜如同一根文化纽带，将分散在不同地域的同宗共谱的族人跨时空联系起来，让异乡人有一种"海内存'宗亲'，天涯若比邻"的情感呼应与寄托。门榜文化在内容上大致可分为四类，即昭示本姓同族渊源、彰显本姓同族门风、浓缩本姓同族事迹、直抒胸臆求吉纳福。

一是昭示本姓同族渊源。"颍川世第"常为陈姓、钟姓、赖姓和方姓等姓氏所用，这意味着这些姓氏都自古时颍川郡迁出。"江夏渊源"则为黄姓家族所常用，表示他们迁出地为古代湖北的江夏郡，体现了他们对宗祖出自江夏的认同感。还有曹姓的"绪绍上蔡"，"绪绍"是指"承前、接续"之意，"上蔡"为地名，表明当地曹氏宗族出自河南驻马店市上蔡地区（图 4-1-59）。

二是彰显本姓同族门风。如"爱莲世第"常为周氏家族所用，以表示其出自著有《爱莲说》的北宋

图 4-1-53　章贡区水东镇七里古村民居实木门

图 4-1-55　全南龙源坝镇雅溪村民居铁皮门

图 4-1-57　定南县历市镇修建村明远第围拱券门

图 4-1-54　定南县历市镇修建村明远第围大门与炮楼

图 4-1-56　定南县历市镇车步村虎形围大门竖杠孔

图 4-1-58　上犹双溪乡大石门村民居门榜

图 4-1-59　大余左拔镇云山村民居"绪绍上蔡"门榜

图 4-1-60　宁都黄陂镇杨依村民居"大夫第"门榜

图 4-1-61　大余池江镇杨梅村民居"三槐世第"门榜

理学家周敦颐门下。"越国流芳"常为钟姓所用，所指渊源为唐代爵封越国公的钟绍京，其为兴国人，既是唐代中期宰相，也是著名书法家，历史上常将书法家钟繇称为"大钟"，而将其称为"小钟"。而张姓的"曲江风度""相国遗风"，则是讲述唐时著名宰相、诗人张九龄的故事。他是古韶州曲江（今韶关）人。此外，还有一些姓氏以"大夫第""司马第"等显示其高贵家风与门第（图 4-1-60）。

三是浓缩本姓同族事迹。如"知音遗范"、"飞鸿舞鹤"常被钟氏家族所用，前者讲述的是春秋时期樵夫钟子期和琴师俞伯牙"高山流水"觅知音的千古佳话，而后者典出三国时期魏国楷书鼻祖钟繇的事迹，《法书要录》一书中称钟繇的书法"若飞鸿戏海，舞鹤游天"。王姓常用的"三槐世家"（或"三槐世第"）则讲述的是北宋初年王氏始祖王佑的故事。王佑官拜兵部侍郎，颇有名望，曾被宋太祖赵匡胤暗许以宰相一职，终不成。之后，他在自家庭院中种植三株槐树，并预言其子孙必有位列三公者。果然，其子王旦出任宰相（图 4-1-61）。

以上是门榜文化中因姓氏而异的题字区别，还有

上犹营前镇营前圩民居"彩献云衢"门榜

上犹营前镇营前圩民居"燕翼贻谋"门榜

图 4-1-62 赣南客家民居门榜文化

一些门榜内容直抒胸臆、求吉纳福。通常内容丰富、寓意淳朴，表达主人对家人和生活的期许或是对家规门风的要求，如"彩献云衢""燕翼贻谋"和"紫气东来"等（图 4-1-62）。

（二）外窗

赣南客家民居尤其行列式、围合式民居的采光多以天井内采光为主，一般外开窗较少且小。传统上称厅堂为明间，居室为暗间，亦有因厅堂采天井之光而亮堂，居室外开窗又少又小而成暗室。赣南客家民居建筑的外窗主要有直棂窗和镂窗两种。为了增加房间内部的自然采光，赣南客家人还常会在其客舍屋顶布设一定面积的"明瓦"，达到开"天窗"的效果。

直棂窗是赣南客家民居中使用最为广泛的窗户形式，因其窗框内设置竖直排列的直棂条而得名。直棂窗自宋朝以来已常见于民居之中，通常取木为材，具有制作简单快捷、形制质朴平实的特点。直棂窗上一般不安装开启扇，因此只能通风采光而不能挡雨，需要依靠挑檐遮挡。赣南地区常见的直棂窗形式有栅栏式和"一码三箭"式。栅栏式直棂窗宽 60~70

厘米，高 80~90 厘米，窗框内由多根间隔相同的竖向棂条构成，竖向棂条与横向窗框是以接榫的方式连接（图 4-1-63）。"一码三箭"式直棂窗，即在栅栏式直棂窗的基础上，再在窗户中间横向设置一根水平棂条，以使窗户更加结实牢固，其中间的水平棂条与竖向棂条是采用相互咬合的连接方式（图 4-1-64）。

镂窗又称漏窗，也称玲珑窗，是赣南客家民居中样式丰富、装饰性较强的窗户形式。镂窗常用的材质有石质、砖制和木质，其中石质稍多，砖制镂窗其次，木质镂窗最少。镂窗一般尺寸较小，形体厚重而用料扎实，客家人常在镂窗上雕以繁复样式，质朴自然，图案精美。因设置在离地面较高的位置，且面积较小，镂窗通风的实际作用往往要大于采光。木质镂窗的镂空雕花部分一般拼合而成（图 4-1-65），因耐久性较差且不牢固，较少为客家人采用。砖制镂窗较为朴实，多用砖拼作格花（图 4-1-66），有方形、菱形及其他多边形等。相较于木质、砖制镂窗，石质镂窗由整块石材雕镂而成的相对较多，窗花式样亦更为丰富。赣南客家民居石质镂窗以红砂岩石材为多

图 4-1-63 定南县老城镇老城村民居直棂窗

图 4-1-64 瑞金叶坪乡洋溪村民居"一码三箭"式直棂窗

图 4-1-65 兴国县社富乡桂江村木镂窗

寻乌菖蒲乡五丰村光裕围砖窗

石城小松镇丹溪村民居砖窗

图 4-1-66　砖制镂窗样式

（图 4-1-67），质地细腻而硬度适中，是石雕的上好材料，精美的镂雕窗花使得石质镂窗成为赣南民居独特的构造文化符号。

　　有条件的情况下，赣南客家民居的外窗也会设置窗罩，作遮风挡雨之用。窗罩一般稍宽出窗户，自下而上分罩檐、罩瓦、罩脊三个部分。罩檐即为窗罩承托，主要有木架和叠涩两种。赣南民居窗罩以叠涩檐口最为广泛，亦最有特点，常有清水砖挑和外敷灰塑两种。罩瓦坡面一般较小，出檐少许，两角多数微微卷起。罩脊既有封檐止水的作用，更是装饰的点睛之处，它常两端翘起檐角，使整个窗罩鲜活起来。窗罩外形立体而富变化，极大地丰富了窗户造型及立面效果（图 4-1-68）。其与屋顶坡瓦形成空间上的呼应，使得建筑整体更富层次。

章贡区水东镇七里古村民居石窗

寻乌澄江镇周田村民居石窗

图 4-1-67　红砂岩镂窗样式

赣县区南塘镇大都村民居窗罩　　　　　　　　　　　　南康唐江镇卢屋村民居窗罩

图 4-1-68　窗罩样式

第二节　赣南客家民居的装饰构造与工艺

日本"民艺之父"柳宗悦提到，"如果工艺是贫弱的，生活也将随之空虚。"作为客家文化和民居工艺重要的物化载体，赣南客家民居的装饰构造蕴含着客家人对自然的崇敬、生命的礼赞、风水的趋从和生活的追求。赣南民居的木作、石作、砖作、漆作及灰塑都有其地域性特征，其中的"三雕一塑"（指木雕、石雕、砖雕和灰塑）更是赣南客家建筑装饰艺术的代表与集大成者。

一、木作

木作装饰通常是指将木材进行适当加工和创作，融入传统文化元素和符号，并作为建筑主体美化和修饰的构件。赣南传统木作构件集中体现出客家工匠的高超技艺和客家文化的璀璨多元，是人们研究赣南建

筑文化的重要客体。木作通常分为大木作和小木作两类，大木作指木构建筑的承重结构部分，常具有一定装饰性，如柱、梁、枋、檩、替和拱等。小木作则指木构建筑中非承重的部分，多数起装饰功用，如门窗、顶棚、栏杆和隔断等。

赣南地区山多林密，木材资源丰富，可供木作装饰的原料类多量大，常用的木材有杉木、樟木、楠木、柏木、花梨木、红木和椴木等。客家工匠选材并非以木质的细腻、坚韧与名贵作为首要评判标准。他们通常因材施艺，根据木材的花色、纹理和硬度等物理属性，使用不同的木雕技艺，创造出形式多样、内容丰富、意蕴隽永的木作精品。木作工艺不但因料而异，也会根据木作运用的空间位置及装饰题材差异而采取不同技法。比如运用在屋架等较高位置的斗栱、雀替等木作，常使用圆雕和镂雕，纹理立体粗犷，适宜远观（图 4-2-1）。而人接触较近的门窗等构件，常用线

图 4-2-1 寻乌澄江镇周田村民居挑枋

图 4-2-3 寻乌吉潭镇圳下村民居挑枋边缘的"卷杀"工艺

图 4-2-2 安远镇岗乡老围村东生围隔扇门

图 4-2-4 章贡区水东镇七里古村民居浮雕木作

雕和浮雕,纹理细腻繁复,适宜近观细品(图 4-2-2)。木作装饰的制作往往需要经过繁复的工艺流程,从内容构思,到选材、出胚、勾线,再到粗雕、精雕和修整,以及有些还会考虑着色和上漆等工序,环环相扣,每个流程都影响着木作的装饰效果。

赣南民居木作的主要构造手法为"卷杀"和"雕花"两种。其中"卷杀"是指将构件端部的锐角做成缓和的曲线或折线,使其整体上看起来更加圆滑、柔美(图 4-2-3)。而"雕花"顾名思义指运用"雕"这一创作手法,形成"花"的装饰结果。赣南客家民居常见的木作工艺有线雕、浮雕、圆雕和透雕等四种手法。

线雕。线雕也常称作线刻,一般指在木材浅表层以刀工勾勒线条形象,类似铅笔在白纸上勾勒素描图案,是一种比较初级而简单的雕刻手法。因只在木材表层施以粗浅的线条处理,并不会对木材的整体形象产生较大改观,因而远观效果并不明显。如果再在线雕表面覆以色彩,凿刻痕迹更是不易察觉。因此,线

雕多以花草纹饰作为雕刻题材,用在与人近距离接触的木作上,或与其他木雕技艺搭配使用,以凸显木作的局部细节,常用于隔扇门窗和匾额等木构件中。

浮雕。浮雕的核心是"去表留凸",即按照内容构图描线,在平整的木料上剔除表面多余部分,留下能够凸显所需画面的纹饰和图案,再根据雕刻主题,逐层深化雕凿(图 4-2-4)。根据木料薄厚差异,浮雕又有高、浅浮雕之分。浮雕整体上剔除的木料较少,很少影响构件的整体受力,多用于承重的大木作装饰中。浮雕是赣南客家民居木作中最为常见的木雕创作手法,雕刻题材涉及广泛、种类也较为丰富。浮雕综合了线雕和圆雕的部分特点,出色的浮雕作品通常图案深浅有致、刀工劲道清晰,多见于梁架、挑枋、门楼、门簪等木构件的装饰图案中。

透雕。透雕也称镂雕、漏雕或玲珑雕,作为浮雕工艺的升级版,是将木料前后雕凿通透,能从一面看到另一面,达到镂空和隔空取景的艺术效果(图 4-2-5)。根据是否在木料前后两面同时雕凿图案,

又可分为单面透雕和双面透雕，其中双面透雕因两面都具有图案，因而技法更为繁复、工艺也更精细。通过透雕手法剔除多余木料，能够赋予木作装饰通风采光和室内外分割的使用效果，但也削弱了这类木作的受力性能，因此常用在门窗隔扇、斗拱、雀替或其他以装饰为主的木作中。透雕与线雕技艺相结合时，还能创作出多层镂空、细节雅致的艺术精品，其内容空间形象渐次呈现，层次丰富，具有很强的艺术美感和观赏价值。

圆雕。圆雕又称作立体雕，是对整块木料进行360°的全面雕凿处理（图4-2-6）。通常需要先打粗坯，再细做，形成深浅不一的几个层次，然后对整体进行剔光修整，最后打磨。圆雕是艺术在木构件中整体展现的一种雕刻形式，其木作立体感强、多角度视觉观感突出，能够将装饰题材和内涵表现得淋漓尽致，极富装饰艺术效果，常用在垂花柱、门簪等构件中。

（一）木柱与梁架

木柱是木构建筑当中顶梁立地的重要承重构件，在赣南民居当中亦是最为简约粗犷的构件之一。客家寻常百姓一般很少对柱体本身进行修饰，顶多是对其刷朱漆或在逢年过节、婚丧嫁娶时贴上大红对联（图4-2-7），前者是因为红色表示喜庆、而油漆作为防水防腐保护层；后者是因柱子一般在厅堂正中两侧，便于张贴对联，以图吉祥安庆。柱子当中有一种不落地的木柱，称作"垂花柱"，柱底端常有较强的装饰性。在赣南民居当中，垂花柱常见于吊脚楼及其他檐下出挑部位。普通人家造型简单质朴，一般仅在瓜形或方形垂柱端上饰以纹路，大族富户则常以浮雕或镂雕等工艺雕刻成莲花、花丛或花篮等形式。较为精致华丽的形式当属"走马灯"，这种垂花柱采用繁复的浮雕工艺，在里外多层都精雕细刻，内容丰富、层次鲜明，而且还会在外表覆以色彩，组成檐下的一排木构雕花彩灯，栩栩如生，整个建筑也因此更显富丽雅致。

梁架是梁、枋、檩、瓜柱等构件的组合体（图4-2-8）。赣南客家民居中的主梁通常以扁圆木为主，圆木其次。因经济欠发达，赣南民居主梁本身的装饰相对较少，普遍简朴，不似经济较发达的闽西南、粤东北等其他客家地区民居雕梁画栋。赣南民居的厅堂前檐常能看到一根厚实的水平横梁，其上通常串联着4~6个步架，并且立有多个硬挑（或软挑）以支撑檩条，当地一般将这根横梁称作"通梁"

图4-2-5　石城琴江镇大畲村民居透雕木作

图4-2-6　于都段屋乡寒信村民居圆雕木作

图4-2-7　瑞金叶坪乡田背村民居柱子

图 4-2-8　瑞金壬田镇凤岗村民居梁架

图 4-2-9　兴国高兴镇高多村民居通梁

图 4-2-10　崇义聂都乡竹洞村民居月梁

图 4-2-11　安远长沙乡筼筜村民居挑枋

（图 4-2-9）。赣南民居大门尤其门斗式大门檐下基本也设一种水平横梁，两端伸搁于墙体，造型多数两端小中间大而呈月弧状，因此俗称"月梁"（图 4-2-10）。通梁与月梁使得建筑入口更有层次感，但在赣南亦少见额外装饰。赣南民居的挑枋，一般居室部分基本不做装饰，厅堂当中的挑枋多数会在枋间或末端做浮雕（图 4-2-11）。瓜柱亦称侏儒柱、蜀柱，赣南民居木构的瓜柱有抬梁瓜柱、脊瓜柱和插梁瓜柱三种。抬梁瓜柱见于抬梁式结构，主要作用是将梁垫高，承重倒在其次。插梁瓜柱见于插梁式构架，主要作用是支承檩条，传力于梁。脊瓜柱是支承脊梁（枋）的短柱，抬梁、插梁两式构架均有设。驼峰亦有称坐墩，一般在两层梁枋中间用作垫托或用于支撑檩条（图 4-2-12）。在赣南客家民居中，驼峰主要有梯形、弓形、三角形和束腰形等四种形状。驼峰主要使用浅浮雕和透雕等雕刻技法，装饰图案较主梁丰富，雕刻内容一般为瑞兽、花卉和人物故事等。

（二）雀替与斗栱

雀替是一种因受力承重而生，靠装饰美学而"活"的木作构件。雀替通常设置在横梁（枋）竖柱的交会处，能够有效约束梁柱变形并承托上部作用力，同时能够减少梁枋之间的跨度，达到节约木材的效果（图 4-2-13）。作为梁架上不可或缺且画龙点睛之笔，雀替也常称为"撑栱""替木"或"角替"。赣南客家民居中，雀替常用的图案有卷草、鳌鱼、回纹、雀鸟和瑞兽等。相对而言，卷草纹是性价比较高的一种"撑栱"图案，具有用材较少、形态灵动的特点。它是在长条形的木材上，经雕凿形成类似"如意"的卷草纹形态（图 4-2-14），两端分别与梁额与柱身相连，并且常覆以红漆以防水防腐防虫。整根卷草纹撑栱，不但满足了承重传力的实用功能，也同样赋予了建筑灵气与生机的装饰艺术气息。最繁复大气、常为乡人称道的当属"鳌鱼"雀替（图 4-2-15）。它整体为灵动的"S"造型，头部半龙半鱼、以回首望月的姿态紧贴柱身，尾部为缩卷一圈的鱼尾形，与梁体自然相接并与龙头遥相呼应，龙身甩尾摆动、呼之欲出，每一枚鳞片似迎风而动，栩栩如生。由于此类雀替用料贵重、雕刻技艺讲究且需用整块大料，因此常用在大族富户宅舍重要的厅堂部分，在普通民居中较少见。"鳌鱼"形象常被赋予三种寓意，其一，鱼，因谐音"余"，常被赋予年年有余的寓意，象征着五谷丰登、财旺业

图 4-2-12　宁都大沽镇旸霁村民居驼峰

图 4-2-13　寻乌吉潭镇圳下村民居雀替

图 4-2-14　定南县老城镇黄沙口村民居"卷草纹"撑栱

图 4-2-15　寻乌吉潭镇圳下村民居"鳌鱼"雀替

兴；其二，在赣南地区，鱼因产籽较多，而象征着多子多福、子孙满堂；其三，鳌鱼可吐水，常被看作是"镇火灾"的神兽，寓意驱灾免祸、风调雨顺。

斗栱是支撑屋顶达到悬挑效果的构件（图 4-2-16）。斗栱往往形制繁复、造型立体，表现出强烈的韵律感。斗栱主要由斗和栱两部分组成，其中栱是指从立柱顶或额枋上延伸出的一层层弓形承重构件，而斗则是栱与栱之间垫托的方形木块，斗、栱之间利用杠杆原理垒叠而上，层层传力，最终达到悬挑支撑屋顶檩条的作用。在赣南，斗栱的整体表现形式历经了两个发展时期。在明清之前，斗栱更多是作为悬挑构件，构件以外的装饰较少，一般用扁宽的十字形木构垂直叠加，以达到屋顶飞檐的出挑作用，显得拙浑质朴（图 4-2-17）。而到了明清之后，斗栱在承重的同时，被赋予了更多的修饰。比如章贡区湖江镇（图 4-2-18）和于都寒信古村（图 4-2-19）的斗栱，同时运用了贴金、彩绘和线雕等多种装饰工艺，增添了几分富丽堂皇。

（三）门窗木作

赣南客家民居的室内房门按部位大致可分为居室房门和厅堂房门两种。居室房间门一般较为简朴，多见实木板门，门板不见装饰（图 4-2-20）。赣南民居的厅堂多数前后开敞，亦有堂前或堂后设门的情况。厅堂设门以堂后两侧设门为多，多采用实木板门，两门之间设置神龛（祖堂）或木隔墙（中厅）；以堂前设门为少，门多采用隔扇门，通常设四樘、六樘甚至八樘。厅堂两侧的庑厅亦常设置隔扇门，多数为四樘或六樘。

隔扇门亦称格扇门、隔扇窗。隔扇门是门也似窗，既作围护，也有采光通风之效。赣南客家民居的隔扇门通常由隔心、裙板和绦环板三个部分组成，其中隔心居中，裙板在下，绦环板位于上端（图 4-2-21）。隔心通常与人的视线平齐，是工匠们花大气力进行装饰的重点部位（图 4-2-22）。赣南民居当中隔扇门的隔心棂花样式丰富，以直棂和方格为多，亦常见步步锦、灯笼框和冰裂纹等图案，龟背纹、拐纹博古以及菱花等样式相对稍少。隔心面积较大，较少整体运用透雕等工艺手法，因其不但成本高，设计和制作也都非易事。隔心的通透使得隔扇门具有良好的采光通风效果，一定程度上弥补了赣南民居外窗小而导致的采光通风差的缺陷，亦因此，有

图 4-2-16　会昌筠门岭镇羊角村民居斗栱

图 4-2-17　大余左拔镇云山村民居斗栱

图 4-2-18　章贡区湖江镇民居斗栱

图 4-2-19　于都段屋乡寒信村民居斗栱

图 4-2-20　瑞金九堡镇坝溪村
民居实木门

图 4-2-21　宁都固村镇岚溪村赖氏
民居隔扇门

图 4-2-22　宁都固村镇岚溪村赖氏民居隔扇门的隔心

些学者将隔扇门也归类于隔扇窗[5]。相较而言，绦环板和裙板的修饰就要简单许多，一般以素木板为多，简单实用。裙板较高，常拼为上下两个部分，下部竖高，上部横窄。客家人常在隔心之下的裙板上部作雕花，甚是精致，往往成为隔扇门当中最为精彩之处。上裙板的雕刻主要有镂雕和浮雕两种，以浮雕稍多。

作为赣南客家民居重要的厅堂当中之隔断或围护，隔扇门往往承载着客家社会深厚的文化内涵和民俗情结，反映着宅舍主人的文化品位和社会地位。因此，隔扇门是赣南民居装饰的重点部位，其装饰往往精致繁复、精益求精，透雕、浮雕、线雕等木雕技艺以及贴金、彩绘等漆作工艺均汇集在了这方扇之间。相较于门头、门面等部位的阔大气派，客家人对隔扇门的制作更加注重"材美"和"工巧"这两方面的取舍和权衡。并在追求装饰工艺美的同时，充分考虑隔扇门的实用性和可操作性。隔扇门往往讲究装卸方便，客家人在婚丧、嫁娶或祭祀时通常将之暂时卸下，前

后厅堂及两侧庑厅敞开贯通，方便举族活动。

隔扇门（窗）的装饰题材丰富多样（图4-2-23、图4-2-24），主要有祥禽瑞兽、花果树木、人物神祇、历史典故、文房礼乐和几何文字符号等六大类。内容涵盖了赣南客家独特的民俗文化、精神信仰、风水意识等，是深入研究赣南客家文化嬗变的活化石和窗口。如"松鹤"代表长寿延年、寿比南山；"葫芦"代表生殖（人丁兴旺）和镇毒（健康长寿）；"卷草"代表生生不息、万代绵长等。这些符号元素的象征意义已根植于赣南客家人的文化心理中，是客家人集体意识在建筑装饰构件中的物化体现，通过隔扇门等构件来反映远比诗文来得更为直接和具象。"曲水有情"是堪舆选址时的风水观念，而建筑装饰构造常常有着同样的讲究。一般认为，构件的曲线美在于其中的螺旋气场，比如隔扇门常见的卷草纹、拐子纹、如意纹等多由"S"或螺旋线组合而成（图4-2-25）。这些装饰纹路大都源于自然，图案

图4-2-23 赣县白鹭乡白鹭村民居"冰裂纹"隔扇窗

图4-2-24 章贡区湖江镇谢氏宗祠隔扇窗

图4-2-25 寻乌澄江镇周田村民居隔扇窗

融汇柔润、流动的线条，再与方框相结合，方圆之间尽显刚柔并济、虚实相生。赣南客家民居的隔扇装饰，与赣南客家人推崇的风水文化、道家追求的"道法自然"以及儒家提倡的"孝、忠、信、义、礼、廉、耻、悌"等思想交汇融合，形成了赣南客家民居装饰构造艺术的独特风貌。

（四）顶棚木作

赣南客家民居建筑室内通常不另做顶棚，而采用"彻上露明造"的方式裸露屋顶和梁架（图4-2-26）。少数做顶棚的，一般见于大族富户宅舍的厅堂明间。赣南客家民居的顶棚常见的有藻井和卷棚天花两种。藻井一般位于厅堂脊下正中，以井字桁架支起，作一次或两次隆起，形成穹隆式的顶棚样式。赣南东北部宁都、石城、瑞金、兴国及中部于都、赣县等地民居较常见藻井，其他地区稍少。在赣南地区，藻井造型普遍较为简朴，偶见细腻精致的，亦不如北方官式民居当中的藻井富丽繁复。赣南民居当中的藻井多数为四方形、六边形或八边形（图4-2-27），圆形较少。圆形藻井制作复杂且耗资甚大，无论工艺水平还是经济条件，赣南地区都不是圆形藻井发展的沃土。轩廊天花也称轩廊顶棚、卷棚天花，多呈拱形，赣南地区常见船篷、鹅颈等形式。船篷轩廊天花较宽，一般在纵深上两柱间架设月梁，梁上设瓜柱或驼峰支承轩廊檩条，撑起船篷拱形（图4-2-28）。鹅颈轩廊天花常见于屋檐檐下，内收卷起，形似鹅颈向天，一般两头设檩固定鹅颈椽条（图4-2-29）。

二、石作

石作通常是指中国传统建筑对石质材料进行加

图4-2-26　安远长沙乡笪笪村崇实堂"彻上露明造"

工、制作的工艺或专业。石作始于实用功能，兴于装饰审美需求。从远古时期使用天然石器，到打制石器和磨制石器，再到雕刻石器，可以说，人类每一个阶段的发展，都伴随着石材工艺的进步。石材质地坚硬而经久耐腐、色彩自然而质朴厚重，有着与木材迥然不同的特性，成为装饰构造艺术另一个重要的物质载体。赣南民居石作的装饰构造材料主要有红砂岩、花岗岩和青石，尤以红砂岩最具赣南特色。红砂岩亦称"红条石"，因较早且较大的产地在兴国，故在赣南俗称"兴国红"。红砂岩自两宋以来就被广泛使用，在江西其流行区域北至吉安、抚州甚至鹰潭，往南遍及整个赣南地区。在赣南民居当中，红砂岩常见于室外铺地、阶沿、踏步、天井等，更多见于预制的门框、门槛、花窗、门枕石等处。最显气派的是整体采用红砂岩制作的门楼和牌坊（图4-2-30），精雕细琢，质朴天然，成为赣南石作艺术的一道独特风景（图4-2-31）。

宁都大沽镇旸霁村民居四边形藻井

兴国县社富乡桂江村民居八边形藻井

图4-2-27　藻井木作

图 4-2-28 石城小松镇丹溪村民居轩廊天花

图 4-2-29 于都段屋乡寒信村民居鹅颈轩廊天花

图 4-2-30 兴国高兴镇高多村贞节牌坊

图 4-2-31 赣县区南塘镇大都村民居门头红砂岩石作

赣南客家民居的"三雕"制作工艺的总体思路大同小异，但具体到雕刻工具及工序，则各有不同。对于石雕而言，需借助斧、刀、锤、尺、凿子、墨斗、尺子、线坠和画签等工具，完成主要的"捏、镂、摘、雕"这四个工序，具体操作为：通过"捏"，凿刻出图案的大致轮廓；"镂"是指除去图案内部多余的石料；"摘"是指除去图案外侧多余的石料；而"雕"则是这四个步骤中的细活。其中"镂"和"摘"是对"捏"的补充，三者都是打造"形似"，而"雕"则是传神会意的关键步骤。以"镇宅祥兽"石狮为例，石作雕刻工艺过程如下：步骤一，草图与定位。首先工匠应根据主人的需要以及与建筑本体的比例关系，确定石狮的大致尺寸和雕刻草图，然后通过人视、透视和俯视等三个角度进行精准定位，并将石材捆绑于打坯凳上，以免操作时发生滑移。步骤二，大双凿交替出轮廓。交替使用大宽平凿和大反口圆凿，凿出石狮的大致轮廓，体现石狮的形态比例关系。步骤三，小

双凿交替显形似。交替使用较小的宽平凿和反口圆凿，进一步细化石狮的形体结构，比如对脸部和身体等局部特征进行雕凿，显现石狮的大致形似。步骤四，粗中磨细绘出神似。用小的雕刻工具进行细节强化，体现石狮的面部神态和狮身细节，然后对整个石材进行打磨。

与木作一样，石作的装饰工艺也可分为线雕、浮雕、圆雕和透雕四种。但由于材料特性的不同，石作有着不同于木作的运用场景与工艺讲究。在石作的四种工艺手法中，线雕主要是用来突出主题的细部，使图案形象更加形神兼备，常用于门楣和窗罩等部位。浮雕较线雕刻画深入，也费时费力，但形象往往更加深浅有致、视觉效果更为强烈，一般用于柱础和门枕石等部位。而对于圆雕，由于需要对石材进行 360°的通体雕凿，因此一般用于单独的装饰构件中，如石狮、拴马石。透雕多见于硬度稍弱的红砂岩，花岗岩和青石质地坚硬，相对较少运用透雕工艺。

（一）柱子石作

赣南中北部的兴国、赣县、南康等县较常见整料石柱。相较于木柱，石柱有经久耐腐、防火防虫等优势，但整材少、运输难、雕凿难等原因限制了石柱的运用。在赣南，石柱常见于上述几县大族富户宅舍的厅堂，一般情况下这些宅舍附近都有合适的采石场，或者离方便运输的水路较近。赣南客家民居当中的石柱截面一般为六边形，取意"六六大顺""福禄顺遂"或"鹿鹤延年"，柱身表面少有图案雕饰，更显古朴稳重、粗犷大气（图4-2-32）。石柱正面也常镌刻楹联，相较于木刻楹联，石刻楹联保留了石材沉稳古朴的色彩基调，给人以历史文化的沧桑感和厚重感（图4-2-33）。

柱子石作最为常见的是柱础。根据与墙体连接与否来判断，赣南民居柱础可分为两类。一类位于墙根，柱础部分嵌入墙内，露出两到三面（图4-2-34）；一类是独立的落地柱柱础（图4-2-35），柱础各个面均可进行修饰，以三开间厅屋或门廊中间两列落地柱的柱础最为典型。柱础的造型主要有八角形、四边形和圆鼓形等形式（图4-2-36），以八角形最为常见。在赣南客家的风水观念中，八角形代表"天、地、雷、风、山、泽、水、火"8种八卦意象，蕴含着建筑收纳宇宙万物的文化心理。八角形柱础每个面的装饰内容一般都不尽相同，表达着不同的寓意（图4-2-37）。赣南民居木柱的柱身一般不做多余装饰，往往干直朴素，相比柱身，客家人在柱础上下了很大的"心思"。客家人常常将深浮雕、浅浮雕、透雕和圆雕四种石雕

工艺相结合，实现柱础装饰性与实用性的有机统一，使得这个易被忽略的构件成为赣南民居引人驻足的亮点。柱础雕刻题材丰富多样，寓意深刻携远，常见的雕刻题材有菊、莲、葵花和卷草等花卉果木，也有鹿、鹤、麒麟和狮子等祥禽瑞兽。

（二）门窗石作

门枕石也称"门当"，固定于大门门扇两侧，一端用于支撑门扇轴承，一端露于门外，用以保持门扇平稳（图4-2-38）。赣南民居当中普通的门枕石往往做成长方石块，分层开槽深雕，亦有的仅在前端及左右两面简单地雕刻少许浅浮雕，雕以简洁的动物或卷草花卉图案。而有条件时，则在门枕石上再置以抱鼓石或石狮，以抱鼓石最为多见，此时门枕石亦称"须弥座"。抱鼓石下部常雕刻花叶托抱的式样，用以串接"须弥座"，让两者看起来浑然天成（图4-2-39）。石鼓大小不一，厚薄有别，客家人常在鼓面饰以象征"福寿禄德""年年有余"或"麒麟送子"的各种图案。因鼓发声洪亮威严、厉如雷霆，客家人认为抱鼓石有驱邪避灾之效果。抱鼓石分列大门两侧，亦有礼仪迎宾之意。狮子在民间被视为勇武、强大和吉祥的化身，门枕石上设石狮亦有镇邪守宅之意。赣南民居设置石狮门枕石的情况较少，多见于大族大屋的厅堂主门或单独建造的宗祠。在赣南，石狮亦常脱离门枕石，单独作为石作装饰出现。石狮摆放位置往往依性别而定。雄狮一般以右前爪踩绣球，居于门口左侧，象征权力与地位。而雌狮则以左前爪戏幼狮，居于门口右侧，象征子孙延绵（图4-2-40）。

图4-2-32　赣县区南塘镇大都村民居石柱　　　　图4-2-33　章贡区湖江镇民居楹联

图 4-2-34　宁都固村镇岚溪村赖氏民居墙根柱础

图 4-2-35　兴国高兴镇高多村民居独立柱柱础

赣县南塘镇大都村民居八边形柱础

图 4-2-37　寻乌澄江镇周田村民居柱础

赣县南塘镇清溪村民居四边形柱础

南康坪市乡谭邦村民居深雕门枕石

宁都固村镇岚溪村赖氏民居门枕石

图 4-2-38　门枕石

石城小松镇丹溪村民居圆形柱础

图 4-2-36　柱础形式

　　赣南民居普遍采用镂窗形式，镂窗多为石镂窗（图 4-2-41），又以红砂岩镂窗最为常见。镂窗方格之间多做雕花，因此亦称作"花窗"，石作工艺在其中尽显妖娆，使得赣南客家民居外窗石作较外门石作更为多样。花窗题材常见花卉果木，也常雕刻"福、禄、寿"等吉祥文字直抒胸臆。在赣南，石窗在同一栋宅舍中的装饰题材一般不单调重复，往往各不相同，多样的窗花形式为宅舍外立面增添了更多趣味性（图 4-2-42）。石窗的功能既要满足采光通风，亦要保证其防御性能，实用性的考量往往高于

瑞金九堡镇密溪村民居青条石抱鼓石　　　　会昌筠门岭镇羊角村民居红砂岩抱鼓石　　图4-2-39　抱鼓石

图4-2-40　瑞金九堡镇密溪村民居石狮

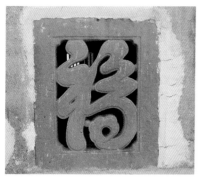

信丰万隆乡寨上村民居红砂岩石窗　　　　瑞金壬田镇凤岗村民居石窗

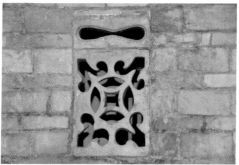

章贡区水东镇七里古村民居红砂岩石窗　　安远镇岗乡老围村磐安围石窗　　图4-2-41　石制镂窗

瑞金壬田镇凤岗村民居石窗

图 4-2-42 同片墙中样式各异的石窗图案　　　　　　　　　　寻乌澄江镇周田村民居石窗

装饰性，装饰的精美程度相对室内隔扇门窗稍弱些。

三、砖作

砖作装饰以砖尤其是青砖为原料，常被认为其始于瓦当艺术和画像砖，兴于对石作艺术效果的模仿，而后发展成为一种独特的装饰工艺或专业。砖料具有用料经济、加工简单、制作省时和运输方便等特点，使得砖作加工成本整体较低。砖作雕刻效果有别于石作而自有其古朴自然之象，亦为客家人所采用，常见于赣南客家民居的门楼、门罩和照壁等部位。根据雕刻和砖材烧制的时序，砖作雕刻工艺可分为窑前雕及窑后雕两种。顾名思义，窑前雕指的是在砖坯烧制之前直接对砖坯进行塑形和刻画，而窑后雕则是对烧制成型的砖材进行雕凿打磨。简言之，前者是先雕后烧，后者是先烧后雕。一般说来，窑前雕能够将砖作雕刻得很细腻，但烧制过程当中易变形，常需要在烧后修雕。而窑后雕则不用担心烧制过程中的各种不确定性因素，但容易在雕刻过程中发生脆断，更适合浅雕。

砖雕制作亦有线雕、浮雕、透雕和圆雕等主要工艺手法。砖雕的四种工艺，其具体操作过程与石作相似，在此不再赘述。对于窑后雕，砖作的四种工艺手法在制作过程通常有以下步骤。步骤一，选料备砖。砖雕对青砖的要求较高，务必质地干净均匀、软硬适中和不含气孔。因此，在制砖时需选用颗粒细腻的黏土和清水作为原料，并严格控制清水与黏土配比以及

其他一些晾晒和烧制过程的细节。选好砖后，还需要将其表面打磨光滑平整，以供后用。步骤二，轻刻素描。先在砖表面用细墨笔描出需要雕刻图案的轮廓，然后将轮廓线用刻笔轻轻描出，以免在雕刻过程中将轮廓笔迹抹除。步骤三，粗雕显形。根据轮廓线将题材图案以外的多余砖材大致去除，从而突显装饰图案的整体形象及大致轮廓。步骤四，细刻打磨。对粗雕显出的整体轮廓进行细部处理与完善，之后再将分散的单个砖雕进行拼接组合并进行整体打磨。如果在雕刻和打磨过程中出现局部缺损，则需要使用工匠们自己配制的松香、黄蜡或其他黏合剂进行填补修复。

砖雕最常见于赣南客家民居的大门门楼或门罩，一般运用于门楼或门罩上部，即门头部位（图 4-2-43）。门头的重要性在客家人心中不言而喻，往往象征着家族财富与社会地位。门头砖雕装饰题材常有花卉果木、祥禽瑞兽、人物神祇、历史典故和文字图形等，与木雕、石雕侧重花卉果木、祥禽瑞兽、文字图形等内容不同，门头砖雕更多见对人物神祇和历史典故的描绘，如八仙过海、麒麟送子等客家人喜闻乐见的题材（图 4-2-44）。照壁也称作影壁，常见于客家大屋大门前或天井前，主要起隔挡作用。赣南民居当中的照壁并不如北方民居普遍，多数较为朴素，砖作照壁往往仅用砖拼花，表面打磨并不雕刻，砖的拼列常见正格与斜格两种。少数照壁取中部或对称侧部雕刻，砖雕题材同门头（图 4-2-45）。

图4-2-43　寻乌澄江镇周田村民居门头砖作

图4-2-44　寻乌澄江镇周田村民居砖作

图4-2-45　宁都东山坝镇东山坝村民居照壁

图4-2-46　寻乌澄江镇周田村民居砖作

　　赣南民居砖雕工艺有两个显著的特点。一是制作手法纯熟，组合方式多样。砖雕经济而美观的特性，使得砖雕工艺在赣南得到广泛运用而趋于成熟。其组合的多样性体现在两方面。首先是制作手法的多样搭配。一件大的砖雕作品往往同时集线雕、浅浮雕、深浮雕和圆雕等多种制作手法于一体，因材施艺、按需搭配。稍大幅的砖雕往往需要由多块砖材雕刻后再拼接组合，融叙事写实、抒情寓意和装饰审美于一体，极大地丰富了建筑整体的文化内涵和装饰效果。其次是表现风格的多样组合。砖雕题材图案或粗犷大气，或素雅细腻，叙事内容或严谨细致，或寓意深远，不一而足，多种风格与组合方式不断交融，令人目不暇接，美不胜收（图4-2-46）。二是造型题材丰富，形神细节兼备。砖雕如同国画一般注重布设位置的巧妙经营。一方面需根据砖料所在空间高低选取不同的工艺手法；另一方面需注重砖雕的题材构图，从而达到疏密有间、层次分明和细致入微。赣南客家民居当中，常在大宅门头位置看到人物刻画形神兼备、花卉鱼虫细腻逼真、故事结构严谨完整的砖雕巨作。每一雕一线，都是经过工匠们的通体构思与再三斟酌，所雕人物更是神采奕奕、呼之欲出，令人拍案叫绝，对研究赣南客家民居装饰文化具有重要的历史和艺术价值。

四、漆作

　　漆作，本书指在传统建筑木作上实施的覆漆与彩绘工艺。中国传统宫殿常采用金色、黄色、朱红漆作色彩，象征皇权而彰显建筑之富丽堂皇。北方汉族民居亦常用绿色、蓝色、朱红等漆作，于平阔单调的北方环境中突显建筑的艳丽与生趣。与此相反，赣南客家民居中的漆作颜色并不刻意体现等级或突出对比，而往往强调协调与内敛。赣南民居漆作主要有清漆和彩绘两种，清漆无色，作用主要为防腐；而彩绘除了防腐，更着重于体现装饰。赣南民居彩绘常见朱色、黑色、白色及灰色等，较少采用蓝色、绿色、黄色等艳丽的色彩。

　　赣南客家民居彩绘工艺较集中地体现在民居顶棚尤其是藻井上。藻井彩绘上色在赣南主要有单色和多色两种做法。单色做法多采用朱红色，在藻井穹窿侧面及顶面均涂刷朱红单色，多以藻井立体造型来体现其层次，有些会在穹窿侧面描以灰白线条作点缀

（图4-2-47）。多色做法常见在藻井顶面施以多色彩绘，亦常有以朱红为底、顶面及侧面另色彩绘的情况（图4-2-48）。赣南民居藻井亦有相当部分不做彩绘，不刷漆或仅刷清漆防腐，显得相当质朴（图4-2-49）。赣南民居藻井多色彩绘的制作手法有两种，一种是直接在天花板上进行雕刻绘画，绘制难度大，但经久耐看。另一种是先在专用纸上绘制，再贴回天花板，这种绘制图案完成度往往较高。赣南藻井多色彩绘的工艺手法又可分为线描和平涂两种，其中线描即为白描，指通过简单地画线来描绘图案轮廓、细节及边界，并且可实现长短粗细、曲直疏密和轻重刚柔等韵律感。平涂则指将每块颜色涂抹均匀。赣南客家民居的藻井往往需要线描与平涂互为补充，即用线绘出轮廓与边界，再平涂均匀填色（图4-2-50）。藻井彩绘的题材较为丰富。客家人常用"鹤鹿同春""松鹤延年"等寄托健康长寿的期望；用"花开富贵""四季平安"

等表达富贵平安的愿景；用"葡松万代""连生贵子"等表示子孙满堂、人丁兴旺；用"文房四宝"勉励后代博学通才，用"梅兰竹菊"表征主人高尚节操，诸如此类，不一而足。

五、灰塑

灰塑在赣南民间亦称"灰批"，是一种使用石灰为主料，在建筑构件上通过灰泥塑型而不需烧制的传统雕塑工艺。在赣南客家民居当中，灰塑工艺通常用于堆塑马头墙脊檐角及镂塑门头装饰。灰塑的原料除石灰主料外，还有稻草、草纸、颜料、钢钉和钢线等。其中稻草与草纸分别用于与石灰拌制粗灰泥（草筋灰）、细灰泥（纸筋灰），矿物颜料用于与"纸筋灰"拌色或单独上色，钢线与钢钉用于辅助塑形和固定。灰塑的工艺流程大致分为四个步骤。步骤一，拌制灰泥。石灰加水制成石膏，石膏加入适当比例的稻草或

图4-2-47 安远长沙乡筼筜村民居藻井

图4-2-48 宁都大沽镇阳霁村民居藻井

图4-2-49 石城小松镇丹溪村民居藻井

图4-2-50 章贡区水东镇七里古村民居藻井

草纸，经锤打、焐养、再锤打，分别制成细腻、黏稠度高、耐风化的"草筋灰"和"纸筋灰"。步骤二，构图批底。工匠根据构造部位、表现内容现场构图构形，再选用质地较硬的"草筋灰"分层分次制作造型底子（即粗坯），立体灰塑常先用瓦筒或钢线等扎成骨架再堆灰泥。步骤三，塑形雕刻。底子或粗坯稍干后，采用质地较细腻的"纸筋灰"，对其作进一步精细塑造，有需要时再雕刻细部纹理。步骤四，涂底上彩。塑型完成并稍干后，用"纸筋灰"与矿物质拌制的"色灰"涂底而形成灰塑主体颜色，再用矿物颜料动笔上彩，描绘表面图案。待颜料与细坯同步干透，就制作完成了耐久不褪色的灰塑成品。因塑造成型后不需进行烧制，灰塑亦俗称"软花活"。"软花活"根据灰膏塑型做法的不同又可细分为"堆活"和"镂活"。"堆活"是用灰泥先在基体上堆捏出雕塑的大致造型，然后进行细部塑形、刻画，常用于屋脊檐角等立体灰塑中（图4-2-51）。"镂活"则是先将灰泥均匀涂抹在

基体表面，根据题材内容的不同确定灰膏厚度，待灰膏稍干后，再进行镂刻塑形，常用于门头的平面灰塑中（图4-2-52）。

在赣南客家民居中，灰塑一般以白色或灰白色为主，年深日久，起初白色的灰塑亦逐渐加深为灰白色，更显拙朴。灰塑上彩多为黑色或蓝色，新时清晰，历久而淡，与灰塑灰白底色接近相融，更见和谐。门头灰塑工艺在赣南以赣县、章贡区、兴国等县民居最为精湛，常见于这些地区的门罩式大门。门头灰塑多为"镂活"，虽不如屋脊檐角"堆活"雕塑立体，但胜在题材丰富，变化多样。门头灰塑有花卉果木、祥禽瑞兽、人物神祇和历史典故等装饰内容，与藻井相似，往往以人物神祇和历史典故最具特色（图4-2-53）。赣南客家民居马头墙脊的檐角多采用灰塑工艺，主要的檐角灰塑形式有燕尾式、鹊尾式和卷草式，以燕尾式檐角最为常见（图4-2-54）。燕尾式檐角尾部一分为二并微微翘起，因神似燕子尾巴而得名，造型简

图4-2-51 信丰铁石口镇老龙村民居灰塑檐角的"堆活"

图4-2-52 瑞金壬田镇凤岗村民居灰塑门头的"镂活"

图4-2-53 瑞金壬田镇凤岗村灰塑门头

图4-2-54 南康唐江镇卢屋村民居燕尾脊

图 4-2-55　龙南杨村镇乌石村乌石围脊饰

图 4-2-56　石城小松镇丹溪村民居马头墙卷草檐角

单利落，寓意吉祥美好，为赣南客家人所喜。鹊尾式檐角端部较平，客家人常在其上另塑象、猴、鹅等吉物雕塑，甚是精致（图 4-2-55）。卷草式檐角末端回卷婉转，视觉上给人以较强的曲线美和无限延伸之感，让建筑瞬间生动起来（图 4-2-56）。

第三节　赣南客家民居构造的总体特征

建筑构造丰富的物象背后蕴含着深厚的历史文化内涵，使得赣南客家民居构造跨越时间的长河，带给当今受众视觉上的审美愉悦和精神上的情感震撼。赣南客家民居的建筑构造及其工艺是客家人的集体智慧，反映了客家人构筑其宅舍在实用性和艺术性上的兼顾交织和辩证探索，体现出显著的风貌特征和构造特性。

一、风貌总体特征

束广就狭，对丰富的赣南客家民居构造进行极简的提炼概括，有助于我们快速地识别赣南客家民居并进一步产生对其特征的认同。

一个地区民居所呈现的风貌之整体，都是由诸多细部的构造所构筑的。我们对一地民居的显著印象，往往都会归结到构筑建筑整体的一些独特构造上来。比如谈到马头墙、粉白墙，我们脑海中通常会浮现出徽州民居的整体轮廓，而提起镬耳山墙，很多人都知道它是岭南民居的独特构造。赣南客家民居构造尤其主体构造所构筑的民居外在风貌，对其构成特征作大致的概括，笔者梳理为：悬山顶居多，硬山顶为少；檐下墙广泛，马头墙局部；生土

墙普遍，青砖墙显要；横墙承重多，木构承重少。

屋顶部位"悬山顶居多，硬山顶为少"。赣南客家民居基本为人字两坡屋顶，以两侧山墙出檐的悬山屋顶占据主流，不外挑出檐的硬山屋顶相对较少。赣南民居屋面的屋脊构造较为朴素，尤其明显的是不注重垂脊，悬山屋顶多数采用间隔砖压两侧封檐的方式，不设垂脊的情况最为常见。山墙部位"檐下墙广泛，马头墙局部"。赣南民居因普遍采用悬山屋顶而致多数山墙为檐下山墙，马头墙多见于赣南客家大屋的厅堂这些重要部分，居室部分较少采用，在单列式家庭宅舍当中更是罕见。墙体部位"生土墙普遍，青砖墙显要"。赣南地区无论南部还是北部，民居均盛行夯土、土砖等生土墙。青砖墙造价较高，多见于赣南客家大屋的厅堂等重要部位，亦为富户小宅所采用，常常成为充裕财力及显要地位的一种象征。承重结构"横墙承重多，木构承重少"。赣南盛产木材，其民居却多数采用"横墙搁檩"的墙体承重结构，较少见纯木构架承重的宅舍，民居厅堂部分为拓展空间体现地位，亦常见木构架与墙体混合承重的做法，其中的梁架多数采用插梁式、抬梁式结构，穿斗式较少。

一个地区民居所呈现的总体风貌，往往都与环境密切相关。例如，提到江南民居尤其江浙民居、徽州民居，我们常以"小桥流水，粉墙黛瓦"来描述其风貌。赣南多山多林，可为耕者亦都为田，笔者尝试对赣南客家民居风貌的整体意象作一概括，称为"青山绿田畔，清墙灰瓦间"。"青山"是反映赣南地理特征及客家民系性格的自然载体，"绿田"是体现赣南客家农耕文化及生产形态的人工载体，两者大体上构筑了赣南客家民居所处环境的宏观场景。"畔"之本义为田

地的界限，恰好契合赣南客家民居居所（生活）与自然环境及农耕环境（生产）之间密切关系的空间表达。"清墙"概括赣南客家民居墙体的宏观风貌，在赣南，无论土墙、砖墙还是石墙，大多以不作粉面的"清水墙"形态出现。"灰瓦"可描述赣南客家民居屋面普遍采用的材料及其质感，在赣南，传统民居基本都采用小青瓦铺设的坡屋顶。"间"有两层含义，义一作名词，客家土话"间"作"房"之意，意指"清墙"和"灰瓦"组成的单栋民居；义二为方位，描述赣南客家聚落当中各民居的组合状态与空间形态，清墙灰瓦，错落有致（图4-3-1）。

二、构造整体特性

赣南客家民居的构造具有内敛性、秩序性和差别性三个整体特性。

（一）内敛性

赣南客家民居构造的材质呈现出浑厚质朴的内敛性，主要表现在建筑材料与建筑色彩两个方面。建筑材料方面，首先是乡土材料的运用。客家人营造其宅舍基本坚持就地取材、易得易用的原则。生土、木材、卵石、块石、红砂岩等建筑主要材料往往直接取自自然界，土砖、青砖、小青瓦等材料亦都经由生土、黏土等加工而来。乡土材料的普遍运用，使得赣南客家建筑在原料的选择源头上便具备了质朴天然的特性（图4-3-2）。其次是材质的真实表达。在赣南，民居除了夯土墙、土砖墙的墙面有时进行灰砂批荡防水处理，木材表面有时施以油漆或彩绘之外，大多数主要构造都是以直接裸露材料表皮的形式出现的。赣南出产的青砖质地细腻，砖块方正，客家匠人进一步打磨之后直接用于砌筑宅舍墙体，并不粉面，呈现出

图4-3-1　赣南乡村聚落形态
（王立新摄）

图 4-3-2　兴国县城岗乡白石村民居土坯砖外墙

图 4-3-3　安远镇岗乡老围村东生围

拙朴的材料质感。生土墙、卵石墙、小青瓦屋面、原木梁架，这些构造亦都表露出自身材料的实际质感，真实地诠释着客家人朴素的建筑营造观念。建筑材质的真实表达，使得赣南客家民居在建成之初便能够与自然环境相协调。而随着时间的流逝，构成民居整体的各个构造褪去新鲜的材料质感，更显古朴与浑厚（图 4-3-3）。

　　建筑色彩方面，赣南客家民居的建筑构造表皮以土黄、青、灰为主色调，呈现天然沉稳、朴素内敛的色调特征。民居建筑的整体色调往往由表面积占比最大的墙面与屋面等两个构造部位所主导。赣南客家民居最常见的墙体是生土墙，其中的夯土墙为分层夯土纹理的土黄色，而土砖墙一般呈浅土色，随着时间的推移，两者多呈现旧土黄色彩。青砖墙因青砖材质细腻且不易褪色，青砖色泽历久弥新，常年呈青或青灰色。赣南民居坡屋面盖瓦基本采用小青瓦，传统小青瓦使用黏土烧制，初时呈青灰色，有年代之后呈现灰黑色。墙面木门窗、吊脚楼、屋面木檐口等木质构造作为建筑外立面色彩的点缀，初时木构的颜色因材料种类不同多有差异，随着时间的推移，通常老化呈黄褐色或者红褐色。赣南客家民居旧土黄、青、灰等色调点缀红褐等色，沉稳朴素，不事张扬，相得益彰。

　　（二）秩序性

　　赣南客家民居构造的造型呈现出对称工整的秩序性，主要表现在立面造型与构造形态两个方面。立面造型方面，赣南客家民居强调主从关系。赣南客家民居的立面形式可分为单层和多层两类，单层立面以行列式民居最为典型。以堂横屋为例，其典型平面布局

为左右横屋两侧围合，处于正中核心位置的前堂屋自然成为建筑立面构图的中心。前堂屋的门厅居于正中，是立面的焦点与造型的主导。耳房配置左右，最外侧横屋侧伺，堂屋和横屋以稍低过厅相接。整个立面造型过渡丰富，富于节奏，立面构图主次分明、严谨有序。与北方传统四合院建筑立面形式相比，赣南客家民居主入口位于建筑的主轴线上，建筑造型突出地体现了民居厅堂的礼制特征，直观地表达了主次尊卑的秩序观念（图 4-3-4）。多层立面以围合式民居为代表。以赣南方形围屋为例，多层的围屋立面比例没有固定的模式，建筑立面的高度、宽度及形式主要取决于建筑平面布局及房间的数量（图 4-3-5）。赣南方围大小差别巨大，但立面并无大的差异。围屋外围均为防御围房，正立面多数平直粗犷，并不如行列式民居富于节奏和细节。赣南方围主入口多位于主轴线上，以拱状居多，为适应防御尺度一般不大，但会做一定的门头装饰以突显地位。围屋常常设有炮台角楼，角楼通常凸出外墙并高出围房，围屋立面便呈现以门头为中心，角楼耸立两侧的对称形态（图 4-3-6）。在不设炮台角楼的情况下，多层围屋往往通过立面上大门与两侧射击孔或小窗的秩序化排列来强化主次关系。

　　构造形态方面，赣南客家民居亦强调对称关系。例如房屋主体构架讲究檩条数量为单数，以求正脊大致居中，契合均衡之势与对称之美。或如马头墙构造，不仅强调房屋两侧马头墙的对称，也要求单面马头墙以正脊为中，两侧对称叠级。再如庑厅处隔扇门木作装饰的题材，左庑厅如为书简或如意，右庑厅则多配以琴棋或圭璋，以合"诗书""礼乐"的对应。

图 4-3-4　石城琴江镇大畲村南庐屋

图 4-3-5　安远镇岗乡老围村东生围

图 4-3-6　定南历市镇修建村明远第围

（三）差别性

赣南客家民居构造的运用亦呈现出显著的差别性，主要表现在营造理念和构造部位两个方面。营造理念方面的差别性，表现为"先生存，后装饰"。客家民系艰难的生存环境决定了客家人对其宅舍的营造观念，宏观上必是可供容身和保障安全为先，装饰及审美的要求倒在其次。赣南聚居类民居往往规模宏大，随着人口繁衍，还可向外扩展。这些庞大的居所及其后增加的规模，装饰常常都极为简陋，房门基本为木板门，窗多为直棂窗，墙面多不做粉饰，有着明显容身即安的营造观念。对安全保障的诉求极端地体现在围屋防御设施的建造上，围屋炮楼、围墙、望孔、射击孔、顶层外跑马廊及外门的设防构造，独具匠心，且均需要巨大的财力投入。而围屋尤其外围房一般较少装饰，以高墙厚壁的粗犷冷峻形象示人。资金投入上的取向，亦充分体现出赣南客家民居首重生存，次重装饰的营造观念。

构造部位方面的差别性，表现为"重厅堂，轻居室"。赣南客家民居当中厅堂与居室在主体构造上有着显著的差别。厅堂常采用青砖筑墙，居室则基本为造价低廉的生土墙；厅堂常采用高耸的马头墙装点气派，居室多采用普通的悬山屋面；厅堂常采用稍为贵重的木构架以扩充空间体现地位，居室中则基本为墙体搁檩，难见木结构。诸如此类，均体现出客家人对厅堂的看重，以祖堂为主体的厅堂在客家人心目中的地位不言而喻。赣南客家民居厅堂与居室在装饰构造上的差异更为明显。居室基本不作额外装饰，而厅堂无论是梁架、隔扇、顶棚等木作，门枕、柱础等石作，还是门头等砖作和灰塑，均常见装饰，两者相差悬殊。这种情况在富庶的江浙地区较少出现，我们可以理解为，这是在财力有限的情况下客家人建造其宅舍权衡轻重、区别对待的结果。因此，赣南客家民居构造在营造理念和构造部位等两个方面呈现的差别性，本身就体现了一种秩序——经过权衡的轻重秩序。

参考文献

[1] 姜梅 . 民居研究方法：从结构主义，类型学到现象学 [C]// 第六届海峡两岸传统民居理论（青年）学术会议 . 中国民族建筑研究会；中国建筑学会；中国文物学会，2005.

[2] （美）肯尼思·弗兰姆普敦 . 建构文化研究：论 19 世纪和 20 世纪建筑中的建造诗学 [M]. 王骏阳，译 . 北京：中国建筑工业出版社，2007：82.

[3] 万幼楠 . 赣南传统建筑与文化 [M]. 南昌：江西人民出版社，2013：46.

[4] 孙大章 . 民居建筑的插梁架浅论 [J]. 小城镇建设，2001（09）：26-29.

[5] 蔡玲 . 赣南龙南县客家围屋的户外环境特征研究 [D]. 西南林学院，2009.

第五章

差异：外域与内里的特色彰显

赣南客家民居地域差异的研究主要针对赣南的周边地区及赣南地区内部，赣南客家民居与北方相关民居的差异在第三章当中多有涉猎，此处不作赘述。赣闽粤边区三地客家民居的特征差异一直是学界和社会关注的热点，本章结合笔者的田野调研，在前辈学者的研究基础上作了进一步的归纳总结。赣南客家民居历史上受赣北影响，当代尤受徽州民居影响，实际上赣南客家民居与赣北、徽州等地民居仍存在较大差异，在此梳理，以期通过侧面对比映衬赣南客家民居自身特质。赣南内部各地区客家民居的差异呈现，是建立在笔者团队大规模田野调查基础之上的，可视作赣南客家民居内部差异性系统研究走出的第一步。

第一节　赣闽粤边区三地客家民居的特征差异

一、赣闽粤边区三地环境与客家民居

赣南、闽西南、粤东北三地是客家人的主要聚居地，也被称为客家民系的大本营，因三地处于福建、广东、江西三省交界的边地，故可统称为"赣闽粤边区"（图 5-1-1）。研究赣南客家民居，不能脱离客家民系与赣闽粤边区的整体，分析探讨赣闽粤边区三地客家民居的联系与差异，对宏观而清晰地认识赣南客家民居所处位置及自身特质至关重要。前文有述，社会文化因素是赣南客家民居形制形成的主导因素，起决定性的因素大体上可归纳为文化内涵、生存环境、生活形态等三个方面，我们依此展开三地环境与客家民居的分析。

第一，赣闽粤边区三地社会文化内涵同根同源但受不同外在文化的影响。

客家文化追根溯源都可指向中原汉文化，其文化的核心是"礼"。闽西南、粤东北客家人跟赣南有着宏观上相似的艰难的生存环境，因此文化上都具有显著的"内聚性"和"怀旧性"，礼制文化得到进一步强化和丰富从而衍化为三地共通的客家文化。赣闽粤边区三地同属客家民系这个文化圈，概莫能外，这也是三地客家民居建筑形态虽大不相同，形制构成规律却一脉相承的根本原因。

另外，赣闽粤边区三地又分别受到不同方向外来文化的影响。赣南、闽西南、粤东北客家民居分别受到赣中赣北、闽南闽东、广府潮汕等地文化的影响，如有学者认为闽西南客家土楼呈现的整圆形态明显受闽南漳州圆楼的影响。值得一提的是，往往经济条件较好、交通便利的区域，其民居受外围地区的影响较大。如赣南堂厢屋的天井尺度与赣北天井式民居相仿，马头墙形式亦相似；粤东北的围垅屋受岭南建筑影响，山墙形式与之接近，而与其他客家地区区别较大；闽西南条件较好地区的堂屋，屋顶构造已常看到闽南建筑脊翘飞扬、尺度夸张的痕迹。相反，自然条件恶劣、相对封闭的区域，其民居往往更为注重应对本地地域环境的挑战，加上交通不便，受外围地区的影响相对要小得多。如赣南南部的方形围屋、闽西南的土楼，均在较长的历史时期内，保持了独立、鲜明的建筑特征。建筑所处区域受周边地区的文化冲击，促进了文化的融合，加剧了客家内部区域建筑形式差异性的扩大，同时也给客家民居注入了新的形式，如受西洋、南洋文化影响，清代以来，粤东北梅州地区出现较多"中西合璧"式建筑（图 5-1-2），传统建筑上也常见西洋样式的装饰。

第二，赣闽粤边区三地客家人的生存环境大体相近但又各有不同。

客家人选择赣闽粤边山区定居，其中一个主要原因是这些地区未被其他更早形成的民系所选择，可见对于生存而言，这些山区环境相对之贫瘠。而社会环境亦非仅赣南一地长期动乱，明代弘治八年起在赣州设南赣巡抚衙门，应对盗贼猖獗，节制"四省八府一州"，重心就是赣闽粤边，说明持续动乱是三地的社会治安共性。

另外，三地生存环境亦有所不同。赣南素称"八山半水一分田，半分道路与庄园"（图 5-1-3），尚有北部大面积盆地容纳人口，闽西南更为贫瘠，山岭之间规模过 100 平方公里的盆地极少，称"八山一水一分田"，道路与庄园的开发不见描述可见一斑。其中粤东北尤其梅州地区大小盆地密布，土地资源丰富，加上社会治安相对稳定，是三地生存环境最为优越的地区（图 5-1-4）。这种情况反映到三地典型的围屋民居上，动乱较为激烈的赣南衍生出了最具防御性能的多层方形围屋，耕地最为紧缺的闽西南采用了最为节地的圆形土楼，而防御性较弱、舒适性较好的单层围垅屋在环境相对优越的粤东北地区得到普遍发展。一般来说，但凡一个地区环境封闭且交通不便、耕地

图 5-1-1　客家民系主要聚居地

图 5-1-2　广东梅州大埔镇百侯古镇民居

图 5-1-3　章贡区潭口镇坳上村鸟瞰图

图 5-1-4　广东梅州大埔镇百侯古镇鸟瞰图

紧缺而社会动荡，这个地区便容易孕育出封闭而具备防御功能的民居形式，多层的围屋具有应对环境的明显优势，如环境较恶劣的闽西南之土楼、赣南南部之方围。情况相反的地域生存环境，建筑的防御功能则较弱，民居常以单层建筑出现，最多两层，如粤东北之围垅屋、赣南北部之九井十八厅及闽西南环境较好的高坡、湖雷之五凤楼。

第三，赣闽粤边区三地客家人的生活形态基本一致。

客家社会的移民特征及客家人都要面对的艰难生存环境，使得赣闽粤边区三地客家人都有着抱团求生、聚族而居的强烈需求，这也是明清鼎革动荡之际宗族在客家地区得到迅猛发展的重要原因之一。闽西南、粤东北等地区跟赣南一样，社会生存单元都以血缘宗亲为纽带的家族为主，大多采用聚族而居的居住模式。家族社会的"大公"形态及其区别于家庭的伦理宗法观念，同样作用并反映到了客家三地的民居当中，潘安先生认为，客家地区的聚居建筑都具备整体性、向心性、秩序性特征，其形制共同遵循"厅堂为核、居室围合"的构成规律，这跟赣闽粤边区三地客家相似的基层结构和居住形态密切相关。

当然，风水、气候地理等因素也影响到了赣闽粤边区三地客家民居。福建客家人笃信理法派风水，而赣南客家流行形法派，两种风水理论在两地都有交融，但依然在选址、构筑等方面对各地民居有不同的影响。闽西南民居天井多浅而宽大，赣南客家民居内的天井大多深而狭窄，这跟地理气候也不无关系。因篇幅所限，风水、气候地理及其他因素对客家民居差异性的影响，不再展开论述。

综上所述，我们有必要厘清并注意赣闽粤边区三地客家民居的这几个现象。

一是赣闽粤边区三地客家民居有着内在构成的共性。这个共性体现为三地客家民居均呈现出"厅堂为核、居室围合"的空间组合特征，三地客家民居尤其聚居建筑便普遍有着整体性、向心性、秩序性三个特性。具备共性的主要原因，是赣闽粤边区三地客家社会拥有同根同源的文化内涵、大体相近的生存环境和基本一致的生活形态。客家民系文化圈是一个整体，并不以历史上行政区划的不同为转移。

二是赣闽粤边区三地客家民居有着外在形态的差异性。客家民居的差异性，主要表现为空间形态、构造形式、装饰内容等外在形态方面，如赣南围屋大多为方形，闽西南土楼最突出的是圆楼，粤东北围垅屋呈方圆合形。造成三地客家民居差异性的原因，有外围文化的不同影响、生存环境的内部差异，还有不同的风水讲究、气候地理等其他因素。

三是客家三地都有各自的代表性围屋民居，但其分布并不是泾渭分明的。赣南以方形围屋为代表，粤东北流行的围垅屋在赣南亦有少量分布，赣南历史上还曾有圆楼的出现。闽西南以土楼、五凤楼为代表，同样分布有"粤式"围垅屋。粤东北也并非只有经典的围垅屋，该地区还分布有不少"赣式"围屋和"闽式"圆形土楼等形式。

四是赣闽粤边区三地的围屋并非当地数量最多的客家民居主流。闽西南除土楼、五凤楼外，还有锁头屋、四点金、八间头及九厅十八井等形式；粤东北除围垅屋、围楼外，还有门楼屋、锁头屋、堂屋等基本形式，及杠屋、杠楼、堂横屋等组合形式[1]；赣南客家民居前文已有介绍，除围合式民居外还有众多行列式、单列式民居形式。从分布的广度及数量来看，围屋民居在赣闽粤边区三地仍属少数，占据主流的都是其他的客家民居形式，比如闽西南尤其北部地区，单堂屋、组合式民居的数量都要远超土楼，土楼多在靠近漳州平原的永定、南靖等县盛行。

由上文可知，赣闽粤边区三地客家民居的共性较为明晰，在此，我们将视线集中到三地客家民居的差异上来。根据客家民居平面的形制，闽西南、粤东北两地与赣南类似，客家民居大致都可划分为单列式、行列式和围合式三类。客家三地的单列式客家民居形式基本一致，如粤东北民居基本形式的门楼屋与赣南的四扇三间相近，另一个基本形式锁头屋其实就是横屋，加上单列式客家民居的构造特征在行列式客家民居当中都有体现，在此仅就客家三地的行列式和围合式两类客家民居展开比较。

二、赣闽粤边区三地行列式民居比较

赣闽粤边区三地行列式民居的宏观差异相对较小。三地行列式客家民居形式上基本都不脱离堂屋之间、横屋之间、堂屋与横屋之间的行列组合，行列之间亦基本保持平行或垂直的形态，从航拍鸟瞰的角度看，三地客家民居大体一致。但分别走近三地客家民居，我们依然可以从中感受到不同的形态和氛围，这种差异虽不如三地围屋民居这么明显，但足够我们清晰地分辨它们、记住它们。赣闽粤边区三地行列式客家民居的直观差异大致体现在空间形态、主体构造和装饰构造三个方面。

（一）空间形态

空间形态有着建筑尺度、厅堂尺度、天井尺度上的直观差异。

建筑尺度。赣南北部行列式客家民居多为两层（实为一层半，上层为阁楼夹层），建筑前后檐口高度多在 4~7 米之间，建筑高大（图 5-1-5）；南部则普遍相对低平，层高相对较矮，呈现由北向南逐渐降低的态势。闽西南、粤东北行列式民居与赣南南部客家民居尺度相近，多数为单层，或堂屋等主要部分为两层（或一层半），层高亦较低矮，呈现低平舒展的特征。如闽西龙岩连城县宣和乡培田古村民居，民居多数单层，屋面檐口距地常至 3 米左右，加上屋脊檐角横挑，建筑便尤显舒展（图 5-1-6）。

厅堂尺度。赣南行列式客家民居厅堂多数异于居室而无楼板，两层（或一层半）空间通高，中部屋脊之下常设藻井，尤其显得高旷，明显是基于衬托家族实力、突出祭祀氛围而采用的尺度（图 5-1-7）。闽西南、粤东北行列式民居本身建筑较低平，厅堂高度相对赣南要低一些，加上两地厅堂所用木料多数较为粗大，雕刻亦更为繁复，厅堂便显得更为紧凑，是一种相对适合起居的宜人尺度（图 5-1-8）。

天井尺度。赣南行列式客家民居当中的天井狭小而深，与赣北天井式民居相当，天井檐口一般平面纵深 1.0~1.5 米，不超过 2 米，面阔宽 2~2.5 米，不过 3 米（图 5-1-9）。相对而言，粤东北和闽西南地区客家民居的天井就要阔大许多，又因层高较低平而

图 5-1-5　定南县历市镇修建村明远第围

图 5-1-6　福建龙岩连城县培田古村民居

图 5-1-7　会昌筠门岭镇羊角村民居

图 5-1-8　福建龙岩连城县培田古村民居

图 5-1-9　瑞金叶坪乡洋溪村民居

图 5-1-10　广东梅州雁洋镇桥溪村世安居

显得较浅，尺度介乎院子和天井之间。两地的天井因面积较大，常装点绿植，并作为前后屋的过道使用，如粤东北梅州梅县雁洋镇桥溪村世安居内天井（图5-1-10）。而赣南的天井狭小难以容身，无法活动，仅作排水、采光及通风之用。

（二）主体构造

主体构造的差异最直观地体现在三地客家民居的屋顶、山墙等部位。

屋顶构造的不同在三地行列式客家民居当中分外显眼。

赣南行列式客家民居大多数采用悬山顶，屋面侧檐外挑而山墙不出屋面（图5-1-11）。屋面基本平直，坡度相对闽粤两地稍陡。屋面多数前后出檐，硬山叠涩收檐的做法亦不少见，前后出檐较大，多在0.9~1.2米之间。赣南客家民居屋脊多数采用砖叠或竖瓦做法，亦多硬直平铺，两端多平屋面侧檐而不外挑。

闽西南行列式客家民居很多采用九脊顶，即山墙悬山出际（或称三角披檐）形成四脊与正脊、两坡侧

脊构成的九脊屋顶形式，有些类似歇山顶（图5-1-12）。屋面相比赣南更为平缓，有平直坡面的做法，亦有举折的曲面坡做法，多数前后出檐，出檐较赣南更为深远。闽西南客家民居屋脊多见竖瓦压脊做法，最为独特的是，其两端翼角高翘，出挑较大，甚是张扬。从稍远处看，闽西南客家民居建筑舒展，屋面平缓而出檐深远，脊翘高挑而鳞次栉比，颇显唐宋建筑之余风，从侧面说明闽西南地区"老客"数量占据较大比重（图5-1-13）。

粤东北行列式客家民居悬山屋顶亦不少见，但更多采用了硬山顶，如锁头屋、杠屋，多以岭南风格的山墙封檐（图5-1-14）。屋面相比赣南更为平缓，基本为平直坡面，前后出檐，出檐亦相对较深。粤东北客家民居屋脊做法最为多样，脊饰"有平脊、龙舟脊、龙凤脊、燕尾脊、卷草脊、漏花脊、博古脊等，按用材来分有瓦砌、灰塑、陶塑、嵌瓷等"[2]。屋脊有平直的，如平脊、博古脊，也有中低侧高的翘脊，如龙舟脊、龙凤脊、燕尾脊、卷草脊等，用材亦不限于砖、

图 5-1-11　会昌筠门岭镇羊角村民居悬山屋顶

图 5-1-12　福建龙岩培田古村悬山出际

图 5-1-13 福建龙岩培田古村民居

图 5-1-14 广东梅州市雁洋镇桥溪民居

瓦，尚有陶瓷、灰塑等。最具特色的是，粤东北客家民居有些屋脊还会塑置各种瑞兽、神仙及民间故事人物，据称是受潮汕民居影响，与赣南屋脊之朴素形成鲜明对比（图 5-1-15）。

山墙形式的不同是三地客家民居外在风貌上最为显著的差异之一。

赣南客家民居山墙主要有悬山山墙、马头墙、人字硬山墙、悬山出际等形式，也可见少量观音兜、马鞍墙。在赣南，不出屋面的悬山山墙最为常见（图 5-1-16），但最具特色的山墙形式是马头墙，广泛见于客家大屋的中轴厅堂部分及独立建造的厅堂当中。赣南马头墙有三叠、五叠甚至七叠等形式，以五叠"五岳朝天"最受推崇，每段墙脊均朝外翘起，甚是气派（图 5-1-17）。马头墙作为民居的构造形式在江南极为普遍，但其影响至赣南已是强弩之末，往南至梅州，已鲜见层峦叠嶂的马头墙形式了。

闽西南行列式客家民居山墙很多是悬山出际的三角披檐做法，马头墙亦不少见，受闽南建筑影响，还常见弓形、鞍形、云形等马背山墙形式。马背山墙大多略高于两坡屋面，随坡曲绵而下，侧面硬山收檐，形式厚重颇显拙朴美感（图 5-1-18）。闽西南客家民居的马头墙形式与赣南民居较为接近，但其马头墙一般较赣南平缓，两叠间高差较小，与建筑舒展形态相适应，但其墙脊外挑较少，远不如正屋屋脊檐角长挑张扬。

粤东北客家民居山墙已形成定式，称为"墙头五式"，即金、木、水、火、土五式（图 5-1-19）。从调查的情况来看，粤东北客家民居山墙形式基本与潮汕等地民居融合为一体，无大差异。五式山墙的样式差异主要体现在中间尖顶部，金式窄起顶圆，木式方正高耸，土式方中叠起，水式稍阔弧润，火式人字尖细，宅舍采用哪种形式，多视风水师依五行之说而定。

图 5-1-15 广东梅州大埔镇百侯古镇民居

图 5-1-16 瑞金九堡镇坝溪村民居

图 5-1-17　赣县南塘镇清溪村民居

图 5-1-18　福建漳平县永福镇民居

粤东北客家民居山墙装饰很是讲究，小户人家有檐顶立体的"三线"做法，富户还做线间的"三肚"装饰，题材有花鸟、人物、山水之分，肚下常带"浮楚"纹饰，甚为浮华（图 5-1-20）。赣南普遍的马头墙形式，在粤东北尤其梅州地区已较为少见。

（三）装饰构造

赣南地区相对封闭，民居细部多就地取材，从门、窗等构造广泛采用木料、红砂岩等本土材料用于雕刻装点便可见一斑（图 5-1-21）。赣南客家民居构造装饰以东北部宁都、石城、兴国等县较为精美，工艺精湛，其他地区除部分大族宅舍外，普遍俭朴平实。赣南客家民居外部装饰多重门头或门楼，内部一般将有限的财力用于装饰厅堂等公共重点部位，居室部分

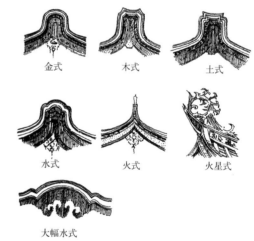

金式　木式　土式
水式　火式　火星式
大幅水式

图 5-1-19　广东山墙墙头五式做法
（引自：陆琦《广东民居》，P227）

图 5-1-20　广东梅州雁洋镇桥溪村民居

全南县龙源坝镇雅溪村雅溪石围隔扇门

宁都县固村镇岚溪村民居红砂岩石窗

图 5-1-21　赣南客家民居门窗形式

较为简陋，一定程度上反映了赣南客家社会欠发达的经济状况。赣南客家民居装饰大致可归纳为"三雕一塑"，即木雕、石雕、砖雕和灰塑。其中，木雕运用最为广泛，常见于客家民居厅堂的梁枋、斗栱、雀替、门窗、隔扇、藻井等处（图5-1-22）；石雕常见于柱础、抱鼓石、石门楼、石窗等处；而灰塑与砖雕最常见于门头门面，尤其灰塑，广泛运用于门罩，是赣南一大特色（图5-1-23）。彩绘也不鲜见，常出现于藻井、卷棚顶、隔扇等处。总体来看，赣南客家民居装饰偏于拙朴，多为材料本色，彩绘虽有但色泽亦不鲜艳，这跟经济有关，亦跟赣南客家人内敛沉稳的整体性格相关。

闽西南行列式客家民居构造与赣南较为接近，但整体更繁复精致。这跟闽西南的经济地理状况相关，闽西南盛行土楼的南部地区经济较弱，装饰明显更为简朴，而流行行列式客家民居的北部地区经济条件相对较好，状况甚至好于赣南北部，装饰自然更考究。以龙岩连城县培田村为例，经常可见一些门楼木雕精雕细琢，工艺繁复精湛，重叠厚重颇为气派，其精致程度赣南甚为少见（图5-1-24）。培田村民居内部装饰稍俭朴，但梁架木柱普遍较为厚实粗大，抬梁常做拱状造型，末端常饰雕花，立体精细，亦较赣南普遍（图5-1-25）。闽西南客家民居多采用门廊、门楼，较少直面门罩，因此灰塑运用不如赣南广泛。

图5-1-22　安远长沙乡筼筜村民居斗栱

图5-1-24　福建龙岩连城县培田古村祠堂

图5-1-23　赣县白鹭乡白鹭村鼎福堂

图5-1-25　福建龙岩连城培田古村民居室内

图 5-1-26　广东梅州大埔镇百侯古镇民居

粤东北客家民居装饰最为丰富多样。装饰类别方面，除了"三雕一塑"，粤东北还有陶塑、嵌瓷工艺，彩绘亦较赣南、闽西南两地更为普遍。装饰程度方面，以木雕为例，常见民居梁架满是雕饰，架梁、步梁、瓜柱均满布雕刻或彩绘，还觉不够，雀替也往上加，其繁复精致的程度，只能用无以复加来形容了；瓜柱底端常见南瓜墩、瑞兽墩支承做法，寓意吉祥，甚是独特。外观色调方面，材料及彩绘的色泽亦较赣南、闽西南两地鲜艳，常见描金、漆朱、绘青等，多见数彩绘制人物、虫草，材料常见绿色琉璃甚至彩色玻璃。装饰内容方面，受西洋建筑风格影响，粤东北近代传统民居在门、窗、屋顶、山墙等构造处及众多装饰方面已表现出东方与西方多元融合的形态（图 5-1-26）。

三、赣闽粤边区三地围合式民居比较

赣闽粤边区三地围合式客家民居的外观差异极大。赣南以方形围屋为代表，闽西南以土楼、五凤楼为代表，粤东北以围垅屋为代表，仅就直观形态就能一眼看出，三地代表性围屋方圆各异，区别巨大，极具辨识度。

陆元鼎先生较早关注到赣闽粤边区三地围屋，并开展了卓有成效的探索。他将三地典型围屋的特征作了概括性归纳，见表 5-1-1[3]。

赣闽粤边区三地围屋特征对比分析表 表 5-1-1

地域	粤东北	闽西南		赣南
典型平面				
名称	围垅屋	土楼（方、圆）	五凤楼	围子
平面特征	以堂为中心，堂横组合。中轴对称，前有禾坪、半月塘，后有垅屋或枕屋	以堂为中心，宅屋环堂而建，可方可圆。周围多层房屋包围，有圆楼也有方楼。方楼中轴对称，圆楼以祖堂为中轴	以堂为中心，堂横组合。中轴对称，前有禾坪、半月塘，背靠高山或山冈	以堂为中心，宅屋两翼延伸。中轴对称，宅屋两进两排，也可以三进三排，即王字形工字平面形式。周围由多层厚墙房屋包围，四周有碉楼
组合特征	大型者有多横多围，如双堂双横带一屋、三堂四横带二围等。一姓一围屋	以土楼为一组合单元，可多个圆楼（方楼）组合，也可圆方楼相邻结合	建于坡地，横屋可分级而建。屋顶逐级升高	方围内带王字形堂屋廊屋组合体。大型者方围内有三组三列堂屋廊屋组合体
功能特征	聚居 半封闭、半防御 祠宅合一	聚居 封闭、防御 祠宅合一	聚居 半封闭 祠宅合一	聚居 封闭、防御 祠宅合一
朝向	背山面水 多数南北向	背山面水 方楼南北向为主 圆楼无朝向，大门东开或南开	背山面水 南北朝向	背山面水 南北向为主
材料与构造	土墙或砖墙、木构架。石础	夯土厚墙木构架 石础	土墙、木构架 石础	夯土厚墙木构架。石础也有石墙石卵墙
层数	一层	土楼 3~4 层、堂屋一层	大门大堂一层、横屋可逐层建造、堂屋可建 3 层	多层围屋，一层堂屋
地形与环境	少占农田 建于坡地	少占农田 建于坡地	少占农田 建于坡地	少占农田 建于坡地
地理特征	丘陵地	山区	丘陵地	山区
气候特征	湿热多雨多台风	湿热多雨多台风	湿热多雨多台风	春夏季内陆闷热多雨潮湿，冬季寒冷
气候与建筑	以解决通风为主，形成以厅堂、天井与廊巷三者组合的通风体系	要求厅堂通风冬季防北风，厅房要求多阳光	以解决通风为主，形成以厅堂、天井与廊巷三者组合的通风体系	要求厅堂通风冬季防北风，厅房要求多阳光。廊道通畅既通风又纳阳，天井进深小面积小
外观特征	外观如太师椅 稳重庄严	外观坚固朴实浑厚	外观庄重	外观森严、坚实

由表 5-1-1 比较赣闽粤边区三地代表性围屋的特征，可以归纳有三点。一是从气候地理上看，三地围屋有着相似的气候、地理、地形适应性，均以解决通风为主，少占农田而多建于坡地，讲究背山面水。二是从功能特征上看，三地典型围屋有着相同的居住形态，但封闭状态、防御强度存在差异。三是从平面形制上看，三地典型围屋有着相同的"祠宅合一"的空间构成，都遵循着基本一致的"以堂为中心"的组合规律，但组合呈现的平面形态、立体形态均大相径

庭，因此外观特征各异，如围垅屋、五凤楼谓之稳重（图 5-1-27），土楼谓之坚固浑厚，围子谓之森严坚实（图 5-1-28）。陆元鼎先生早期所做的归纳分析，为三地围屋的差异性研究奠定了基础。

此后，有大量学者关注到赣粤闽三地围屋的差异性，展开了一系列对比研究。

江西民居研究的先行者黄浩先生在《江西民居》一书中以陆元鼎先生的研究为基础，分析了赣闽粤边区三地典型围屋的特点，指出三者方、圆宏观形态的

图 5-1-27　广东省梅州市仁厚温公祠

图 5-1-28　龙南县里仁镇新里村渔仔潭

巨大差别，除因当地自然气候条件的不同和功能组合需求各异，更应关注三地客家人各自不同的心理意识和风水观念。他认为，三地围屋类型均较复杂多元且多有交叉，典型围屋的比较，并不能代表三地客家围屋的全局[4]。万幼楠先生研究围屋数十载，认为由闽西方楼到赣南方围，对于围楼的防御功能来说"是一个飞跃式的发展"[5]，体现在两点：一是砖石墙和三合土墙替代夯土墙，砖挑叠涩短檐取代深挑出檐，赣南方围极大地强化和完善了抵抗能力。二是四角或二角炮楼及广设的射击孔，各向防卫可互为奥援，并增强了主动攻击性。卢倚天先生以赣南围屋燕翼围与闽西南土楼怀远楼为例开展防御空间比较，认为前者防御性要比后者略胜一筹[6]。

近年，三地围屋的差异性研究有向系统化发展的趋势。燕凌从防御性、聚居性和舒适性三个方面展开赣闽粤边区三地围屋的比较，得出结论："赣南客家围屋的防御性最强、闽西客家土楼的聚居性最强、粤东北围龙屋的舒适性最强"[7]。湖南大学硕士研究生黄浩的毕业论文亦为赣闽粤三地围屋的比较研究，论文将粤东北的方形围屋即四角楼纳入进来，从秩序性、可居性和防御性三个方面展开分析。论文归纳认为，

江西围屋随着时间的推移秩序性和可居性越来越弱，而福建土楼则始终如一，广东围屋两极分化，围垅屋式围屋坚持秩序性和可居性，四角楼发展趋势同江西围屋。而防御性方面，三地围屋各有其防御特色，以广东围垅屋式围屋防御性最弱[8]。李倩从村落民居地理文化景观的角度较全面地分析了三地围屋的特征，认为相比普遍较小的粤东北四角楼，普遍较大的赣南"土围子"兼顾了相对较好的可居性，而相比闽西南土楼对防御性和可居性的兼顾，赣南"土围子"的防御性要优于可居性[9]。

在此，笔者结合调研的实际，对前辈学者的观点作一些补充，并提出自己的一些看法。

从平面构成上看，赣南围屋多方围，以内围堂屋的"国"字围堂屋为多，内围庭院的"口"字围院屋为少；闽西南土楼除了为人熟知的方楼、圆楼外，还有明显具备厅屋行列组合特征的方形五凤楼；粤东北围屋主要有围垅屋和四角楼两种，围垅屋基本为前堂横屋后围垅房的组合定式，四角楼即方形围屋，多数小而内围庭院。首先，就三地围屋的秩序性而言，赣南围堂屋、粤东北围垅屋（或围垅屋式围屋）均可推断其为由"府第"特征的行列式民居发展而来，具有

以堂为心、中轴对称的显著秩序性和"聚居性"，这一点与闽西南土楼尤其大型围楼和五凤楼实难分伯仲。事实上，闽西南土楼当中亦有相当一部分中小型围楼如赣南"口"字围、粤东北四角楼一般，堂隐于围房，秩序性要弱化很多。其次，就三地围屋的可居性而言，粤东北围垅屋被认为是三地围屋当中舒适性最好的类型，主要是基于其空间尺度的适宜性和居住布局的伦理性。赣南"国"字围堂屋和闽西南土楼外围尺度高大，围内堂屋多为单层，有条件均设空坪以便活动，居住亦遵循长幼有序、尊卑有别的大家族伦理布局。黄浩先生就这样描述闽赣两地围屋，"外观所表现出的更多是恢宏、冷峻、坚毅和粗犷的性格，使人震慑、敬畏，而内部却是族内另一种融洽和充满生机的气息"[10]。相对来说，三地亦都有围内无堂屋而仅设围房的森严围屋，居住舒适度较弱。

从建筑形态上看，赣南围屋规模相差较大，既有普遍占地大而以两三层为主的"国"字围堂屋，又有普遍占地小而以三四层为主的"口"字围院屋，均以方形为主。闽西南土楼既有三至五层的方楼、圆楼，也有两三层为主的方形五凤楼，规模亦有大有小；而粤东北围垅屋普遍规模较大，以单层为主，四角楼多数三至五层，占地较小。首先，我们以建筑高度来谈谈防御性，赣南、闽西南和粤东北都有三至五层高耸而封闭的围屋类型，不能简单地说赣南一地的围屋其防御性都强于闽西南土楼和粤东北四角楼，相对而言，以民居高度和类型来区分会严谨一些，如单层的围垅屋设防性弱一些，两三层的五凤楼防御稍强，但要弱于三至五层的当地土楼和赣南"口"字围。其次，以方圆形态来论防御性，赣南、粤东北方围有死角而以角楼炮台防死角并增加攻击性，闽西南圆楼无死角而无须设角楼并以提升建筑高度来增强自身设防，方围与土楼的防御强弱，实难区分高下。

从设防构造上看，赣南围屋外墙体既多见砖石和三合土构筑的坚固外墙，亦有夯土与土砖筑造的朴实外墙；外围屋面既常见砖挑叠涩短收檐的做法（图5-1-29），亦有悬挑深檐的做法；多数围屋有角楼炮台，有的亦无；角楼多数落地，亦有转角悬挑的。闽西南土楼多由夯土构筑，外围屋面大多深檐出挑，土楼多数亦不设炮台。而粤东北围垅屋外墙体以土筑稍多，砖砌稍少，屋面基本有挑檐，建筑本体设炮台的居少；粤东北四角楼构造与赣南方围类似，但其外

墙基本为砖石，角楼多悬挑。我们可以看到，多数赣南围屋和粤东北四角楼在外部墙体、屋面檐口、角楼炮台等构造上的设置，普遍要比闽西南土楼、粤东北围垅屋要"用心"许多，尤其围垅屋，除了围合性稍强，防御构造的设置跟堂横屋等行列式民居并无大的差异。

综上所述，笔者较认同江西民居研究的先行者黄浩先生的观点，即赣闽粤边区三地围屋类型均较复杂多元且多有交叉，个案或典型围屋的比较，并不能客观地描绘三地围屋的宏观图景。差异的比较应立足围屋的类型及其诸多特征，结合围屋所处社会地理环境、人们的心理意识进行综合分析，才能得到相对客观的结论。简单地对一个地区的民居作单一的定性，并无助于人们准确地认识并明晰这个地区民居的特征及其与其他地区的差异。

四、赣闽粤边区三地围屋的传承演变关系

围屋、土楼和围垅屋是客家民居中富有特色的三种建筑类型，三者在相互毗邻的赣南、闽西南和粤东北地区均有分布，但在区域分布上各有侧重。围屋以赣南为代表，主要分布在赣南的南部区域，在粤北东部区域、粤东西部区域且沿东江往南至深港地区也有分布。土楼以闽西为代表，主要分布在闽西的南部区域，在赣南、闽南以及粤东的部分区域也有少量存在。围垅屋则以粤东北为代表，主要分布在粤东北梅州一带，在赣南和闽西局部区域也有一定数量的存在。关于三者之间的相互关系，多年来学者们开展了一系列的讨论。

关于赣粤闽边际地区客家民居的源流关系，学界的主要观点是三地的客家民居均起源于赣南。有学者认为，赣南围屋、闽西土楼和粤东围垅屋三种客家民

图5-1-29　龙南里仁镇新里村沙坝围

居都是家、堡、祠合一的建筑，且"应当是同出一源，源于赣南，源在围屋"[11]，且方形的赣南围屋先是传入闽西并演化为圆形的土楼，方形围屋和圆形土楼后传入粤东并演化为前方后圆的围垅屋。有学者指出："客家民居自赣南、闽西北部发端，赣南这支往南发展不力，闽西这支则顺东北——西南武夷山东侧蓬勃发展，进入粤东，而后又从闽西、粤东越武夷山、南岭环回到赣南南部。赣南是这个环上的起头，也是结尾。"[12]

有相关研究提出推论，闽西圆形土楼是由赣南方形围屋演化而来。并提出以下观点：一是根据早期客家移民的路线，早期的客家先民是由赣南越过武夷山到达闽西的，方围建筑由此带入闽西。现存闽西土楼一定数量的方形土楼由此继承了赣南围屋的特征。后由于自然环境的差异、建造技术以及区域文化的差别，闽西地区才在一些地方出现了由方变圆的圆形土楼。二是同样面积的圆楼要比方围的外墙长度短，利于节省工料，适应闽西经济落后的社会特征。三是福建多雨潮湿且多台风，圆形土楼有利于适应地方气候。四是圆楼在建筑防水和木结构施工技术上简单，更利于在建造技术相对落后的闽西建造。例如，圆楼不需要建造高耸的角楼，圆楼也没有方围因坡屋面交汇所形成的角沟。五是圆形土楼形如铜钱，寓意吉祥，易被当地人接受。六是圆形土楼可朝任意朝向开门，在风水盛行的客家地区，较之方形土楼更易于适应不同场地中的风水朝向[13]。有学者对此持不同意见，认为从现有的遗存和史料来看，闽西圆形土楼出现的时间要比赣南方形围屋早，两者的发展应该是相互影响的关系[14]。

福建学者则认为，福建土楼由方到圆的过程与赣南方形围屋无关，与客家人无关，而是源自于闽南，其"根"在漳州。黄汉民先生在其发表的"福建圆楼考"一文中提出："从方到圆的过程，实际上是整体结构与使用功能都日趋合理的过程。然而圆楼并非凭空产生，也非客家人的创造发明，事实上客家人是从漳州迁来的闽南人那里学来圆楼的形式。因此，对客家人来说是'先方后圆'。而要研究圆的成因还必须追溯到闽南。"[15]黄汉民先生通过调查认为，闽南人住的圆楼比客家人多，且年代更为久远。"不仅南靖县有圆楼，而且平和县、诏安县、云肖县、漳浦县、华安县……几乎漳州市所属的县都有圆楼。总计约 300 余

幢。"[16]最古老的圆楼是漳州沙建乡岱山村椭圆形的"齐云楼"，其建于"明洪武四年"（1371 年）。同时，黄汉民先生对由方至圆转变的原因进行了分析，他认为："从方楼到圆楼的转化也有其必然性。首先，圆楼克服了方楼的一些缺点：方楼的四个角房间光线暗、通风差、紧临木楼梯、噪声干扰大，因此，最不受欢迎。而圆楼消灭了角房间，使构件尺寸统一，施工也相对简单，屋顶也更加简化。圆楼的房间朝向与方楼比，好坏差别不明显，有利于家族内部分配。同样周长围合成的圆形面积是方形面积的 1.273 倍。因此，采用圆楼可以得到比方楼更大的内院空间。就圆楼的每个扇形房间而言，由于外弧较长，系土墙外承重；内弧较短是木构架承重因此，同样面积的扇形房间比矩形房间更省木材。圆楼消灭了角房间，对大木材的需要也相应减少。可见圆楼比方楼更为省料。其次，按风水先生的说法，路有'路煞'，溪有'溪煞'，山口有'凹煞'，方楼的某个角总会碰上'煞气'。因此，在楼角基石上要刻'泰山石敢当'，或在楼角钉上画有八卦，写上同样字样的木板，用以'制煞'。而圆楼无角，'煞气'据说会滑走。"[17]

有学者的相关研究提出，粤东北的围垅屋晚于赣南围屋和闽西土楼，在形态上是由赣南方形围屋和闽西圆形土楼融汇而成。当元代和明代时期，客家人向粤东北梅州地区迁移时，各地的区域性客家文化在此积聚融合。民居由此也表现出文化的多元性，闽西圆形土楼和赣南方形围屋在此兼容并蓄，由此产生了前方后圆的围垅屋[18]。

为了解释赣南和闽西同时都存在圆形土楼和方形围屋的现象，有学者提出了风水主导论，认为在一个地方是建圆形还是方形的围屋或土楼取决于风水。例如赣南南部的龙南市临塘乡黄陂村建于乾隆年间的圆形围屋是为了按照风水理论，与河对面的圆形山岭相对称，以把住水口，方采用圆形的建筑形态。根据相关文献的反映，闽西地区在同一个地方是建圆形还是方形的围屋或土楼，都是由风水先生所决定[19]。

第二节　赣南与赣北、徽州等地民居的特征差异

一、赣北、徽州等地民居对赣南民居的影响

赣南客家民居深受赣北、徽州等地民居的影响

（图5-2-1）。赣南虽然与闽西南、粤东北两地共同构建了客家文化圈，但赣北民居对赣南客家民居尤其北部客家民居的影响也是同时存在的，就如闽南民居影响闽西南民居、潮汕民居影响粤东北民居，体现出相互接壤的地区之间经济文化的交融与渗透。徽州虽不与赣南接壤，但赣南民居不仅历史上深受其影响，至当代徽州民居的影响亦无处不在，并呈现出从水道周边向陆地纵深扩大的趋势，可见徽州文化的"强势"。赣北、徽州等地民居对赣南客家民居的影响主要有两个途径，一个是移民，汉人南迁至赣南并非蛙跳式一蹴而就的，而是如波浪般推进而来，徽州所在江淮地区本就是客家先民"上一波"的主要迁出地，而赣江沿线的赣北是汉人南下的主要迁徙路线之一，"南迁汉人不只是到达闽粤赣边区后与当地土著有融合，'在迁移过程中也与沿途居民进行了交流和融合'"[20]，民居文化的影响就顺理成章了。另一个是水运，赣江自赣南发源起始，经赣北汇入鄱阳湖及长江，成为水运的黄金通道，是历史上连通海上丝绸之路的重要路线，极大地促进了赣南与赣北的经济文化往来。明清时期徽州经济发达，徽商活跃四通八达，亦主要通过赣江水运与赣南发生联系，赣州城区现存大量的徽式建筑就是徽州民居文化渗透的产物。

从移民的迁徙方向和经济文化的渗透方向来看，赣南主要是文化的接受者而不是传播者。当然，清初客家人从赣南、闽西南、粤东北"以内部人口的膨胀为主因"[21]，向赣西北、赣东移民，亦对两地尤其赣西北民居产生了一定影响，蔡晴、姚赯、黄继东等学者就发现这些地方分布有赣南常见的堂横屋[22]。这种情况毕竟是短期而局部的，其影响的广度和深度都相当有限。

实际上，尽管受到来自北方的持续影响，赣南客家民居与赣北、徽州等地民居仍存在较大差异，这是由各地自身的人文地理环境所决定的。

二、赣南行列式民居与赣北、徽州等地民居的差异

此处讨论的赣北地区指赣南以北的吉泰平原、鄱湖平原及周边区域，徽州地区包括古徽州下设的黟县、歙县、休宁、祁门、绩溪、婺源等六县区域。江西民居的类型"就其涵盖着全省各个地区的'天井式'民居来看，却是国内此类型民居中最为丰富完整的"[23]，黄浩先生将江西天井式民居按平面格局分为三开间、多开间及平面单元组接等三个规模类型，其中三开间是最基本也是数量最多的形式。徽州民居形式亦相当

图 5-2-1　赣南与赣北、徽州地区位置关系

丰富，按规模大致可划分为小宅与大宅两种，小宅平面布局有"凹"字、"回"字、"H"字和"日"字等四种基本形制，大宅由这四种"细胞"单元拼合而成[24]，小宅在徽州最基本亦最为常见。

因政府管控有力，局势相对安稳，赣北、徽州等南方地区历史上未产生明显设防的围屋民居。赣南围屋因防御而生，其外在防御特征与江南天井式民居并没有可比性，而赣南单列式客家民居虽数量众多，却不具备典型意义。最能充分体现客家人聚族而居居住形态的客家民居形式是行列式客家民居，因其直观呈现的天井空间形态，行列式客家民居亦常被学界认为属江南天井式民居，因此而与赣北、徽州民居具有相当大的可比性。总体上看，赣南行列式客家民居与赣北、徽州两地民居在平面形制、空间形态和主体构造等方面均呈现出较大的差异性。

（一）平面形制

1. 居住形态与规模

前文有述，赣南社会一定程度上是聚族而居的家族社会，以血缘宗亲为纽带的大家族是社会的主要生存单元，而"聚宅族居"的居住形式最能体现客家人的这种社会生存状态（图 5-2-2）。在赣南，容纳一整个家族的客家民居大屋比比皆是，单幢大屋的占地规模甚至庞大至数千平方米，这在赣北、徽州是难得一见的。赣北、徽州汉民族虽然多数也聚族而居，但普遍都采用单家独户的居住方式，事实上是"聚村独居"，社会主要的生存单元是家庭（图 5-2-3）。同样是单家独户，赣北民居的规模与徽州又有所不同，徽

州绝大部分的民居都属中小型，而赣北民居虽然多数也属中小型，中等规模占地的民居比重相对徽州却要更大一些。其中一个主要原因是徽州民居普遍向高处发展为二层，楼居的比例要显著高于赣北民居，而家庭居住人口相当的情况下，楼居明显要更为节地，平面规模自然更小。

2. 形制构成

赣南客家民居主要由厅堂和居室两个宏观空间构成，这两个空间相互剥离，各成合体，再按特定的等级秩序联合为一个民居建筑的整体，即赣南客家民居的空间"二元性"（图 5-2-4）。而构成赣北、徽州两地典型民居的基本空间是天井、厅堂和厢房三者，天井这个虚空间必不可少。两地民居主要实体空间虽然也不外乎厅堂与居室，但这两者都是以微观空间要素的形式出现，它们各自无法剥离，厅堂与居室总是借由交通或者其他功用而交织在一起（图 5-2-5、图 5-2-6）。赣北、徽州两地民居的厅堂相比赣南有着更为浓厚的生活气息，与居室更为融洽协调地组合在一起，而赣南的厅堂尤其祖堂，却是高高在上的存在，突兀地拉开了与居室空间的生活距离，体现出家族与家庭在宗法等级、伦理秩序上的不同。

3. 空间布局

赣南客家民居遵循"厅堂为核、居室围合"的空间布局原则，厅堂地位崇高，总是居于中轴，位于绝对的核心位置，居室以从属者的角色围绕厅堂这个中心展开布局。赣北、徽州虽然也将厅堂布局于中轴线上，但空间的核心不是厅堂，而是天井。黄浩先生认

图 5-2-2　石城县琴江镇大畲村南庐屋

图 5-2-3　江西吉安吉水燕坊村州司马第
（引自：姚赯《江西古建筑》，P171）

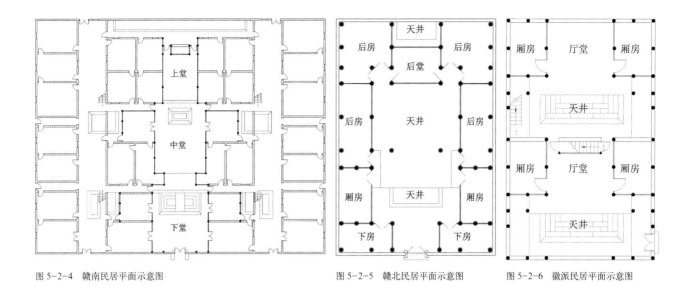

图 5-2-4　赣南民居平面示意图　　　　　图 5-2-5　赣北民居平面示意图　　　　图 5-2-6　徽派民居平面示意图

为，"江西民居以'进'作为基本构成单元，所谓一进是以天井为中心，环绕着它布置上堂、下堂、上下房和厢房等生活居室"，提到徽州民居之一的婺源民居时，他认为徽州民居多为"一进式"[25]。刘仁义、金乃玲等学者认为，"一般来说，徽派民居以天井为中心，天井正前方为厅堂，厅堂朝天井一面开敞，形成宅居的主体活动空间"[26]。这些观点都指向天井是两地民居的核心，是空间的统领者。相对赣南，赣北、徽州两地民居空间布局的原则可大体归纳为"天井为心，厅房围合"。

（二）空间形态

1. 建筑朝向

老子道家对中国传统社会的影响是深远的，汉民族有着基本一致的宇宙观，都讲究"天人合一""道法自然"。风水理念对赣南、赣北、徽州各地的民居亦有相当大的影响，尤其针对建筑的选址和朝向，都讲究山水定势、依势而建。但在这个基础上，徽州民居呈现出与赣南、赣北民居甚至其他汉族民居完全不同的朝向偏好，即"朝北居"。包括赣南、赣北民居在内大部分的汉族民居除非迫于形势，均讲究向阳而居，以得冬暖夏凉、舒适宜人之利，而徽州民居则反其道而行之。古代徽州人据五行之说：商属金，南方属火，火克金，不吉利；据称汉代徽州民间就有"商家门不宜南向"的俗语。明清时期徽商鼎盛，他们在外发财回乡筑宅，极重财商之吉，大门便避讳朝南，普遍坐南朝北了。徽州至今仍遗存有数以万计朝北的传统民居，成为汉族民居朝向

上的另类。

2. 建筑尺度

赣南客家民居大多数为一层半高的平房，上半层为放置杂物的阁楼夹层，并不作居室之用。徽州民居普遍高二层，底层、二层都可居住，并视二楼居住为佳，有古时干阑式民居遗风，其二层层高较高而不似赣南、赣北低矮，尺度适宜人们活动使用。赣北民居多数为一层半高，但空间较赣南更为高大，两层的楼居也较赣南为多，但较徽州为少。民居竖向上的尺度，有着由北方高大向南方低缓过渡的整体趋势。而就平面占地规模而言，一般来说，赣南客家民居最大，赣北次之，徽州最小。因此，从建筑尺度呈现的总体形态上看，赣南客家民居单幢最为阔大舒展，赣北其次，徽州民居最为精小高耸。

3. 室内尺度

差异表现最为明显的是厅堂与天井两个空间。

厅堂空间一般以赣北民居最为高大，赣南次之，两者厅堂均多数一层半通高而露出屋顶梁架，做法称"彻上露明造"。徽州民居虽然二层楼高，但其厅堂基本划分为二层，一般底层做起居厅，二层做祖堂，无论起居厅或祖堂，单个室内空间都比赣北、赣南民居的厅堂更为低缓，有着更为舒适的生活起居尺度。

天井空间赣南、赣北民居基本一致，天井天檐狭小，井座较深，天檐与井座之间的空间围合性弱，四周厅堂和庑厅多数开敞。徽州民居的天井空间要显著区别于赣南、赣北民居，其空间因着两层层高而显得尤其高而深，二层回廊围着天井空间设置栏板或美人

靠，有的还设廊窗，极大地增强了天井的围合感，往往给人一种"直筒"的空间印象。徽州民居建筑四周均不开窗或只开小窗，房间完全依靠天井采光通风，因此其天井平面尺度亦较赣南、赣北两地民居更阔大。徽州民居天井四周檐口出挑普遍较小，无法避雨，故天井两侧一般不设庑厅而专设过间（即有柱走廊）用于交通，天井井座一般也较浅，常兼活动走道之用。而赣南天井两侧挑檐甚大，一般利用深挑檐下的檐廊空间作为过道，庑厅内设，这点区别亦较大。

（三）主体构造

1. 外墙

赣南客家民居外墙主要有夯土墙、土砖墙、青砖墙等几种，其中以夯土墙最为常见，其次为土坯砖墙，青砖墙相对较少，一般为富户或客家大屋当中的厅堂部分所采用。赣南客家民居外墙基本为清水墙，露出材料本色，面层不做粉饰。赣北民居外墙普遍采用青砖墙，以清水墙居多，面层粉刷的情况亦有，多见于婺源及与其相近的赣东北地区。青砖墙筑造成本一般要贵于夯土墙，反映出赣北的经济实力普遍强于赣南。徽派民居外墙多采用青砖砌筑，墙体一般通体粉白，结合建筑周边山水要素，整体形成"小桥流水、粉墙黛瓦"的建筑环境意象。

2. 马头墙

在山墙运用上，赣南客家民居马头山墙形式相对较少，多数为檐下不出屋面的悬山山墙，马头墙在四扇三间等单列式客家民居当中极其罕见，多见于赣南客家大屋的厅堂公共部分，主要起装饰衬托的作用，以显示家族实力。赣北民居当中马头墙及悬山山墙形式均为常见，赣北平原聚落多数相当密集，各家宅舍接踵而建，马头墙的宅间隔火作用至关重要。同时，其高耸而变化的形态，亦大大丰富了民居的天际轮廓线，有着强烈的空间感染力。徽州民居山墙基本为马头墙，在三地当中运用最为普遍，同样起着宅间防火和装饰的双重作用。马头墙已成为徽派民居的形象标签，它起源于赣派民居还是徽派民居，常为两地学者所争论。

在构造布局上，赣南客家民居马头墙普遍于建筑两侧对称纵列，建筑前后一般采取坡屋面挑檐做法，形成"外檐外倒水、天井内倒水"的形态。徽州民居一般四面封闭，马头墙于建筑两侧对称纵列，建筑前后多采取平直高墙围合，从外围看，徽州宅舍形似小型古堡。正因四墙高筑、无檐外挑，徽州民居屋面雨

水均不见外漏，以"三水归堂"、"四水归堂"的形式通过天井或内庭汇水排出，隐有"财不外流"之意。而赣南、徽州两地民居当中马头墙的这两种布局做法，在赣北民居中均为常见，显示赣北为赣南、徽州两地民居文化过渡之地。

在构造细节上，马头墙多由两至三层砖砌叠涩上覆盖小青瓦，再以脊瓦或青砖压顶而筑成，马头墙脊与檐角最能体现各地的特色。赣南民居的马头墙有横直型、曲弧型两种，各地均较常见。横直型马头墙即脊下墙体、叠涩平铺的形式；曲弧型马头墙的特征是脊下墙体、叠涩随脊一同朝端部翘起砌筑，这一做法在赣北、徽州甚为少见，确是赣南民居的特色。曲弧型马头墙脊翘起幅度变化较大，有的较缓，有的较陡，形态丰富。赣南马头墙无论横直或曲弧，檐角多数出挑较大，起翘明显，显得飞扬利落；檐角多为鹊尾式，造型简单，也偶见檐角做成吉祥图腾的形状，赋予更深的文化寓意。

赣北马头墙多为横直型，脊下墙体、叠涩大多工整平铺，但脊的形态分为两种情况，一种平铺，脊与末端檐角过渡稍急；另一种末段曲弧，平缓地与翘起檐角过渡。赣北马头墙檐角多数起翘，整体简洁，有的会在檐角下做精美墀头，有着雕塑般的美感。黄浩先生总结赣北马头墙的外形特征，称为"简洁明快、素雅大方、尺度适宜"[27]。

徽州民居马头墙基本为横直型，墙脊平铺至檐角，檐角于墙脊末端短促收檐。徽州马头墙檐角有坐吻、鹊尾、印斗等三式，前两式短促起翘，多平脊端或短出挑，翘起高度亦不大；印斗式檐角平直收檐，并不起翘。整体上看，徽州马头墙脊侧檐挑出较短，墙脊轻薄，加上檐角小巧，脊下多施墨线装饰，相较赣南、赣北马头墙更为轻盈雅致，造型上讲究内敛；而赣南、赣北马头墙尺度质感上要更为厚实、质朴一些，但造型上更张扬，尤其赣南，多数纯粹用来装点气派了。

3. 构架

赣南民居大多数为土木结构，砖木结构次之，多采取屋顶檩条搁墙、墙体承重的方式，即"山墙搁檩"。赣南民居的居室多数尺度较小，跟采取的承重结构形式有一定关系。在客家大屋的厅堂公共部分，为扩大空间或实现空间变换，经常会采用中间木构架承重、两端横墙承重相结合的混合结构体系，中间木构架采

用插梁式、抬梁式稍多，穿斗式稍少。赣北天井式民居大多采用穿斗式木构架形式，抬梁穿斗混合式构架亦不少见。正因多为木构架承重，赣北民居的墙体一般都是纯粹的围护结构，并不承重。徽州民居基本采用抬梁穿斗混合式结构体系，既得抬梁式空间的灵活性，又得穿斗式结构的整体性，兼收两者之长，其墙体亦不承重，多做围护之用。

赣南本地学者常有一个疑问，即赣南山区盛产木材，却不采用木构架建筑，而赣北平原林木稀少，反而普遍采用木构架结构。另据记载，唐宋以后在赣闽粤边区散居的畲族土著，多"编荻架茅而居"[28]，"诛茅为瓦、编竹为篱，伐荻为户牖"[29]，干阑式建筑能较好地适应南方多雨气候和山地地形，多为当时畲族土著所采用，而客家人面对土著筑房的实用先例却选择摈弃不用，实在令人费解。万幼楠先生对这些现象作了分析推断，其论述可归纳为两点，一是南迁的客家先民固守北方筑土为宅的建房传统，文化强势主导了赣南民居的发展；二是墙体承重建筑尤其生土建筑有着木构架建筑不具备的优势，如冬暖夏凉、造价低廉，取材亦同样方便，客家人稍作革新便让其适应了赣南的气候地理环境[30]。笔者认为，经济欠发达是

赣南客家人不选择木构架建筑形式的重要因素。赣南在明清时期是全国重要的木材输出地之一，竹木放排而下曾经一度是章江、贡水、桃江等水系水运繁华的象征，客家人从中获利颇丰，龙南关西新围的缔造者徐名均就是靠此竹木贩卖营生发财的。客家人宁愿自己住成本相对低廉的土房，而将贵重木材出售给包括赣北在内的其他地区做穿斗或抬梁木构房，得利以营生当是重要原因之一。

三、赣南与赣北、徽州等地民居的差异小结

综上所述，赣南客家民居尤其行列式民居与赣北民居、徽州民居之间有着较大差异，其中，平面形制上的差异是赣南客家民居与赣北、徽州两地民居的核心差异，这个差异使得赣南客家民居形制能够从江南天井式民居当中剥离出来，成为一种新的建筑类型。而空间形态和主体构造上的差异是赣南客家民居与赣北、徽州两地民居的直观差异，这些特征差异可以让我们真切地感受到中国传统民居的多元性和各地居民的创造性。

对赣南、赣北、徽州三地民居进行的对比分析，列表小结见表5-2-1。

赣南、赣北、徽州等三地传统民居特征对比分析表　　　　表5-2-1

地区	赣南地区	赣北地区	徽州地区
名称	赣南客家民居 行列式民居	赣派民居 天井式民居	徽派民居 天井式民居
典型平面			
居住特征	聚宅族居 居于一层	单家独户 居于一层	单家独户 居于一层、二层
平面构成	厅堂合体＋居室合体 厅房剥离	天井＋厅堂＋厢房 厅房一体	天井＋厅堂＋厢房 厅房一体
空间组合	厅堂为核、居室围合	天井为心，厅房围合	天井为心，厅房围合
朝向	背山面水 坐北朝南为佳	背山面水 坐北朝南为佳	背山面水 坐南朝北为佳
建筑体量	多数占地规模大 多为一层半，高度低	多数占地规模较小 多为一层半，高度较高	多数占地规模小 多为二层，高度最高

地区	赣南地区	赣北地区	徽州地区
空间尺度	厅堂较高大 天井相对浅而狭小	厅堂最为高大 天井相对浅而狭小	上下厅堂均相对低矮 天井深与稍阔大
外墙构造	土墙为主，青砖墙较少 基本清水墙	青砖墙为主 多数清水墙	青砖墙为主 多数面层粉刷
马头山墙构造	运用：较少，见于厅堂 位置：两侧纵列 形式：横直型＋曲弧型	运用：普遍 位置：两侧纵列、四墙高筑的情况均有 形式：横直型	运用：最为普遍 位置：两侧纵列，前后高墙 形式：横直型
结构构架	檩条搁墙、墙体承重为主	穿斗式木构架为主	抬梁穿斗混合式结构为主
地形与环境	山地、丘陵地	盆地、丘陵地	山地、丘陵地
气候特征	春夏多雨闷热，冬季少寒	春夏多雨，冬季寒冷多风	春夏温和多雨，冬季湿冷
气候与建筑	以解决通风、挡雨、采光为主	以解决通风、采光、防北风为主	以解决通风、采光、挡雨为主
外观特征	阔大舒展 浑厚质朴	适度舒展 敦厚古朴	精小高耸 轻盈雅致

第三节　赣南客家民居的内部地域性特征

一、赣南客家民居内部特征的交叉研究

如前文所述，客家民系自我意识突出，形成了一个显著区别于其他民系的客家民系文化圈。在这个文化圈内，人们使用同一种方言，遵守共同的社会规则和习性，形成社会人文的整体。赣南位于赣闽粤边区这个整体文化圈的北部，面积约 3.94 万平方公里，客家人口约占地区总人口的 97%。针对这样一个狭小集中而文化趋同的地域，研究其地域内民居建筑的特征差异具有相当大的难度。本节从社会地理、地方语言、水运经济等三个角度出发，采取多学科交叉研究的方法，概括性地梳理了赣南地域内部客家民居的特征差异和分布情况。

（一）社会地理·生存环境下的赣南客家民居

1. 生存环境的整体性与赣南客家民居的形成

赣南地理资源条件总体上可简单归纳为山多田少，各地亦有着基本一致的亚热带季风气候环境，这是客家人生存环境的整体一致性。生存环境的整体性反映到赣南民居的形成上，大致体现为两点。

一是整体相似的生存环境促使各地客家人一致选择了更为紧凑的聚居模式和民居类型。赣南客家人普遍采用组合型族居宅舍，跟赣南地区湿润多雨的气候环境和山多田少的资源条件是密切相关的。不似北方合院式民居普遍有着开敞的内庭院，赣南的客家大屋组合形成的天井、檐廊等空间方便遮风挡雨，明显更能适应赣南气候。客家大屋布局紧凑，节约用地的优势亦相当明显，前文有介绍，在此不作赘述。

二是整体相似的生存环境促使各地客家人对赣南客家民居进行了基本一致的适应性改造。这点在赣南普遍流行的生土民居建筑中体现得尤为明显，为避雨潮，客家民居生土墙底部普遍设墙裙，由片石、大块卵石或青砖砌筑。同时，将南迁途中北方、江淮等地的短檐或硬山做法，改造成深檐的悬山顶做法，四面出檐，既遮烈日，更为防雨水打湿土质墙体，影响结构安全。客家人在民居营建上广泛使用三合土，他们继承和优化了三合土配方和版筑技术，使得小型生土建筑的墙裙坚实耐用，更显著提高了赣南围屋围房的坚固程度及防御能力。

2. 生存环境的差异性与赣南客家民居的分化

赣南南部山高林密，环境封闭而交通不便，盆地规模小，耕地紧缺而匪乱常发，生存环境相对恶劣。赣南北部丘陵虽多，但盆地较多规模亦大，耕地相对宽裕，官府管控较强而治安稍好，生存环境相对较好。生存环境的差异直接反映到了赣南民居上，使得赣南北部民居多不设防或弱设防，而赣南

南部催生了高设防的围合式民居。

　　围合式民居在赣南的分布大致可以划出一条分界线，这条界线以安远县城连接信丰小江乡呈东西走向，将赣南行政区域划分为南、北两个部分。围合式民居较集中地分布于赣南南部，尤以跟广东接壤的沿线区域最为密集，成为赣南南部的典型民居形式；赣南北部仅极其零星地散落些围屋，客家人聚居都采用行列式民居形式，行列式客家民居是赣南北部的主流民居。

　　因此，我们大致可以将赣南聚居类民居的分布格局归纳为"南围屋、北厅屋"（笔者以俗称"围屋"代指围合式客家民居，以俗称"厅屋"代指行列式客家民居，以方便叙述）（图5-3-1）。

（二）地方语言·方言语境下的赣南客家民居

1. 赣南方言的地理分布情况

　　语言是一定的人类社会群体内部沟通交往的重要工具。特定的民族、民系或族群，拥有它们这个群体自身特定的语言，基于不同语言之间的排他性，讲特定语言的地区往往会形成相对封闭的地方文化圈，这种特定语言因此故亦称"方言"，即地方语言之意。而建筑学亦常运用语言学分析方法，来研究特定或不同方言区建筑形式的特征差异与形成规律。

　　除个别区域外，赣南均为客家方言区。客家方言是历史上迁徙而来的汉人与百越、盘瓠蛮等当地土著语言长期互动和融合的产物，但由于南迁、回迁汉人

移民成分复杂，加上汉人与土著融合程度的不均衡，赣南内部各片区客家方言又有一定差异。

　　赣南地区方言格局大致归纳为"两岛两片区"。"两岛"即章贡区老城区、信丰县城这两个西南官话的方言孤岛。"两片区"即客家方言的两大片区——中心片与外环片，为万幼楠先生考证所划分[31]。其中，中心片"含地处中心部位的赣县、南康、大余县以及上犹、崇义、信丰、于都县的部分地区"；外环片包括"环东北片（宁都、石城）""环东片（安远县及于都、瑞金、信丰等县的部分地区）""环东南片（三南、寻乌、会昌县及瑞金、信丰县部分地区）""环西片（上犹、崇义西北部、兴国县）"等四个小片区[32]（图5-3-2）。

2. 赣南各方言片区民居特征分析

　　结合大量田野调查，在"两岛两片区"的方言格局下，赣南客家方言各片区的民居建筑特征梳理如下。

（1）中心片

　　包括赣县、南康、大余以及上犹、崇义、信丰、于都等县的部分地区，操客家本地话。从田野调查资料上看，该片区内部各县民居的风貌较为相似，差异较小。南康、大余、上犹、崇义等中心片西部地区盛行门榜文化（图5-3-3），其他县区略逊。信丰部分地区，可见长条排屋（图5-3-4），其他县未见。于都可见块石或卵石民居，其他县较少。而对比外部，该片区民居与环西片、环东片同样呈现共性大、差异小的状态，三片区均流行行列式民居，墙体多采用夯

图5-3-1　赣南聚居类民居分布格局图

图5-3-2　赣南地区方言地理格局图

图5-3-3　上犹双溪乡大石门村民居

图5-3-4　铁石口镇芜甫村大坝高围屋

土墙、土砖墙或砖墙，建筑上最显眼的马头墙样式差异不大，装饰普遍较为朴素。

可看出，中心片作为客家本地话地理区，并未在民居文化层面形成相对封闭的文化地理圈，也未形成显著区别于其他片区的中心片自身的民居建筑特征。

（2）外环片

一是环西片。主要为兴国县及上犹部分地区、崇义西北部，方言近似梅县话。该方言片区内部各县及周边的中心片、环东片，其民居的风貌基本相似，差异较小。例如兴国县民居空间稍高大、马头墙脊普遍起翘较高、装饰较精致等（图5-3-5）。风貌差异缩小的一个典型例子是，红砂岩石最早产于兴国，当地民居红砂岩构造较多，但随着水运发展，红砂岩很快出现并运用在同片区及其他片区的民居中（图5-3-6）。

二是环东北片。为宁都、石城二县，方言中多带唐宋古音。该片区居民迁入较早，多有"老客"。片区内民居较多家祠合一的堂厢屋、堂横屋客家民居形式，完整遗存了较多明清时期的行列式客家民居建筑。在土木结构普遍的赣南北部，该片区砖木结构建筑相较其他片区稍多，赣南乡村现存为数不多的全木构架民居大多分布在石城县。环东北片民居建筑空间普遍较高大（图5-3-7），传统民居常见穿斗式、抬梁穿斗混合式木结构体系。大屋厅堂部分常见五叠翘脊马头墙，端部翘起弧度普遍较陡。月梁、挑枋、雀替等部位雕刻精美，工艺精湛（图5-3-8）。

相比而言，该片区民居形制特征虽然与赣南北部中心片、环西片、环东片等三个方言片区基本一致，但建筑体量的大小、装饰的精美程度、砖木建筑的数量比重，均与三个片区拉开了距离。但这种差距，明

图5-3-5　兴国高兴镇高多村民居

图5-3-6　瑞金武阳镇武阳村民居红砂岩石柱

图 5-3-7 宁都县固村镇岚溪村民居厅堂

图 5-3-8 宁都大沽镇阳霁村民居

显是受到了赣北民居文化的影响，而非方言文化圈影响的结果。环东北片宁都、石城两县与环西片同样与赣北接壤的兴国县一样，成为赣北文化向赣南渗透的地理前哨，这些区域民居与赣南其他地区民居的一些差异，事实上也是赣北民居与赣南民居之间的差异。

三是环东片。安远县及于都、瑞金、信丰等县的部分地区，综合含有环东南片及中心片语言特色。该片区方言与周边片区多有融合，这也体现在其民居分布特征上，靠近环东南片"三南"地区的安远南部可见围屋，而靠近中心片的于都、瑞金、信丰部分地区，普遍为行列式民居，风貌与中心片民居大体相似。

四是环东南片。为龙南、定南、全南、寻乌、会昌县及瑞金、信丰县部分地区，方言多带闽西、粤东话特点，其先民多为明清时由闽粤迁入。该方言片区现存的民居形式较为多样，"三南"地区、信丰、安远分布有方形围屋，寻乌南部常见围垅屋，单列式、行列式民居在这些地区亦广泛分布，显示出多元文化交融的特征。瑞金与会昌普遍为单列式、行列式民居，民居特征与中心片、环东片趋同。操同一方言的环东南片区，其内部各地民居形式各异，明显可排除方言文化圈的限定影响。

综上所述，客家方言内部的较小差别，并不能使各方言小片区构建各自独立的文化圈。赣南各地同属一个大的客家方言区，各片区方言的微小不同，均未对各自片区内的民居特征形成有力的影响与限定。即便放大到赣闽粤边区三地，赣南民居与闽西南、粤东北民居的地域差异，跟三地方言的区域分布之间亦未见明显关联。

（三）水运经济·水运背景下的赣南客家民居

1. 赣南水系的地理分布情况

历史上，相较于陆上驿道交通运输，水运运输有着成本低、运输量大、快速便捷等明显优势，使得水运成为古代最为重要的交通方式和经济往来途径。依托水运形成的经济往来，往往伴随着文化的传播，这可以从徽州民居文化对赣州城区民居的影响中得到佐证。笔者试图通过分析赣南各水系流域的民居，来揭示赣南民居基于流域的特征差异。

赣江北上经赣北过鄱阳湖入长江，各朝历代，赣江及其主要支流就是江西省内的交通动脉，承载着中原与岭南之间及江西省内各州府之间的主要交通运输。自秦汉以来，随着海上丝绸之路的形成和发展，赣江更成为海上丝绸之路主要的陆上水运通道之一，商货自赣江南下，溯章江经梅关古驿道，至广州而通达海外。到了清代，赣江流域的驿道、水道开发延续了历代水运的格局，官府推动府县之间驿道的修建，流域内陆运、水运交通网络得到进一步完善。

赣南内部主要有章江、贡江两条干流，于赣州城龟角尾合而为赣江。章江由上犹江与大余章水于南康三江乡汇合而成，流域大致为赣南西部，面积较小。贡江流域面积较大，流域包括赣南东部、西南部，贡江由瑞金绵江、会昌湘水于会昌县城汇流而成，上游接纳梅江（前纳石城琴江），下游接纳平江、桃江，终成洪流。赣南东南部寻乌、安远、定南三县有寻乌水、安远水、定南水，安远水汇入定南水，寻乌水、定南水南至广东河源龙川五合圩汇合为东江，再向南汇珠江而入南海，并不属赣江支流。

图 5-3-9　赣南地区水系流域格局图

按水系的覆盖范围及影响强度,我们大致可以将赣南分为五片流域,分别是章江流域、贡江上游、贡江下游、桃江流域、东江流域(图 5-3-9)。章江流域包括崇义、上犹、大余、南康四县(区),贡江上游流域包括宁都、石城、瑞金、会昌四县(市),贡江下游流域包括兴国、于都、赣县、章贡区四县(区),桃江流域包括全南、龙南、信丰三县(市),东江流域包括定南、安远、寻乌三县。

2. 赣南各流域民居特征分析

章江流域,包括崇义、上犹、大余、南康四县(区)。(1)概述与形态:该片区传统民居相对简朴,精品以南康、上犹为多。民居多见土木结构,以崇义、上犹最为普遍,砖木结构以南康为多。该片区山高势陡,民居基本为四扇三间、六扇五间等单列式客家民居,客家大屋较少分布,以南康稍多。区域内流行门榜文化,较其他片区更为突出,尤以上犹最为盛行,其门榜形式与内容亦最具代表性(图 5-3-10)。(2)构造与装饰:各县民居大门处门楣、门簪亦都相当讲究,常用整料石材,并作石雕。石雕、灰塑工艺普遍较好,尤以石雕较为突出,灰塑多以南康为精,常见石窗、石门框、柱础雕花精美者(图 5-3-11)。民居建筑马头墙常见三叠、五叠曲弧型翘脊形式,檐角多出挑,上犹常见檐角挑翘张扬者;横直型墙脊形式亦不罕见,较曲弧型为少,以崇义稍多,一般脊端加厚微翘,檐角多平墙端微翘而不出挑。该片区木构梁枋较少雕饰,藻井、卷棚顶形式亦相对较少。(3)特征概括:章江流域民居的构造特色大致可归纳为——"门楣门簪门榜盛、石柱石础石雕兴"。

贡江上游流域,包括宁都、石城、瑞金、会昌四县(市)。(1)概述与形态:该片区客家宗族文化最为浓厚,现存传统民居、厅堂数量较多,在建筑选址、建造上尤其注重风水讲究。区域内民居普遍较其他县高大,宁都、石城两县最为突出(图 5-3-12),瑞金民居屋顶多重檐,中开间屋顶高于两侧开间者甚众,亦显高大。建筑建造工艺水平较高,保存完整的砖木结构建筑较多,以宁都、石城两县最为常见,石城还保存有赣南乡村为数不多的全木结构民居形式,瑞金、会昌土木结构民居稍多。该片区民居以四扇三间等单列式民居为主,行列式客家大屋亦较为盛行,尤以宁都、石城两县最为突出。(2)构造与装饰:该片

图 5-3-10　上犹县安和乡陶朱村民居门榜

图 5-3-11　南康唐江镇卢屋村民居红砂岩石雕

图 5-3-12　石城琴江镇大畬村南庐屋

区民居正门入口多门楼样式，村民多以阔大门楼为豪（图 5-3-13、图 5-3-14）。堂屋屋脊中墩多做装饰，常见瑞兽等高级式样；屋面前后出檐为主，但叠涩短出檐的情况相较赣南北部其他各地稍多。民居马头墙多见五叠形式，横直型、曲弧型墙脊均为常见，宁都、石城两县横直型稍多，瑞金、会昌曲弧型稍多；瑞金常见墙脊、檐角翘起幅度较大者，其他三县墙脊、檐角起翘幅度普遍不大，檐角一般多平墙端或稍出墙端，与赣北民居有类似之处。木雕、砖雕、灰塑工艺均较为考究，尤以木雕工艺精湛而最为突出，雕刻样式内容亦丰富多样（图 5-3-15）。该流域梁枋、隔扇多有雕花，造型繁复，并与彩绘工艺一道，共同造就了其藻井、卷棚顶的精美。（3）特征概括：贡江上游流域民居的构造特色大致可概括为——"堂高多重檐，砖青常叠涩；脊缓马头墙，精雕阔门楼"。

贡江下游流域，包括兴国、于都、赣县、章贡区等四县（区）。（1）概述与形态：该片区水运交通相对发达，匠人、材料的流动性较大，促进了建筑材料和建造工艺的交流。红砂岩盛产于兴国，在该流域民居建筑当中得到了广泛应用，常见于民居门楼、墙裙、墙角、门框、窗花等处，尤以兴国最为流行（图 5-3-16）。灰塑工艺以赣县、章贡区最为精湛，亦在区域内广泛运用，这跟该区域民居大门流行门罩形式有关，灰塑多在门罩上出现，彰显一门浮华气派（图 5-3-17）。章贡区砖木结构民居稍多，其他三地稍少，多土木结构建筑。就民居类型而言，各地均以四扇三间等单列式民居为主，兴国、于都两县分布有较多行列式客家大屋，族居甚众。（2）构造与装饰：兴国、赣县民居青砖质地较细腻，墙体砌筑水平多较他县为高（图 5-3-18）；于都常以卵石、块石作民居墙体主材，为其一大特色（图 5-3-19）。该片区民居堂屋屋脊中墩造型多样，常见瑞兽、镂空拼瓦等（图 5-3-20）。民居马头墙横直型、曲弧型墙脊均为常见，稍多见曲弧型墙脊，墙脊翘幅往往较大，山墙随脊翘起，檐角一般稍伸出墙端；赣县、于都可常见檐角起翘飞扬者，伸出墙端亦多（图 5-3-21）。因有红砂岩镂空窗花的拓展，该流域窗花样式相当丰富；梁枋亦多有雕花，厅堂常见藻井、卷棚顶，工艺较好。（3）特征概括：贡江下游流域民居的构造特色大致可归纳为——"青砖灰塑红砂岩，镂窗影壁罩门庭"。

受发达的水运交通及设置州府的影响，章贡区老城区文化多元，建筑形式多样并存，描述详见下文县域相关内容，此处不再赘述。

桃江流域，包括全南、龙南、信丰三县（市）。（1）概述与形态：该片区传统民居以方围屋最为典型

图 5-3-13　宁都县固村镇岚溪村民居 1

图 5-3-14　宁都固村镇岚溪村民居 2

图5-3-15　瑞金九堡镇坝溪村民居木雕　　　图5-3-16　兴国县高兴镇高多村民居红砂岩墙裙与柱子

图5-3-17　赣县白鹭乡白鹭村民居门罩　　　图5-3-18　兴国县高兴镇高多村民居砖墙

图5-3-19　于都县车溪乡坝脑村民居

图 5-3-20　兴国县高兴镇高多村民居屋脊

图 5-3-21　赣县南塘镇清溪村民居三联堂

（图 5-3-22），现存少量围垅屋式围屋（图 5-3-23）。四扇三间等单列式民居仍在该片区占多数，龙南单列式民居于近代出现较多；区域内行列式客家民居分布数量亦要显著多于围屋，堂排屋较集中地分布于该片区，尤以信丰、全南两地较多（图 5-3-24）。该片区民居多土木结构，围屋尤其龙南围屋多见石木、砖木、土木混合结构。围屋高大冷峻，但各类民居层高普遍较赣南北部各流域民居更为低矮，装饰亦普遍相对简陋，仅少数典型民居装饰堪称精品。（2）构造与装饰：围屋一般于外围设硬山叠涩收檐以利防御，内围深长挑檐以利挡雨，该片区其他民居形式以悬山为主，三角披檐的悬山出际做法亦较常见，马头墙相对较少。围屋外围墙墙体常见"金包银"做法，内夯生土或筑土砖，外包砖石砌筑，厚度往往达 1 米多。全南围屋外围墙外皮多为鹅卵石三合土砌筑，龙南围屋较多样，还有青砖、块石垒砌等做法。围屋外墙防御性枪眼、炮孔、望孔等构造为围屋特有，外门少而小，以利设防（图 5-3-25）。外门、窗花、梁坊等部位一般装饰较少，少见藻井、卷棚顶，"三雕一塑"工艺在该区域并不突出。信丰除少数围屋，民居风貌多同临近的赣县、南康等地，不另描述。（3）特征概括：桃江流域围屋民居的构造特色大致可归纳为——"楼高孔密望硬山、门少罩小入围方"。

东江流域，包括定南、安远、寻乌三县。（1）概述与形态：该区域民居类型多样，以单列式民居

为主，行列式其次；定南、安远两地常见方形围屋（图 5-3-26），寻乌现存少量围垅屋民居，常倚伴炮台保护（图 5-3-27）。安远围屋多为青砖墙或鹅卵石墙，区域内其他民居普遍为土木结构，土坯砖作为墙材较其他片区更为常见。该片区民居构造装饰普遍较赣南北部稍为简朴，层高亦相对低矮。（2）构造与装饰：该片区大门样式较为丰富，门楼、门廊、门罩、门斗均为常见，以门廊最为多见（图 5-3-28）。民居堂屋屋脊中墩常见野兽、葫芦等脊饰，马头墙多见三叠、五叠曲弧型翘脊形式，脊翘平缓，山墙多随脊翘，檐角多平墙端，翘起高度较小。雕刻工艺以砖雕更为突出，窗花石雕、门楼砖雕图案多样，常见人物故事、花卉虫鸟（图 5-3-29）。梁枋多无木雕，藻井、卷棚顶常见于厅堂，形制朴素，百鸟木雕甚为独特。（3）特征概括：东江流域民居的构造特色大致可概括为——"围屋围拢紧炮楼、砖雕土砖垒厅房"。

综上所述，我们可以得到两个结论。一是赣南民居各个类型的分布与流域往来之间并无明显关联。如安远与龙南并无水系连通，但围屋在两地都有分布；再如堂横屋在于都、寻乌都有分布，两者亦都无水系通达，说明赣南流域内部和流域之间的经济往来并非民居类型地理分布的决定因素。二是赣南各流域内部民居存在较多构造特征上的共性，而各流域之间呈现较多细部构造的差异性。如同是贡江上游的宁都、石城、瑞金等地居民崇尚门楼，而贡江下游的赣县、章

图 5-3-22　龙南县杨村镇杨太村杨太围

图 5-3-23　龙南县杨村镇乌石村乌石围

图 5-3-24　信丰县铁石口镇长远村鹅公吊脚楼

图 5-3-25　安远镇岗乡老围村东生围防御孔

图 5-3-26　定南县历市镇车步村虎形围方围

图 5-3-27　寻乌晨光镇金星村角背围拢屋

图 5-3-28 安远长沙乡赏笃村民居门廊

图 5-3-29 寻乌澄江镇周田村民居砖雕

贡区等地居民都喜用门罩；再如东江流域寻乌、安远等地砖雕工艺精湛，图案多用花鸟鱼虫、人物故事，而贡江下游的赣县、章贡区、兴国等地多崇灰塑，图案喜人物动物、吉祥图案等。

由此，我们将多元建筑文化交融的章贡区老城区视作独立于赣南客家民居海洋中的一个另类"孤岛"，依据流域的分布情况，不以建筑形制而以细部特征来界定，赣南民居构造特征地理上大致呈现"一岛五流域"的格局。

赣南客家民居在水运流域间呈现的构造差异，也可以反过来推断水运往来与民居风貌两者的关系：（1）流域内部水运经济与文化的频繁往来，使各个流域内部民居风貌趋同；（2）不同流域之间的水运往来比流域内部的往来少，使各个流域之间的民居风貌保有特色、稍免趋同；（3）各个流域的水运均汇集于章贡区老城区，使章贡城区在外来文化冲击下依然保有一定的客家民居传统形式。

二、赣南各县客家民居特征初探

以县域为比较对象开展民居差异研究，这个工作是艰巨的。以其面域之广，数量之众，深入研究其或可以说是无穷无尽的。为尽可能地保障样本的代表性与普遍性，笔者团队从赣南18个县区中选取了95个村落的525处民居作为调研样本，拍摄了约33000张照片，取得了大量第一手资料。并以此为基础，展开了繁复的梳理归纳、分析总结，形成了赣南18个县区民居特征的初步归纳成果。

章贡区老城区虽然不属赣南乡村，亦不属客家方

言区，但为了更为宏观地描绘赣南民居特征的宏观图景，此处亦将这一块赣南民居风貌的"孤岛"一并呈现。

（一）崇义

1. 建筑形制与结构：崇义民居以四扇三间等单堂屋为主（图5-3-30），大屋较少；因历史上匪乱多发，西北山地村落常见碉楼、哨所。民居多以土木结构为主，砖木结构稍少，夯土建筑以崇义上堡民居较为典型。

2. 建筑构造：崇义民居屋顶以悬山坡顶为主，偶见歇山顶，常见砖屋脊，脊中常见压砖翘瓦中墩。公共厅堂常见三叠、五叠马头墙，叠间多数落差较小，整体舒缓；马头墙多平脊，脊端加厚陡翘，稍出墙端。崇义民居正门多见门斗、门廊（图5-3-31）；公共厅堂墙体多采用青砖，普通民居常见夯土或土砖砌筑（图5-3-32）。崇义聂都盛产花岗石，多用于民居围墙。崇义"门榜"文化也较流行，式样丰富。室外地面多用卵石铺贴，常见吉祥拼花。

3. 建筑装饰：崇义民居窗花常见石雕网格状，复杂样式较少。砖雕、木雕（图5-3-33）、灰塑亦常见，但造型朴素，形制简单。梁枋少雕刻，偶见雀替雕刻动物；少见藻井、卷棚顶。

（二）上犹

1. 建筑形制与结构：上犹传统民居以四扇三间等单堂屋为主，大屋不多。建筑多土木结构（图5-3-34），砖木结构稍少见。

2. 建筑构造：赣南西部较其他区域更为流行"门榜"文化，尤以上犹为盛。门匾多于民居门楼或大门的门额墙面上制作，匾框精心制作、样式丰富，榜文

图 5-3-30　崇义上堡乡民居四扇三间

图 5-3-31　崇义上堡乡民居门斗

图 5-3-32　崇义上堡乡上堡梯田民居夯土建筑

图 5-3-33　崇义县聂都镇竹洞村民居木雕门簪

各具特色、源远流长。上犹民居屋顶以悬山坡顶为主，挑檐出挑较深，硬山顶亦不罕见；屋脊中墩常见小动物式样。公共厅堂多运用马头墙，常见三叠、五叠形式，马头墙脊多见平脊，脊端加厚陡翘，多平墙端或稍出；偶见夯土马头墙（图 5-3-35），在赣南比较罕见。正门多采用门斗、门楼形式（图 5-3-36），利于塑造门匾。

3. 建筑装饰：砖砌镂空花窗较多，形制较大，木花窗（图 5-3-37）、石砌花窗亦常用。隔扇、大门的式样较多，偶见工艺精美者。照壁较少，多具徽派民居特征（图 5-3-38）。厅堂偶见藻井、卷棚顶，色彩稍深。

（三）大余

1. 建筑形制与结构：大余原为南安府衙所在地，但传统民居的精品却遗存不多，甚是可惜。大余民居以单堂屋为主（图 5-3-39），客家大屋相对较少。房屋多土木结构，砖木结构不常见。

2. 建筑构造：大余民居屋顶多为悬山坡顶，偶见人字形硬山顶，而公共厅堂则多用马头山墙，常见三叠、五叠样式，多为平脊，脊端加厚微翘，起翘弧度较小，翘脊多平墙端。民居外墙多用土砖、夯土，青砖也不少见（图 5-3-40）。正门多以门斗为主，也可见门廊及门罩式样，常见大门上铁制扁圆门扣。门楣、门簪造型相当讲究，常见整料石材，并作石雕，规格较大。

3. 建筑装饰：门窗样式多样且用材丰富，常见木花窗（图 5-3-41）、砖砌花窗、红砂岩石花窗。红砂岩石材使用较多，常用于外窗、门枕石、门框（图 5-3-42）、石狮等。大余雕塑工艺较好，尤其精

图 5-3-34　上犹县双溪乡民居土木结构

图 5-3-35　上犹县双溪乡民居夯土马头墙

上犹县营前镇营前圩民居门斗式大门

上犹县安和乡陶朱村民居门楼

图 5-3-36　上犹客家民居常见正门形式

图 5-3-37　上犹双溪乡大石门村
民居木花窗（左）

图 5-3-38　上犹安和乡民居照壁
（右）

图 5-3-39　大余池江镇杨梅村民居单堂屋

图 5-3-40　大余县池江镇杨梅村民居青砖墙

图 5-3-41　大余左拔镇云山村民居木花窗

于石雕，木雕常见于月梁、挑枋。厅堂偶见藻井，较朴素。

（四）南康

1. 建筑形制与结构：南康保存了较多明清时期的传统民居，传统村落多沿江布局，分布也比较集中。唐江镇卢屋村沿江出现较多骑楼，多为"前商后宅"。南康传统民居精品及客家大屋均较章江流域其他县为多，砖木结构、土木结构房屋均常见（图 5-3-43）。

2. 建筑构造：大屋厅堂内偶见整料石柱，在赣南地区较为罕见。厅堂山墙常采用三叠、五叠曲弧形马头墙，起翘幅度不一，檐角多伸出墙端；偶见观音兜和马鞍山墙，可见其受外地文化的影响。南康盛产青砖，烧制技艺较好，古时青砖多为定制，民居墙体中常见铭文砖（图 5-3-44）。南康北部民居外墙常见砖砌，南部常见土砖砌体。南康"门榜"文化也较流行。

3. 建筑装饰：常见石制的门框、门楣、花窗，窗花偶见"昌"字，赣南较少。雕刻以砖雕（图 5-3-45）、石雕（图 5-3-46）为好，石雕尤为突出，常见大门、外窗、柱础等部位。梁枋少雕刻，普遍较为朴素，偶见精美者。

（五）宁都

1. 建筑形制与结构：宁都客家人多"老客"，留存有较多明清时期行列式民居，常见九井十八厅，多见三堂屋形制。在以土木结构为主的赣南，宁都民居砖木结构占比较大（图 5-3-47）。民居厅堂中木结构常见抬梁穿斗混合式结构。宁都、石城民居建筑空间普遍较其他县高大（图 5-3-48）。

2. 建筑构造：受赣北民居影响，马头墙在民居中运用较为普遍，民居前檐多悬挑，但砖挑叠涩短檐做法亦常见。马头墙多五叠平脊，但墙脊端部翘起较陡高，檐角多平墙端或稍出，偶见七叠马头墙。民居厅堂普遍讲究牌匾、楹联，以彰显兴旺气派。村前或厅堂前多立牌坊或门楼，大门常采用门罩（图 5-3-49）或门廊形式（图 5-3-50），颇显气派，偶见照壁。

3. 建筑装饰特征：窗花造型多样，可见"喜"字（图 5-3-51）、"福"字（图 5-3-52），喜庆精致。木雕、石雕、砖雕、灰塑均较为讲究，尤以木雕工艺最为精湛。月梁、挑枋雕花精美，雕刻常用花卉、动物等形态，雀替常见鱼龙纹式样（图 5-3-53），特征鲜明。藻井、卷棚顶多见而精致，偶见彩绘天棚。民居厅堂地面常

图 5-3-42　大余县池江镇杨梅村民居门框　　　图 5-3-43　南康区坪市乡大路坪村砖木结构民居

图 5-3-44　南康区唐江镇卢屋村民居青砖铭文　　图 5-3-45　南康区坪市乡谭邦村民居砖雕

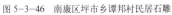

图 5-3-46　南康区坪市乡谭邦村民居石雕

图5-3-47　宁都东山坝镇小源村民居

图5-3-48　宁都大沽镇旸霁村民居

图5-3-49　宁都黄陂镇杨依村民居门罩

图5-3-50　宁都东山坝镇东山坝村民居门廊

图5-3-51　宁都大沽镇旸霁村民居"囍"字

图5-3-52　宁都东山坝镇小源村民居"福"字

图5-3-53　宁都黄陂镇杨依村民居"鱼龙纹"雀替

用青砖铺装，偶见条石地面。

（六）石城

1. 建筑形制与结构：同宁都，石城客家人多"老客"，虽以家庭单堂屋为主，但九井十八厅等客家族居大屋亦较多（图5-3-54）。石城民居砖木结构较常见，并仍保留有不少穿斗式纯木构建筑，在赣南乡村较为少见。民居厅堂中木结构常见抬梁穿斗混合式结构。

2. 建筑构造：普通民居屋顶以悬山顶为主，屋脊常见瑞兽中墩。马头墙在民居中运用较为普遍，大村南庐屋以马头山墙形式作正门的情况在赣南较为少见（图5-3-55）。马头墙以三叠、五叠式平脊居多，檐角多平或稍出墙端，翘起较缓，现存少量马鞍墙（图5-3-56）。民居墙裙多采用青砖或片石，上部墙体为夯土或砖墙，砖砌方式常见一眠一斗，转角部位多用眠砌加固。厅堂普遍讲究牌匾、楹联。

3. 建筑装饰特征：雕塑尤其木雕工艺甚为精湛，

式样丰富，造型繁复，常见于门楼、挑枋、雀替、窗花（图5-3-57）等部位。藻井、卷棚顶在厅堂中运用较多，多显精致。

（七）瑞金

1. 建筑形制与结构：瑞金是历史文化名城，是赣南除赣州市外唯一一个在县城内有历史文化街区的县区。瑞金也是赣南传统村落分布最多的县区之一，传统民居数量众多，民居多见行列式大屋（图5-3-58），其组合形式亦为多样，分布有杠屋，为赣南少见。瑞金民居多土木结构，砖木结构也较多见。

2. 建筑构造：瑞金民居屋顶以悬山为主，硬山顶亦不少见，常见建筑前后砖挑叠涩出檐。民居屋顶多见重檐坡顶，中间高，两侧低。马头墙较为常见，以五叠翘脊为主，翘起弧度不大，檐角多伸出墙端，偶见九叠翘脊马头墙（图5-3-59）、观音兜、拱背式山墙（图5-3-60）。民居中常见吊脚楼，多设于

图5-3-54　石城琴江镇大畲村南庐屋村民居九井十八厅

图5-3-55　石城县琴江镇大畲村南庐屋民居马头山墙式正门

图5-3-56　石城高田镇堂下村民居马鞍墙

图5-3-57　石城小松镇丹溪村民居隔扇窗

建筑正面。

3.建筑装饰特征：门楼常见于民居厅堂，偶见牌楼式门楼、八字形门楼。门楼石雕、门枕石、抱鼓石、石狮、木雕常见精美者（图5-3-61）。藻井（图5-3-62）、卷棚顶在民居厅堂中运用较多，形式严谨大方。

（八）会昌

1.建筑形制与结构：会昌传统民居以单堂屋为主，行列式民居亦不少见，零星分布有围屋，近年多数残败，保存完整的已近于无。会昌东部传统民居常于建筑正面设置吊脚楼，多夯土建筑；西北部民居多为四扇三间、六扇五间，土砖房较多；南部较多行列式民居（图5-3-63），常见土砖房，现存极少量围垅屋。筠门岭镇羊角古堡历史遗存保存较多，多为会昌传统建筑的典型与精华。会昌民居多土木结构，砖木结构较少。

2.建筑构造：会昌民居多悬山屋顶，公共厅堂多运用马头墙，常见五叠曲弧形翘脊（图5-3-64），偶见七叠，多样式古朴，起翘弧度小而自然，檐角多平墙端。民居屋檐出挑较深，较好地保护了当地众多的夯土、土砖民居。会昌民居门楼、门廊较常见，偶有大气精美者。

3.建筑装饰：会昌民居窗花式样丰富，常见红砂岩石窗（图5-3-65）、木花窗、砖砌花窗，偶见木隔扇雕花精美。梁枋多无木雕，少量梁枋、斗拱雕花精美（图5-3-66）。藻井、卷棚顶形制美观，常见于厅堂。

瑞金九堡镇坝溪村民居行列式大屋

瑞金武田镇黄田村民居行列式大屋

图5-3-58　瑞金行列式民居

图5-3-59　瑞金武阳镇黄田村民居九叠翘脊马头墙

图5-3-60　瑞金叶坪乡洋溪村民居拱背式山墙

瑞金九堡镇密溪村民居门枕石　　　　瑞金壬田镇凤岗村民居石狮

图 5-3-61　瑞金民居石雕　　　　　　　　　图 5-3-62　瑞金九堡镇密溪村民居藻井

图 5-3-63　会昌筠门岭镇羊角村民居行列式民居　　　　图 5-3-64　会昌县筠门岭镇羊角村民居五叠曲弧形翘脊

图 5-3-65　会昌筠门岭镇羊角村民居红砂岩石窗　　　　图 5-3-66　会昌筠门岭镇羊角村民居斗拱

（九）兴国

1. 建筑形制与结构：兴国传统民居多有行列式大屋，九井十八厅等大屋民居比石城、宁都二县略少，偶见炮台石围。兴国民居多土木结构，砖木结构亦不少见。兴国四扇三间民居立面多见吊脚阳台，甚至有三个立面均设者，增加了晾晒、贮物空间，以正面大门上部设阳台最为常见（图5-3-67）。

2. 建筑构造：红砂岩石广泛运用于传统民居，独具特色，多见于门梁、墙裙、墙根、外墙转角处（图5-3-68），也常作石砌花窗，高兴镇高多村出现整座使用红砂岩石制作的门楼，在赣南极为罕见。兴国民居以悬山顶为主，屋脊中墩偶见镂空瓦拼，繁复空灵。马头墙多用于民居厅堂，常见三叠、五叠曲弧形翘脊，墙脊两侧叠涩往往出墙较多，脊显厚重；马头墙脊端檐角翘起较高，伸出墙端亦多。

3. 建筑装饰：红砂岩石窗花常见"卐"字符。兴国民居照壁较其他县常见（图5-3-69），式样丰富。藻井、卷棚顶在厅堂中运用较多，形式严谨大方。

（十）于都

1. 建筑形制与结构：于都民居多见客家大屋，其组合形式多有细微演化，当地称"十字厅""昌字厅"。民居形式南北两地有一定差异：南部地区多山，以夯土民居为主；北部地区靠贡江，常见片石或卵石整栋砌筑的建筑（图5-3-70），在赣南略为少见。历史上于都人口多，水运发达，现存多处古渡口，石材等材料也多依赖水运，常见石材有红麻石、青麻石、红砂岩（图5-3-71）。

2. 建筑构造：民居多悬山屋顶，石砌建筑也采用硬山顶。民居屋脊常见动植物样式，较其他县多。马头墙多五叠曲弧形翘脊形式，翘起稍陡，脊一般较

兴国县高兴镇高多村民居阳台

图5-3-67　兴国民居阳台

兴国县社富乡桂江村民居阳台

图5-3-68　兴国县高兴镇高多村民居红砂岩墙根

图5-3-69　兴国县龙口镇睦埠村民居红砂岩照壁

图 5-3-70 于都县车溪乡坝脑村民居片石外墙　图 5-3-71 于都车溪乡坝脑村民居红砂岩墙角　图 5-3-72 于都县岭背镇谢屋村民居马头墙弧形翘角

薄，檐角多平墙端；偶见马鞍墙，可见外来文化影响。官宅可通过马头墙的样式来辨别，如武官宅邸马头墙檐角多呈弧翘（图 5-3-72），而文官多为直翘（图 5-3-73）。门楼两侧墙体多"金抱银"做法，正面叠砌，背面平切，中间注入三合土、卵石等。传统民居无论夯土或石砌，常见青砖包墙角。偶见吊脚楼形式。

3．建筑装饰：彩绘式样较他县丰富，挑枋与雀替等木作多精美（图 5-3-74）。藻井（图 5-3-75）、卷棚顶（图 5-3-76）在厅堂中运用较多，彩绘图案丰富，色彩相对艳丽。

（十一）赣县

1．建筑形制与结构：赣县传统民居多以单堂屋为主（图 5-3-77），大屋较兴国为少。传统民居中青砖建筑保存较多，如清溪、白鹭、夏浒等村，以白鹭村为典型，青砖多质地细腻，墙体砌筑平齐规整，代表了赣南砌筑工艺的较高水平。民居多土木结构，

于都县段屋乡寒信村民居挑枋

图 5-3-73 于都县车溪乡坝脑村民居马头墙直翘角

于都县段屋乡寒信村民居雀替

图 5-3-74 于都民居木雕

图 5-3-75　于都段屋乡寒信村民居藻井

图 5-3-76　于都县段屋乡寒信村民居卷棚顶

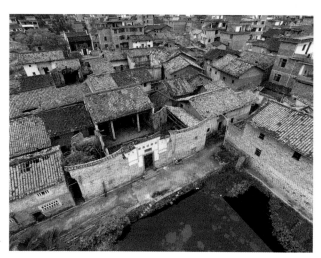

图 5-3-77　赣县区南塘镇大都村民居

砖木结构次之。赣县储潭、王母渡、大埠等镇位于江畔，历史上水运便捷，沿河圩市曾出现较多"前商后宅"的骑楼建筑。

2．建筑构造：民居屋顶以悬山为主，白鹭等传统村落民居常见马头墙与人字硬山顶（图 5-3-78），其他村落马头墙多运用于厅堂。马头墙常见五叠曲弧形翘脊样式，起翘弧度较大，檐角多平墙端。民居厅堂入口形式多样，常见门罩、门廊、门斗，门罩最为典型，门楼较宁都、石城二县少，尺度也小些。吊脚楼较多，偶见侧栏精美木雕。

3．建筑装饰：赣县砖雕、灰塑工艺较为精细，尤以灰塑工艺最为精湛（图 5-3-79），常见于门罩、门廊部位，因与兴国接壤，常见红砂岩石构造（图 5-3-80）。花窗形式较多，常见石砌花窗、木花窗。藻井造型稍简朴，方砖地面较他县稍多见。

（十二）章贡区

1．建筑形制与结构：赣州老城区传统建筑多集中于历史街区，"前商后宅"的骑楼现存不多，普通民居天井式、院落式、单堂式均为常见。城区现存传统建筑风格较多元，按年代主要分明清民居、民国建筑、苏式建筑三类，其中民国建筑与苏联样式常见于公共建筑，而明清民居形式也较多元，有客家传统样式，也有徽派样式，甚至可见中国西南传统建筑的样式。城区基本以家庭为居住单元"单门独户"（图 5-3-81），亦有少数家族大宅，多为单元拼合，并非行列式民居形制。

章贡区除城区外的区域，传统民居以七里镇最为

图 5-3-78　赣县白鹭乡白鹭村民居马头墙

图 5-3-79　赣县白鹭乡白鹭村民居门罩

图 5-3-80　赣县南塘镇清溪村民居红砂岩门罩

图 5-3-81　章贡区灶儿巷航拍图

图 5-3-82　章贡区水西镇九井十八厅三叠式马头墙

集中，七里镇古为商埠，水运便捷，商业发达，民居多受徽派样式影响，部分为客家形式，少量民国特征。其他乡镇现存传统民居较少，如水西永安古村、梨园村等，破损较为严重。

章贡区尤其城区建筑多以砖木结构为主，构架以穿斗式居多，抬梁式构架也可见。

2. 建筑构造：传统民居多为两坡屋面，山墙主要有悬山、硬山、马头墙三种，城区以马头墙为主，起着区隔防火与构筑风貌的双重作用。建筑前后檐以挑檐为主，城区砖挑叠涩亦较常见。马头墙受徽派样式影响，多为平脊，较为轻薄，常见三叠（图 5-3-82）、五叠马头墙，叠间落差一般较小，整体舒缓。部分马头墙受赣北及赣南民居双重影响，可见翘脊，脊较厚实，起翘幅度较大。受岭南建筑影响，城区偶见广府镬耳墙形式（图 5-3-83）。

城区民居外墙普遍采用青砖，各种砌法均可见，临街可见部分穿斗式民居采用木板外墙。受用地限制，城区传统民居正门以门罩最为常见（图 5-3-84），常见雕刻繁复精美的案例。门窗等构造常见木、条石、红砂岩等用材，造型多厚实古朴。

3. 建筑装饰特征：城区及七里镇对外贸易往来频繁，经济较为繁荣，传统民居普遍较注重装饰细节，木雕（图 5-3-85）、砖雕、石雕及灰塑等工艺均为精湛，门罩灰塑尤其突出，雕塑式样丰富，正门、外窗、梁枋、雀替等部位均常见造型精致者。

图5-3-83　章贡区民居广府镬耳墙式山墙

图5-3-85　章贡区民居隔扇门木雕

章贡区慈姑岭民居门罩

图5-3-84　章贡区民居门罩

章贡区水西镇民居门罩

（十三）信丰

1. 建筑形制与结构：信丰民居总体以单堂屋为主，行列式民居亦不罕见，南部靠近"三南"地区现存少量方围（图5-3-86）。常见堂排屋（图5-3-87），较其他县为多，分布亦最为集中，排屋多为两层，常见吊脚楼通长设置。信丰民居多土木结构，砖木结构较少。

2. 建筑构造：马头墙多出现于厅堂，常见三叠、五叠曲弧形翘脊形式，脊稍厚，翘起幅度较小，檐角顶部常有脊饰，常见动物、植物造型；偶见人字山墙和马鞍墙。厅堂墙体多青砖砌体，普通民居多土砖砌筑，偶见在夯土中掺入石料增加墙体强度的做法（图5-3-88）。

3. 建筑装饰：信丰民居窗花形式多样，多见木格窗花、花型红砂岩石窗花（图5-3-89），门廊前常见石柱础、抱鼓石。木雕、石雕（图5-3-90）、灰塑等工艺较"三南"地区稍好，常见木花窗、木隔扇、雀替、石砌花窗，少量梁枋、斗拱雕花精美。偶见彩绘藻井（图5-3-91）、卷棚顶，造型较别致。

图 5-3-86　信丰县铁石口镇芫甫村大坝高围屋

图 5-3-87　信丰县铁石口镇长远村长条排屋

图 5-3-88　信丰县铁石口镇芫甫村掺石料夯土墙

图 5-3-89　信丰县万隆乡寨上村民居红砂岩石窗

图 5-3-90　信丰县万隆乡寨上村传统建筑群石雕

图 5-3-91　信丰县虎山乡龙州村郭氏围屋藻井

（十四）全南

1. 建筑形制与结构：全南保存有不少方形围屋，行列式民居亦不罕见（图5-3-92），还有排屋分布境内。全南方围多为小型围院屋，鹅卵石和三合土垒筑的围屋居多。龙源坝镇雅溪村石围屋面深檐出挑，在赣南较为少见。其他民居多土木结构，夯土和土坯砖均为常见，青砖墙稍少，多用于厅堂。民居空间普遍较赣南北部更为低矮。

2. 建筑构造：全南民居外墙常用石砌，往往下部卵石、石块砌筑，上部夯土或青砖砌筑（图5-3-93）。四扇三间、排屋等民居多为二层，往往在正立面设置吊脚楼（图5-3-94），多使用木材。全南围屋常见悬挑转角炮台，比"三南"他县略多，独具特色。

3. 建筑装饰：围屋外门多做门罩，门框石制，造型美观大方。全南民居建筑装饰普遍较为俭朴，偶见精美木雕（图5-3-95）、石雕；藻井、卷棚顶均少见。

（十五）龙南

1. 建筑形制与结构：龙南民居以方围屋最为典型（图5-3-96），现存数量居赣南之首，偶见围垅屋（图5-3-97）或围垅屋式围屋，四扇三间等单堂民居于近代大量涌现，成为主流。龙南围屋以大型围堂屋为主，围院屋亦不少见。围屋外围房多数为石木、砖木结构，内堂屋多见砖木、土木结构。民居空间普遍较赣南北部更为低矮。

2. 建筑构造：方围为提高防御能力，墙体常厚达1.5~2米，外墙"金包银"做法，通常围房外侧采取鹅卵石三合土混筑（图5-3-98），或块石、青砖垒筑（图5-3-99），内侧采取土砖墙或夯土墙。方

图5-3-92   全南县大吉山镇上窑村古村落建筑群

图5-3-93   全南县大吉山镇大岳村墩叙围

图5-3-94   全南县龙源坝镇雅溪村雅溪土围吊脚楼

图5-3-95   全南县龙源坝镇雅溪村雅溪石围隔扇窗

图 5-3-96 龙南县杨村镇杨村村燕翼围等建筑群方围

图 5-3-97 龙南县杨村镇乌石村乌石围围垅屋

图 5-3-98 龙南县杨村镇乌石村乌石围块石与青砖墙

图 5-3-99 龙南县杨村镇杨太村鹅卵石三合土墙裙

围围房屋顶多采用硬山顶，人字山墙，外檐一般砖挑叠涩，内檐深檐出挑。围堂屋内的堂屋，其构造多比赣南北部行列式客家民居俭朴，但也出现了关西新围这样的个案，构造的精致程度不输赣南东北部民居。龙南民居马头墙较赣南北部民居为少，马头墙常运用于大围屋内的堂屋，常见五叠翘脊形式。

3. 建筑装饰：龙南民居木作一般俭朴少雕饰，石砌窗花、石雕、石柱较普遍，也偏俭朴。方围外墙偏重防御，装饰极简，往往仅在不多的大门入口处做门罩装饰（图 5-3-100）。外墙外侧一般底部不开窗洞，顶部少见窗，多为防御修建的枪眼、传声孔、望孔（图 5-3-101）。堂屋厅堂中偶见藻井、彩绘楼板，造型稍简单。

（十六）定南

1. 建筑形制与结构：定南方围分布较广（图5-3-102），现存数量少于龙南但多于全南，还分布

图 5-3-100 龙南县里仁镇新园村栗园围门罩

图 5-3-101   龙南县杨村镇杨村村燕翼围防御孔

有少量围垅屋。定南方围以中小型居多，外围房常见石木、土木结构，以土木结构稍多，其他民居多土木结构。定南老城村保存有数座明代砖木结构城门，底为拱门，顶为硬山，高大冷峻，独具特色。

2. 建筑构造：定南方围外围房墙体有夯土、土砖垒砌、鹅卵石三合土混筑，或块石、青砖垒筑等做法，夯土、土砖垒砌的情况较"三南"他县为多（图 5-3-103）。亦因此，定南围屋常见外檐出挑，较他县为多。围屋大门偶见牌楼式门面，为"三南"其他两县少见。其他民居屋顶常见三角披檐的悬山出际做法，亦体现出对土墙的保护。

3. 建筑装饰：定南民居多见砖砌窗花，木、石等处雕塑及彩绘均较为朴素，门窗、隔扇、挑枋、雀替等部分的雕花较为质朴，天井边沿常见红砂岩石砌筑，天井地面常见卵石铺装（图 5-3-104），偶见八卦图案。

（十七）安远

1. 建筑形制与结构：安远传统民居以单堂屋为主，南部分布有不少方围屋，其中镇岗乡老围村东生围为赣南占地最大的围屋（图 5-3-105）。围屋普遍采用青砖墙和鹅卵石墙，围房多石木、砖木结构。其他民居多土木结构，砖木结构也常见。

2. 建筑构造：民居屋顶多为悬山形式，围屋围房多采用硬山，外檐叠涩短檐，内檐深檐出挑。马头墙常见于公共厅堂，多五叠曲弧形翘脊，起翘幅度较小，檐角多平墙端。民居大门常见门廊，偶见门楼（图 5-3-106），造型精美。方围屋墙体常见"金包银"做法，构造与龙南相仿；厅堂墙体常见青砖砌筑。

3. 建筑装饰：砖雕、木雕造型普遍较为俭朴，偶见造型较为精美者，如长沙乡筼筜村越国世家宗祠（图 5-3-107）。藻井（图 5-3-108）、卷棚顶多见于公共厅堂中，形制较为朴素，偶见造型独特的百鸟木雕。

图 5-3-102   定南县老城镇老城村垇上围屋全景

图 5-3-103　定南县老城镇老城村坳上围屋夯土外墙

图 5-3-104　定南县历市镇车步村虎形围卵石地面

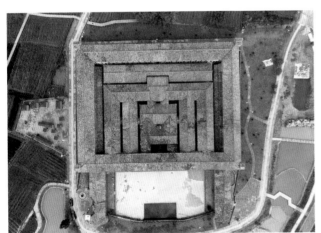

图 5-3-105　安远县镇岗乡老围村东生围

图 5-3-106　安远县长沙乡筼筜村民居大门

图 5-3-107　安远县长沙乡筼筜村民居木雕

图 5-3-108　安远县长沙乡筼筜村民居藻井

（十八）寻乌

1. 建筑形制与结构：寻乌近梅州，民居受广东影响较深，寻乌南部分布有围垅屋（图5-3-109），数量在赣南南部最多，亦相对集中。寻乌北部以单堂屋为主，行列式民居亦不罕见。民居多土木结构，砖木结构稍少。

2. 建筑构造：民居以悬山顶为主，常见悬山出际，屋脊常见瑞兽、葫芦中墩。常见人字硬山墙，马头墙稍少，偶见马头墙脊翘幅较大者。外门式样较多，门楼、门廊、门罩（图5-3-110）、门斗均可见，民间有"逆水门楼顺水罩"的讲究；门楼以牌楼式门楼最显宏大，造型精美。寻乌客家人较重功名，民居或厅堂前立功名柱赣南以寻乌为盛，形式依功名高低不等。

3. 建筑装饰：雕塑尤其砖雕工艺较好，图案式样丰富，常用人物故事、花卉虫鸟等（图5-3-111），常见于门楼、门窗（图5-3-112）。木雕于隔扇、雀替等部位（图5-3-113）偶见精美者。藻井、卷棚顶形态朴素，常见于厅堂，偶见百鸟木雕，造型别致独特。

图5-3-109　寻乌县菖蒲乡五丰村梾米岗客家龙衣围围垅屋

图5-3-110　寻乌县菖蒲乡五丰村光裕围门罩

图5-3-111　寻乌县澄江镇周田村民居砖雕

图5-3-112　寻乌县菖蒲乡五丰村民居龙衣围木雕

图5-3-113　寻乌县吉潭镇圳下村民居木雕

参考文献

[1] 陆琦.广东民居[M].北京：中国建筑工业出版社，2008：152-159.

[2] 陆琦.广东民居[M].北京：中国建筑工业出版社，2008：225.

[3] 陆元鼎，魏彦钧.粤闽赣客家围楼的特征与居住模式[A]——中国客家民居文化：2000年客家民居国际学术研讨会论文集[C].广州：华南理工大学出版社，2001：1-7.

[4] 黄浩.江西民居[M].北京：中国建筑工业出版社，2008：230-231.

[5] 万幼楠.赣南传统建筑与文化[M].南昌：江西人民出版社，2013：27.

[6] 卢倚天.赣南围屋与闽西土楼的防御空间比较——以燕翼围与怀远楼为代表[J].华中建筑，2009，27（08）：192-195.

[7] 燕凌.赣南、闽西、粤东北客家建筑比较研究[D].赣南师范学院，2011：40.

[8] 黄浩.赣闽粤客家围屋的比较研究[D].湖南大学，2013：57-64.

[9] 李倩.虔南地区传统村落与民居文化地理学研究[D].华南理工大学，2016：89-90+95-96.

[10] 黄浩.江西民居[M].北京：中国建筑工业出版社，2008：231.

[11] 韩振飞.赣南客家围屋源流考——兼谈闽西土楼和粤东围龙屋[J].南方文物，1993（02）：106-116+72.

[12] 万幼楠.赣南客家民居试析——兼谈赣闽粤边客家民居的关系[J].南方文物，1995（01）：95-102.

[13] 同[11].

[14] 万幼楠.赣南围屋及其成因[J].华中建筑，1996（04）：85-90.

[15] 黄汉民.福建圆楼考[J].建筑学报，1988（09）：36-43+65.

[16] 同[15].

[17] 同[15].

[18] 同[11].

[19] 同[11].

[20] 谢重光.客家民系与客家文化研究[M].广州：广东人民出版社，2018：2.

[21] 罗香林.客家研究导论[M].上海：上海文艺出版社，1992：59.

[22] 蔡晴，姚糖，黄继东.堂祀与横居：一种江西客家建筑的典型空间模式[J].建筑遗产，2019（04）：22-36.

[23] 黄浩.江西民居[M].北京：中国建筑工业出版社，2008：20.

[24] 刘仁义，金乃玲.徽州传统建筑特征图说[M].北京：中国建筑工业出版社，2015：32.

[25] 黄浩.江西民居[M].北京：中国建筑工业出版社，2008：56+177.

[26] 同[24].

[27] 同[25].

[28] 顾火武.天下郡国利病书·卷96.

[29] 长汀县志·卷33·畲客.

[30] 万幼楠.赣南传统建筑与文化[M].南昌：江西人民出版社，2013：51-52.

[31] 万幼楠.赣南传统建筑与文化[M].南昌：江西人民出版社，2013：185.

[32] 同[31].

第六章 结 语

以上各章论述了赣南客家民居的表征现象、内在特征及其深层因素。综合来看，本书探讨的核心问题是：在中国传统民居这个"国家"背景之下，如何尽可能全面准确地展现和解读赣南客家民居这一"区域"图景并进一步挖掘和探析其相关规律和深层内涵。针对这个问题，本书全面梳理了我国传统民居研究的历史演进背景，探讨了客家民居尤其赣南客家民居研究的进展与局限，建立了"民居聚落——民居建筑——构造装饰"的民居研究逻辑语境，系统性地构建起了"宏观——中观——微观"的多空间层次研究体系。同时，本书以建筑学和城乡规划学为学科背景，运用多学科交叉研究的方法，将赣南客家地区的民居建筑及其外延聚落放置于社会、文化及地理的研究背景之下，我们得以在前人基础上对赣南客家民居研究的广度及深度做了进一步探索和延展。最后，本书选取其他客家地区及邻近区域的民居作为特征比较的研究对象，在更大的区域视野之中，为凸显赣南客家民居的内在特征开展了更为广泛的横向维度研究。

作为中国民居"国家"整体的一部分，赣南客家民居是一个独特的"区域"现象。在地理区位上，赣南处于中国疆域的江南地区，历史上中原传统范围南部的边缘地带。赣南地区的民居有着江南汉族民居普遍存在的显现特征，比如适应江南多雨气候的天井空间形式，在赣南得到广泛运用，基于此几乎可以把赣南客家民居归类"天井式"民居。另一方面，从民系的动态形成上看，赣南客家先民有相当部分是中原南迁的汉人，客家社会某种程度上就是移民社会。在赣南地区的民居里，厅堂空间不仅是生活起居空间，更是公共祭祀空间，我们可以从中看到中国北方汉族礼制建筑深刻的文化烙印。而赣南民居并不是南方汉族典型民居和北方汉族礼制建筑的简单加权，以赣南独特的社会、地理环境为背景，汉人、百越族和盘瓠蛮等客家先民经过长期的互动和融合，创造形成了一种新的民居形式，即"家祠合一、居祀组合"的赣南客家民居。这种民居形式，虽然与汉民族的其他民居形式仍存在众多共性，但已显著地不同于北方中原汉族民居，亦不完全雷同于江南其他地区的民居。

通过对我国传统民居及客家民居研究现状的系统梳理，我们深切地感受到，赣南客家民居研究近年虽有长足进步和突破，但总体上仍显薄弱。在横向上，既有的研究缺少对赣南民居内部类型的全面梳理及与周边地区的特征分析；在纵向上，缺乏对宏观聚落的延展关注和微观构造的系统研析；在深度上，亦缺少对民居形成机制的深入剖析。总体来看，既有的研究尚无法全面而相对准确地诠释赣南客家民居这一独特"区域"现象和宏观图景。研究现状存在的不足，为我们提供了进一步探索的方向，引导我们从民居聚落、民居建筑、构造装饰、横向差异等四个方面展开思考和探究。

（一）宏观聚落层面，聚落是民居建筑的延展，研究建筑不能脱离聚落这个社会整体或地理整体。本研究着重论述了赣南乡村聚落的边界形态、空间形制、地理环境类型及聚落的空间分布特征。

赣南地理大环境虽大体属丘陵山地地貌，但其内部的地形地貌是复杂变化的，不能以"丘陵山地"一言概之。赣南大地上不仅有丘陵、山地，还有盆地平原，亦有水系穿梭于山岭谷壑之间，这也是赣南乡村聚落形态丰富、分布多样的重要原因。首先，从边界形态上看，赣南乡村聚落大致可划分为团状、带状、异形和象形等四个类型。其中，团状聚落最多，多分布于丘陵、盆地等地势较为平缓的区域，其紧凑集约的空间形态和界限分明的边界形态与周边耕地资源关联密切。带状、异形聚落多受山麓、河流、道路等自然或交通条件的外力影响，其边界的形成体现出依山就势或沿河逐路的特点。象形聚落大多受风水民俗观念影响，追求环境的协调和吉祥的寓意，多见于背山面水之处。其次，从空间形制上看，赣南乡村聚落大致有线轴型、梳状型、树枝型和网格型等四种典型形制。聚落空间形制反映的是聚落的空间"骨架"，体现为聚落公共空间的肌理结构，主要受地理环境、宗族结构和风水观念等三个因素影响。在赣南，不同的聚落空间形制由不同的因素影响并主导，线轴型、梳状型聚落往往受地形环境的制约较大，网格型聚落的形成常由宗族结构因素所主导，树枝型聚落往往表现出同时受多个因素主导的特点。风水观念在赣南乡村的每个聚落空间当中都有或多或少的体现，对赣南乡村聚落空间形制的形成有着广泛而重要的影响。值得警惕的是，当下规划的众多乡村聚落常常背离了这些传统上遵循的空间布局原则，体现出与自然环境的割裂及对宗族结构、风水观念的漠视，成为时代嬗变与文化冲突下聚落形制的一种变异现象。再者，从地理环境类型上看，赣南乡村聚落与地理环境的关系大体上有山地型、盆地型和滨水型等三种，其中山地型聚落又分为山脚型和山坳型两种。在赣南，山地型聚落分布最为广泛，盆地型聚落规模往往较大。赣南滨水型聚落区别于江南水乡聚落紧水滨江，多数选址于河流沉积岸线一侧的"腰带水"处，并与河流保持着一定的缓冲距离，以防山洪及地质灾害。

针对乡村聚落在赣南地区的空间分布，本研究首次运用GIS地理信息系统技术手段，在前述定性描述的基础上开展了进一步的定量分析。分析着眼于两个方向，一是聚落密度、规模及相关区域格局等赣南聚落的空间分布特征，二是高程、坡度、河流及交通等地理环境要素与赣南聚落的空间分布关系。定量分析的结果表明，赣南乡村聚落的分布格局及其与空间要素的关系跟赣南地区山水空间和生存资源的分布高度契合。从聚落分布的密度来看，整体上赣南北部的乡村聚落密度明显高于南部，呈现出北密南疏的空间分布特点。从聚落分布的格局来看，沿赣南的主要江河水系形成了"一横两纵"三条明显的乡村聚落密集分布带，聚落的空间分布契合赣南地区的山川地貌特征。而空间要素与聚落的关系，河流距离及道路距离与乡村聚落的规模和数量呈高度负相关，即距离越小，聚落规模和数量越多；耕地规模与乡村聚落的规模和数量呈高度正相关，即耕地规模越大，聚落规模和数量越多。这种关系，事实上是赣南乡村聚落对空间要素生存资源的高度依存关系。

（二）中观建筑层面，建筑本体本身是一个复杂的研究客体，可以研究的内容是庞杂的，角度可以是多方面的。本书以建筑学学科为背景，侧重于对赣南客家民居建筑类型形制、空间构成及形成机制的探索。

1.首先，就类型形制而言，赣南客家民居的类型纷繁而灿烂。赣南客家民居存在散居和聚居两种完全不同的居住模式，而聚居模式客家民居又存在"厅堂"和"居室"两套泾渭分明的系列空间。也正是因为这种有别于其他汉族民居的双重"二元"特性，使得客家民居类型的划分相比其他民居具有更高的难度。有鉴于此，笔者借鉴自然学科纲、目、科、属、种的分类原则，提出多层次的基本分类方式，首次将赣南客家民居类型的基本分类划定为类、式、种三个层次来加以研析。第一个层次反映客家人的居住模式，赣南客家民居可分为独居类、聚居类等两个大类。第二个层次反映建筑的空间组合形态，将赣南民居划分为单列式、行列式、围合式等三个式别。第三个层次反映建筑的平面构成规则，赣南客家民居可细分为堂列屋、堂排屋、堂厢屋、堂横屋、围枕屋、围堂屋、围院屋等七个种别。七个种别中，堂列屋归为赣南单列式民居，堂排屋、堂厢屋、堂横屋等三种形式归为赣南行列式民居，围枕屋、围堂屋、围院屋等三种形式归为赣南围合式民居。堂列屋包括四扇三间、六扇五间及其他衍化形式，堂排屋包括排屋和杠屋两种，堂厢屋可分为"上三下三""上五下五"等中格型及横向扩展的宫格型。堂横屋既是赣南客家民居最趋于完善、最为典型的类型，也被认为是赣南客家民居最基本、最普遍的空间组织模式。它由前承载容纳了堂列屋、堂排屋、堂厢屋这些单列或行列式类型，向后又启发衍生了围枕屋、围堂屋、围院屋这类围合式形制。因此，在七个种别当中，堂横屋起着承上启下的关键作用，是一个特殊而关键的存在。围枕屋包括方形围枕屋和围垅屋，其中围垅屋是粤东北围垅屋向赣南渗透的形式。围堂屋亦常被称为"国字围"，包括方形围堂屋、围垅屋式围屋及异形围堂屋，在赣南围屋当中数量最多，亦最为典型。围院屋常被称为"口字围"，有内院是空坪和设置附属房间两种情况。值得一提的是，清初江西罗霄山脉周围地区的"棚居"现象，赣南西北部崇义、上犹等县也在其中。"棚屋"是清初流民建造的简易居所，流民"搭棚栖止"，因故亦称"棚民"。据访清初棚民数量极大，但其所居之棚屋当下没有遗存，难以作进一步考证。

赣南民居类型的划分是一个艰巨繁复的过程，建立在大量的田野调查和实例梳理的基础之上。也因此，笔者得以重新审视既有研究针对赣南客家民居类型的划分方式和关注偏好，提出几点看法。一是关于赣南聚居类民居。客家聚居建筑是中国汉族民居当中的一朵奇葩，既迥异于包括赣南独居类民居在内的汉族其他地区以家庭为居住单位的民居类型，也不同于汉族其他地区的大宅院。大宅院与聚居建筑在空间上的本质区别在于，前者是家庭居住独立单元的重复机械拼合，即合院群；后者是一个空间整体，无法分割为多个独立的居住单元。二是关于赣南民居的三个式别。四扇三间、六扇五间等单列式民居无论数量之多，还是分布之广，都是行列式、围合式民居无法比拟的，总体上在赣南占据着绝对的主流。对这类看似简单但适应性极强的民居类型，学界至今还缺乏深入的研究。

行列式民居大致亦可称为"厅屋组合式民居"，是赣南客家人"聚族而居"最为主流的民居形式。同时，堂横屋等行列式民居也是赣南客家民居最为典型的民居形式，集中体现了赣南客家民居"居祀合一"的建造思想，由"居祀组合"而创造出的丰富多样的民居形式，在行列式民居中得到充分呈现。事实上，赣南围屋的形成与行列式民居关联密切，从现有的资料来看，可初步判断赣南围屋是由行列式民居衍化发展而来。学界对赣南围屋的研究热度居高不下，而对行列式民居投以的关注，实在无法与行列式民居在赣南民居当中的地位相匹配，客观上有"舍本求末"之嫌。围合式民居大体上指赣南围屋，是客家人应对恶劣的生存条件和社会环境而采用的设防性民居类型。在三个式别当中，围合式民居数量最少，分布区域亦最窄，但以其显著的防御性能和独特的建筑外观而受到极大关注。区别于既有研究在围屋防御领域的关注，本研究主要侧重于探讨围合式民居的空间构成及其与行列式民居的衍化关系。三是关于赣南民居的七个种别。客家民居的分类之所以"百花齐放"而难成共识，笔者认为关键在于缺乏既严谨统一又简明直观的分类标准，分类的方法倒在其次。有鉴于此，本研究从类型的"同"和"异"两种属性出发，探讨了"礼制"、"厅堂"和"居室"的类型意义。基于掌握的大量实例及归纳研析，笔者认为礼制是赣南客家民居类型的核心文化共性，厅堂是其内在形式共性，而居室是其外在差异性的主导者。在此基础上，笔者提出了"居祀结合"的分类方法，将赣地客家民居划分为堂列屋、堂排屋、堂厢屋、堂横屋、围枕屋、围堂屋、围院屋等七个种别。类型的称谓当中，"堂"作为赣南客家民居的内在形式共性，几乎贯穿构成类型称谓的始终。"居室"在赣南客家民居当中的组合变化归纳为"列""排""厢""横""枕""围"，构建了赣南客家民居各个不同类型的称谓差别。分类既呈现出称谓的连贯，也体现出类型的区别；既体现出"居""祀"这两个主要空间构成要素的简单明了，也呈现出居祀两者"组合"关系的纷繁变化。严谨而简明，这是笔者划分赣南客家民居类型的初衷。

2.其次，就空间构成而言，赣南客家民居有着独特的空间构成和组合规律，反映出独特的文化及形式特征。本书从三个方面展开了探讨并得出结论。

（1）一是空间形态，赣南客家民居的空间丰富，而序列简单。赣南客家民居空间总体上分为外在空间和内在空间两个大的层面，外在即民居所处的环境空间，内在即民居呈现的建筑本体空间。外在空间包括外感空间和外延空间两个层次。前者由建筑四周的后"龙"之山、远山之"屏"、近"水"之抱、侧环之"砂"等自然环境构成，影响和主导了客家宅舍的选址和朝向。后者包括建筑前后的半月池、禾坪及风水林等人工环境，是赣南民居空间不可或缺的一部分。内在空间又包括主要空间、辅助空间和中介空间等三个方面。赣南客家民居有厅堂和居室两类主要空间，厅堂是公共部分，居室是私密部分，两者独立成系统却又不可分割，共同主导了赣南民居的空间形制。辅助空间包括厨房、茅房、柴房、杂间、禽舍、畜圈等，中介空间即过渡空间，包括走廊、走马廊、楼梯、天井、天街、庭院等，它们承担着不可或缺的实际功能，但无法左右赣南客家民居的形制。赣南客家民居在其中轴公共部分呈现出简单而显著的空间序列。有鉴于赣南民居的多样性，笔者提出"完型"的分析模型概念。空间序列的"完型"即三堂屋，它的中轴空间序列可以划分为三个层次。第一个空间层次由半月池始，经禾坪，至大门结束，是整个空间序列的开端。第二个空间层次为门厅，是整个空间序列的承纳与发展。第三个空间层次由门厅始，经中厅，至祖堂结束，是整个序列的高潮与终章。赣南客家民居的其他类型，其空间序列可视作三堂屋"完型"空间的增减变化。

（2）二是平面构成，赣南客家民居的构成简单，但组合繁复。赣南客家民居中平面的主要构成要素是厅堂与居室这两种空间，前者是赣南民居的礼制主体和公共部分，后者是其居住主体和私密部分。赣南客家民居的构成规律可总结为点线围合法则，"点"即厅堂，"线"即居室。通俗地说，赣南客家民居就是"家祠合一"的民居，它是"居祀组合"的结果。从属的居室围合体侧伺或环绕着厅堂这个核心体，组合构成赣南客家民居，此即组合规律。赣南客家民居七个种别内部及它们之间的构成组合逻辑是复杂的。本研究采用类型学方法，设立了"基型""变型""残型"三个概念对赣南客家民居的构成关系展开论述。分析结果表明，赣南客家民居构成要素和构成规律虽然相当简单，构成的总体手法亦不外"围合"或"组合"二字，但细分到七个种别民居的构成手法却呈现出极其多样的特点。堂列屋、堂排屋体现为"拼列"，堂厢屋体现为"拼联",堂横屋体现为"行列组合",围枕屋体现为"三面围合",围堂屋体现为"四面闭合""增高",围院屋体现为"融合""再增高"。这是赣南客家民居形式丰富、形态纷繁的根本原因。另外,赣南客家民居的宏观发展脉络是单列式发展为行列式,行列式衍化为围合式,这是一个单条主线、分阶递进的关系。但具体到七个种别,它们之间的衍化生成就不是单线发展所能涵盖,既有内部多途径衍化发展的情况,也有赣南地区以外的民居形式渗透影响的情况。

(3)三是总体特征,赣南客家民居的特征明显,且多元多面。文化内涵方面,赣南客家民居的特征可归纳为礼法为本、宗族为体,即礼法为文化本源,家族为文化载体。环境适应方面,赣南客家民居的特征为依山就势、自然共生。形制构成方面,赣南客家民居的特征可总结为"家祠合一、居祀组合",使得赣南客家民居呈现出空间上的二元性和建筑上的整体性。空间布局方面,"厅堂为核、居室围合"是其主要特征,使得赣南客家民居呈现出向心性和秩序性。边界形态方面,"闭合排外、动态扩展"是其主要特征,体现为赣南客家民居的静态排他性和动态扩展性。

3. 最后,就形成机制而言,赣南客家民居形制是赣南特定的社会环境及自然环境因素共同作用的结果。既有研究开展的成因分析常常出现纵向上因素层次多和横向上视角跨度大等情况,易致重叠混淆和主次不分。有鉴于此,本研究借鉴拉普普的相关理论,并结合赣南客家民居的实际作了调整和补充,搭建了以"社会文化作为主导因素、气候地理作为修正因素"为纲要的民居形制成因分析框架。社会文化作为赣南客家民居形制的主导因素,包括社会形态和文化共识两个方面。

(1)社会形态方面,又可细分为移民社会与动乱、基层结构与人口、经济形态与生存等三个因素。其一,形成客家社会的移民迁徙,是赣南客家民居传承中原礼制精神和江南天井形制、承接闽粤民居文化渗透的主要途径。持续动乱的社会生态是赣南客家民居普遍呈现围合性、排他性的主要成因,是赣南聚居类客家民居尤其围屋这类高设防性建筑产生的主要社会因素。其二,赣南客家社会基层结构呈现的家庭、家族二元特征,使得赣南大地上既分布着四扇三间、堂厢屋这类家庭独居类的汉族经典民居形式,也有着堂横屋、围垅屋、围堂屋这些家族聚居的客家大屋民居

形式。其三,经济因素并未直接干预和影响赣南客家民居形制,其影响更多体现在建筑用材和构造装饰等方面。赣南客家大屋现象从经济上看,可视为一种社会财力不足情况下家庭或家族善用规模效应、代代接力建造的生存智慧之体现。

(2)文化共识方面,可细分为礼制与伦理观、家族与宗法观、风水与宇宙观等三个因素。其一,礼制文化是赣南客家民居形制确立向心性、秩序性等基本特性的根本文化因素,在赣南客家民居形制的各个成因之中,礼制文化是决定性的主导因素。四扇三间、"上三下三"等小型民居是国家制度规制约束的延续,但赣南客家民居的众多类型都突破了国家制度的约束,呈现丰富多元的类型现象和鲜明的地域特征。其二,家族"大公"社会呈现"公私剥离""扬公抑私"这两个特点,两者的综合作用促使赣南客家民居成为一个由厅堂合体和居室合体构成的宏观联合体,具有空间要素上的二元性,亦具有不可分割成独立单元的显著的整体性特征。宗法观确立了建筑各个空间的尊卑等级及组合秩序,亦对赣南民居形制有重大影响。其三,客家人的风水观与宇宙观对民居影响广泛,但对赣南客家民居形制本身的影响有限。两者作用的点主要是客家民居建筑与自然的关系,确定了赣南客家民居的外感空间关系,组织和塑造了建筑的外延空间,是赣南客家民居外在空间形态形成的文化主导因素。

气候地理作为赣南客家民居形制的修正因素,包括气候环境和地理环境两个因素。其一,赣南的气候环境影响了赣南客家民居,体现为客家民居在赣南气候环境下所做的适应性修正,主要针对建筑构造和空间尺度等方面,但对赣南客家民居形制的形成并无影响。其二,赣南特定的自然地理和生存环境,是赣南客家民居向集约化、闭合化、立体化、横向化发展的重要因素。但地理环境的作用,更多指向的是直观形态而非类型形制,大致可视为客家民居平面构成、类型形制确定后的形态修正。

(三)**微观构造层面,虽然构造蕴含的人文细节要远甚于形制,但赣南客家民居构造的研究尚处初级阶段。在此,本研究求全而不求深,对赣南客家民居构造作了框架性的阐述,以期为日后的深入研究或局部研究奠定基础。**

赣南客家民居的构造大致可分为主体构造和装饰构造两个方面。主体构造分屋顶、墙体、构架、楼

地面、门窗等构造部位进行论述。对赣南客家民居的主体构造特征作大致的概括，可为：悬山顶居多，硬山顶为少；檐下墙广泛，马头墙局部；生土墙普遍，青砖墙显要；横墙承重多，木构承重少。屋顶部位，赣南客家民居基本为人字两坡屋顶，两侧山墙出檐的悬山顶占据主流，不出檐的硬山屋顶相对较少，尤其明显的是不注重垂脊，悬山屋顶不设垂脊的情况最为常见。山墙部位，赣南民居因采用悬山屋顶而致多数山墙为檐下山墙，马头墙多见于客家大屋的厅堂部分。墙体部位，赣南民居盛行生土墙，青砖墙造价较高，多见于客家大屋的厅堂等重要部位，亦为富户小宅所采用。值得注意的是，赣南盛产木材，其民居却多数采用"横墙搁檩"的墙体承重结构，较少见纯木构架承重的宅舍，民居厅堂部分为拓展空间，亦常见木构架与墙体混合承重的做法。客家人宁愿自己住成本相对低廉的土房，而将贵重木材出售给包括赣北在内的其他地区做穿斗或抬梁木构房，得利以营生当是重要原因之一。装饰构造分木作、砖作、石作、漆作和灰塑等五类工艺进行论述。赣南客家民居的装饰常归纳为"三雕一塑"，即木雕、砖雕、石雕和灰塑，是赣南建筑装饰艺术的代表与集大成者。漆作工艺在赣南民居当中也较普遍，但代表其艺术水准的彩绘工艺在赣南的运用不如粤东北、闽西南及江南各地广泛。

赣南客家民居的构造特征在文化、地域和风貌三个方面各有体现。赣南民居构造的文化特征可概括为"多元融合"，体现为中原文化与土著文化的交融、赣南与周边地区文化的交融。赣南民居构造的地域特征可概括为"就地取材"，体现为构造材料、装饰素材、工艺技术等诸方面的在地性。赣南民居构造的风貌特征具有内敛性、秩序性和差别性，整体上清墙灰瓦的材质色彩呈现出内敛性，立面造型对称工整呈现出秩序性。赣南地区经济不发达，客家人建造宅舍一般优先保障基本生存的居住规模，再考虑宅舍装饰。也正因经济普遍拮据，客家人一般将有限的财力用于装点宅舍的重要部位。我们常可以看到，赣南客家民居当中重要的厅堂雕梁画栋，而居室往往甚是简陋，装饰构造呈现出重厅堂而轻居室的差别性。赣南客家民居构造呈现的诸多特征，其蕴含的文化特质体现为三大观念。一是儒家经典的文化观，包括尊宗敬祖、崇文重教、遵礼守序等。二是顺天应地的自然观，在风水堪舆、生殖崇拜、取材选料上均有体现。三是民俗情

结的价值观，内容有祈子延寿、纳财招福、驱邪禳灾等。

（四）横向差异方面，本书选取的研究对象为赣南的周边地区及赣南地区内部区域，通过各地民居特征的侧面对比进一步彰显赣南客家民居自身特色。

赣闽粤边区三地客家民居有着较大的共性和明显的差异性。一方面，三地客家民居有着内在构成上的共性，均呈现出"厅堂为核、居室围合"的空间组合特征，三地客家民居尤其聚居建筑普遍有着整体性、向心性、秩序性等三个基本特性。这是因为，客家民系文化圈是一个整体，相似的社会及自然环境造就了三地民居内在的共性。另一方面，由于三地生存环境、风水观念和气候地理的内部差异及受不同外围文化的影响，赣闽粤边区三地客家民居同时存在着外在形态上的差异性。三地特征的差异一直是学界和社会关注的热点，但多集中于围屋。有鉴于此，本研究着重探讨了赣闽粤边区三地行列式民居的特征差异。实地考察和分析对比的结果表明，赣闽粤边区三地行列式客家民居的直观差异在空间形态、主体构造和装饰构造等三个方面均有体现。在空间形态上，闽西南、粤东北行列式民居建筑呈现低平舒展的特征，而赣南北部民居建筑稍显高大，厅堂尺度亦然。相反，赣南行列式客家民居当中的天井狭小而高深，闽粤两地客家民居的天井显得阔大而低浅。在主体构造上，特征差异直观地体现在三地行列式民居的屋顶、山墙等部位。赣南民居悬山顶为绝对主流，闽西南更多出现九脊顶的做法，而粤东北民居硬山顶明显更多。赣南除檐下山墙外仅常见马头墙，闽西南更多出现了闽南地区常见的马背山墙形式，粤东北民居已不见马头墙，多采用潮汕及广府地区常见的金、木、水、火、土等"墙头五式"。在装饰构造上，赣南行列式民居装饰偏于拙朴，闽西南整体稍更繁复精致，粤东北民居装饰最为丰富多样。装饰的差异，既体现出三地的经济差异，也反映出三地受不同外围地区民居文化的不同影响。针对赣闽粤边区三地围合式民居的特征差异，本书亦在既有研究的基础上做了补充，并提出了自己的看法。从平面构成、建筑形态和设防构造三方面展开的分析来看，笔者认为不能简单以区域来界定各地围屋秩序性、可居性和防御性的强弱，个案或典型围屋的比较，亦并不能全面地代表三地围屋的整体差异。笔者提出，差异的比较应立足围屋的类型、高度及其设防构造等诸多特征，才能得到相对客观的结论。赣

闽粤边区三地都有防御性较强的围屋，如赣南以三四层为主的"口"字围院屋、闽西南多数三至五层的方圆土楼、粤东北三至五层的四角楼。三地亦都有极具秩序性和可居性的围屋，如赣南两层为主的"国"字围堂屋、闽西南二三层的五凤楼、粤东北单层为主的围垅屋。围屋秩序性、可居性和防御性的强弱只能具体案例具体分析，简单地对一个地区的民居作整体而单一的定性，并无助于人们准确地认识这个地区民居的特征及其与其他地区的差异。

赣南客家民居与赣北、徽州两地民居存在着根本而直观的差异。赣南客家民居深受赣北、徽州等地民居的影响，如赣南民居天井形式、马头墙构造都有两地民居的明显痕迹，这也是笔者选取两地民居作为分析对象的原因所在。但客家人根据赣南自身的社会人文地理环境，融合发展形成了赣南客家民居这种新的民居形式，迥异于赣北、徽州两地民居。因赣北、徽州两地没有设防性围屋民居，赣南行列式民居与两地典型民居的特征更具可比性，主要体现在平面形制、空间形态和主体构造等方面。在平面形制上，赣南民居体现出与赣北、徽州两地民居的根本性差异。赣北、徽州两地民居的居住形态基本上是以家庭为单元"聚村独居"，赣南则同时存在以家族为单元的"聚宅族居"形态。赣北、徽州两地民居由天井、厅堂和厢房三个基本空间构成，赣南民居则主要由厅堂和居室两个空间体构成。赣北、徽州两地民居布局"天井为心、厅房围合"，厅堂更具起居特征，天井起着统领空间的中心作用；而赣南民居"厅堂为核、居室围合"，厅堂是空间的统领者，具有绝对的礼制权威特征，天井失去了支配地位。在空间形态上，徽州民居建筑朝向讲究"朝北居"，迥异于赣南、赣北两地，跟"商家门不宜南向"的讲究有关。徽州民居多数两层高，建筑精小高耸，天井尺度随之而更显高深并稍为阔大，厅堂因分层而更为低缓。赣北、赣南两地建筑尺度特征相近，亦有细微差别。在主体构造上，三地的差异显著而直观地体现在马头墙和构架两处。徽州民居马头墙运用最为普遍，多数四墙高筑而无檐外挑，合"四水归堂"之意，马头墙脊亦平直内敛而显轻盈雅致。赣南民居马头墙多见于客家大屋的厅堂部分，一般于山墙两侧对称纵列而前后出檐，外观厚实质朴但造型起翘张扬。赣北民居都存在徽州、赣南两地民居马头墙的运用场景及构造形式，显示赣北为赣南、徽州两

地民居文化过渡之地。至于构架，徽州民居多以抬梁穿斗混合式结构为主，赣北民居以穿斗式居多，而赣南民居多采取"横墙搁檩"的墙体承重结构，木构架较少，一般用于客家大屋的厅堂部分，以插梁式居多。

赣南地区各区域社会和自然环境的不同，亦造就了赣南客家民居的内部差异。本研究从两个方向作了分区探讨，一是从非行政建制的区域方向，二是从县域方向。

其一，为尽可能立体地反映赣南客家民居的区域特征差异，非行政建制的区域研究从社会地理、地方语言、水运经济等三个角度出发，采取了多学科交叉研究的方法。首先是社会地理角度，根据生存环境的不同可把赣南划分为南、北两个区域，大致以安远县城连接信丰小江乡东西一线为界。赣南南部山高林密，生存环境相对恶劣，耕地紧缺而匪乱常发，催生了高设防的围合式民居。而赣南北部则盛行行列式民居，已罕见围屋。我们大致可以将赣南聚居类民居的分布格局归纳为"南围屋、北厅屋"。其次是地方语言角度，根据方言的差异可将赣南划分为"两岛两片区"。分析的结果表明，赣南各地同属一个大的客家方言区，各片区方言的微小不同，并未对各自片区内的民居特征形成有力的影响与限定。最后是水运经济角度，按水系的覆盖范围及影响强度，大致可以将赣南分为五片流域，分别是章江流域、贡江上游、贡江下游、桃江流域、东江流域。综合来看，赣南民居各个类型的分布与流域往来之间并无明显关联，赣南各流域内部民居存在较多构造特征上的共性，而各流域之间呈现较多细部构造的差异性，构造特征差异在地理上大致呈现"一岛五流域"的格局。

其二，为构筑进一步开展赣南18个县（市、区）民居研究的基础，在掌握的大量一手资料之基础上，本研究以县域为单位开展了民居特征的梳理工作。总体来看，各县民居各具特色，深入研究均当有妙处。该部分内容甚是繁复，在此不作赘述。

束广就狭，要而论之，我们最后勉力对赣南客家民居作一番概括性的归纳。宏观聚落层面，赣南客家民居是自然共生的建筑，以聚落为延展背景，成为宗族结构和风水观念在大地上的空间化体现。中观建筑层面，赣南客家民居是"居祀合一"的建筑，遵循"厅堂为核、居室围合"的构成规律，造就了纷繁灿烂的赣南客家民居类型现象。微观构造层面，赣南客家民

居是质朴有序的建筑, 构造风貌沉敛浑厚且构筑有序, 在赣南大地上呈现青山绿田、清墙灰瓦的整体意象。

为了抛砖引玉, 承前启后, 我们亦对既有研究及本书探讨重新作一番审视与展望。以陆元鼎、黄汉民、黄浩、万幼楠诸先生为代表的学界前辈对包括赣南民居在内的客家民居长期关注, 不懈探究, 为赣南客家民居的研究奠定了坚实的基础。本书亦沿着前人之路, 多层次、多视角地对赣南客家民居展开了系统性的思考和探索, 在研究的广度和深度上作了一些延展和突破。同时, 我们也清楚地认识到, 赣南客家民居的研究仍然还有很大的发展空间。一是历时性的研究尚缺乏。当下对赣南客家民居诸方面的研究多数为立足于现有遗存的静态探讨, 而对其形成渊源、历史演变和发展阶段的历时研究较为缺失, 研究从静态走向动态, 尚需延展。二是专门性的研究尚浅薄。本书在既有研究的基础上搭建了研究的系统性框架, 亦在聚落分布、民居类型、构成规律及形成机制等方面做了专门性的深入研究, 但建筑是一个复杂的系统, 针对赣南客家民居多视角、多专题的全面研究仍为浅薄, 研究从框架走向纵深, 仍需投入。三是启发性的研究尚不足。我们对赣南民居历史的传统和当下的遗存投以关注, 不断深入探究其内在特征及深层规律, 而将这些成果转化为当下实践的研究却相当缺乏, 研究从历史走向当下, 甚至走向未来的现实启发意义, 尚需建构。这些情况, 既是我们当下的不足, 亦是我们未来前进的方向。

后

记

历经数载，终有果实，能够勉力为赣南客家民居的研究作一些推动和铺垫，笔者感到踏实和欣慰。包括赣南客家民居在内的中国地方民居，无论表征现象抑或深层内涵均广袤无垠，投身其中，常有星空浩瀚而个人渺小之感。在写作的过程中，我们总能欣喜地看到，有众多的学界前辈在民居这个研究领域挖掘和开发了丰厚的知识宝藏。在此，深深地感谢他们，感谢他们的积淀，感谢他们给本书写作带来的诸多启迪。

有必要说明的是，本书的写作是基于赣州市城乡规划设计研究院在赣南客家民居研究领域长期的技术积累创作而成。长期以来，赣州市城乡规划设计研究院作为赣南规划建设行业的中坚技术力量，在赣南客家民居的研究、推广和项目实践方面取得了决定性的工作实效。自 20 世纪 90 年代以来，该院即以中心城区为起点，开展了一系列地方民居的建筑测绘工作。自 2000 年以来，该院通过各类规划的编制工作，有效促进了赣南客家民居的保护与传承。尤其是笔者和该院联合江西理工大学、赣南师范大学、赣州市博物馆、清华大学建筑学院、赣州筑园建筑设计有限公司、赣州市大屋顶建筑保护设计有限公司等单位，共同开展了《赣南客家传统建筑风貌研究及应用》课题研究。自 2018 年初开始，历时近两年，联合团队详细调研了赣南 95 个传统村落、525 处客家民居，拍摄收集了巨量影像资料和大量历史素材，记录了所选取民居从规模、年代、格局到细部构造的一系列完整信息，并赴广东梅州、福建龙岩等客家地区开展考察，形成了《赣南客家传统民居建筑风貌研究》和《赣南农村风貌建设与改造导则》。这两项成果的完成，得到了地方党委和政府的充分重视。2020 年 3 月，赣州市委、市政府颁布了《关于加强赣南乡村建筑风貌特色保护与传承的实施意见》，为赣南客家民居的保护与传承工作提供了有效的政策保障。

本书的写作，得到了赣州市城乡规划设计研究院谢建军、梁志明、王立新、卢青华、黄仪荣、张潋等同志的大力支持，袁峰、何炜、曾丽娟、胡海利、王朝坤、方鑫、谢光轩、卢婷等同志深度参与了本研究的开展及本书的整理校对工作，在此表示感谢。同时感谢《赣南客家传统建筑风貌研究及应用》联合团队与笔者并肩合作的同仁们，他们的辛苦付出为本研究提供了扎实而有力的支撑。联合团队万幼楠、丁磊、谭琦等同志为本书另外补充了众多珍贵素材，在此一并致谢！

研究的道路总是荆棘丛生，受困于史籍文献对赣南客家民居的甚少记载，受限于笔者的学术水平、理论知识和写作能力，本书的内容定有诸多不尽人意之处和谬误偏差之言，尚需在继往开来的赣南客家民居研究工作中不懈努力、精进不休。"惟其痛苦，才有欢乐"，回望本书的写作过程，从困惑、焦虑到欣然、怡悦的研究之路历历在目。正是艰苦的深稽博考、潜精研思的研究经历，才带来了成长与升华，更是让笔者深切体会到了学术研究的魅力所在，深刻领悟到了我国民居文化的光辉璀璨。在笔者对赣南客家民居的研究过程中，得到了清华大学许懋彦教授、同济大学耿慧志教授的悉心指导，得到了赣州市博物馆万幼楠研究员、张嗣介研究员、江西理工大学陈金泉教授、赣南师范大学陶晓俊教授的不吝赐教，得到了中国科学院大学张路峰教授、清华大学罗德胤教授、天津大学王志刚副教授、华东交通大学李晨教授给出的宝贵意见。正是各位老师的鼓励、帮助与指教，本研究才得以趋向完善，在此表示衷心的感谢！

图书在版编目（CIP）数据

赣南客家民居研究 / 韩高峰，张春明，袁奇峰著
. —北京：中国建筑工业出版社，2021.9
ISBN 978-7-112-26502-2

Ⅰ. ①赣… Ⅱ. ①韩… ②张… ③袁… Ⅲ. ①客家—
民居—研究—赣南地区 Ⅳ. ① TU241.5

中国版本图书馆 CIP 数据核字（2021）第 171968 号

本书内容主要包括两部分，一是基于理论的宏观体系建构部分，在赣南全域 95 个传统村落大规模实地调查的基础上，归纳分析，旁征博引，兼容并蓄，借助最新三调成果及 GIS 等技术手段，深入研究赣南客家民居聚落形态、功能内涵、形制类型、构造装饰、营造工艺及文化渊源，构建了赣南客家民居从宏观、中观至微观的全面解读体系，填补了赣南民居宏观架构的系统性研究空白；二是基于实践的差异化研究部分，通过多学科交叉研究的方法，分析并阐述了赣南各流域、各县域之间乡村客家民居的特征差异，以及赣南与周边地区（包括粤、闽客家聚居地）之间民居的特征差异，为地方规避"千城一面、千村一面"奠定实践操作的技术基础。

本书可供从事规划管理、城乡规划、建筑设计、文化研究的读者使用，也可作为相关专业研究生、本科生的延伸读物。

责任编辑：陆新之 许顺法
书籍设计：康 羽
责任校对：李美娜

赣南客家民居研究

韩高峰 张春明 袁奇峰 著

*

中国建筑工业出版社出版、发行（北京海淀三里河路9号）
各地新华书店、建筑书店经销
北京雅盈中佳图文设计公司制版
天津图文方嘉印刷有限公司印刷

*

开本：880毫米×1230毫米 1/16 印张：18¼ 字数：560千字
2022 年 1 月第一版 2022 年 1 月第一次印刷
定价：**210.00**元
ISBN 978-7-112-26502-2
（37999）